高等职业院校水务管理专业“十三五”规划教材

水处理运行与管理

主　编　李　静　苏少林

副主编　张祥霖　胡冬娜　潘　琼　赵秋利

主　审　张宝军

西南交通大学出版社

·成都·

内 容 简 介

本教材以项目教学法为主线，以任务驱动教学为目的组织编写而成，全面介绍了水处理技术的认识、水处理管网运行与管理、给水处理工艺运行与管理、污水处理工艺运行与管理、水处理厂（站）污泥处理与处置系统运行与管理、水处理厂（站）机电设备运行与管理、水处理厂（站）电气仪表及自动控制系统运行与管理、水处理厂（站）水质检测实验室运行与管理等内容。各知识点均配有实训操作练习题，便于学生边学边做边练习。

本教材可作为高等职业院校、高级技校、成人高等院校等水务管理专业、水环境监测与治理专业、环境工程技术专业、城市水利专业师生的教学用书，也可供水务管理技术人员参考。

图书在版编目（CIP）数据

水处理运行与管理 / 李静，苏少林主编. —成都：西南交通大学出版社，2016.12（2023.8 重印）
高等职业院校水务管理专业“十三五”规划教材
ISBN 978-7-5643-5166-3

Ⅰ. ①水… Ⅱ. ①李… ②苏… Ⅲ. ①水处理－高等职业教育－教材 Ⅳ. ①TU991.2

中国版本图书馆 CIP 数据核字（2016）第 298553 号

高等职业院校水务管理专业“十三五”规划教材

水处理运行与管理

主编　李 静　苏少林

责任编辑	牛　君
特邀编辑	赵述华
封面设计	何东琳设计工作室
出版发行	西南交通大学出版社 （四川省成都市金牛区二环路北一段 111 号 西南交通大学创新大厦 21 楼）
发行部电话	028-87600564　028-87600533
邮政编码	610031
网　　址	http://www.xnjdcbs.com
印　　刷	四川森林印务有限责任公司
成品尺寸	185 mm × 260 mm
印　　张	20.25
字　　数	533 千
版　　次	2016 年 12 月第 1 版
印　　次	2023 年 8 月第 4 次（修订）
书　　号	ISBN 978-7-5643-5166-3
定　　价	48.00 元

课件咨询电话：028-81435775
图书如有印装质量问题　本社负责退换

前 言
PREFACE

本教材是为了适应高等职业教育教学改革，根据水处理运行与管理岗位能力培养需求，按照国家“十三五”规划教材的要求以及高等职业教育“水处理运行与管理”课程的基本要求和课程标准，组织行业优秀教师在总结多年的教改和教学经验以及行业企业案例的基础上编写而成的。

本教材共分为 8 个项目，28 个任务，83 个知识点，重点介绍了水处理技术的认知、水处理管网运行与管理、给水处理工艺运行与管理、污水处理工艺运行与管理、水处理厂（站）污泥处理与处置系统运行与管理、水处理厂（站）机电设备运行与管理、水处理厂（站）电气仪表及自动控制系统运行与管理、水处理厂（站）水质检测实验室运行与管理等。内容全面，可供学习者根据需要进行相应的选择。

本教材紧密结合高等职业教育水务管理、水环境监测与治理、环境工程技术、城市水利等相关专业的培养目标以及水处理运行管理技术现状和发展趋势，立足实用，强化实践，注重能力培养，体现了高职教育特色。书中所介绍的运行管理技术均是根据水处理运行与管理岗位工作实践梳理出来的重点项目和典型工作任务，并以完成这些任务的能力培养为目标构建知识体系。全书按照“任务描述—任务分析—知识链接—任务准备—任务实施—检查评议—考证要点—思考练习”这一思路进行编写，配有大量的图、表，内容精简实用，通俗易懂。为了便于引导学生自主学习，每个项目前面均列有知识目标、技能目标和重点难点分析，每个任务知识点后都配有专门的检查评议评分标准和思考练习题，以方便学习者自我测试学习效果。

本教材由重庆水利电力职业技术学院李静和杨凌职业技术学院苏少林两位老师担任主编，安徽水利水电职业技术学院张祥霖、重庆水利电力职业技术学院胡冬娜、长沙环境保护职业技术学院潘琼、杨凌职业技术学院赵秋利担任副主编。具体的编写分工如下：河北环境工程学院张一婷和孙颖，重庆水利电力职业技术学院李静和周坤编写项目一；重庆水利电力职业技术学院李静、周坤和尹雪娇编写了项目二；安徽水利水电职业技术学院张祥霖和杨凌职业技术学院赵秋利编写项目三；长沙环境保护职业技术学院潘琼和重庆水利电力职业技术学院李静、周碧编写项目四；黄河水利职业技术学院李玉静和招商局重庆交通科研设计院有限公司陈克军编写项目五；杨凌职业技术学院苏少林和广东环境保护工程职业学院钟剑平、陈建军、刘斌编写项目六；重庆水利电力职业技术学院胡冬娜、彭炜峰、肖文燕和练波编写项目七；河北环境工程学院全玉莲，重庆水利电力职业技术学院王泉峰、王青清和重庆市渝西水务有限公司柳顺海编写项目八；全书由李静统稿。江苏建筑职业技术学院张宝军担任主审，并提出了许多宝贵的建设性意见，编者在此深表谢意。本教材所引用的文献和图表的原著已一一列入参考文献，在此向原著作者致谢。

本教材可供高等职业教育环保类专业教学使用，也可供从事水处理运行与管理工作的技术人员作为参考书使用。

限于编者的水平及教学经验，书中欠妥之处在所难免，恳请读者批评指正，不胜感谢。

编 者

2016 年 9 月

目 录
CONTENTS

项目一　水处理技术的认识

【知识目标】

了解给水和污水水质标准，熟悉给水和污水处理常见技术，掌握水处理工艺流程。

【技能目标】

通过本项目的学习，会查询水质标准和规范；能分析给水水源、生活饮用水和污水水质状况；能够读懂给水处理和污水处理工艺流程图；能识别给水、污水各处理单元与构筑物。

【重点难点】

本项目重点在于掌握给水和污水处理常见技术和典型工艺流程；难点是掌握给水和污水处理典型工艺流程。

任务一　给水处理技术的认知

知识点一　水源水质与水质标准

【任务描述】

了解给水水质指标和水质标准，能分析给水水源和生活饮用水水质状况。

【任务分析】

饮用水水质的优劣与人体健康密切相关，随着经济发展、社会进步以及人民生活水平的提高，人们对生活饮用水水质的要求不断提高，饮用水水质标准也相应地不断发展与完善。因此，通过学习给水处理相关标准，能分析给水水源和生活饮用水的水质状况。

【知识链接】

1. 天然水水质

水质是指水与其中所含杂质共同表现出来的物理、化学及生物学特性。水中所含杂质按化学结构分为无机物、有机物和生物等三类；按尺寸大小可分为悬浮物、胶体和溶解物等，如表1-1所示。

表1-1 天然水中的杂质

水中杂质	颗粒尺寸	组成物质	环境效应	去除方法
悬浮物	100 μm ~ 1 mm	浮游生物、藻类等	水体浑浊、色度、臭、味等	自然下沉
	1 ~ 100 μm			混凝、沉淀、过滤
胶体	1 ~ 100 nm	黏土、细菌、病毒、蛋白质、淀粉等	水体浑浊、色度、臭、味、致病等	混凝、沉淀、过滤
溶解物	0.1 ~ 1 nm	腐殖酸、低分子有机物、无机物、离子等	硬度、色度、健康效应等	生化处理、化学氧化、膜分离、电渗析等
微生物		细菌、真菌、病毒等	致病	消毒、膜分离等
有毒物		砷、汞、镉、铬、铅等重金属，氰化物，多环芳烃、氯仿、农药等	急性毒性、慢性毒性、三致作用等	其他

2. 水质指标

水质指标是对水体进行监测、评价、利用以及污染治理的主要依据，可分为物理性指标、化学性指标和生物性指标，见图1-1。

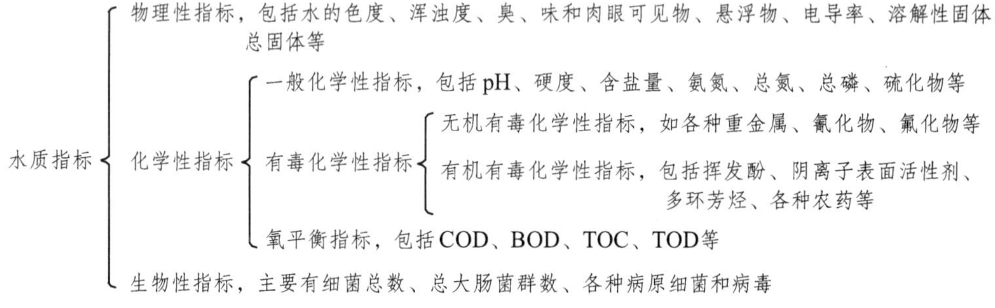

图1-1 水质指标

3. 给水水质标准

给水水质标准是对水体中污染物和其他物质最高容许浓度所做的规定。给水水质标准主要有城市供水水质标准（CJ/T 206—2005）、生活饮用水卫生标准（GB 5749—2006）、地表水环境质量标准（GB3838—2002）、地下水质量标准（GB/T 14848—1993）和生活饮用水水质卫生规范等。

【任务准备】

在实训室准备电脑。

【任务实施】

查阅给水水质标准，根据某自来水厂出厂水水质检测结果，判断其水质是否达标。

【检查评议】

评分标准见表 1-2。

表 1-2　评分标准

编号	项目内容	评分标准	分值	扣分	得分
1	查阅水质标准	所查找的水质标准、检测项目是否正确、完整	30		
2	水质判断	是否正确判断水质的达标情况	30		
3	水质评价	依据水质判断情况，对水源水和出厂水的达标情况进行评价	30		
4	学习态度	态度是否积极	10		
5	合计		100		

【考证要点】

是否熟悉地表水环境质量标准、地下水质量标准以及生活饮用水水质指标。

【思考与练习】

（1）天然水中含有哪些杂质，它们的危害如何？

（2）常见的水质指标有哪些？它们都有什么作用？

知识点二　给水处理工艺与流程选择

【任务描述】

了解给水处理技术和工艺流程。

【任务分析】

给水处理是对水源水进行适当的净化处理，以满足生活用水和工业用水等对水质的要求。

【知识链接】

一、给水处理技术

给水处理是通过必要的处理方法来去除或降低原水中的悬浮物质、胶体、细菌、微生物及其他有害物质，使给水符合生活饮用水或工业用水的要求。常用处理技术如表 1-3 所示。

表 1-3　给水处理常用技术

处理目的	处理技术	备注
去除悬浮物和胶体	混凝、沉淀（或澄清）	可同时去除部分有机物和微生物 处理高浊度水时，常设置初沉池

续表

处理目的	处理技术	备注
去除细小悬浮物、部分有机物和微生物，提高消毒效果	过滤	常设在混凝、沉淀处理后
去除细菌、病毒等病原微生物	消毒	消毒方法有液氯消毒、二氧化氯消毒、臭氧消毒、紫外线消毒等
除臭、除味	化学氧化法、活性炭吸附法、生物处理法等	处理方法取决于臭和味的来源
除氟	氟化物沉淀法、吸附法（活性氧化铝或磷酸三钙）	
除盐	离子交换法、电渗析法、反渗透法	离子交换法应用最为广泛
除铁、除锰	自然氧化法、接触氧化法、化学氧化法、离子交换法等	除离子交换法外，其他方法均是使还原性铁、锰生成高价铁、锰沉淀物而去除
除有机物	臭氧氧化法、生物氧化法、活性炭吸附法等	
软化（去除钙、镁离子）	石灰软化法、石灰-纯碱软化法、石灰-石膏软化法	软化方法与水的硬度、碱度有关
预处理	格栅、预沉池、前加氯、生物过滤等	设置在常规处理工艺之前，用以去除漂浮物、悬浮物、部分有机物，强化消毒效果等
深度处理	活性炭吸附、高级氧化、膜处理等	设置在常规处理工艺之后，以增强处理效果，使出水水质达标

二、给水处理工艺

给水处理工艺应该是技术上可行，经济上合理，运行上安全可靠和便于操作的最优工艺。以下介绍几种典型的给水处理工艺，以供参考。

1. 地表水常规处理工艺

地表水常规处理工艺是广泛采用的一种工艺系统，是以去除水中悬浮物和杀灭致病细菌为目标而设计的，主要由混凝、沉淀、过滤和消毒四个工序组成。由于水源不同，水质各异，生活饮用水处理系统的组成和工艺流程也多种多样，在常规水处理工艺的基础上，发展了多种多样的给水处理工艺，给水处理工艺流程选择可参考表 1-4。

表 1-4　一般水源给水工艺流程

编号	给水处理工艺流程	适用条件
1	原水→混凝或澄清→过滤→消毒	一般进水浊度不大于 2000～3000 NTU，短时间内可达 5000～10 000 NTU
2	原水→接触过滤→消毒	进水浊度一般不大于 25 NTU，水质较稳定且无藻类繁殖
3	原水→混凝沉淀→过滤→消毒（洪水期） 原水→自然沉淀→接触过滤→消毒（平时）	山溪河流，水质平常清澈，洪水时含沙量较高
4	原水→混凝→气浮→过滤→消毒	经常浊度较低，短时间不超过 100 NTU
5	原水→（调蓄预沉或自然沉淀或混凝沉淀）→混凝沉淀或澄清→过滤→消毒	高浊度水二次沉淀（澄清）工艺，适用于含沙量大、沙峰持续时间较长的原水处理
6	原水→混凝→气浮（或沉淀）→过滤→消毒	经常浊度较低，采用气浮澄清；洪水期浊度较高时，则采用沉淀工艺

2. 特殊水处理工艺

对于特殊水源水的处理，应在常规水处理工艺的基础上，根据水质的实际情况，确定合适的处理工艺。下面介绍几种特殊水处理工艺。

（1）高浊度原水净化工艺流程

当原水浊度高、含沙量大时，为了达到预期的混凝沉淀（或澄清）效果，减少混凝剂用量，应增设预沉池或沉砂池（图 1-2）。

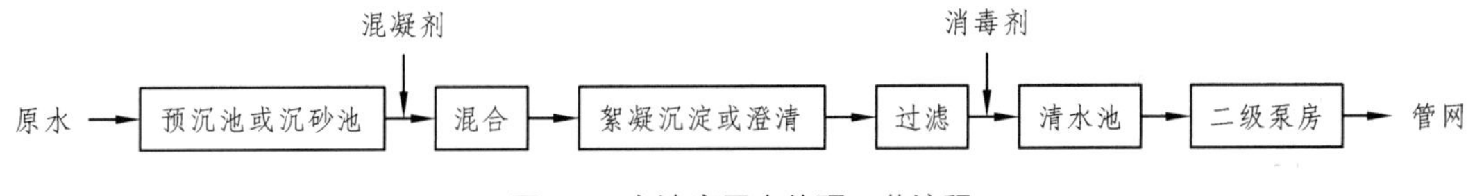

图 1-2　高浊度原水处理工艺流程

（2）微污染原水净化工艺流程

在水源匮乏或污染严重，不得不采用劣质水源的情况下，可采用生物氧化预处理方法，去除水中有机物和氨氮等（图 1-3）。

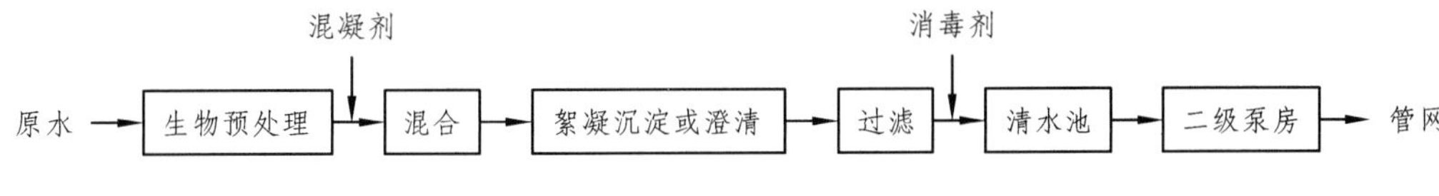

图 1-3　生物氧化预处理原水处理工艺流程

也可在常规处理工艺中投加粉末活性炭，还可采用深度处理方法，在砂滤池后再加臭氧、活性炭处理（图 1-4）。

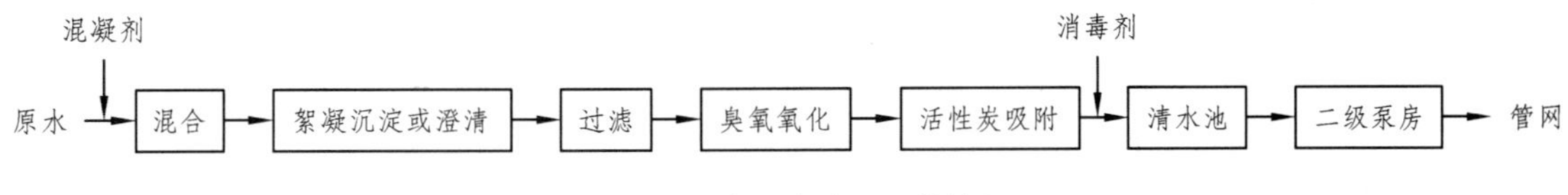

图 1-4　原水深度处理工艺流程

（3）低浊度高藻类原水净化工艺流程

当水源为浊度较低、藻类较多的湖泊水库水时，可采用气浮法去除水中藻类（图 1-5）。

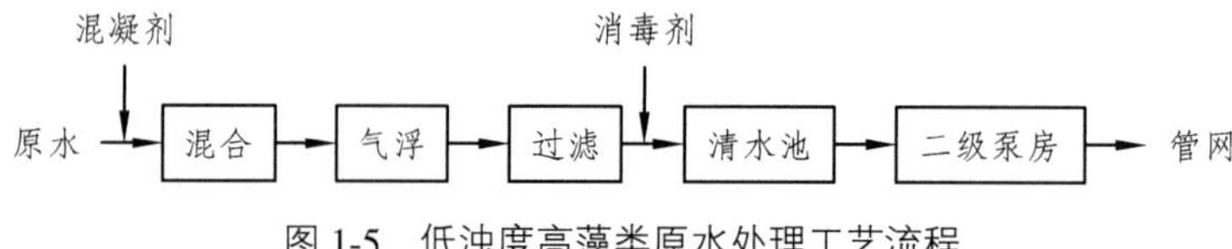

图 1-5　低浊度高藻类原水处理工艺流程

（4）含铁、锰、氟水净化工艺流程

当地下水中含铁、锰量或含氟量超过生活饮用水水质标准时，应采取除铁、除锰或除氟措施，其工艺流程如图 1-6 所示。

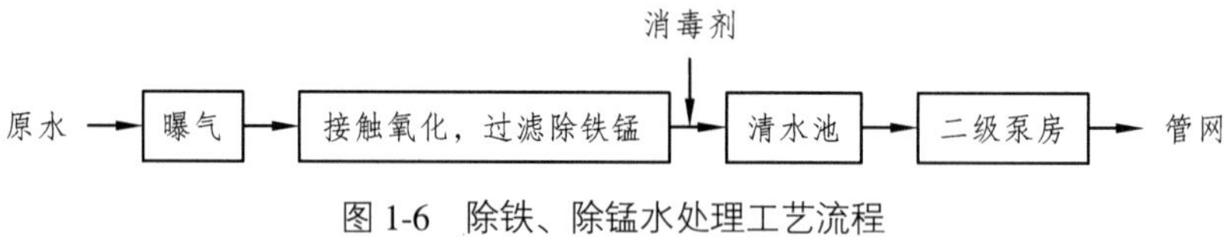

图 1-6　除铁、除锰水处理工艺流程

【任务准备】

准备给水厂处理工艺流程模拟设备一套。

【任务实施】

仔细阅读使用说明，熟悉系统工艺，绘制工艺流程图；对给水处理系统进行检查，然后启动、运行和停车；观察清水在各构筑物单元中连续运行的过程。

【检查评议】

评分标准见表 1-5。

表 1-5　给水处理评分标准

编号	项目内容	评分标准	分值	扣分	得分
1	绘制工艺流程图	工艺流程图是否完整、顺序是否正确	30		
2	绘制设备简图	各个设备的形状是否准确、尺寸是否正确，外观整齐与否	30		
3	给水处理系统启动、运行和停车	按照操作规程启动和关闭给水处理系统，描述其运行情况	30		
4	学习态度	态度是否积极，是否具有团队合作意识和能力	10		
5	合计		100		

【考证要点】

是否熟悉原水中各种污染物的处理技术，并重点掌握给水处理常规工艺流程。

【思考与练习】

（1）去除原水中悬浮物和胶体的处理技术有哪些？

（2）如何处理硬度较高的原水？

任务二 污水处理技术的认知

知识点一 污水水质标准与处理规范

【任务描述】

了解污水水质指标和污水水质标准。

【任务分析】

在进行污水处理运行与管理时，必须知道允许进入污水处理设施的污水水质及排放标准。另外，还应熟悉污水处理运行与管理中的相关技术规范。

【知识链接】

1. 水体污染物

水体污染主要是由污水和废水排放引起的。影响水体的污染物种类较多，根据其性质的不同分为物理、化学和生物性污染物三类。各种污染物及其处理方法见表 1-6。

表 1-6 污水中的污染物处理方法

污染物类型	污染物	影响和危害	处理方法
物理性污染物	热污染	影响水生生物生长；加速水体富营养化，降低溶解氧含量等	冷却
	放射性污染	三致作用等	固化、安全处置等
无机无毒污染物	悬浮物	抑制光合作用和水体自净作用，危害鱼类，吸附污染物	沉淀、混凝、气浮、过滤等
	酸碱及无机盐类	妨碍水体自净并使水质恶化，危害渔业生产，增加水的硬度	中和、离子交换、电渗析、膜分离等
	氮、磷等营养物质	水体富营养化	脱氮、除磷
有机无毒污染物	碳水化合物、蛋白质、脂肪等耗氧有机物	降低溶解氧含量，影响水生生物生长，恶化水质	生物氧化法、化学氧化法等
毒性污染物	重金属	急、慢性毒性，三致作用	化学沉淀、化学氧化、吸附、膜分离等
	氰化物、氟化物、亚硝酸盐	急、慢性毒性，三致作用	化学氧化、化学沉淀、吸附等
	农药、多氯联苯等持久性有机污染物	难降解、具有生物积蓄性；急、慢性毒性和三致作用	生物氧化、高级氧化、吸附等
石油类污染物	石油及其制品、动植物油	影响水生生物生长，耗氧，影响景观	燃烧、气浮、生物处理等
生物性污染物	细菌、病毒、寄生虫等	致病，堵塞管道等	化学消毒、过滤等

2. 污水水质指标

国家对水质的分析和检测制定了许多标准，其指标可分为物理性指标、化学性指标、生物性指标三大类。物理性指标主要有温度、色度、嗅和味、固体物质等；化学性指标主要有生化需氧量（BOD）、化学需氧量（COD）、总有机碳（TOC）、总需氧量（TOD）、pH 值、总氮（TN）、总磷（TP）、重金属离子、砷、含硫化合物、氰化物等；生物性指标主要有细菌总数、大肠菌群和病毒等。

3. 污水水质标准

污水水质标准有国家标准，也有地方标准和行业标准。根据《污水综合排放标准》（GB 8978—1996）的要求，综合排放标准与行业标准不交叉执行。为防治环境污染、保护环境和人体健康，以现行污染物排放标准和污染控制技术为基础，国家还制定了行业污水处理技术的规范，对废水治理工程设计、施工、验收和运行维护提出技术要求和指导。污水水质标准主要有《污水综合排放标准》（GB8978—1996）、《城镇污水处理厂污染物排放标准》（GB18918—2002）等。

【任务准备】

在机房查阅污水水质标准。

【任务实施】

根据某市污水处理厂排放口出水水质分析报告，判断其出水水质是否达标。

【检查评议】

评分标准见表 1-7。

表 1-7　污水水质监测评分表

编号	项目内容	评分标准	分值	扣分	得分
1	查阅污水排放标准	所查找的水质标准、检测项目是否正确、完整	30		
2	出水水质判断	是否正确判断水质的达标情况	30		
3	出水水质评价	依据水质判断情况，对污水处理厂出厂水的达标情况进行评价	30		
4	学习态度	态度是否积极	10		
5	总分		100		

【考证要点】

在水环境监测工、水处理工考核中，该部分内容的重点是污水综合排放标准的分类以及城镇污水处理厂基本控制项目排放标准。

【思考与练习】

（1）污水综合排放标准中，一类污染物和二类污染物应分别在什么地方采样？

（2）排入城镇污水处理厂的污水应达到几级标准？

知识点二　污水处理工艺与流程选择

【任务描述】

掌握常见污水处理技术和污水处理厂（站）的工艺流程。

【任务分析】

为保护水环境，必须对污水进行处理。为此，需要选择合适的处理工艺，以达到去除污水中污染物的目的。

【知识链接】

1. 污水处理技术

污水处理有物理法、化学法、物理化学法和生化法。大部分污水处理厂都是按照预处理、生物处理、深度处理、消毒处理及污泥处理的工序，采用几种方法相结合的处理工艺。表 1-8 中列举了主要污水处理技术。

表 1-8　污水处理技术

处理目的	去除对象		有关指标	采用的主要处理技术
排放水体再用	有机物	悬浮状态	SS、VSS	快滤池、微滤池、混凝沉淀
		溶解状态	BOD_5、COD、TOC、TOD	混凝沉淀、活性炭吸附、臭氧氧化
防止水体富营养化	植物营养盐类	氮	TN、KN、NH_4^+、NO_2^-、NO_3^-	吹脱、折点加氯、生物脱氮
		磷	PO_4^{3-}、TP	金属盐混凝沉淀、石灰混凝沉淀、晶析法、生物除磷、结晶法
回用	微量成分	溶解性无机物、无机盐类	电导率、Na^+、Ca^{2+}、Cl^-	离子交换膜技术
		微生物	细菌、病毒	臭氧氧化、消毒

2. 污水处理流程选择

污水处理工艺流程的选择应根据水质、水量、排放要求、运行管理要求、投资情况、当地气候等因素综合考虑。下面介绍几种常见的污水处理工艺流程。

（1）A/O 工艺

A/O 工艺法，也叫厌氧好氧工艺法，流程如图 1-7 所示。

（2）A^2/O 工艺

A^2/O 工艺是 Anaerobic-Anoxic-Oxic 的英文缩写，它是厌氧—缺氧—好氧生物脱氮除磷工艺的简称，该工艺同时具有脱氮、除磷的功能。基本流程如图 1-8 所示。

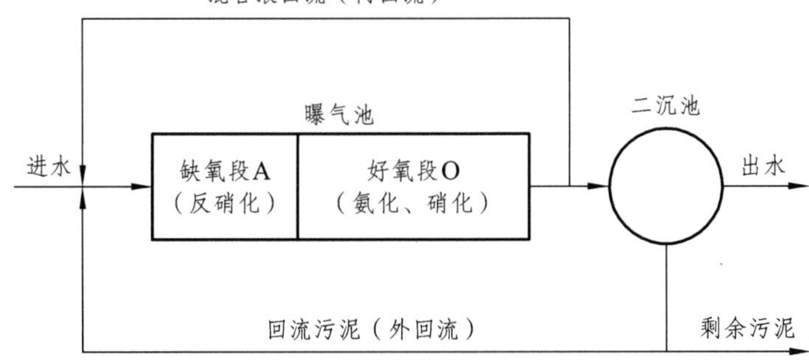

图 1-7　A/O 工艺流程

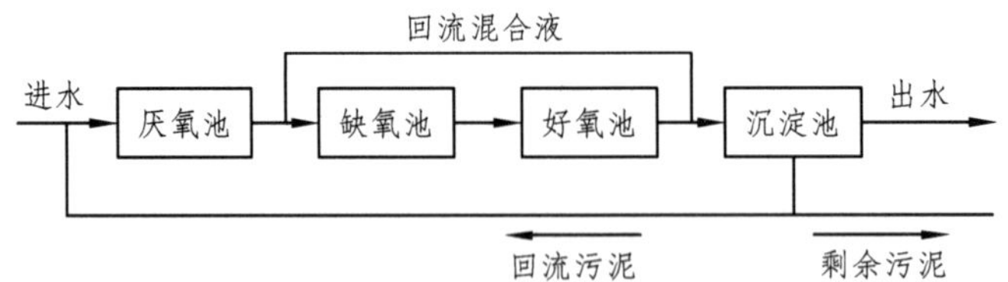

图 1-8　A^2/O 工艺流程

（3）UCT 工艺

UCT（University of Cape town）工艺是南非开普敦大学提出的一种脱氮除磷工艺，是一种改进的 A^2/O 工艺，该工艺的流程如图 1-9 所示。

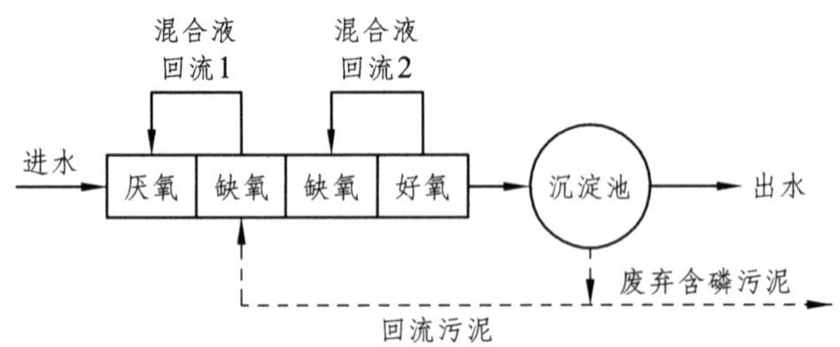

图 1-9　UCT 工艺流程

（4）氧化沟工艺

氧化沟工艺是延时曝气法的一种，有卡鲁塞尔氧化沟、奥贝尔氧化沟、三沟型氧化沟等。氧化沟的不同区域具有不同的溶解氧浓度，因此，氧化沟能够达到脱氮除磷的目的。其流程如图 1-10 所示。

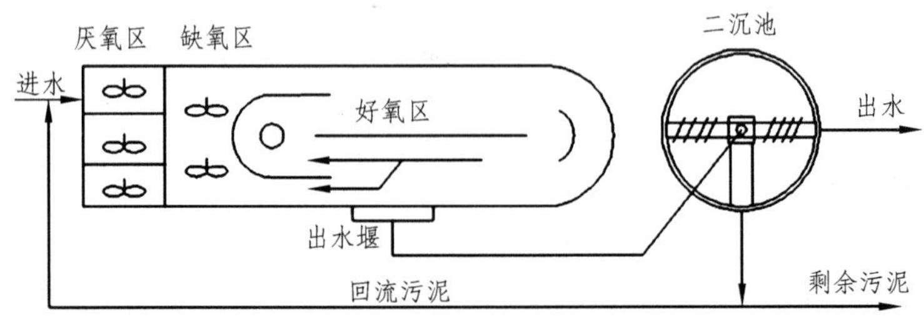

图 1-10　氧化沟工艺流程

【任务准备】

在实训室准备污水处理模拟系统 A^2/O。

【任务实施】

须熟悉该系统的使用说明书，绘制 A^2/O 系统工艺流程图；识别 A^2/O 系统各设备；进行 A^2/O 系统启动、运行和停车操作，并描述污水处理过程。

【检查评议】

评分标准如表 1-9 所示。

表 1-9 污水处理工艺与流程认知评分表

编号	项目内容	评分标准	分值	扣分	得分
1	绘制工艺流程图	工艺流程图是否完整、顺序是否正确	30		
2	识别 A^2/O 各设备，绘制设备简图	设备识别是否准确，各个设备的形状是否准确，尺寸是否正确，外观整齐与否	30		
3	A^2/O 系统启动、运行和停车	按照操作规程启动和关闭 A^2/O 系统，描述 A^2/O 系统的运行情况	30		
4	学习态度	态度是否积极，是否具有团队合作意识和能力	10		
5	合计		100		

【考证要点】

是否掌握常见污水处理工艺的特点和工艺流程；是否熟知一些工业废水的处理技术。

【思考与练习】

（1）污水处理的预处理技术有哪些？它们的作用如何？
（2）简述常见的城市污水处理工艺流程。

项目二　水处理管网运行与管理

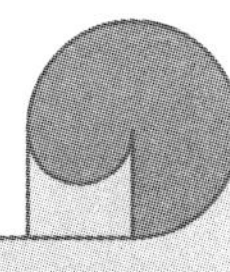

【知识目标】

了解水处理管网中常见管材、管件、管网附件、附属构筑物和调节构筑物；掌握取水水源和取水构筑物运行与管理方法；掌握给水和污水管网运行与管理方法。

【技能目标】

能够进行取水水源、取水构筑物的运行与管理；掌握水处理管网管材选择、管网连接、给排水管网的运行与维护。

【重点难点】

本项目重点是掌握给水管网和污水管网运行与管理的方法和相关技能；其难点在于取水构筑物的运行与管理。

任务一　管件、管网附件和附属构筑物

知识点一　管材的选择

【任务描述】

了解水处理管网中常见管材与管件的特性、优缺点、适用范围以及连接方式。

【任务分析】

在水处理工程中，管道工程投资在工程总投资中占有很大的比例，而管道工程总投资中，管材的费用占50%左右。同时，管网系统属于城市地下隐蔽工程，要求具有很高的安全可靠性。因此，合理选择管材非常重要。

【知识链接】

一、管　材

1. 金属管

金属管包括钢管、铸铁管和铜管三类。不同金属管的性能有较大的差别，具体性能特点如表 2-1 所示。目前，中、小管径的钢管已逐渐被塑料管代替，灰口铸铁管因安全性能差也逐渐被淘汰。

表 2-1　金属管的性能特点

分类		管径	特点	适用范围	承压范围	接口方式	图例
钢管		< 4 000 mm	耐高压、耐震动，重量[①]较轻，单管长度大且接头少；造价较高，稳定性较差，耐腐蚀能力差，须涂耐腐蚀材料	给排水管道水压高、管径大、震动较大、受地形限制地带	普通钢管 ≤1.0 MPa 加强钢管，≤1.5 MPa	法兰 螺纹 焊接 卡箍 卡压	
铸铁管	灰口铸铁管	75～1 200 mm	耐腐蚀，价格比钢管低；质脆，不耐弯折和震动，经常发生漏水和水管破裂等事故，重量较大	给水管道、排水管道中的直径较小管道	1.0～1.5 MPa	法兰 承插	
	球墨铸铁管	80～2 000 mm	耐腐蚀，韧性和强度较高，耐冲击和振动	给水管道、排水管道	>3.0 MPa	法兰 承插	
铜管		5～300 mm	对淡水耐腐蚀性较好，机械强度高，抗挠性较强，内表面光滑，不易结水垢	热水管道	<5.9 MPa	法兰 螺纹 焊接 卡箍 卡压	

2. 非金属管

非金属管包含钢筋混凝土管、塑料管和陶土管等，其中，塑料管分类较广，包括 PVC（聚氯乙烯）塑料管、PE（聚乙烯）塑料管、ABS（工程塑料，聚丙烯酯-丁二烯-苯乙烯）塑料管、PB（聚丁烯）塑料管、PP（PP-R、PP-H、PP-B）（聚丙烯）塑料管和 PEX（交联聚乙烯）塑料管等类型（图 2-1）。常见非金属管材的性能特点如表 2-2 所示。塑料管在运输和堆放过程中，应防止剧烈碰撞和阳光暴晒，以免变形和加速老化。

① 注：实为质量，包括后文的恒重等。但现阶段在我国水处理相关领域的生产和科研实践中一直沿用，为使学生了解、熟悉行业生产实际，本书予以保留。——编者注

表 2-2 非金属管性能特点

名称	管径	特点	适用范围	承压范围	接口	埋设方式
钢筋混凝土管	400～1 200 mm	造价低，制造方便，易就地取材；自重大，质地脆，不便于运输和安装	给水管道、排水管道中埋深较大、管径大于 400 mm 以及土质不良处	自应力：<0.8 MPa 预应力：0.4～1.2 MPa	承插	埋地
塑料管	15～630 mm	表面光滑，腐蚀，质轻，耐压，加工方便，受紫外线照射易老化，耐热性差	城市给水、排水管道中的中、小口径管道	不同材料塑料管抗压能力有所区别，基本<2.5 MPa	法兰、螺纹、焊接、承插、粘接、热熔	明装安装
陶土管	<600 mm	内外壁光滑，水流阻力小，不透水性好，耐磨损，抗腐蚀，质脆易损，抗压强度低，抗弯抗拉强度低，管节短，接口多，会增加施工难度	排水管道中排除工业腐蚀性废水或管外有侵蚀性地下水的污水管道	较低	承插	埋地

钢筋混凝土管

PVC 塑料管

PE 塑料管

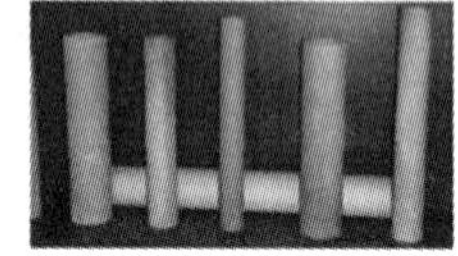

陶土管

ABS 塑料管

PB 塑料管

PP 塑料管

图 2-1 非金属管示例

3. 复合管

复合管包含预应力钢筒混凝土管（内衬式 PCCP-L、埋置式 PCCP-E）、玻璃钢管（GRP）、铝塑复合管和钢塑复合管等，其性能特点见表 2-3，复合管常用于给水管网中。

表 2-3 复合管性能特点

名称	管径	特点	适用范围	承压范围	接口	示例
钢筒混凝土管	600～3 400 mm	抗渗性好，耐腐蚀，抗暴性好，耐高压；工艺复杂，管材本身价格较高	给水管网中广泛应用	0.6～4 MPa	承插	

续表

名称	管径	特点	适用范围	承压范围	接口	示例
玻璃钢管	50～1 000 mm	耐腐蚀，重量轻，寿命长，不结垢，不易渗漏和破裂，省材料；价格较高	给水管道	≤1.6 MPa	承插、法兰	
铝塑复合管	50～1 100 mm	无毒，耐腐蚀，质轻，机械强度高，脆化温度低，寿命长，不结垢；价格较塑料管高	给水管道	<1.0 MPa	螺纹、卡套、卡压	
钢塑复合管	15～1 200 mm	抗压强度高，耐冲击，耐腐蚀，内壁光滑，不结垢；价格较塑料管高	给水管道	<1.0 MPa	法兰、螺纹、卡箍、承插	

4. 排水沟渠

当管道设计断面大于 1 500 mm 时，常常建造大型排水沟渠，排水沟渠常用材料有砖、石、陶土、混凝土和钢筋混凝土等建筑材料（图 2-2）。钢筋混凝土材料一般现场浇筑，而其他材料则采用现场铺砌、预制装配等方式施工。排水沟渠的断面形式有矩形、蛋形、梯形、圆形、半椭圆形、马蹄形等。

图 2-2　排水沟渠

【任务准备】

设定某个施工场景，给出地形、压力、管道用途等条件；准备若干段不同材质管材、电热熔工具、虎口钳、接头管件、胶水、卡箍套等。

【任务实施】

根据给定的施工场景，选出合适的管材，将管材以合适的方式进行连接。

【检查评议】

评分标准见表 2-4。

表 2-4 评分标准

编号	项目内容	评分标准	分值	扣分	得分
1	学习态度	不认真操作扣 10 分	10		
2	动手能力	动手能力不强扣 10 分	10		
3	团队协作精神	团队协作精神不强扣 10 分	10		
4	专业能力	管材选择错误，每选错一次扣 10 分； 接口方式选择错误，每选错一次扣 5 分，扣完为止	50		
5	安全文明操作	不爱护设备扣 10 分；不注意安全扣 10 分	20		
6	合计		100		

【考证要点】

是否了解各种管材与相应的接口方式；是否能够合理地选择管材并正确连接。

【思考与练习】

（1）管材主要分为哪几类?

（2）复合管管材的连接方式有哪些?

知识点二 管网附件

【任务描述】

熟悉管网附件的作用、分类、结构与特性，能够根据给水管道施工要求选择合适的管网附件，并进行安装和调试。

【任务分析】

管网附件包括阀门、止回阀、排气阀、泄水阀和消火栓等。这些附件对给排水管网的正常运行、消防和维修管理工作起到了重要的保障作用。为了完成管网附件的选型、安装和调试，必须熟悉这些附件的作用、分类、结构和特性。

【知识链接】

管网附件主要有调节水流量用的阀门，控制水流方向的止回阀，安装在管线高处或低处的排气阀、泄水阀、安全阀以及提供消防用水的消火栓等。

1. 阀 门

阀门是控制水流、调节管道内流量和水压以及管网检修的重要设备，具有截止、调节、导流、防止逆流、稳压、分流或溢流泄压等功能。阀门种类繁多，作用各异，常用的阀门包括闸阀、蝶阀、旋塞阀、球阀、角阀等。各类阀门特点和适用范围如表 2-5 所示。

表 2-5 阀门分类、特点及适用范围

类型	分类	特点	适用范围	图例
闸阀	手动、电动和气动明杆以及暗杆闸阀	流动阻力小，启闭时较省力，不易产生水锤现象，介质可向两侧任意方向流动，易于安装；密封面之间易引起冲蚀和擦伤，维修比较困难，价格较贵，外形尺寸较大，开启需要一定的空间，开闭时间长	通常适用于不需要经常启闭，而且保持闸板全开或全闭的工况；一般不用于流量调节，也不适用于含固体杂质的介质	  手动明杆　电动明杆
蝶阀	按密封形式：弹性密封、金属密封； 按连接形式：法兰、对夹	启闭方便迅速，省力，流体阻力小，可经常操作，结构简单，体积小，重量轻，可以运送泥浆，在管道口积存液体最少，低压下，可以实现良好的密封，调节性能好；但使用压力和工作温度范围小，密封性较差	—	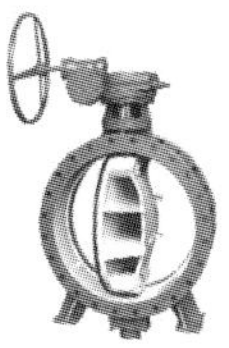  法兰式　对夹式
截止阀	直通式、角式、柱塞式	开闭过程中密封面之间摩擦力小，比较耐用，开启高度不大，制造容易，维修方便；流体阻力大，开启和关闭时所需力较大	常用于流量调节；但不宜用于高黏度或含固体颗粒的介质，也不宜用作放空阀或低真空系统阀门	
球阀	浮动球式、固定球式	流体阻力小，全通径球阀基本没有流阻，结构简单，体积小，重量轻，紧密可靠，操作方便，开闭迅速，从全开到全关只需旋转 90°，便于远距离控制，维修方便，介质通过时，不会引起阀门密封面的侵蚀	通径从小到几毫米，大到几米，从高真空至高压力都可应用	
减压阀	—	将进口压力减至某一需要的出口压力，并依靠介质本身的能量，使出口压力自动保持稳定	减压阀仅适用于蒸汽、空气、氮气、氧气等清净介质的减压，但不能用于液体的减压	
旋塞阀	普通旋塞阀、油润滑硬密封旋塞阀	用于经常操作，启闭迅速，轻便，流体阻力小，结构简单，相对体积小，重量轻，便于维修，密封性能好，不受安装方向的限制，介质的流向可任意，无振动，噪声小	最适于作为切断和接通介质以及分流用，也可用于节流；不适于蒸汽和温度较高的介质，但焊接保护套后可用于需要保温的场合	

2. 止回阀

止回阀的启闭件靠介质流动的力量自行开启或关闭，以防止介质倒流。一般安装在水压大于 196 kPa 的水泵出水管上，以防止因突然断电或其他事故时引起水流倒流而损坏水泵设备。按结构可分为升降式止回阀、旋启式止回阀和蝶式止回阀三种（图 2-3），按连接形式可分为螺纹连接、法兰连接和焊接三种。

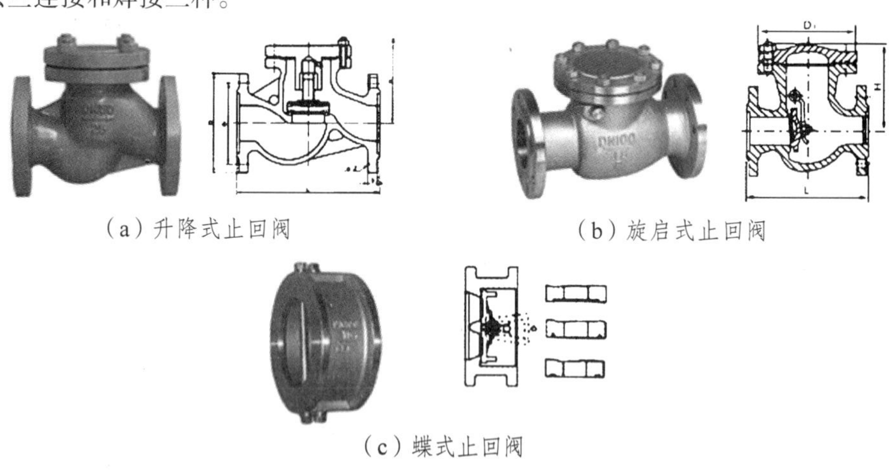

（a）升降式止回阀　（b）旋启式止回阀　（c）蝶式止回阀

图 2-3　止回阀

3. 排气阀和泄水阀

排气阀安装在管线的高处隆起部分，用以排出管线投运时或检修后通水时管线内的空气，以及运行时从水中释放的气体，以免空气积存减少管道过水断面，增加水头损失。管线损坏需放空维修时，可自动进入空气保持排水通畅；或管线产生负压时，可自动进入空气以减轻水锤现象对管网的危害。在给水工程中，长距离输水管一般随地形起伏应在高处敷设排气阀，在管道的平缓段，宜间隔 1 000 m 左右敷设一处。排气阀分单口和双口两种，单口排气阀适用于管径 <400 mm 的水管上，其直径一般为 16 ~ 25 mm；双口排气阀适用于管径 ≥400 mm 的水管上，其直径在 50 ~ 200 mm，排气阀口径和管道直径之比一般采用 1∶8 ~ 1∶12。排气阀应该垂直安装在水平管线上，可单独放在阀门井内，也可与其他附件共用阀门井。图 2-4 为双口排气阀构造图。

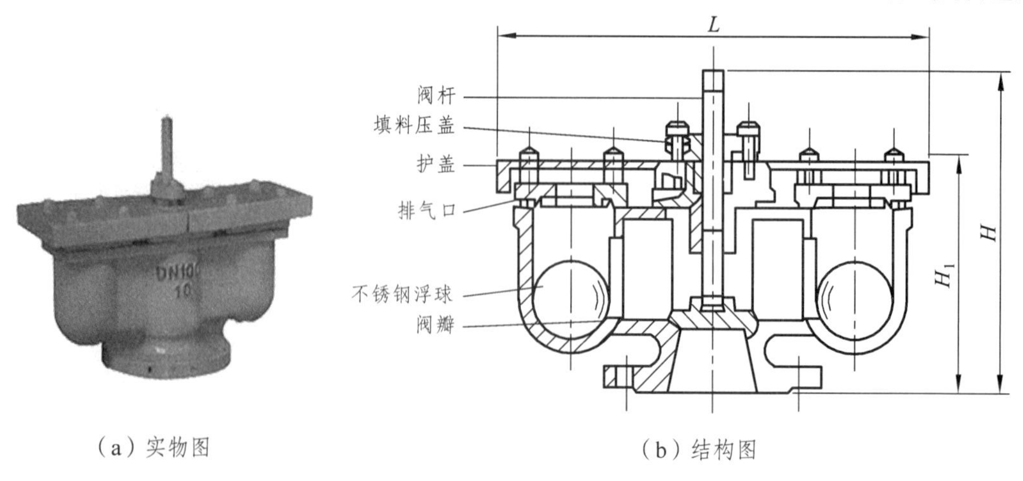

（a）实物图　（b）结构图

图 2-4　双口排气阀构造

在管线最低点应安装泄水阀，它和排水管连接，以排出水管中的沉积物或在检修时放空存水。为加速排水，可根据需要同时安装进气管或进气阀。泄水阀的安装方式如图 2-5 所示。

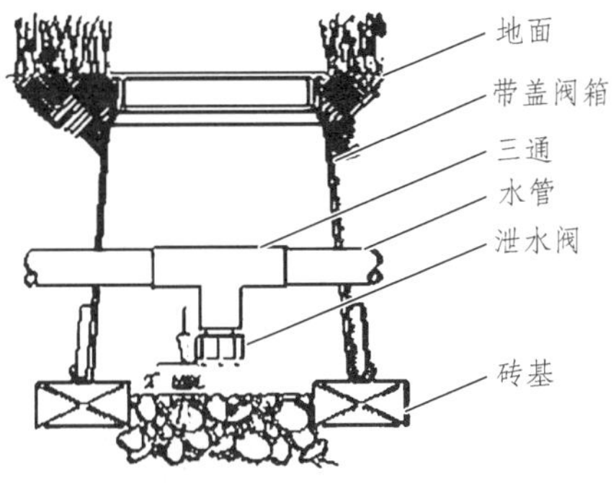

图 2-5　泄水阀安装方式

4. 安全阀

安全阀是启闭件受外力作用下处于常闭状态，当设备或管道内的介质压力升高超过规定值时，通过向系统外排放介质来防止管道或设备内介质压力超过规定数值的特殊阀门。安全阀的种类很多，有弹簧式安全阀和封闭式安全阀（图 2-6）。

5. 消火栓

给水管网上设立的消火栓是发生火灾时的取水龙头，分为地上式和地下式两种（图 2-7、图 2-8）。每个消火栓的流量为 10 ~ 15 L/s。地上式消火栓一般设在街道的交叉口等消防车便于接近的地方，适用于气温较高地区或不影响城市交通和市容的地区。地下式消火栓适用于冬季气温较低的地区，须安装在地下阀门井内。消火栓安装间距一般为 100 ~ 120 m。

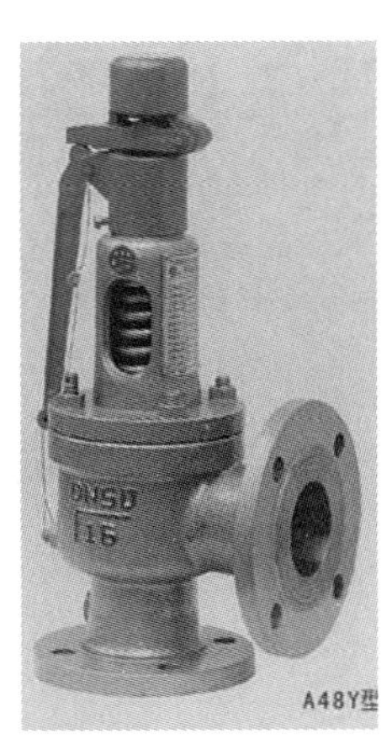

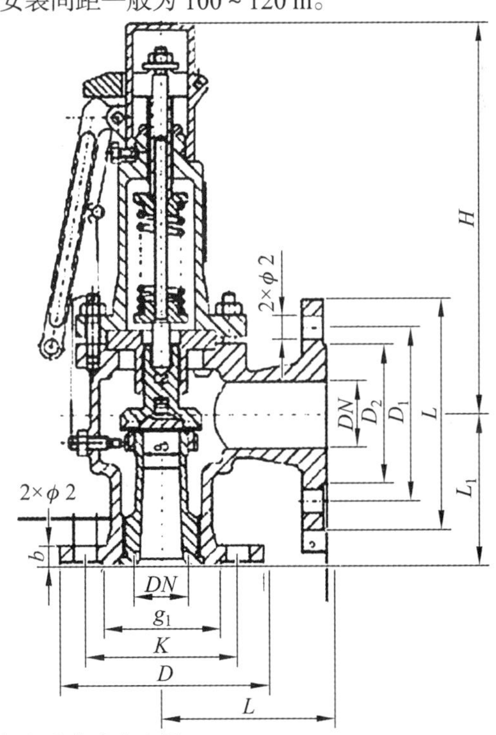

（a）弹簧式安全阀

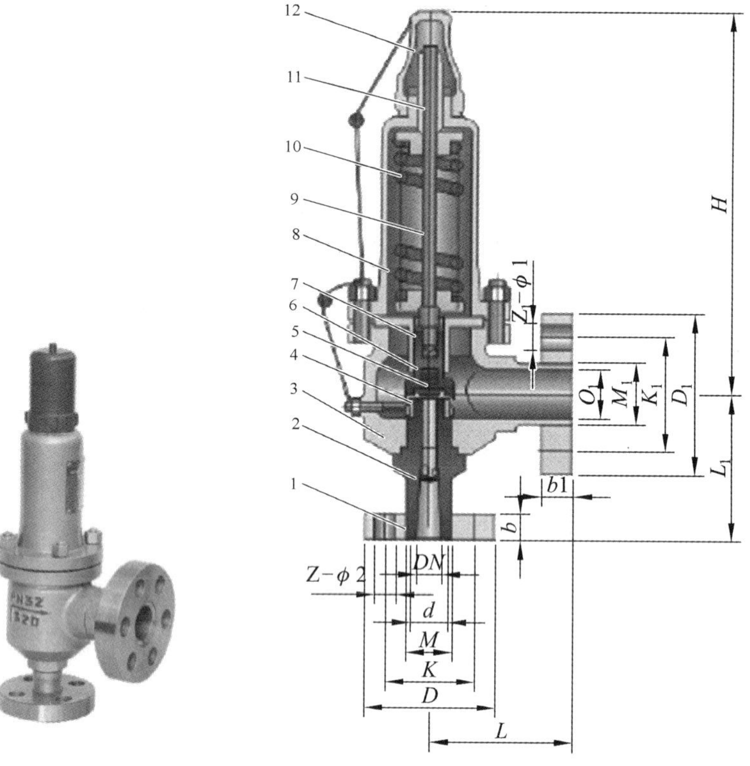

（b）封闭式安全阀

图 2-6　安全阀

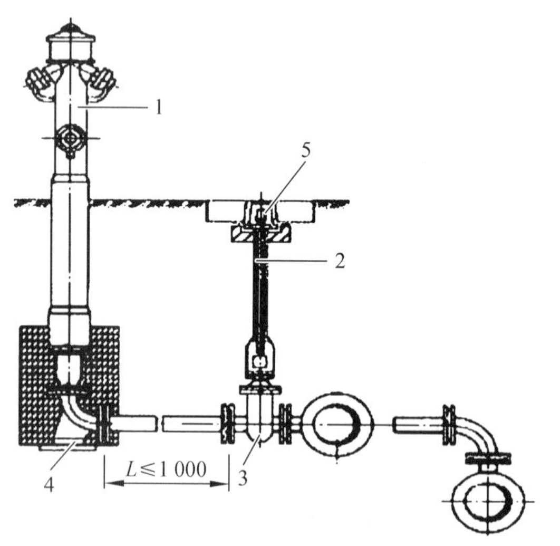

（a）结构图

（b）实物图

图 2-7　地上式消火栓图

1—SS100 地上式消火栓；2—阀杆；3—阀门；
4—弯头支座；5—阀门套筒

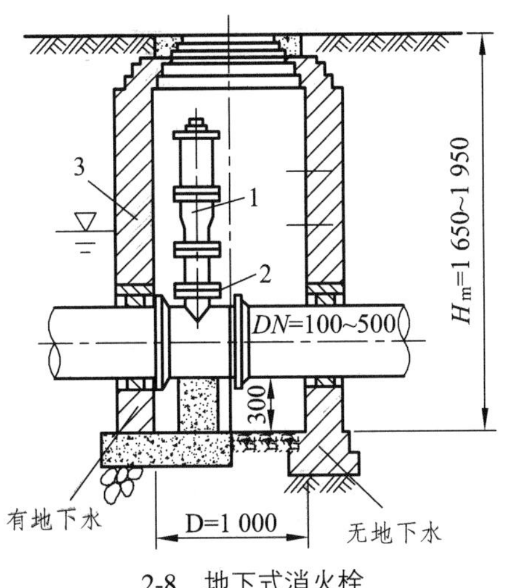

2-8　地下式消火栓

1—SX100 消火栓；2—消火栓三通阀；3—阀门井

【任务准备】

准备各种类型的阀门。

【任务实施】

根据给定施工场景，合理选择需要安装的阀门。

【检查评议】

评分标准见表 2-6。

表 2-6　评分标准

编号	项目内容	评分标准	分值	扣分	得分
1	学习态度	不认真操作扣 10 分	10		
2	动手能力	动手能力不强扣 10 分	10		
3	团队协作精神	团队协作精神不强扣 10 分	10		
4	专业能力	阀门每错选、漏选一次扣 5 分，阀门每认错一次扣 5 分，扣完为止	50		
5	安全文明操作	不爱护设备扣 10 分；不注意安全扣 10 分	20		
6	合计		100		

【思考与练习】

（1）管网附件包括哪些？

（2）蝶阀的适用安装情况怎样？

知识点三　管网附属构筑物

【任务描述】

熟悉管网常见附属构筑物的结构及其作用，能正确认识管网附属构筑物。

【任务分析】

在水处理管网中，除管网系统本身外，为了保证网管的正常运行与维护，还需在管渠系统上设置各种附属构筑物。这些构筑物在水处理管网中起着不同的作用，是水处理管网中必不可少的部分。

【知识链接】

常见管网附属构筑物包括给水管网中的阀门井、支墩、管线穿越障碍物的构筑物等以及污水管网中的检查井、跌水井、水封井、换气井、冲洗井、溢流井、雨水口、连接暗井、出水口、倒虹吸管等。

1. 阀门井

阀门井是为进行阀门开关操作或者检修作业方便而设置的类似小房间的一个井，将阀门和各种附件等布置在井内（图 2-9）。阀门井中的管网配件和附件应布置紧凑，其平面尺寸主要取决于水管的管径以及各种附件的种类和数量，但应该满足阀门操作及安装拆卸各种附件所需的最小尺寸。阀门井可用砖砌、石砌或钢筋混凝土建造。阀门井的形式可参见给排水标准图 S143、S144，排气阀井参见标准图 S146，室外消火栓参见标准图 88S162。

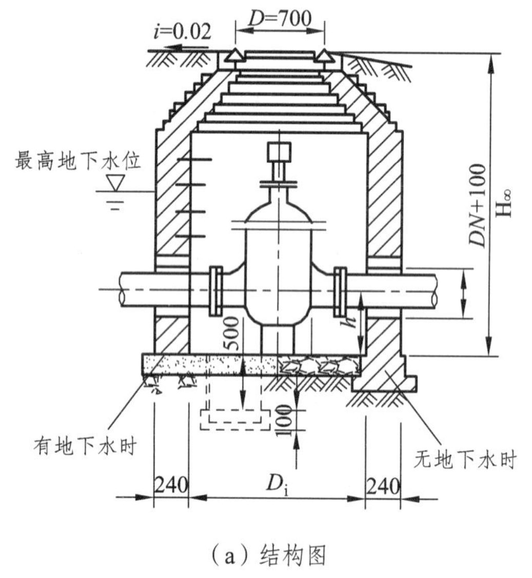

（a）结构图

（b）实物图

图 2-9　阀门井

2. 支　墩

承插式接口的管线，在弯管处、三通处、水管尽端的盖板上以及缩管处，都会产生拉力，可能使接口松动脱节而引起管线漏水，因此，在这些部位须设置支墩以承受产生的拉力和防止事故发生。支墩可采用砖、混凝土或浆砌石块制作。支墩按推力的方向可分为水平弯管支墩、垂直弯管支墩和三通支墩等几种形式（图 2-10）。支墩的设置应根据管径、转弯角度、管道设计内水压力和接口摩擦力，以及管道埋设处的地基和周围土质的物理力学指标等因素计算确定。

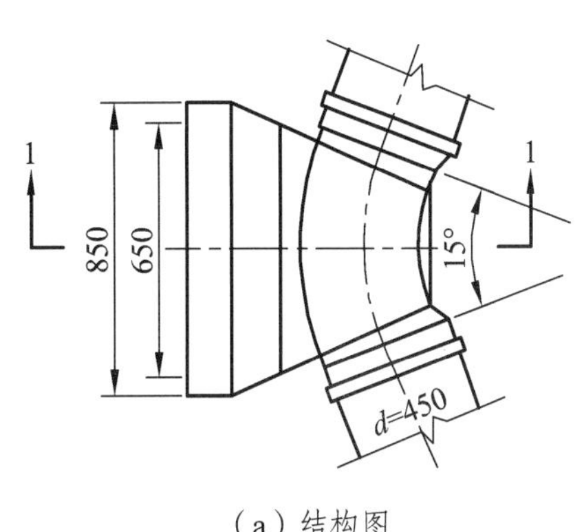

（a）结构图

（b）实物图

图 2-10　水平支墩

3. 管线穿越障碍物

管网通过铁路、公路、河道及深谷等各种障碍物时，应采取有效措施，确保管网的安全运行。根据其重要性，可以采取如下措施：穿越临时铁路、一般公路或非主要路线且管道埋深较大时，可不设套管；但应尽量将铸铁管接口放在铁路两股道之间，并用青铅接头，钢管则应有防腐措施；穿越较重要的铁路和交通繁忙的公路时，须在路基下设钢管或钢筋混凝土套管（图 2-11），且套管应有一定的坡度以便排水；穿越铁路或公路时，水管管顶在铁路轨道底部或公路路面的深度不得小于 1.2 m，以减轻动荷载对管道的冲击，管道穿越铁路时，两侧应设检查井，内有阀门或排水管等。

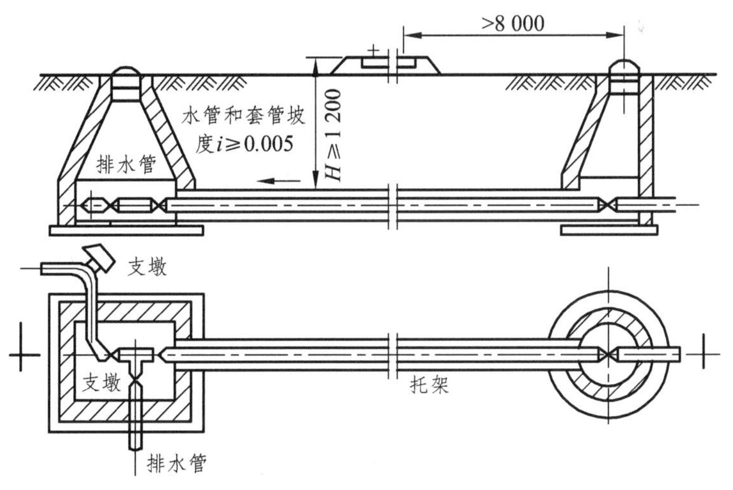

图 2-11　设套管穿越铁路的给水管

管线穿越河道或山谷时，可利用现有桥梁架设水管，或敷设倒虹管，或建造水管桥。其中，水管建在现有桥梁下最为经济，施工和检修都比较方便；通常架在桥梁的人行道下。倒虹管井应布置在不受洪水淹没处，必要时可考虑排气设施。倒虹管分为折管式和直管式两种（图 2-12）。倒虹管顶在河床下的深度，一般不小于 0.5 m，但在航道线范围内不应小于 1 m。

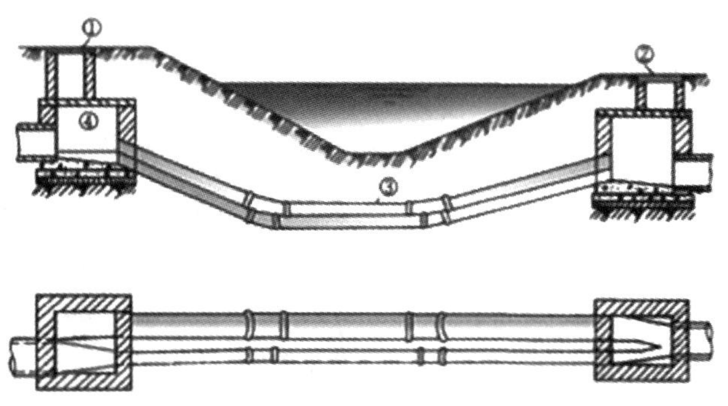

图 2-12　折管式倒虹管

1—进水井；2—出水井；3—沟管；4—溢流堰

4. 检查井

检查井通常设在管渠交汇、转弯、管渠尺寸或坡度变化、跌水等处以及相隔一定距离的直线管渠段上。检查井在直线管渠段上的最大间距，一般按规范规定。检查井一般为圆形，大型管渠的检查井也有矩形和扇形，由井底（包括基础）、井身和井盖（包括盖底）等组成（图 2-13）。基础材料可采用碎石、卵石、碎砖夯实或低标号混凝土，井底一般采用低标号混凝土。为减小水流通过检查井时的阻力，井底宜设半圆形或弧形流槽，流槽直臂向上伸展。污水管道检查井流槽顶应与上下游管道的管顶相平，或与 0.85 倍大管管径处相平；雨水管和合流管渠的检查井流槽顶可与 0.5 倍大管管径处相平。检查井底各种流槽的形式如图 2-14 所示。井身材料可采用砖、石、混凝土或钢筋混凝土。为便于养护人员出入检查井，井壁应设置爬梯。井口和井盖的直径一般在 0.65 ~ 0.7 m，在车行道下的井盖一般采用铸铁井盖，而在人行道或绿化带内可用钢筋混凝土井盖。接入检查井的支管（接户管或连接管）数不宜超过三条。

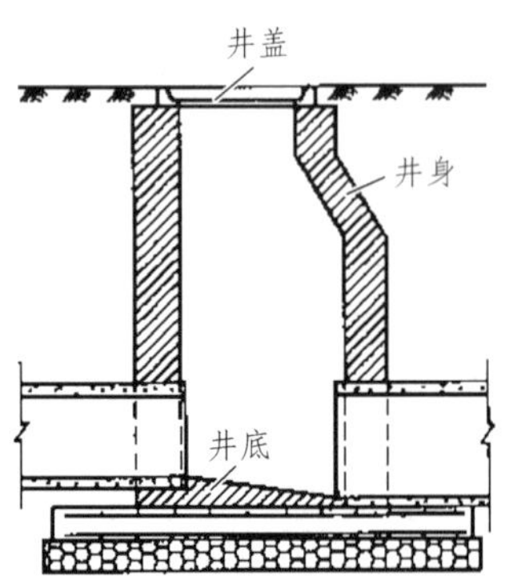

（a）结构图

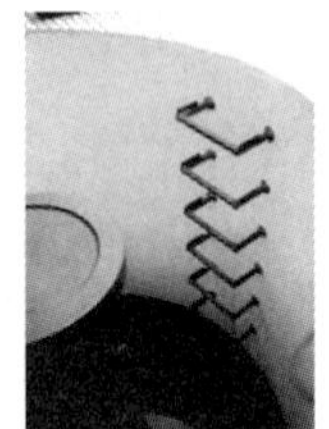

（b）实物图

图 2-13　检查井

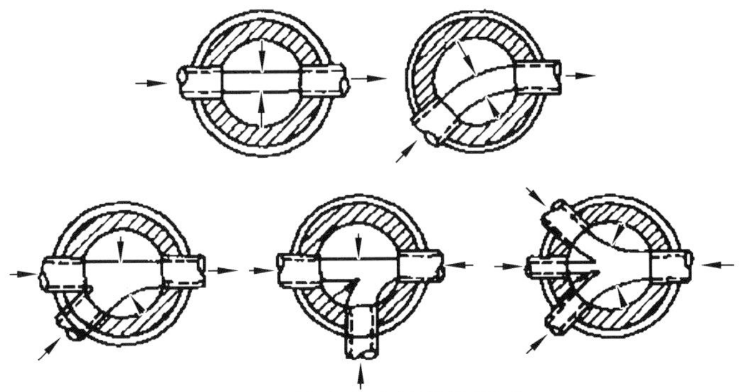

2-14　检查井底流槽的形式

5. 跌水井

跌水井是设有消减水流能量设施的检查井。当管道内跌水高度在 1 m 以内时，一般只需在检查井井底做成斜坡，不需采取专门的跌水措施。常用的跌水井有竖管式（或矩形竖槽式）、溢流堰式和阶梯式三种形式（图 2-15）。竖管式跌水井适用于直径小于或等于 400 mm，且坡度较大的管道，当管径小于 200 mm 时，一次跌水高度不宜大于 6 m；当管径为 300 ~ 400 mm 时，一次跌水高度不宜大于 4 m。溢流堰式跌水井适用于管径大于 400 mm 以上的管道。当流速或落差很大时，可用阶梯式跌水井替代，其跌水部分为多级阶梯，水流能量被逐步消除。

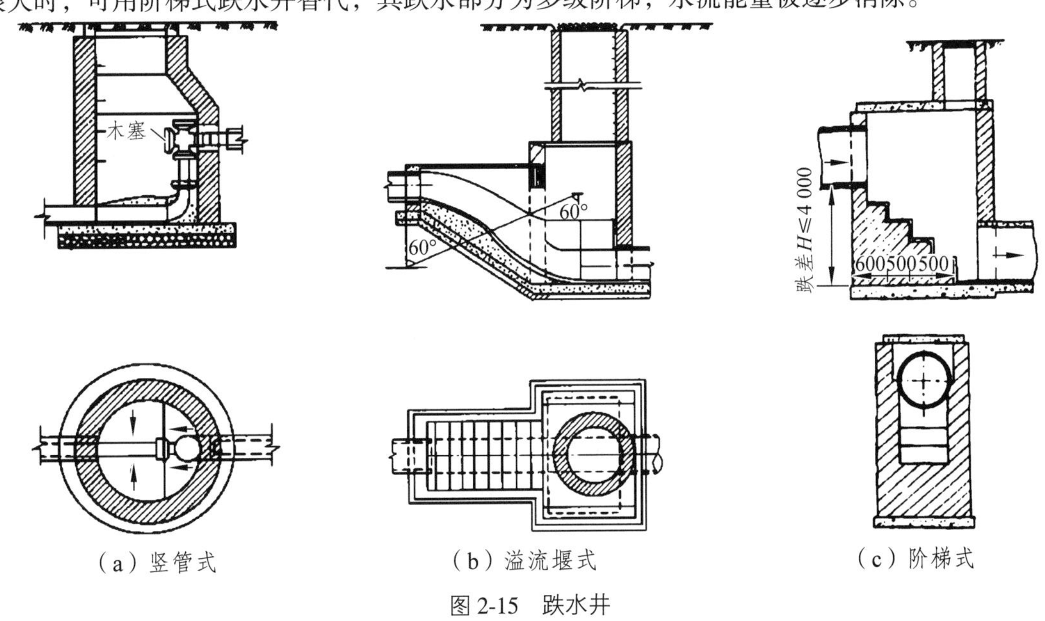

图 2-15　跌水井

6. 水封井及换气井

当污废水能产生引起爆炸或火灾的气体时，其排水管道系统中必须设水封井。水封井应设在产生上述污废水的生产装置、贮罐区、原料贮运场地、成品仓库、容器洗涤车间等的排除口以及适当距离的干管上。水封井不宜设在车行道和行人众多的地段，并应适当远离产生明火的场地。水封井的形式有竖管式水封井和高差式水封井。水封井深度不应小于 0.25 m。井上宜设通风设施，井底宜设沉泥槽，其深度一般为 0.5 ~ 0.6 m。图 2-16 为竖管式水封井的示意图。

换气井是一种设有通风管的检查井（图 2-17），一般设在污水管道中。为防止爆炸、火灾意外事故以及保证工人检修时的安全，应在街道排水管的检查井上设置通风管，使有害气体在住宅管的抽风作用下，沿着相应管道随同空气排入大气中。

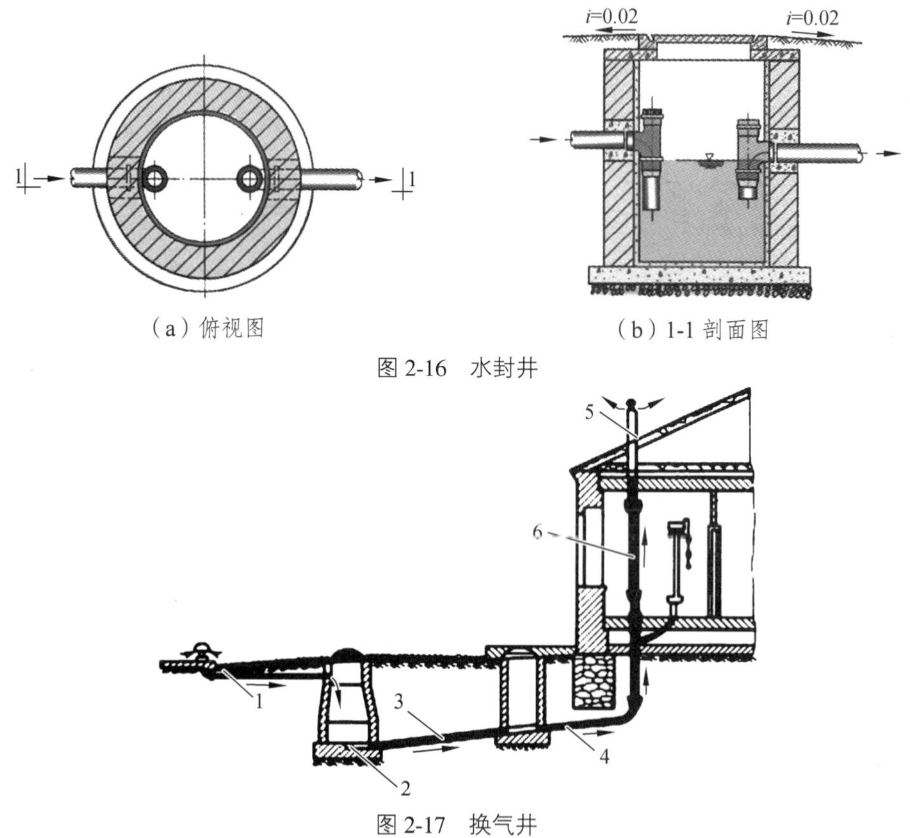

（a）俯视图　（b）1-1 剖面图

图 2-16　水封井

图 2-17　换气井

1—通风管；2—街道排水管；3—庭院管；4—出户管；5—透气管；6—竖管

7. **溢流井**

在截留式合流制排水系统中，在合流管道与截留干管的交汇处应设置溢流井，其作用是将超过溢流井下游管道输水能力的那部分混合污水，通过溢流井溢流排出。

溢流井有截流槽式、溢流堰式和跳跃堰式三种形式（图 2-18）。截流槽式溢流井是最简单的溢流井，槽顶与截流干管管顶相平，当上游来水过多，槽中水面超过槽顶时，超量的水溢入水体。溢流堰式溢流井是在截流管的侧面设置溢流堰。当流槽中的水面超过堰顶时，超量的水溢流进入水体。跳跃堰式溢流井是当上游流量大到一定程度时，水流将跳跃过截流干管，直接排入水体。

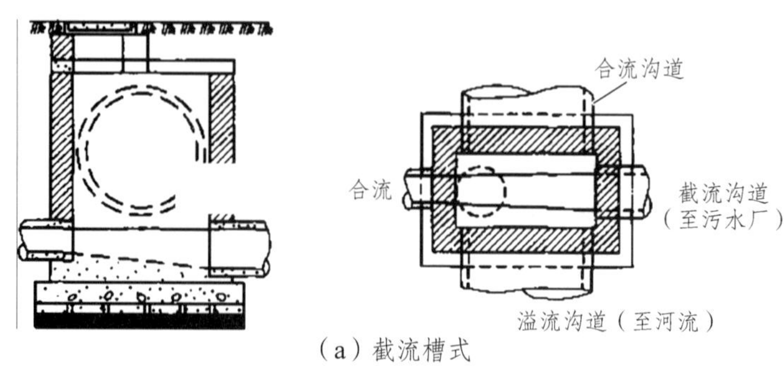

（a）截流槽式

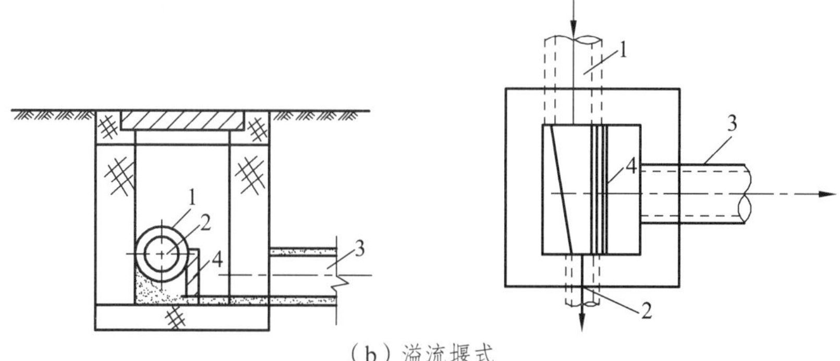

（b）溢流堰式

1—合流管道；2—截流干管；3—排出管道；4—溢流堰

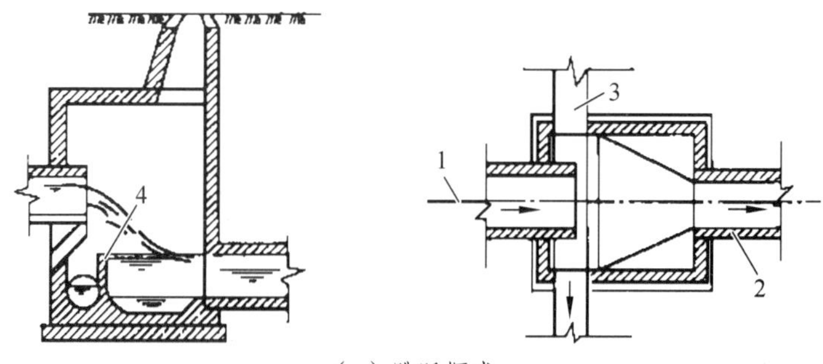

（c）跳跃堰式

1—合流管渠；2—排出管渠；3—截流干管；4—隔墙

图 2-18　溢流井

8. 冲洗井

当污水管内的流速较低时，为防止淤塞，可设置冲洗井。冲洗井有人工冲洗和自动冲洗两种类型。人工冲洗井（图 2-19）的结构简单，是具有一定容积的检查井。冲洗井的出流管上设有闸门，井内设有溢流堰以防止井中水深过大。冲洗井一般适用于管径小于 400 mm 的小管道上，冲洗管道的长度一般为 250 m 左右。

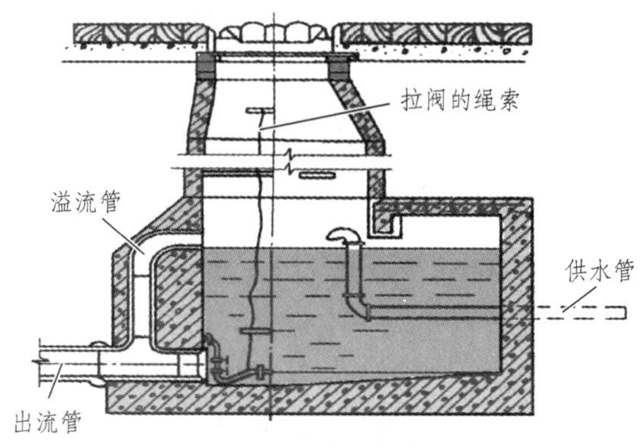

图 2-19　冲洗井

9. 雨水口

雨水口是在雨水管渠或合流管渠上收集雨水的构筑物。地面上的雨水经雨水口通过连接管流入排水管渠。雨水口通常设置在汇水点（包括集中来水点）和截水点处，以防止雨水漫过道路或造成道路及低洼地区积水而妨碍交通。道路上雨水口的间距一般为 25 ~ 50 m（视汇水面积大小确定）。雨水口由进水箅、井筒和连接管三部分构成（图 2-20）。

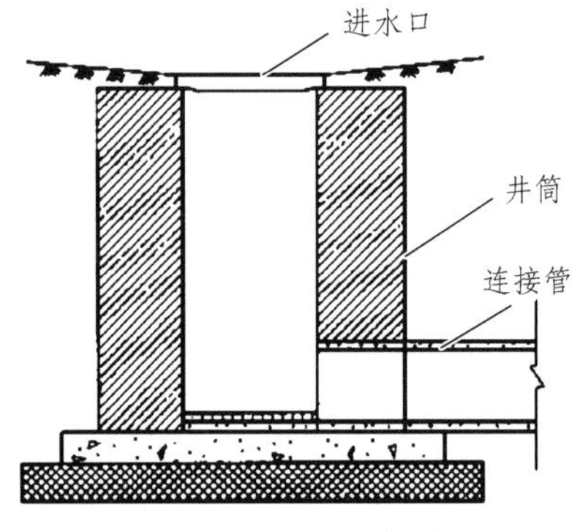

图 2-20　雨水口的构造图

进水箅可用铸铁或钢筋混凝土、石料制成。钢筋混凝土或石料进水箅可节约钢材，但其进水能力远低于铸铁进水箅。井筒可用砖砌或用钢筋混凝土预制，亦可采用预制混凝土管。雨水口按进水箅在街道上的设置位置可分为：边沟雨水口、边石雨水口和联合式雨水口（图 2-21）。雨水口的深度一般不大于 1 m，并根据需要设置沉泥槽。雨水口以连接管与排水管渠的检查井相连。但当排水管直径大于 800 mm 时，在连接管与排水管连接处可不设检查井，而设连接暗井。

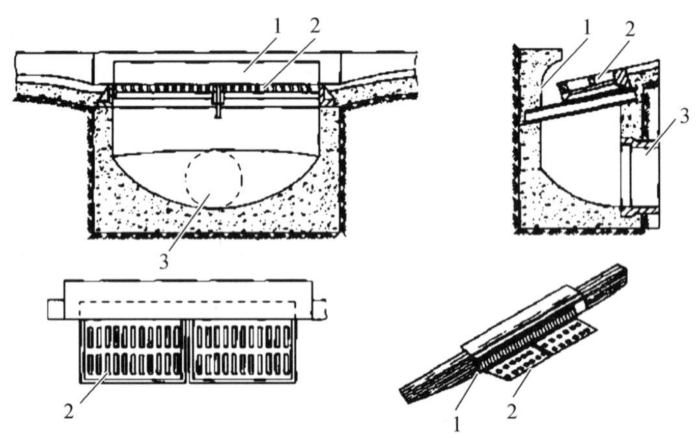

图 2-21　双箅联合式雨水口

1—边石进水口；2—边沟进水口；3—连接管

10. 出水口

排水管渠出水口的设置应取得当地卫生主管部门和航运管理部门的同意。出水口与水体岸边连接处应采取防冲、加固等措施，一般用浆砌块石做护墙和铺底，在受冻胀影响的地区，出水口基础必须设置在冰冻线以下，并应考虑用耐冻胀材料砌筑。当出水口深入河道时，应设置标志。

为使污水与水体水混合良好，同时为避免污水沿滩流泻造成环境污染，污水排水管渠出水口一般采用淹没式，又可分为江心分散式、一字式出水口和八字式出水口三种（图 2-22）。江心分散式出水口是将污水管道顺河底用铸铁管或钢管引致江心，然后排出，可以使污水和水体水流充分混合。雨水管渠出水口一般采用非淹没式，其管底标高应在水体最高水位之上，以免水体倒灌。

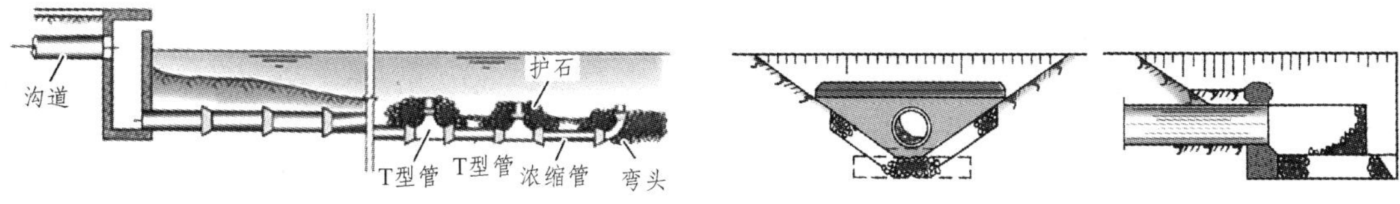

（a）江心分散式式出水口　　　　（b）一字式出水口

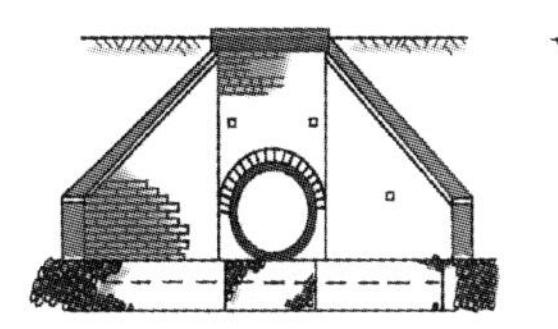
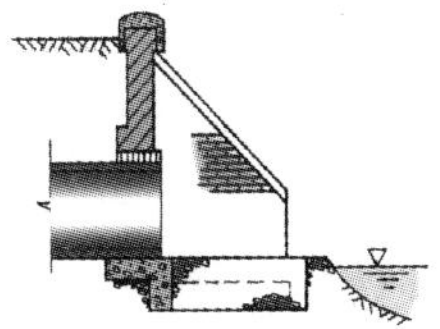

（c）八字式出水口

图 2-22　出水口

【任务准备】

联系污水处理厂，协定参观、学习相关事宜。

【任务实施】

带领学生污水处理厂参观相应的污水处理管道系统，认识管网附属构筑物。

【检查评议】

评分标准见表 2-7。

表 2-7　评分标准

编号	项目内容	评分标准	分值	扣分	得分
1	学习态度	不认真学习扣 10 分，态度不积极扣 10 分	20		
2	团队协作精神	没有团队精神扣 10 分	10		
3	专业能力	根据看到的管网附属构筑物进行提问，回答错一处扣 10 分，扣完为止	50		
4	安全文明操作	不注意安全扣 20 分	20		
5	合计		100		

【思考与练习】

（1）常见的管网附属构筑物有哪些？

（2）跌水井的作用及分类如何？各类跌水井的适用范围是什么？

知识点四　调节构筑物

【任务描述】

学习清水池、水塔、污水提升泵站的构造、要求以及运行管理方法。

【任务分析】

在水处理管网中，常常需要建造调节构筑物以调节管网内水量的变化。常见的调节构筑物有给水管网系统中的清水池、水塔（或高位水池）以及污水管网中的污水提升泵站等。其中，清水池还具有保证消毒接触时间的作用，水塔还具有保证管网压力的作用。这些调节构筑物在管网系统中也是必不可少的，了解其特点和原理等是本任务的重点。

【知识链接】

1. 清水池

清水池的作用是调节一级泵站和二级泵站供水量的差额。清水池常采用钢筋混凝土、预应力钢筋混凝土或砖石材料构造，其中以钢筋混凝土水池使用最广。其形状一般为圆形或矩形。当水池容积小于 2500 m^3 时，设为圆形较为经济；而大于 2500 m^3，则以矩形较为经济。

清水池的主要构造如图 2-23 所示。水池的放空管接到集水坑内，其管径一般按最低水位时 2 h 内将池水放空计算。为保证检修工作，当水池容积在 1000 m^3 以上时，应至少设两个检修孔。此外，为使池内自然通风，应设若干通风孔，孔口至少要高出水池覆土面 0.7 m 以上。

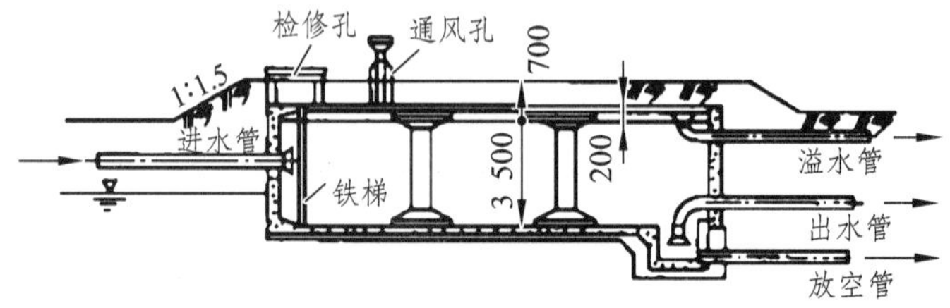

（a）剖面图

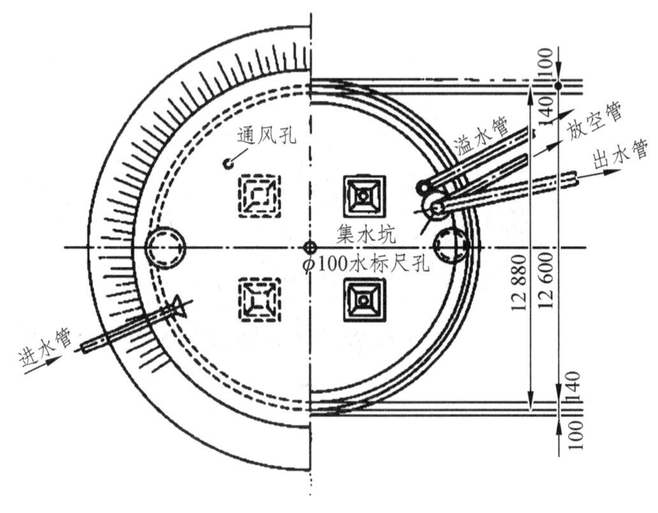

（b）俯视图

图 2-23　圆形钢筋混凝土水池

清水池的个数或分格数一般不少于两个，并且可单独工作，分别检修。只建一个清水池时，应设超越管绕过清水池，以便清洗时仍可供水。

2. 水　塔

水塔是位于二级泵站与用户之间，用以调节二级泵站供水量和用户用水量之间的差额设施（图 2-24）。水塔主要由水柜（或水箱）、塔体、管道和基础组成。水柜主要的作用是贮存水量，其容积包括调节容量和消防贮水量。水柜通常做成圆形，应该牢固不透水。水柜可用钢材、钢筋混凝土或木材，容积很小时，也可用砖砌。塔体的作用是支撑水柜，常用钢筋混凝土、砖石或钢材建造。也有采用装配式或预应力钢筋混凝土建造的水塔。水塔的进水管和出水管可以合用，也可以分别单独设置。合用时进水管伸到高水位附近，出水管靠近柜底，出水柜后合并连接。溢水管上端设有喇叭口，管道上一般不装阀门。为便于检修时放空水柜存水，须设置放空管。放空管从柜底接出，管上设有阀门，并接到溢水管上。溢水管和放空管可合并。在寒冷地区，应在水柜外壁做保温防冻层。

图 2-24　水塔实例图

3. 调节（水池）泵站

调节（水池）泵站主要由调节水池和加压泵房组成（图 2-25），其主要作用是调节水量和水压。调节水池与普通水池一样都设有进水管，出水管、溢流管及排水管等，为了避免水池进水时造成管压降低过大，进水阀门需要根据水压情况经常调整，故一般采用电动操作。

图 2-25　水池和泵房

4. 污水提升泵站

污水提升泵站的主要作用是将上游来水提升至后续处理单元所要求的高度，使其实现重力自流。污水提升泵站主要由机器间、集水池、格栅、辅助间等组成（图 2-26）。目前新建和在建的污水处理厂绝大部分采用潜污离心水泵，泵房结构简单，管理方便。

图 2-26　污水提升泵站

【任务准备】

联系某一水厂，确定参观相关事宜。

【任务实施】

带领学生到预约的水厂参观调节构筑类的设施。

【检查评议】

评分标准见表 2-8。

表 2-8　评分标准

编号	项目内容	评分标准	分值	扣分	得分
1	学习态度	不认真学习扣 10 分，态度不积极扣 10 分	20		
2	团队协作精神	没有团队精神扣 10 分	10		
3	专业能力	根据看到的调节构筑物进行提问，回答错一处扣 10 分，扣完为止	50		
4	安全文明操作	不注意安全，扣 20 分	20		
5	合计		100		

【思考与练习】

（1）常见调节构筑物包含哪些?

（2）污水提升泵站组成包含哪些?

任务二　取水水源与取水构筑物运行与管理

知识点一　取水水源运行与管理

【任务描述】

学习给水工程中取水水源的分类和选择，以及取水水源运行与管理的方法和注意事项。

【任务分析】

首先需要了解取水水源的类型以及特点，熟悉取水水源运行与管理的方法，然后才能进行取水水源的管理工作。

【知识链接】

一、取水水源种类

取水水源是指能为人们所开采，经过一定的处理或不经处理即能为人们所利用的自然水体，水源选择是保证居民生活饮用水安全卫生的措施之一。取水水源可分为地表水源和地下水源。地表水源包括江河水、湖泊水、水库水和海水等。而地下水源则包括上层滞水、潜水、承压水、裂隙水、岩溶水和泉水等。

二、取水水源管理

取水水源的管理主要包括水量管理和水质管理两个方面。

1. 地表水源的管理

（1）水量管理

① 水位和流量观测。观察和记录取水口附近的河流流量和水位，每日一次，洪水期间适当增加次数。对于湖泊和水库水源，可测绘出水位-水库关系曲线，在水塔附近设置水位标尺，根据水位变化，推算出进水量、出水量和库容（图 2-27）。

② 记录当天总取水量和取水流量。

③ 记录当天气温和降雨情况。

④ 汛期应及时了解上游水文变化和洪水情况。

⑤ 地表水水源的水量管理由进水泵房或取水设施值班人员负责观察和记录，每月由管生产、技术的人员进行汇总，每年进行一次分析整理，绘制河水流量与水位的变化曲线，以逐步掌握水源的变化规律，发现异常情况时，要及时查清原因、寻求对策。

图 2-27　水位观测设施

（2）水质管理

① 每日分析和记录取水口附近水源的浊度、pH 值和水温，在水质变化频繁的季节，应适当增加分析次数和内容。

② 每月或每季对取水口附近的河（湖、库）水质选择有代表性的重要指标进行一次常规分析，在水质变化频繁的季节，还要增加检测次数。

③ 每季或每半年对取水口附近的河（湖、库）水按照国家标准规定的项目进行一次全分析。

④ 每年对取水口上游进行水源污染调查，调查内容与要求根据当地实际情况确定。

⑤ 水库和湖泊水源每 3 个月还应对不同深度的水温、浊度、类与浮游生物含量进行一次检测，在水质变化频繁的季节，应适当增加检测次数。

⑥ 每日的浊度、pH 值及水温可由进水泵房或净水操作工人进行测定。

⑦ 常规分析、全分析与其他检测都应由厂（公司）化验室负责，没有化验室的由厂部责成水质管理人员委托当地卫生部门或其他有条件的水厂进行，水源污染调查由厂部负责。

所有分析资料都要指定专人进行分析、整理。发现异常情况，要立即分析研究，查找原因，寻找对策。每年还要写出水源水质分析书面总结材料，所有资料都要存档保存。

2. 地下水源的管理

地下水源的管理和地表水源的管理比较类似。

（1）水量管理

① 记录每日出水量、井内水位和水温。

② 经常关注周围水井水位变化，研究由于抽水造成的地下水位降漏斗的范围。

③ 靠近河流的地下水源应注意河水流量与水位变化对地下水源取水量的影响，及时预测取水量的变化趋势。

（2）水质管理

地下水源的水质管理同地表水质管理。应注意每日做一次细菌项目分析，每月做一次常规分析，每年做一次全分析，并应严格做好水源的卫生防护工作。

【任务准备】

选择所在城市的典型地表水源，模拟或到水源管理处进行取水水源的运行与管理。

【任务实施】

对地表水或地下水水量、水位、水温等的变化进行详细、完整的记录。对出现水量或水质异常，能分析原因并提出解决对策。

【检查评议】

评分标准见表 2-9。

表 2-9 评分标准

编号	项目内容	评分标准	分值	扣分	得分
1	学习态度	不认真学习扣 10 分，态度不积极扣 10 分	20		
2	团队协作精神	没有团队精神扣 10 分	10		
3	专业能力	是否按要求进行水量管理，各记录是否及时、完整，能否分析并解决水源出现的异常情况	50		
4	安全文明操作	不注意安全扣 20 分	20		
5	合计		100		

【思考题】

（1）如何保护取水水源地？

（2）如何管理地表水和地下水？

知识点二　取水构筑物运行与管理

【任务描述】

了解取水构筑物的类型、构造和适用条件，掌握取水构筑物运行与管理方法。

【任务分析】

取水构筑物是给水工程中一个重要的组成部分，它的任务是从水源取水并输送至水厂或用户。通过对取水构筑物类型、构造、适用条件和运行与管理的方法的学习，能进行取水构筑物运行与管理。

【知识链接】

一、取水构筑物分类

取水构筑物按照取水水源的不同可分为地表水取水构筑物和地下水取水构筑物。

1. 地表水取水构筑物分类

地表水取水构筑物按照水源划分有河流、湖泊、水库、海水取水构筑物（图 2-28）；按构造形式划分，则有固定式（岸边式、河床式、斗槽式等）和移动式（浮船式和缆车式）两种。而在山区河流上，则有带低坝的取水构筑物和低栏栅式取水构筑物。

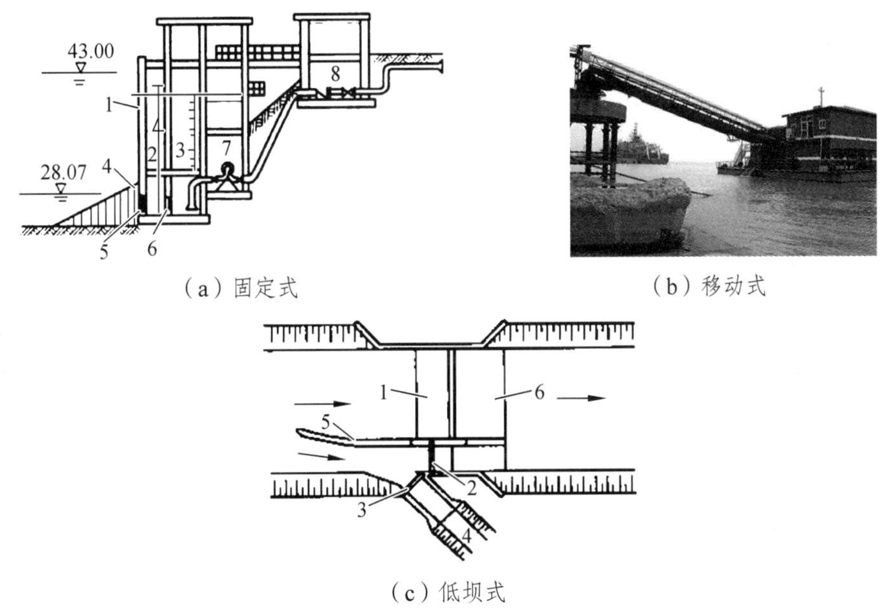

（a）固定式

（b）移动式

（c）低坝式

1—溢流坝；2—冲沙闸；3—进水闸；4—引水明渠；5—导流堤；6—护坦

图 2-28　地表水取水构筑物

2. 地下水取水构筑物

由于地下水类型、埋藏深度、含水层性质等的差异，采集地下水的方法和取水构筑物形式也各不相同。常见的取水构筑物包括管井、大口井、渗渠、辐射井、复合井等（图 2-29）。其中以管井和大口井最为常见。

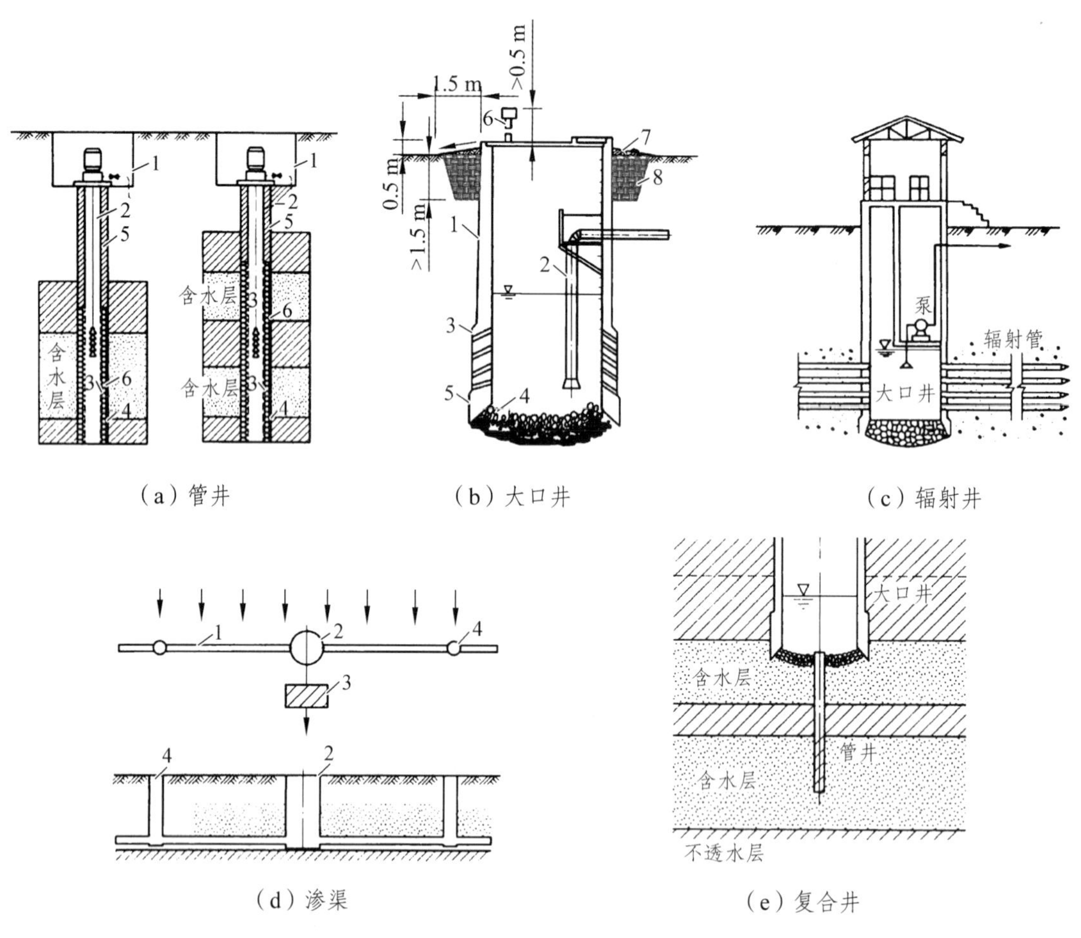

（a）管井　（b）大口井　（c）辐射井

（d）渗渠　（e）复合井

图 2-29　地下水取水构筑物

二、地表水取水构筑物运行与管理

地表水取水构筑物的运行与管理主要包括地表水源水质的监测、取水构筑物的维护以及取水泵站的运行和维护。地表水源的监测项目主要有浊度、pH 值、水温等，可参考取水水源运行与管理这部分。取水泵站的主要运行控制参数有取水泵站吸水井水位、水泵机组进口真空度及出口压力、总管压力、流量等。该部分的重点是取水构筑物的运行和维护。

1. 地表水取水构筑物运行中常见问题及对策措施

地表水取水构筑物在运行中经常遇到的问题主要有：泥沙淤塞，取水口和管路被漂浮物等杂质或水生物堵塞，取水口冻结，设备故障等。在实际运行中应经常进行检修，以便及时发现和解决这些问题。

（1）漂浮物堵塞

地表水取水构筑物特别是江河取水构筑物，水流中往往含有漂浮物。这些漂浮物很容易聚集在进水口、取水头部的格栅和格网上，甚至会堵塞进水孔和取水头部，造成断流。在取水构筑物管理中，应注意以下事项：

① 加强管理。实施巡回检查制度，每天至少检查一次，汛期增加检查次数，以及时发现堵塞现象。

② 防草措施。在取水口附近的河面上，通常设置防草浮堰、挡草木排以及在压力管道中设置除草器等，以阻止漂浮在水面上的杂物靠近取水头部和进入水泵。

③ 格栅和格网的管理。格栅用以拦截水中粗大的悬浮物和鱼类等。而格网则拦截更细小的漂浮物。格网堵塞后应及时冲洗，以免格网前后水位差引起格网破裂。格网的冲洗一般采用 200 ~ 400 kPa 的高压水通过穿孔管或喷嘴来进行，冲洗后的污水沿排水槽流走。而格栅则可采取机械或水力方法冲洗。

（2）泥沙淤塞

湖泊、水库由于水流速度缓慢，泥沙容易沉积，因此建在其上的取水构筑物需要特别注意泥沙淤积的问题。泥沙含量较多的河水进入取水构筑物进水间后，由于流速降低，也会有大量泥沙沉积，如不及时排除，将影响取水构筑物的正常运行。

排除泥沙的方法常用排沙泵、排污泵、射流泵、压缩空气提升器等设备。一般大型进水间多用排沙泵、排污泵或压缩空气提升器排泥。小型进水间，或者泥沙淤塞不严重时，可采用高压水带动的射流泵排泥。此外，一般在井底设有穿孔冲洗管或冲洗喷嘴，利用高压水对进水间和吸水井进行冲洗。因此，冲洗和排泥过程可同时进行，以提高排泥效率。

（3）进水管维护

对于河床式取水构筑物而言，其运行和管理的重要任务就是进水管的维护。

河床式取水构筑物的进水管主要有自流管、虹吸管、进水暗渠等。自流管一般采用钢管、铸铁管或钢筋混凝土管；虹吸管通常采用钢管或铸铁管。

当进水管内流速过小时，可能产生淤积。自流管长期停用后，由于异重流的原因，也有可能造成淤积。此外，漂浮物也可能堵塞取水头部。这时，应采取一定的冲洗措施。冲洗方法有顺冲洗和反冲洗两种。

① 顺冲洗可采取两种方法：一是关闭部分进水管，使全部水量通过待冲的一根进水管，以加大流速的方法来冲洗；二是在河流高水位时，先关闭进水管阀门，从该格集水间抽水至最低水位，然后迅速开启进水管阀门，利用河流与进水间的水位差来冲洗进水管。

② 反冲洗。当河流水位较低时，先关闭进水管末端阀门，将该格集水间充水至高水位，然后迅速开启阀门，利用集水间与河流的水位差进行反冲洗。也可将泵房内水泵的压水管与进水管连接，利用水泵压力水或高压水池来水实现反冲洗。

此外，对于虹吸管，还可在河流低水位时，利用破坏真空的方法进行反冲洗。

（4）防冰冻、冰凌

在有冰冻的河流上，为防止水内冰堵塞进水孔，影响取水安全。此时，可采取降低进水孔流速、加快江河水流速度、加热格栅、在进水孔前引入热沸水、通入压缩空气、采用渠道引水等措施。此外还可采取设置导凌设备、降低格栅导热性能、机械清除、反冲洗等防止进水孔冰冻的措施。具体详见给水工程相关书籍。

（5）防洪、防汛

为防止洪水对取水构筑物和取水泵房的危害，应采取必要的措施。这些措施包括：

① 及时掌握水情，并巡查堤防。

② 进行防汛前的检查，并准备好防汛物资。

③ 采取防漫顶和防风浪冲击的措施。当水位越过警戒水位时，堤防可能出现漫顶前，应修筑子堤。而当堤防迎水面护坡受风浪冲击较严重时，可采用草袋防浪措施。

④ 及时发现并处理防洪漏洞。

2. 移动式取水构筑物的运行与管理

移动式取水构筑物的运行管理比较麻烦和复杂，有其特殊性。下面分别介绍浮船式和缆车式取水构筑物运行与管理时应注意的问题。

（1）浮船式取水构筑物

浮船式取水构筑物在运行时应注意以下问题：

① 防止浮船被撞击。浮船式取水构筑物受风浪、航运、漂木及浮筏、河流流量、水位急剧变化的影响较大，应采取必要措施防止其被航船、木排等撞击，如进行浮船警戒等，以免影响供水安全。

② 浮船式取水应随河流水位的涨落拆换接头，移动船位，收放锚链，紧固缆绳及电线电缆。移船的方法有人工移船和机械移船两种。机械移船是利用船上的电动绞盘，收放船首尾的锚链和缆索，使浮船向岸边或江心移动，较为方便。人工移船则用人力移动绞盘，耗费较多劳动。

③ 浮船在运行时，应注意设备重量在浮船工作面上的分配和设备的固定。必要时可专门设置平衡水箱和重物调整平衡。而一般应在船体中设置水密隔舱，以防止发生沉船事故。

（2）缆车式取水构筑物

① 应随时了解河流的水位涨落及河水泥沙状况，以及时调整缆车的取水位置，保证取水水量和水质。

② 汛期应采取有效措施保证车道、缆车及其他设备的安全。

③ 注意缆车运行时人身与设备的安全。特别是检查缆车是否处于制动状态，确保运行时处于安全状态。

④ 定期检查卷扬机与制动装置等安全设备，以免发生不必要的安全事故。

缆车式取水构筑物运行时的其他注意事项与固定式取水构筑物基本相同。

三、地下水取水构筑物运行与管理

1. 管　井

（1）管井日常运行与管理

管井应合理使用，在日常运行和管理中应注意以下事项：

① 出水量。管井抽水设备的出水量应小于管井的设计出水能力，并使管井过滤器表面进水流速小于允许进水流速，否则会使出水含沙量增加，破坏含水层的渗透稳定性。

② 管井使用卡制度。管井应有使用卡，以便值班或巡视人员逐日按时记录水井的出水量、水位、水压以及电动机的电流、电压和温度等，以此为依据研究是否出现了异常现象，并及时进行处理。

③ 管井、机泵的操作规程和维修制度。应严格遵守这些必要的制度，比如深井泵运行时应进行预润程序，及时加注机泵润滑油等；机泵必须定期检修，管井应及时清理沉淀物，必要时进行洗井以恢复其出水能力等。

④ 季节性供水的管井，在停运期间，应定期抽水，以防止长期停用导致的电动机受潮以及管井腐蚀与沉积。

⑤ 卫生防护要求。管井周围应保持良好的卫生环境，并进行绿化，以防止含水层被污染。

（2）管井运行常见问题及对策措施

管井在运行中最常出现的问题是出水量减少。主要有管井本身以及水源两个方面的原因。管井出水量减少的原因和对策措施详见表 2-10。

表 2-10　管井出水量减少原因与对策措施

原因	措施
过滤器进水口尺寸不当、缠丝或滤网腐蚀破裂、接头不严或管壁断裂等造成砂粒流入而堵塞	更换过滤器、修补或封闭漏砂部位
过滤器表面及周围填砾、含水层被细小泥沙堵塞	用钢丝刷、活塞法、真空法洗井（图 2-30）
过滤器表面及周围填砾、含水层被腐蚀胶结物和地下水中析出的盐类沉淀物堵塞	18%～35%工业盐酸清洗
细菌等微生物繁殖造成堵塞	氯化法或酸洗法
区域性地下水位下降	回灌补充、降低抽水设备安装高度
含水层中地下水流失	隔断、新建管井

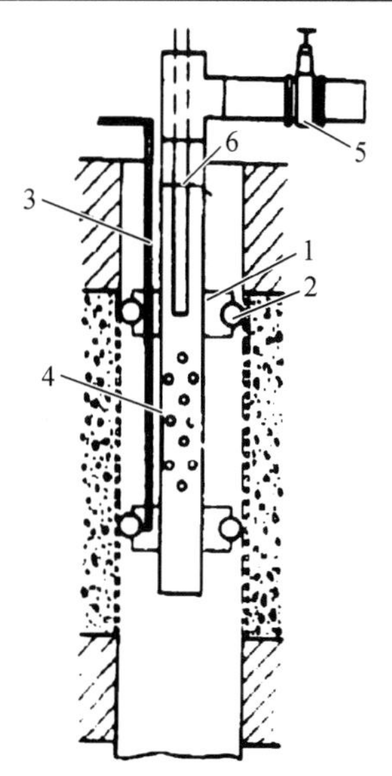

图 2-30　胶囊封闭洗井装置

1—气囊架；2—气囊；3—气管；4—穿孔管；5—阀门；6—压缩空气

（3）增加管井出水量的措施

对于已经建成运行的管井，有时需要增加管井的出水量，这时可采取以下措施。

① 真空井法。这种方法是将井的井壁管或井筒与水泵吸水管直接相连、密封，使井中动水

位以上的空间形成真空，以达到增加井内进水量的目的。其形式有适合于卧式水泵的对口抽真空井（图 2-31）和深井潜水井真空井（图 2-32）。

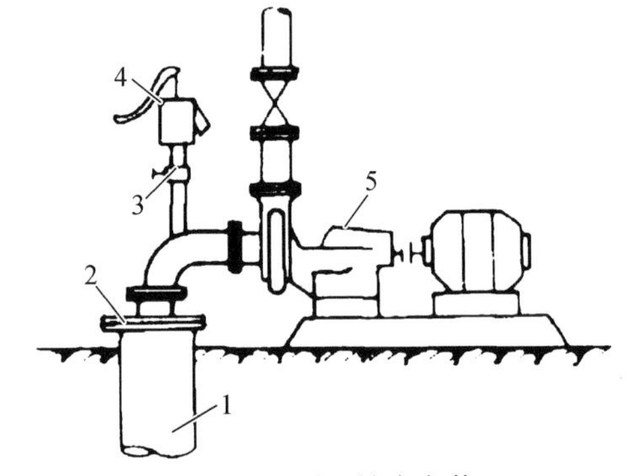

图 2-31　对口抽真空井

1—井管；2—封闭法兰；3—阀门；4—手压泵；5—卧式离心泵

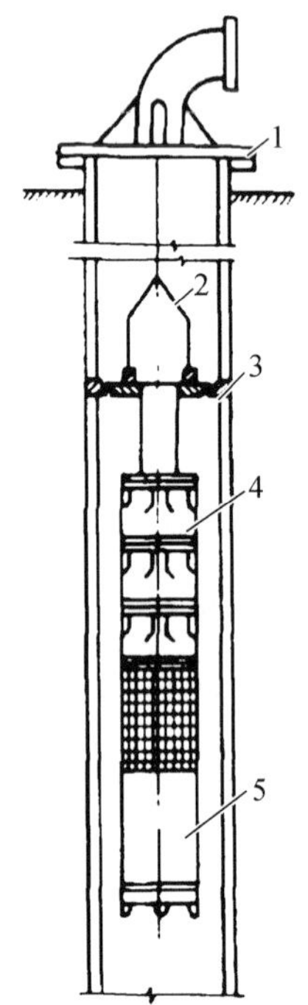

图 2-32　深井潜水井真空井

② 爆破法。对于裂隙水、岩溶水，常因孔隙、裂隙、溶洞发育不均，影响地下水的流动，从而降低管井出水量。此时，可采用井中爆破法，以增加含水层的透水性。在爆破时，应对含水层的岩性、厚度和裂隙溶洞发育程度进行分析，拟定爆破计划。

③ 酸处理法。该法适用于石灰岩地区，可采用注酸的方法增大石灰岩裂隙及溶洞。注酸后以 980 kPa 以上的压力水注入井内，使酸液深入裂隙中，时间为 2 ~ 3 h；之后，应及时排除反应物。

2. 大口井

（1）大口井日常运行与管理

大口井运行与管理和管井比较类似，但也有其特殊性。在运行中，应特别注意以下事项：

① 水量管理。大口井在运行时应均匀取水，且最高取水量不得超过设计出水量。由于大口井出水量在丰水期和枯水期的变幅较大，因此，枯水期应避免过量取水，否则容易破坏滤层结构，使井内大量涌砂，影响大口井出水量。

② 水质管理。大口井所采集的浅层地下水容易遭受周围地表水以及土壤的污染。可采取以下措施加强水质的管理：定期维护井口、井筒的防护构造；在地下水影响半径范围内，注意水质监测；制定水源卫生防护管理制度；保持井内良好的卫生环境，经常通风换气，并防止井壁微生物生长。

（2）大口井运行常见问题及处理措施

大口井运行中最常见的问题是出水量降低。产生这种问题的原因可能是井内动水位下降、井底反滤层铺设不当或淤积以及井壁进水孔的堵塞等。可分别采取以下处理措施：

① 井内动水位下降，水泵扬程增加，效率降低，出水量相应减少。此时，可降低水泵标高，改善水泵的工作条件，增加出水量。

② 井底反滤层铺设不当或已造成井底严重淤积的大口井，应重新铺设反滤层以增加出水量。铺设时，先将地下水位降低，挖出原有反滤层，彻底清洗并补充滤料。

③ 井壁进水孔堵塞时，应清理井壁进水孔或换填井壁周围的反滤层。清理方法可参考管井的运行与管理的相关内容。

3. 渗　渠

（1）渗渠日常运行与管理

渗渠的日常运行与管理方法和管井、大口井基本相同，但也有其特殊性，应加以注意。

① 应掌握渗渠出水量的变化情况。由于渗渠出水量与河流流量关系密切，因此应通过长期观察掌握其变化规律。

② 加强水质管理。应经常进行水质监测，做好卫生防护工作，确保渗渠出水水质。这对于只经过消毒处理的渗渠出水来说尤为重要。

③ 做好渗渠的防洪工作。渗渠的集水管、检查井、集水井等须防止洪水冲刷以及洪水灌入集水管造成渗渠的淤积。每年汛期前，应检查井盖封闭是否牢靠，护坡、丁坝等是否完好；洪水过后应及时检查并进行清淤、维修工作。

（2）渗渠出水量衰减问题及对策措施

渗渠在运行过程中常出现不同程度的出水量衰减的问题，这主要有渗渠本身、地下水源以及渗渠设计等方面的原因。可以采取如表 2-11 所示的措施。

表 2-11　渗渠出水量减少的原因与对策措施

原因	措施
渗渠反滤层和周围含水层受地表水中泥沙杂质淤塞	· 选择泥沙杂质含量少的河段建造渗渠 · 合理布置渗渠，避免将渗渠埋设在排水沟附近 · 控制渗渠的取水量
地下水源	· 降低渗渠取水量 · 河道整治

（3）增加渗渠出水量的措施

渗渠在运行过程中，如果需要增加其出水量，可考虑采取以下措施：

① 修建拦河闸。在距离渗渠下游河床较近的地方，可垂直于河流修建拦河闸。枯水期关闸蓄水，以提高渗渠出水量；而在丰水期则开闸放水，冲走沉积的泥沙，恢复河床的渗透性能。

② 修建临时性的拦河土坝。即在渗渠下游将河砂堆成土堤以缩小枯水期河流断面，达到提高河水水位的目的。这种方法由于须在汛期来临前拆除土坝，因此工程量较大。也可将土坝顺河修筑，慢慢缩小水面，以减少第二年的工程量。

③ 修建地下潜水坝。当含水层较薄，河流断面较窄时，可在渗渠下游 10 ~ 30 m 内修建截水潜坝，能有效提高渗渠出水量。

此外，辐射井和复合井的运行与管理与上述几种地下水取水构筑物基本相同。

【任务准备】

假定某地表水取水构筑物运行中遇到了泥沙淤塞、漂浮物堵塞、进水管淤积等情况。

【任务实施】

到现场调查了解问题的基本情况，查阅相关资料，拟定解决方案。

【检查评议】

评分标准见表 2-12。

表 2-12　评分标准

编号	项目内容	评分标准	分值	扣分	得分
1	学习态度	不认真学习扣 10 分，态度不积极扣 10 分	20		
2	团队协作精神	没有团队精神扣 10 分	10		
3	专业能力	是否正确的分析问题；问题的解决方法是否正确；是否正确实施了解决方案；效果如何	50		
4	安全文明操作	不注意安全扣 20 分	20		
5	合计		100		

【思考题】

（1）地表水源和地下水源各有何优缺点，如何选择合适的水源？

（2）地表水取水构筑物按构造形式不同可分为哪几种类型？它们的优缺点如何？

任务三　给水管网运行与管理

知识点一　管网技术资料与地理信息系统管理

【任务描述】

了解管网技术资料管理的主要内容，熟悉管网技术资料管理的要求。

【任务分析】

城市给水管网一般埋设于地下，属于隐蔽性工程。使用者要想了解管网的资料，进行管网的运行与管理、改建和扩建，只有通过管网的技术档案资料来实现，并需要借助管网地理信息系统。方便地查阅、使用这些资料。因此我们首先需要熟悉管网技术资料有哪些以及如何使用管网地理信息系统。

【知识链接】

一、管网技术资料管理

管网技术资料包括设计资料、竣工资料、管网改扩建资料、管网现状资料等。

1. 管网设计资料

管网设计资料包括管网规划资料、管网项目建议书、可行性研究报告、前期审批文件、设计任务书、管道水力计算书、管网设计图、管网设计变更和工程核预算书。其中管网设计图包括总平面图、带状平面图、纵断面图和节点详图。

2. 竣工资料

施工过程中的技术资料主要有施工技术文件和施工原始记录。而竣工资料一般应包括图纸资料和文字资料。图纸资料包括总平面图、带状平面图、纵断面图和节点详图；而文字资料包括工程说明、招投标文件、管道水压试验记录、全线工程试运行及验收记录、隐蔽工程验收记录、工程预算和修改预算及决算资料。

3. 管网的改建扩建资料

一般应包括改扩建的时间，改扩建图纸及相关的文字资料，改扩建后供水状况的变化情况等。

4. 管网现状资料

较重要的管网现状技术资料是管网现状图。除了管网现状图外，还有管网运行与维护记录、用户管理卡、阀门管理卡等管网技术资料。

上述管网技术档案资料应严加管理，不能遗失或损坏。

二、管网地理信息系统管理

1. 管网地理信息系统

给水排水管网地理信息系统（简称给水排水管网 GIS）可管理给水排水管网的地理信息，包括泵站、管道、阀门井、水表井等各种附属构筑物以及用户资料等，为给排水的运行管理提供了重要的信息决策依据。其具体优势如下：

（1）为管网系统规划、改扩建提供图样及精确数据。

（2）能准确定位管道的位置、埋深、管道井、阀门井的位置等，减少开挖位置不正确导致的施工浪费和可能对通信、电力等其他地下管道的损坏。

（3）提供了管网优化规划设计、实时运行模拟、状态参数校核、管网优化调度等技术性功能的软件接口，具有管线巡查、测量、数据统计与计算、管网改造预警及管网事故处理等多种功能，能够优化给水管网系统，并降低运行成本。

管网 GIS 系统关系图如图 2-33 所示。

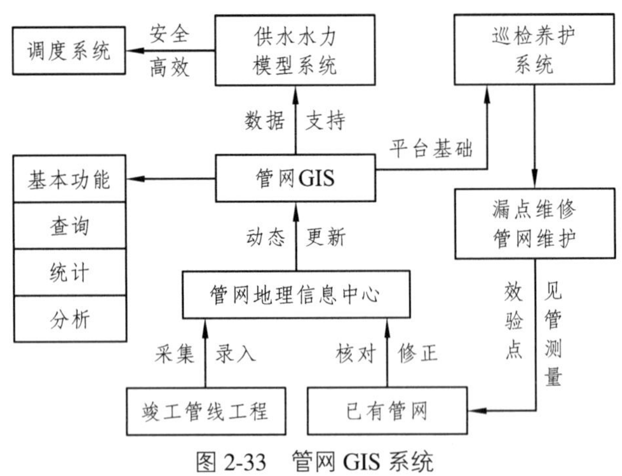

图 2-33　管网 GIS 系统

2. 管网地理信息系统管理

管网 GIS 的空间数据信息主要包括与给水系统有关的各种基础地理特征信息，如地形、土地利用、地貌、地下构筑物和河流等，以及给水系统本身的各种地理特征信息，如泵站、管道、水表、阀门、水厂及各种附属构筑物等。

在管网系统中采用地理信息系统，由于图形及其属性数（表 2-13）据可被看作是一体的，所以可以方便图形和数据间的互相查询。

表 2-13　管网 GIS 的属性

节点属性	包括节点编号、节点坐标（X、Y、Z）、节点流量、节点所在道路名等
管道属性	包括管道的编号、起始节点号、终止节点号、管长、管材、管道粗糙系数、施工日期、维修日期等
阀门属性	包括阀门的变化、坐标（X、Y、Z）、阀门种类、阀门所在道路名等
水表属性	水表编号、水表坐标（X、Y、Z）、水表种类、用户名等

【任务准备】

准备某管网现状资料以及管网 GIS 系统等相关软件。

【任务实施】

根据提供的管网现状资料分析管网运行状况，并利用 GIS 系统进行统计分析。

【检查评议】

评分标准见表 2-14。

表 2-14　评分标准

编号	项目内容	评分标准	分值	扣分	得分
1	学习态度	不认真操作扣 10 分	10		
2	动手能力	动手能力不强扣 10 分	10		
3	团队协作精神	没有团队精神扣 10 分	10		
4	专业能力	是否正确的分析问题；设备是否准备齐全，放置规范；是否按操作步骤进行；记录数据，分析管道渗漏情况等，操作错误一处扣 5 分，扣完为止	50		
5	安全文明操作	不爱护设备扣 10 分；不注意安全扣 10 分	20		
6	合计		100		

【思考与练习】

（1）管网技术资料包含哪些？

（2）GIS 系统的功能有哪些？

知识点二　管网运行状态监测

【任务描述】

熟悉管网水压和流量的测定。

【任务分析】

给水管网的水压和流量是管网运行的重要参数。通过了解管网压力和流量可直接掌握管网的运行状态，提出改造管网的措施，保证管网经济合理地运行。因此，水压和流量测定是管网运行与管理的重要内容。

【知识链接】

一、管网水压的测定

1. 水压测定方法

水压的测定一般每季度一次，但在夏季供水高峰期间，应增加测定次数。管网测压点分为固定测压点和临时测压点。

（1）固定测压点一般选在能说明管网运行状态、具有一定代表意义的压力点上，而且分布均匀合理。

（2）固定测压点主要设在大中管径的干管上，不宜设在进户支管或用水大用户处。经常测压的测压点可采用自动水压记录仪，每小时测 4 次，绘出 24 h 水压变化曲线。临时测压点一般根据临时测压需要设置，没有固定式测压设备，须临时组装压力表。

（3）每次测压后，应整理汇总测压资料，绘出等水压线，以反映各条管线的负荷。

2. 水压测定设备

常用的压力测量仪表有弹簧管压力表，电阻式、电感式、电容式等远传压力表。测量水压时，可在水流呈直线的管道下方设置导压管，导压管应与水流方向垂直。在导压管上安装压力表即能测出该管段的水压。

二、管网流量的测定

流量测定是给水管网管理的重要手段，可测定出水流的流速、流向和流量。测流点的选择也应该有一定的代表性。一般测流点应靠近管网前端。

管网流量测定的设备较多，常用的是毕托管、电磁流量计和超声波流量计（图 2-34）。毕托管测流时可插入管道中，比较经济、简便，但其操作较烦琐，测量时间长，测定结果需要进行计算。电磁流量计和超声波流量计安装使用方便，不增加管道的水头损失，容易实现数据的自动采集。流量计的使用方法参见本书其他项目。

（a）电磁式

（b）超声波式

图 2-34　流量计

【任务准备】

准备压力表。

【任务实施】

测定某管网的水压，根据已有数据，绘制 24 h 水压变化曲线，并且进行分析。

【检查评议】

评分标准见表 2-14。

【思考与练习】

（1）测压点的设置原则？

（2）如何评定管网的运行状态？

知识点三　管网检漏与维修

【任务描述】

熟悉给水管网漏损的原因、检测漏损的方法，以及管网漏水的维修方法。

【任务分析】

给水管网在运行过程中常会出现漏损。管网漏损将使供水量减少，造成水资源、能源和药剂的浪费，同时还可能危及公共建筑和路面交通。因此，管网的检漏工作是降低管线漏水量、节约用水、降低成本的重要措施。

【知识链接】

一、管网的检漏

管网检漏的方法很多，如听漏法、直接观察法、分区检测法、间接测定法、地表雷达测定法等。其中，听漏法和直接观测法应用比较广泛。

1. 听漏法

听漏法是根据管道漏水时产生的水声或由此产生的震荡，利用听漏棒、听漏器或电子检测器等仪器进行测定的检漏方法。听漏工作一般在深夜进行，以避免其他杂音的干扰。

2. 直接观察法

直接观测法又称实地观测法，是从地面上直接观察管道的漏水迹象。如地面上有“泉水”出露，甚至呈明显的管涌现象（图 2-35）。此种方法简单易行，费用低，但比较粗略。

图 2-35　管涌现象示例

3. 分区检测法

分区检测法是将整个给水管网分成若干小区，分区大小自定，凡和其他小区相通的阀门全部关闭，小区内暂停用水；然后开启装有水表的进水管的阀门，使小区进水，如图 2-36 所示。如小区内的管网漏水，水表指针将会转动，据此可读出漏水量。查明管道漏水后，可按需要逐渐缩小检漏范围，最后仍需结合听漏法找出漏水地点。分区检测法一般只在允许短期停水的小范围内进行。

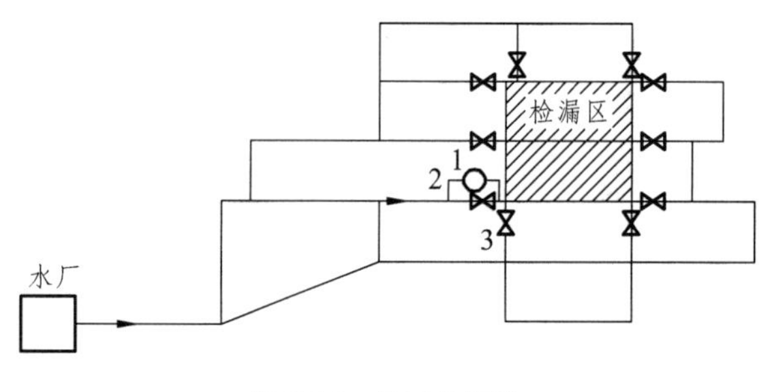

图 2-36　分区检漏法

1—水表；2—旁通管；3—阀门

4. 间接测定法

间接测定法是利用测定管线的流量和节点水压来确定漏水地点的方法。一般漏水点的水力坡度线会有突然下降的现象。

5. 地表雷达测定法

地表雷达法是利用无线电波对地下管线进行测定，可以精确地绘制出路面下管线的横断面图。它也可以根据水管周围的图像进行判断是否有漏水的情况。其缺点是一次搜索的范围很小，目前我国使用较少。

除此以外，管网检漏还可以采用区域装表法、浮球测漏法等，根据不同的情况进行选择。

二、管网的维修

管道的渗漏形式有接口漏水、窜水、砂眼喷水、管壁破裂等。确定出管网的漏水点后，应根据现场不同的漏水情况，及时采取处理措施。

直管段漏水时，应将表面清理干净，并停水补焊；法兰盘处漏水时，则应更换橡胶垫圈；如果是因基础不良而导致的，则应对管道加设支墩；而如果承插口漏水，则应用水冲洗干净后，再重新打油麻等填充物，捣实后再用青铅或石棉水泥封口。

1. 水泥压力管的维修

（1）管壁破裂

水泥压力管因裂缝而漏水，可采用环氧砂浆进行修补，如图 2-37 所示。修补时，先将裂口凿成宽 15 ~ 25 mm，深 10 ~ 15 mm，长出裂缝 50 ~ 100 mm 的矩形浅槽；刷净后，用环氧底胶和环氧砂浆填充。当裂缝较大时，还可用包贴玻璃纤维布和贴钢板的方法堵漏（图 2-38）。玻璃纤维布的大小与层数与裂缝大小有关，一般可设为 4 ~ 6 层。当管段严重损坏时，可在损坏部位焊制一钢套管，中间填充油麻和石棉水泥进行堵漏。

（2）管道接口漏水

如果管道接口漏水，则多采用填充封堵的方法。一般须停水操作，可分为以下几种情况：

① 由于橡胶胶圈不严产生的漏水，可将柔性接口改为刚性接口，重新用石棉水泥打口封堵（图 2-39）。

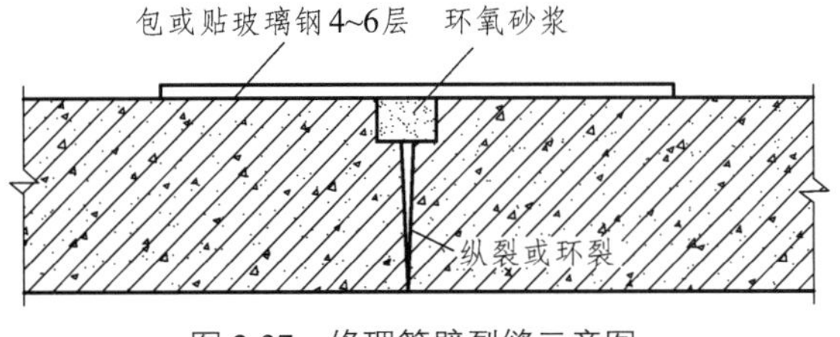

图 2-37　修理管壁裂缝示意图

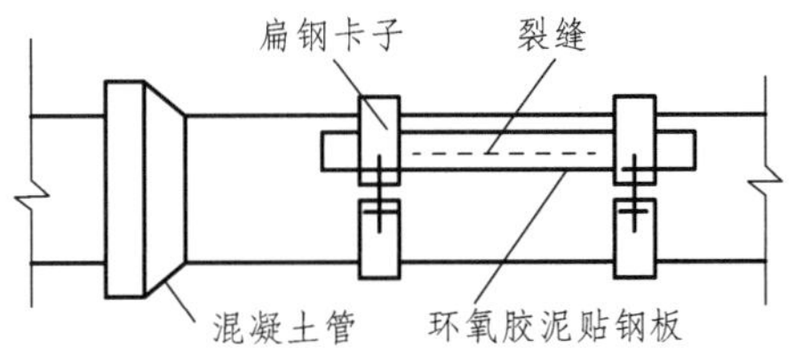

图 2-38　管壁外贴钢板维修管壁砂眼喷水

② 若接口缝隙太小，可采用填充环氧砂浆，然后贴玻璃钢的方法进行封堵（图 2-40）。

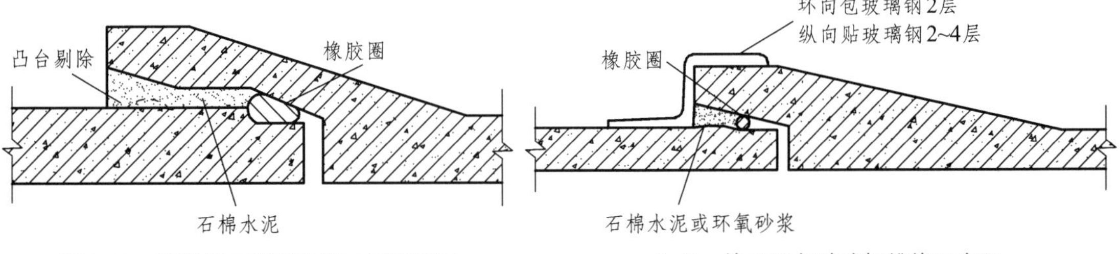

图 2-39　柔性接口改刚性接口示意图图　　2-40　接口用包玻璃钢维修示意图

③ 接口漏水严重时，可用钢套管将整个接口包住，然后在腔内填自应力水泥沙浆封堵（图 2-41）。

④ 当接口漏水的维修是带水操作时，一般采用柔性材料封堵的方法。操作时，先将特制的卡具固定在管身上，然后将柔性填料至于接口处，最后上紧卡具，填料恰好堵住接口（图 2-42）。

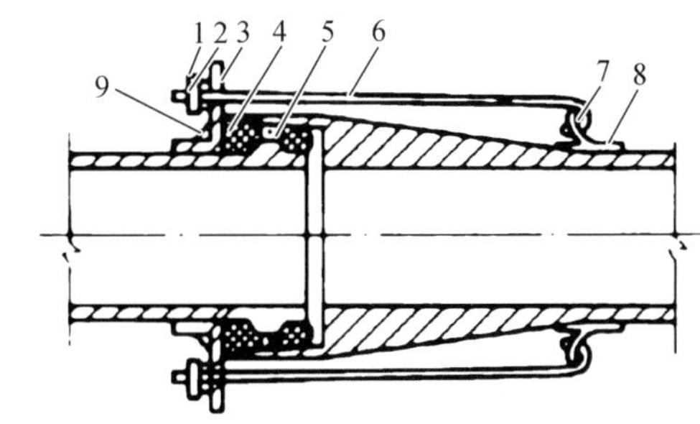

图 2-41　接口钢套管的修理图

1—螺母；2—套管；3—胶圈挡板；4—胶圈；5—油麻；6—拉钩螺栓；7—固定拉钩；8—固定卡箍；9—胶圈挡肋

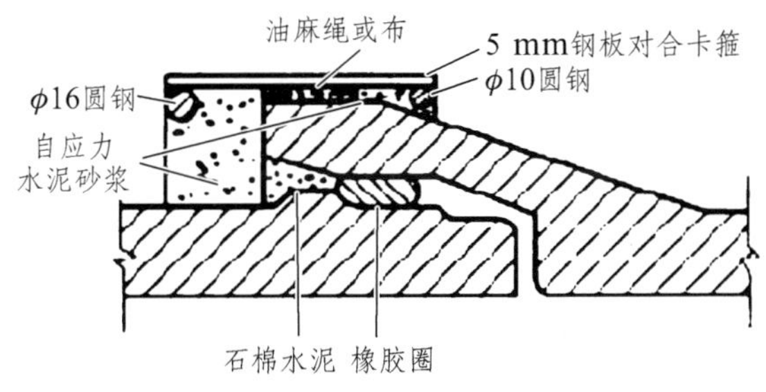

2-42　接口带水外加柔口的修理

2. 铸铁管件的维修

铸铁管件具有一定的抗压强度。管件裂缝的维修可采用管卡进行（图 2-43）。管卡做成比管径略大的半圆管段，彼此用螺栓紧固。发现裂缝，可在裂缝处贴上 3 mm 厚的橡胶板，然后压上管卡紧至不漏水即可。

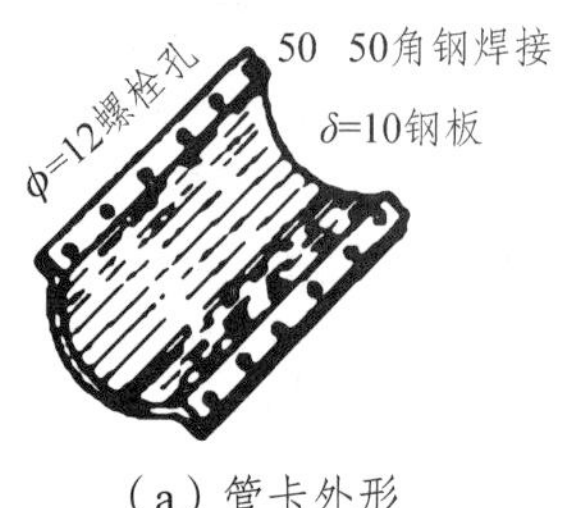

（a）管卡外形

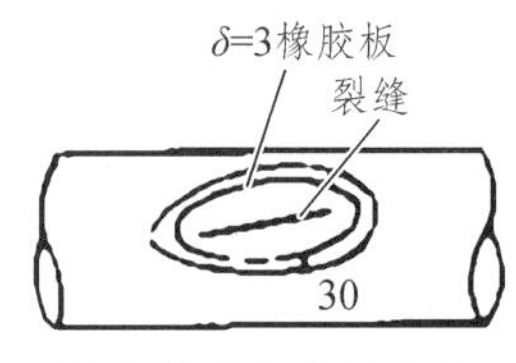

（b）橡胶板放置位置

（c）管卡安装

图 2-43 管卡修复示意图

砂眼的修补可采用钻孔、攻丝，用塞头堵孔的方法来修补（图 2-44）。

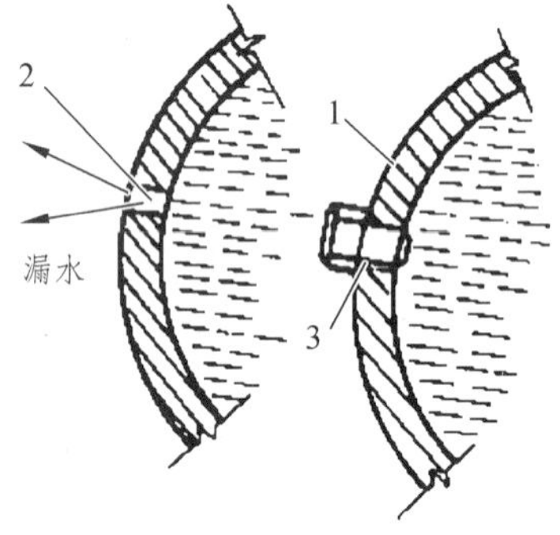

图 2-44 铸铁管塞头堵孔修补示意图

1—铸铁管；2—砂眼穿孔；3—带丝塞头

管件接口漏水，对于承插式接口，一般可先将填料剔除，再重新打口。

3. 用塑料管进行非开挖技术修复管道

聚乙烯管特别适合于非开挖工程。其重量轻，可以进行一体化的管道连接；熔接连接接口的抗拉能力高于管材本身；此外还具有很好的挠性和良好的抵抗刮痕的能力。

非开挖技术修复管道常用方法有爆管或胀管法、传统内衬法和改进内衬法等。

（1）爆管或胀管法

该方法更新管道采用膨胀头将旧管破碎，并用扩张器将旧管的碎片压入周围的土层，同时将新管拉入，完成管道更换（图 2-45）。新管直径可与旧管道相同或更大。该法适用于陶土管、混凝土管、铸铁管、PVC 管等脆性管道的更换，适宜管径为 50 ~ 600 mm，长度一般为 100 m。

（a）PVC 管

（b）PE 管

图 2-45 爆管法示例图

（2）传统内衬法

该法在施工时将一直径较小的新管插入或拉入旧管内（图 2-46）。通常对给水和污水管道要求向环形间隙灌浆固结。此法的优点是施工简单，成本较低。由于直径减小，所以流量损失较大。该法主要适用于旧管内无障碍、形状完好，没有过度损坏的管道。根据采用新管的不同，传统内衬法可分为连续管法和短管法。

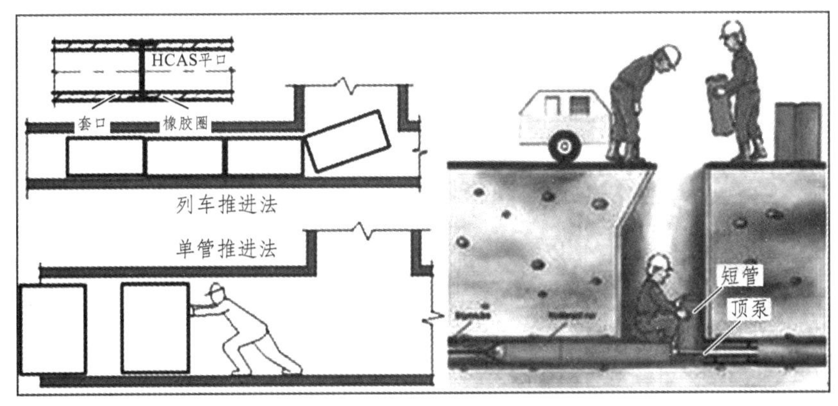

图 2-46　传统内衬法

（3）改进内衬法

这种方法是在施工前，对新衬管减小尺寸，随后插入旧管，最后用热力、压力或自然的方法恢复原来的大小和尺寸，以保证与旧管的紧密结合（图 2-47）。该法的主要优点是新旧管道之间无环形间隙，管道流量损失很小，而且可在开挖的工作坑内或人井内施工，方便长距离修复；主要缺点是施工时可能引起结构性的破坏。改进内衬法可分为缩径法（热拔法、冷轧法）和变形法。

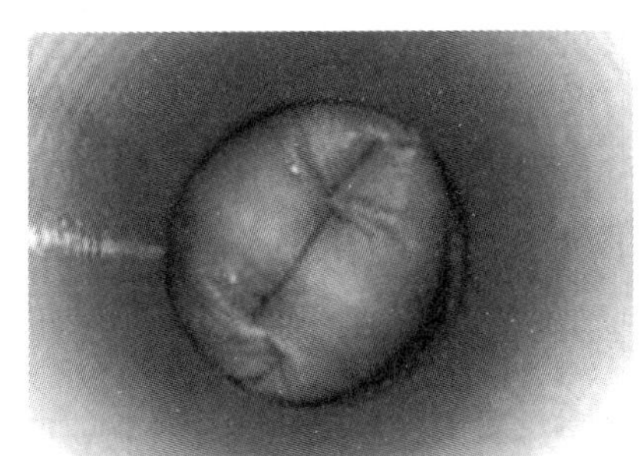

图 2-47　软管内衬法示例

【任务准备】

准备漏损的给水管道，听漏棒，电子检测仪等器具。

【任务实施】

通过检漏的几种方法对管道进行检漏，并能对漏点进行补漏。

【检查评议】

评分标准见表 2-14。

【思考与练习】

（1）管网检漏的方法有哪些？

（2）非开挖技术修复管道的方法有哪几种？具体是怎么实施的？

知识点四　管网防腐蚀和清垢、涂料

【任务描述】

了解管网腐蚀的原因和影响因素、管网防腐蚀的常用方法，以及管网清垢、涂料的方法和技术。

【任务分析】

管道特别是金属管道的防腐蚀处理非常重要，它将直接影响输配水的水质安全、管道使用寿命和运行可靠性。此外，管道运行一段时间后，可能会产生锈蚀并结垢，这将影响管道输水能力并降低水质，因此，需要对管线进行清垢、涂料。

【知识链接】

一、管道防腐蚀

腐蚀的表现形式有生锈、结瘤、坑蚀、开裂、脆化等。按照腐蚀机理可分为化学腐蚀、电化学腐蚀和微生物腐蚀；而按照腐蚀部位，则可分为内壁腐蚀和外壁腐蚀。给水管网的腐蚀以电化学腐蚀为主。下面重点介绍管道外壁防腐蚀方法。

1. 采用非金属材料

非金属管材的抗腐蚀性明显高于金属管道。因此，可采用非金属管道，也可考虑使用复合材料的管道，以增强管道抗腐蚀性。

2. 覆盖防腐

覆盖防腐是在金属管表面涂防护层，使管材表面与周围环境隔离，从而起到保护的作用（图2-48）。对与空气接触的管道可涂刷防腐涂料；埋地管道可设置沥青绝缘防腐；管道内防腐则可采用水泥沙浆内衬、环氧树脂内衬、喷涂塑料等。

（a）涂料防腐

（b）沥青绝缘防腐

（c）内衬水泥沙浆

图 2-48　覆盖防腐示例

3. 电化学保护（阴极保护）

对一些腐蚀性高的地区或重要管线，采用上述两种方法可能达不到理想的防腐效果，此时可采用阴极保护的方法。其原理是使金属管道成为阴极，从而防止腐蚀。阴极保护分为外加电流法和牺牲阳极法，如图 2-49 所示。

（1）外加电流法采用废铁作为阳极，管道为阴极。直流电源的正极与废铁相连，负极与管道相连。这种方法适用于土壤电阻率高的情况。

（2）牺牲阳极法。适用消耗性的电位更低的阳极材料，如铝、镁等，隔一定距离用导线连接到管线上，在土壤中形成电路，结果是阳极被腐蚀，作为阴极的管线得到保护。这种方法常在缺少电源、土壤电阻率低和水管保护涂层良好的情况下使用。

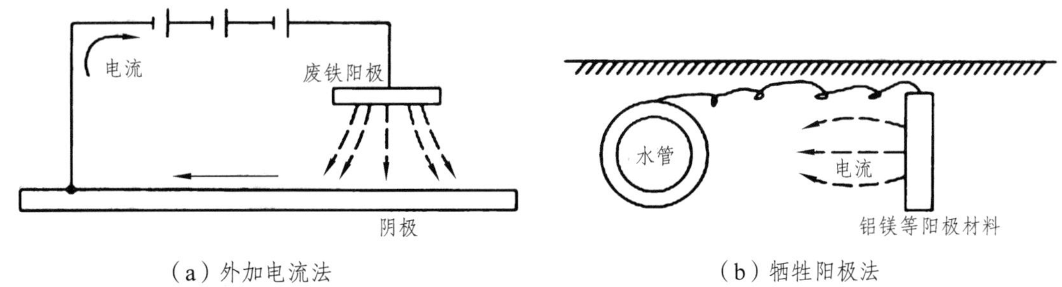

（a）外加电流法　　（b）牺牲阳极法

图 2-49　金属管道阴极保护

二、管道清垢和涂料

在给水工程中，新敷设的管线内壁一般应事先采用水泥沙浆等做内衬，以防止管道的腐蚀。而对于未做内衬的已埋管线，运行一段时间后会产生锈蚀；水中的碳酸钙沉淀、悬浮物沉淀，铁、氯化物和硫酸盐的含量过高；以及铁细菌、藻类等微生物的滋长繁殖等，管道内壁会逐渐结垢。腐蚀和结垢会增加水流损失，缩小管道断面，导致管道输水能力下降，运行成本增加，使用寿命缩短，并且会降低给水水质。因此应定期对管道进行清垢涂料。

1. 管道清垢

管道清垢又称为刮管。清除结垢的方法很多，应根据结垢的性质进行选择。

（1）水力冲洗法

① 高压水冲洗法

对小口径管道，当结垢表面松软时，可经常用高速水流冲洗（图 2-50）。冲洗流速为正常流速的 3 ~ 5 倍，水压一般为 0.2 ~ 0.3 MPa，每次冲洗的管道长度为 100 ~ 200 m。冲洗后的废水从排水口、阀门或消火栓排出。水力冲洗法所用设备少，操作简单，不会破损管内绝缘层；缺点是冲洗可能不彻底。

② 气-水联合冲洗法

当结垢较硬，与管壁结合紧密时，可采用气-水联合冲洗，即在对管道进行高压水冲洗的同时输入压缩空气（气压为 0.7 MPa）。压缩空气进入管道后迅速膨胀，在管内与水流混合，管内紊流增强，对管壁产生很大的冲击和振动，从而逐渐使结构松弛和脱落。气-水联合冲洗时，一次冲洗长度为 50 ~ 200 m。常用的操作步骤如下：高压水冲洗 15 ~ 30 min 后，气-水联合冲洗 40 ~

60 min，然后用高压水再冲洗 20 ~ 30 min。用该种方法一般可恢复输水能力的 80% ~ 90%。

该种方法的冲洗效果优于水力冲洗法，操作费用低于机械刮管法和酸洗法，并且不会破坏管道的防腐层。

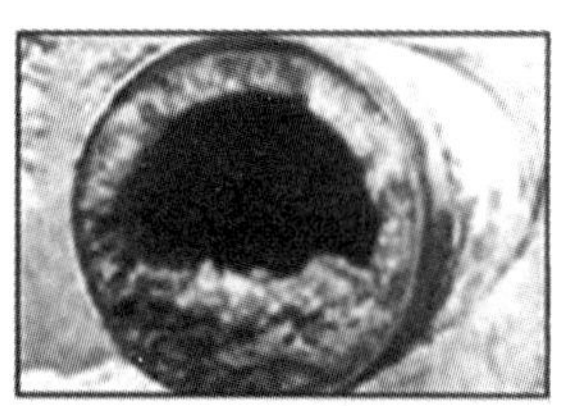
（a）疏通前

（b）疏通过程中

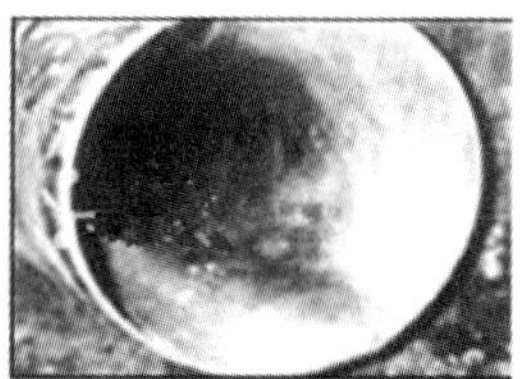
（c）疏通后

图 2-50　高压水冲洗法

（2）气压脉冲射流法

贮气罐中的高压空气通过脉冲装置、橡胶管、喷嘴，送入需清洗的管道中，冲洗后的结垢经排水管排出（图 2-51）。此种方法的冲洗效果好，设备简单，操作方便，成本较低。

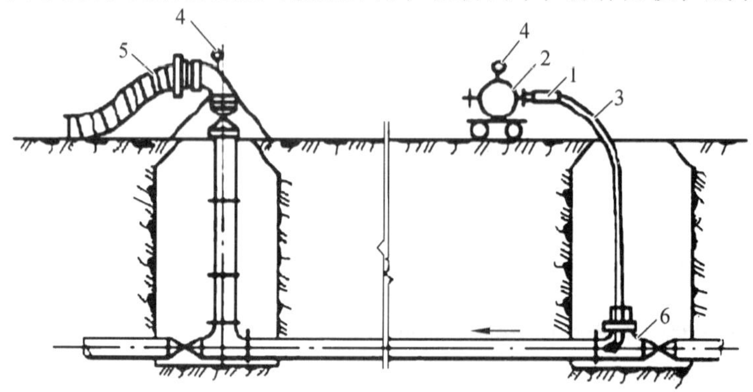

图 2-51　气压脉冲法冲洗管道

1—脉冲装置；2—贮气罐；3—橡胶管；4—压力表；5—排水管；6—喷嘴

水力冲洗法和气压脉冲射流法的共同特点是清垢操作时间较短，不会损坏管内绝缘层，可作为新敷设管线的清洗方法。

（3）机械清垢法

坚硬的结垢仅用上述方法是难以解决的，此时可采用机械清垢法清除。机械清垢又可分为刮管器清垢和清管器清垢。

① 刮管法

刮管法所用刮管器形式有很多，一般用钢丝绳绞车等工具使其在结垢的管道内，将结垢铲除（图 2-52）。采用刮管法施工时，要求在相距 200 ~ 400 m 的直管处开挖工作坑，作为机械进出口。这种方法的优点是工作条件好，刮管速度快；缺点是刮管器和管壁的摩擦力较大，往返拖动较费力。

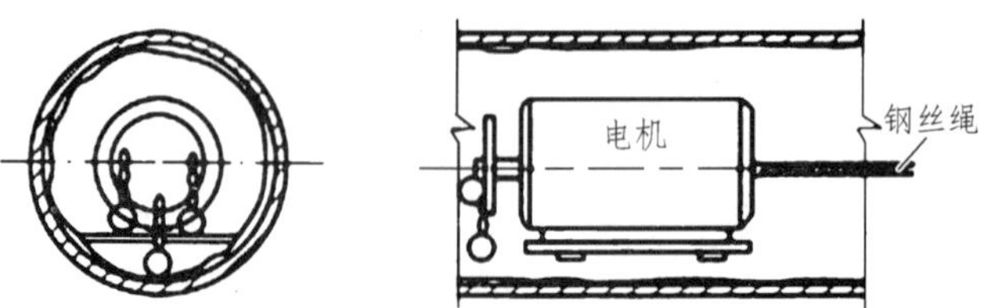

图 2-52　电动刮管机

② 清管器清垢

清管器是用聚氨酯等软质材料制成的“炮弹型”刮管器，其外表面镶嵌有高强度材料的钢刷或钢钉，外径比管径稍大。清管时，清管器在压力水的驱动下，沿管道移动。在这过程中，清管器和管壁摩擦，把结垢刮擦下来。同时，有少部分压力水从清管器和管壁之间的缝隙通过，将刮擦下来的管垢冲走。

对于管径在 200 mm 以下的小口径管道，在管中水压不足 0.3 ~ 0.5 MPa 时，必须采用高压水泵加压来提高推力；管径 200 mm 以上的管道，可以使用管网的运行 水压。

清管器可以通过任何角度的弯管和阀门，进行长距离清管。其具有成本低、效果好、操作简便等优点。

（4）酸洗法

酸洗法是指利用酸溶液溶解各种腐蚀性水垢、碳酸盐水垢、有机物水垢等。酸溶液中应加入适量的缓蚀剂、消沫剂，以保护管壁。酸洗后，应用高压水彻底冲洗管道，之后加入钝化剂，使管内壁形成钝化膜。酸洗法一般适用于中、小口径管道的清洗。

2. 管道涂料

管壁结垢清除后，应在管内壁涂衬保护涂料，防止管道再次被腐蚀，并使管道恢复输水能力，延长使用寿命。下面介绍几种常用的涂料方法。

（1）水泥沙浆法

该法是在钢管或铸铁管内壁喷涂水泥沙浆或聚合物改性水泥沙浆，涂层厚度一般随管径增大而增加，可参见 ISO 4179 标准。在相同的管材和管径下，前者的涂层厚度大于后者。

涂衬水泥沙浆可采用活塞式涂管器。涂敷时，先将导引管道内装入配好的水泥沙浆，两端塞入活塞式涂管器，并将导引管接入待涂衬的管道；然后将管道密封，通入压缩空气，推动涂管器由管道的一端移动到另一端，将砂浆均匀涂抹到管壁上。如此往返涂抹两次，可达到要求。这种方法适用于中、小口径的管道。

在管径 500 mm 以上的管道中，可用特制的喷浆机喷涂水管内壁。根据喷浆机的大小，一次喷涂距离为 20 ~ 50 m。

（2）环氧树脂法

环氧树脂材料具有耐磨性、柔软性和紧密性。使用环氧树脂和硬化剂混合的反应型树脂，可形成快速、强度高、耐久的涂膜。

环氧树脂的涂衬采用高速离心喷射原理，喷涂厚度一般为 0.5 ~ 1.0 mm。环氧树脂涂衬不影响水质，施工期短，当天可恢复通水；但该法设备和操作技术均较复杂。

（3）内衬软管法

即在旧管内衬套管，有滑衬法、反转衬里法、“袜法”和用清管器拖带聚氨酯薄膜等方法，形成“管中有管”的防腐结构，效果较好，但造价较高。

【任务准备】

准备结垢管道若干，刮管器，清管器，酸溶液等。

【任务实施】

利用所学知识，选取适当的方法除垢。

【检查评议】

评分标准见表 2-14。

【思考与练习】

（1）常见的管道清垢法有哪些?

（2）常见的管道涂料有哪些?

知识点五　管线运行设施的管理

【任务描述】

掌握管线的运行维护以及阀门、水表的管理更新等内容。

【任务分析】

管线运行设施的管理关系到管网运行以及管道检修人员的安全等问题，是保障供水公司正常利益、防止偷盗水等的重要途径，也是给水管网运行管理的重要组成部分。为防止管网出现渗漏、积泥、偷盗用水等现象，保障管网安全运行，应对管线进行定期的巡查和维护管理。

【知识链接】

一、管线的运行维护

1. 原水输水管线

（1）压力式、自流式的输入管道，每次通水时，均应将气排净后方可投入运行。

（2）压力式输水管道线应在规定的压力范围内运行，沿途管线应装设压力表，进行观测。

（3）应设专人并佩戴证章定期进行全线巡视，严禁在管线上圈、压、埋、占。及时制止严重危及城市供水安全的行为并上报有关部门。

（4）自流式输入管线运行中应设专人并佩戴证章进行巡视，不应有跑、冒、外溢和地下水的渗漏污染现象。

（5）对低处装有排泥阀的管线，应定期排除积泥，其排放频率应依据当地原水的含泥量而定，宜为每年 1 ~ 2 次。

2. 自来水输水管线定期维护

（1）应每季对管线附属设施、排气阀、自动阀、排空阀、管桥巡视检查和维修一次，保持完好。

（2）应每年对管线及附属设施检修一次，并对钢制外露部分进行涂漆。应定期检查输水明渠的运行、水生物、积泥和污染情况，并采取相应预防措施。

（3）管网输水要保持良好的水质，关键是改善管网的运行条件，由于管道末端的存在以及消火栓等形成的局部死水会污染管网，影响水质。因此，要开展定期的末端冲洗，每年不得少于一次。

（4）新敷设的管道在施工中要严把质量关，放置施工过程对管道的内部污染，新管道消毒冲洗应按有关规范执行。

输配水管道冲洗方法可选择水-气混合冲洗法、高压射流法等。

二、阀门和水表的管理

1. 阀门的管理

（1）阀门井的安全要求。阀门井是地下建筑物，处于长期封闭状态，空气不能流通，造成氧气不足。所以井盖打开后，维修人员不可立即下井工作，以免发生窒息或中毒事故。应首先使其通风半小时以上，待井内有害气体散发后再行下井。阀门井设施要保持清洁、完好。

（2）阀门井的启闭。阀门应处于良好状态，为防止水锤的发生，启闭时要缓慢进行。管网中的一般阀门仅作启闭用，为减少损失，应全部打开，关要关严。

（3）阀门故障的主要原因及处理：

① 阀杆端部和启闭钥匙间打滑。主要原因是规格不吻合或阀杆端部四边形棱边损坏，要立即修复。

② 阀杆折断，原因是操作时旋转方向有误，要更换杆件。

③ 阀门关不严，造成的原因是在阀体底部有杂物沉积。可在来水方向装设沉渣槽，从法兰入孔处清除杂物。

④ 因阀杆长期处于水中，造成严重腐蚀，以致无法转动。解决该问题的最佳办法是：阀杆用不锈钢，阀门丝母用铜合金制品。因钢制杆件易锈蚀，为避免锈蚀卡死，应经常活动阀门，每季度一次为宜。

（4）阀门的技术管理

阀门现状图纸应长期保存，其位置和登记卡必须一致。每年要对图、物、卡检查一次。工作人员要在图、卡上表明阀门所在位置、控制范围、启闭转数、启闭所用的工具等。对阀门应按规定的巡视计划周期进行巡视，每次巡视时，对阀门的维护、部件的更换、油漆时间等均应做好记录。启闭阀门要由专人负责，其他人员不得启闭阀门。管网上的控制阀门的启闭，应在夜间进行，以防影响用户供水。对管道末端，水量较少的管段，要定期排水冲洗，以确保管道内水质良好。要经常检查通气阀的运行状况，以免产生负压和水锤现象。

（5）阀门管理要求。阀门启闭完好率应为100%。每季度应巡回检查一次所有的阀门、主要的输水管道上阀门每季度应检修、启闭一次。配水干管上的阀门每年应检修、启闭一次。

2. 水表的管理

水表安装好后应在一段时间内观察其读数是否准确，水表应定期进行标定，对于走数不准确的应及时更换，水表表壳应经常保持清晰可读，不应在水表上方放置重物。水表不要与酸碱等溶液接触。

【任务准备】

联系水厂相关负责人员，准备管线巡查等相关工作。

【任务实施】

在水厂相关人员的带领下，对管网进行巡查，发现问题及时进行记录和分析。出现问题，配合相关人员进行处理。

【检查评议】

评分标准见表 2-14。

【思考与练习】

（1）管线的维护管理包括哪些内容?

（2）阀门的管理包括哪些内容?

知识点六　管网水质管理

【任务描述】

掌握给水管网水质管理的主要措施。

【任务分析】

符合饮用水标准的出厂水要通过复杂庞大的管网系统才能输送到用户，水在管网中的滞留时间可达数日。在输送过程中，物理、化学和生物的原因导致水质发生变化，达不到生活饮用水标准，造成二次污染。因此，应采取必要措施加强对管网的水质管理，保证供水水质满足要求。

【知识链接】

一、管网水质污染的原因

1. 管道内壁的腐蚀和结垢

管道内壁腐蚀、结垢是造成管网水质二次污染的重要原因。由于腐蚀等作用，管道内生成各种沉积物形成结垢层，而这种结垢层是病原微生物繁殖的场所，容易形成“生物膜”。以上因素都会导致水质的污染。

2. 管网受外界影响产生的二次污染

给水管网也会受到外界的影响产生水质的二次污染。

（1）管道漏水、排气管或排气阀损坏未及时修理，当管道压力降低甚至产生负压时，水池废水、受污染的地下水等可能会倒流入管道；等到管道压力升高后，这些污水便会送输送至用户。

（2）二次供水引起水质污染。

（3）自备水源的贮水设备与给水管道相同连接不合理，无任何隔断措施，管网因突然停水或水压低等原因使自备水流入供水管内，引起局部水质恶化。

3. 微生物、有机物和藻类的影响

饮用水通常用氯进行消毒处理。管道内容易繁殖耐氯的藻类（图 2-53），抵抗氯的消毒。这些藻类消耗余氯，使有机物浓度提高，这又促进了微生物的生长。这些微生物一般停留在支管的末梢或管网内水流动性差的管段，使水质变差。

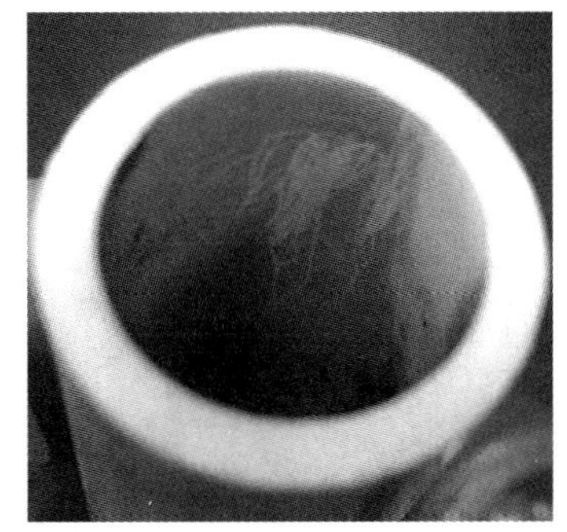

图 2-53　管道微生物滋生示例

4. 消毒副产物的影响

消毒剂与有机物或无机物间的化学反应产生的消毒副产物也会引起水质的二次污染。如氯气消毒法可能产生氯氨、三氯甲烷、氯乙酸等副产物。氯氨的消毒效果虽然更持久，但在一定条件下，氯氨分解生成氮化合物，可导致水体的富营养化；而三氯甲烷则是一种毒性较强的有机物。

二、管网水质管理的措施

为保持给水管网正常的水量和水质，除了严格控制出厂水水质外，还可进行管线冲洗，加强管网维护，控制余氯，优化消毒工艺和管线消毒等。

（1）二次供水管理措施：① 以满足楼房顶层用户的供水压力实时需求为前提，减少或取消屋顶水箱，避免产生二次污染；② 对水塔、水池以及屋顶高位水箱，应长期维护并定期清洗、消毒，并经常检验其贮水水质。

（2）自备水源管理。用户自备水源与城市管网联合供水时，在管道连接处应采取必要的防护措施，如空气隔离措施等。

（3）管线水质监测。在管网的运行调度中，应重视管道内的水质监测，以便及时发现水质问题并采取有效措施。

（4）管材的更换。室外埋地给水管应逐步推广使用球墨铸铁管、HDPE 管等新型管材；室内给水管则采用玻璃钢管、PPR 管等管材，以防止管网的腐蚀。

（5）采用不停水开口技术，取消预留口。给水管网上过多的预留口会带来诸多问题，其使用率较低，只有不到 30%，而且预留口处滞留水的腐败也影响水质。为此，可采用不停水开口接管技术，避免因停水导致水资源的浪费；同时避免了因停水导致的水质二次污染。

【任务准备】

找出管网水质污染实例。

【任务实施】

根据实例情况，分析水质污染原因，提出管理措施。

【检查评议】

评分标准见表 2-14。

【思考与练习】

（1）管路中容易产生的污染物有哪些？

（2）进行管网水质管理可以采用哪些措施？

知识点七 管网调度管理

【任务描述】

熟悉给水管网调度的方法、给水管网调度系统的组成和结构。

【任务分析】

通过给水管网的运行调度可以合理地利用水资源，达到降低节能、降低运行成本的作用；给水管网运行调度的方法是根据管网的用水量变化情况，科学地开启或关闭泵站中的水泵设备和水池及水塔调节设施，使泵站的供水量和水压尽可能接近用户的用水情况。

【知识链接】

1. 给水管网调度系统

大城市往往采用多水源给水系统，因此，须有集中管理部门进行统一调度，以便及时了解整个给水系统的运行状态，并用科学的方法执行集中调度。通过管网的集中调度，按照管网控制点的水压确定各水厂和泵站运行水泵的水量，如此，既能保证水压，又能避免水压过高引起能量浪费。

现代给水管网调度系统主要基于四项基础技术，即计算机技术、通信技术、自动控制技术和传感技术，简称 3C+S 技术。通过这些技术，可对管网的主要参数、管网信息、设备运行状况等进行动态模拟和仿真、动态监测、实时调度、智能决策与控制等，实现自动化信息管理。

现代化的给水管网调度系统一般由数据采集与通信网络系统、数据库系统、调度决策系统和调度执行系统组成。下面以 SCADA 系统为例进行介绍。

2. 给水管网调度 SCADA 系统

SCADA（Supervision Control and Data Acquisition）系统，即监控和数据采集系统。该系统能够收集现场数据并通过有线或无限通信传输给控制中心，控制中心根据事先设定的程序控制远程的设备。它与地理信息系统（GIS）、管网模拟仿真系统、优化调度等软件配合，可以组成完善的管网调度管理系统。

现代 SCADA 系统采用多层体系结构，一般为 3 ~ 4 层，包括设备层、控制层、调度层和信息层。

SCADA 系统一般由中央监控系统、分中心和现场终端等组成。

（1）中央监控系统

用以监测各中心和净水厂的无人设备。它主要收集管网点的信息，预测配水量，制订送水泵运行计划，计算管网终端水压控制值，并把控制指令传送给分中心、泵站、清水池、水塔等。

（2）分中心

主要监控水源地、清水池、泵站各设施的流量、水位、水压和水质等参数并传送给中央监控系统。

（3）现场终端

一般设在泵站、管网末端和水源地等地点，包括传感检测仪表、控制执行设备和人机接口等。它能够实时采集给水管网生产运行状态数据，包括水量、水质、机泵运转状况等，并接受和执行调度与控制指令。

基于 GIS 和 SCADA 系统的给水管网调度系统具有多种优点，能够实现统一的数据管理和查询统计、管网编辑、实时监控、方案模拟、管网故障定位、发布停水信息、设备设施管理等功能，是给水行业管网调度的发展趋势。

【任务准备】

准备 SCADA 系统工作流程视频。

【任务实施】

播放系统工作流程视频。带领学生参观水厂的相应调度系统。

【检查评议】

评分标准见表 2-14。

【思考与练习】

（1）简述 SCADA 系统组成

（2）简述 SCADA 系统各个组成监控对象与作用?

任务四　污水管网运行与管理

知识点一　污水管网的清通

【任务描述】

掌握污水管网清通常见方法，及其适用范围和操作步骤。

【任务分析】

污水管网在运行过程中，由于水量不足、坡度较小、流速过低，污水中污物较多或施工质量较差等原因而发生沉淀、淤积，淤积过度时便会影响管网的排水能力，甚至可能造成管网的堵塞。因而，应定期对管网进行清通。

【知识链接】

清通的方法有水力清通、机械清通、竹劈清通、钢丝清通等，其中以水力清通和机械清通应用最为广泛。

一、水力清通

水力清通方法是用水对管道进行冲洗，将污泥排入下游的检查井后，然后用吸泥车抽吸运走。水力清通时，可以利用管道内的污水，也可利用自来水或河水。用污水自冲时，管道本身必须具有一定的流量，同时管内的淤泥不宜过多（20%左右）；用自来水冲洗时，通常从消防栓或街道集中给水栓取水，也可用水车送水，一般街坊内的污水支管每冲洗一次需水 2 ~ 3 m^3。

水力清通常采用增加管道上下游水位差，以提高流速的方法来冲洗管道。操作方法主要有以下几种：

（1）常用操作方法，如图 2-54、图 2-55 所示。首先用一个一端由钢丝绳系在绞车上的橡皮气塞或木桶橡皮刷堵住检查井下游管道进口，使上游管道充水。待上游管道充满且检查井水位抬高至 1 m 左右时，突然放掉气塞中部分空气，使气塞缩小，气塞便在水流的推动下往下游浮动而刮走污泥；同时水流在水头差的作用下，以较高流速从气塞底部冲向下游管道。这样，沉积在管底的淤泥便在气塞和水流的双重冲刷下排向下游的检查井。

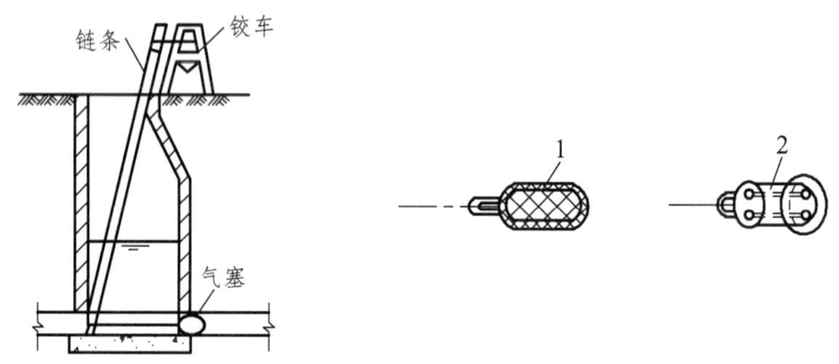

图 2-54 水力清通操作示意图

1—橡皮气塞；2—木桶橡皮刷

图 2-55 吸泥车

（2）调整泵站运行方式，即在某些时段减少开车以提高管道水位，然后突然加大泵站抽水量，造成短时间的水头差，对淤泥进行冲刷。这种方法最方便、最经济。

（3）安装阀门。在管道中安装固定或临时阀门，平时闸门关闭，水流被阻断，上游水位随即上升，当水位上升到一定高度后，依靠浮筒的浮力将闸门迅速打开，实现自动冲洗。这种方法可以完全利用管道自身的污水且无需人工操作。

由于排入下游检查井的污泥的含水率较高，实际中，常采用泥水分离吸泥车，以减少污泥的运输量，同时可以回收其中的水用于下游管段的清通。

（4）除了增加上下游水位差、提高流速进行水力清通外，还可以采用水力冲洗车，利用高压射水清通管道（图 2-56）。

这种冲洗车由大型水罐、机动卷管器、加压水泵、高压胶管、射水喷头和冲洗工具箱等部分组成。高压水通过高压胶管流到射水喷头，推动喷嘴向反方向运动，并带动胶管在排水管道内前进。在高压射水和胶管的共同作用下，管道内的淤泥被冲刷至下游检查井。

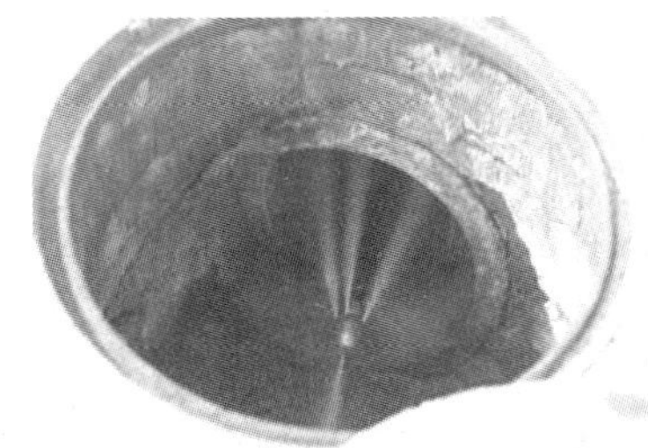

图 2-56　高压射水冲洗管道

水力疏通方法操作简便，效率较高，操作条件好，也比较经济。它不仅能清除下游管道 250 m 以内的淤泥，而且在上游管道 150 m 范围内的淤泥也得到一定程度的清理和冲刷。

二、机械清通

当管渠淤塞严重，淤泥黏结比较密实，水力清通效果较差时，应该采用机械清通的方法。机械清通包括绞车清通和通沟机清通两种方法。

1. 绞车清通

绞车清通是目前普遍采用的一种方法，又称为摇车疏通，如图 2-57 所示。

（1）操作方法

① 首先用竹片穿过需要清通的管渠段，竹片一端系上钢丝绳，绳的另一端系住清通工具的一端。在清通管渠段的两端检查井上各设一架绞车，当竹片穿过管渠段后，将钢丝绳系在一架绞车上，清通工具的另一端通过钢丝绳系在另一绞车上。

② 利用绞车往复绞动钢丝绳，带动清通工具将淤泥刮至下游检查井内，管渠得以清通。绞车的动力可以是手动的，也可以是机动的。

③ 淤泥被刮至下游检查井后，通常利用吸泥车吸出；当淤泥含水率低时，也可利用抓泥车挖出，然后由汽车运走。

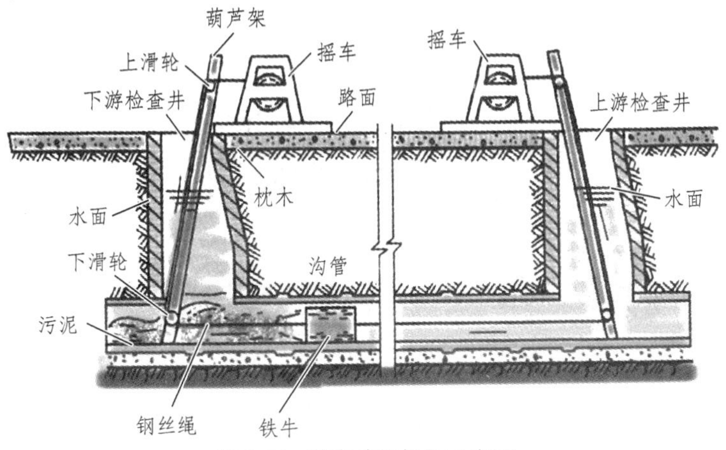

图 2-57　绞车清通操作示意图

（2）清通工具

机械清通工具很多，有耙松淤泥的骨形松土器（图 2-58），清通树根及破布等的锚式清通器和弹簧刀（图 2-59），用于刮泥的清通工具如胶皮刷、铁簸箕、钢丝刷和铁牛图（2-60）等。

在选择清通工具时，其大小应与管道管径相适应。管壁较厚时，可先用小号清通工具，待淤泥清除到一定程度后再用与管径相适应的清通工具。清通管径较大的管道时，由于检查井井口尺寸的限制，清通工具可在检查井内拼装后使用。

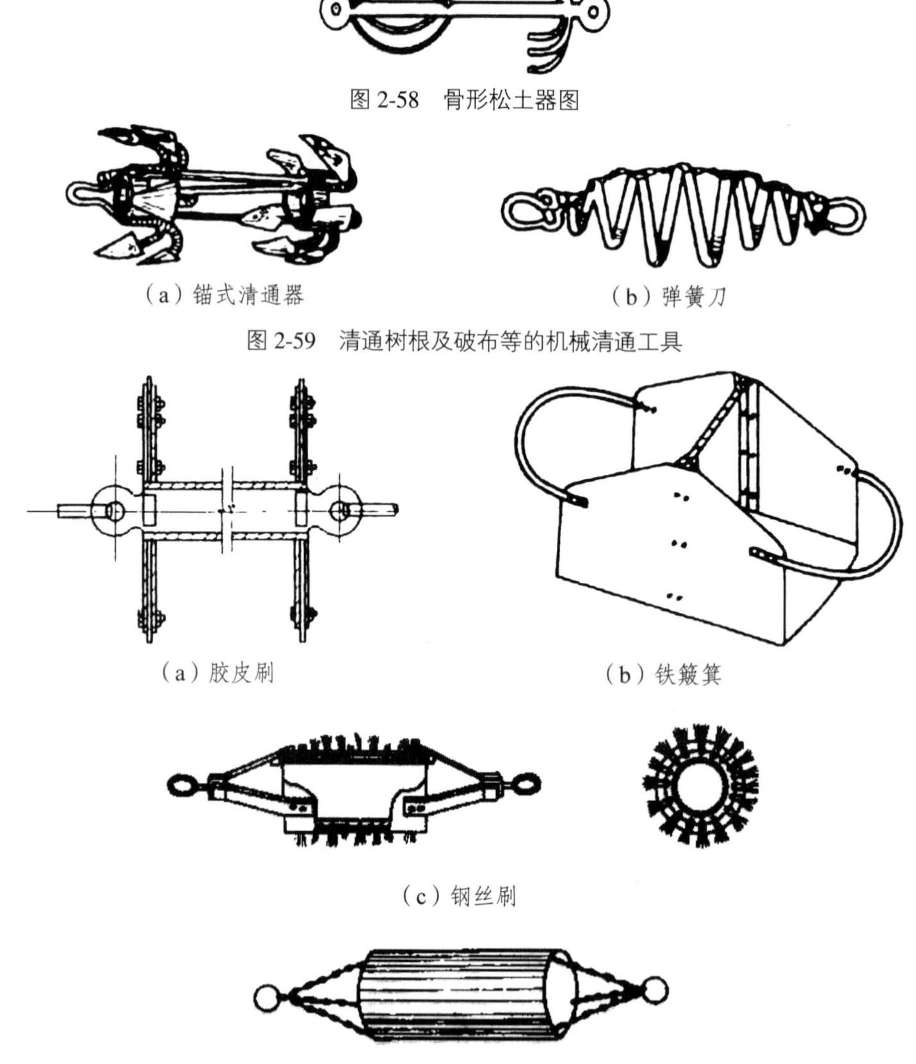

图 2-58　骨形松土器图

（a）锚式清通器　（b）弹簧刀

图 2-59　清通树根及破布等的机械清通工具

（a）胶皮刷　（b）铁簸箕

（c）钢丝刷

（d）铁牛

图 2-60　用于刮泥的清通工具

2. 通沟机清通

通沟机清通是新型的机械清通设备，包括气动式通沟机和钻杆通沟机。

气动式通沟机借压缩空气把清泥器从一个检查井送到另一个检查井，然后用绞车通过该机尾部钢丝绳向后拉，清泥器的翼片即行张开，把管内淤泥刮至检查井底部。

钻杆通沟机是通过汽油机或汽车引擎带动钻头向前钻进，同时将管内的淤积物清除到另一检查井中（图 2-61）。这种通沟机可完成 30～250 mm 直径管道的清通工作，清通距离可达 150 m。

（a）　　　　（b）

图 2-61　钻杆式通沟机

三、清通操作安全

污水管渠的维护应特别注意操作安全。管渠中的污水常会析出硫化氢、甲烷、二氧化碳等气体，这些气体与空气混合能形成爆炸性气体。维护人员下井操作时，应采取必要的劳动保护措施，如戴防毒面具，穿上系有绳子的防护腰带等，并遵守操作安全规程，确保清通工作顺利进行。

【任务准备】

准备好清通机械和工具。

【任务实施】

某段污水管道运行一段时间后，发现淤积比较严重，需要进行清通。根据管道淤塞情况，选择合适的清通方法，进行清通操作。

【检查评议】

评分标准见表 2-14。

【思考与练习】

（1）水力清通的操作方法主要有哪些?

（2）绞车清通的操作步骤如何?

（3）清通操作时应如何确保安全?

知识点二　污水管网维修

【任务描述】

掌握污水管网修理的主要内容、维修方法及维修注意事项。

【任务分析】

系统地检查污水管渠的淤塞及损坏情况，有计划地安排管渠维修，是管网维护工作的重要内容之一。

【知识链接】

1. 修理内容

污水管渠的修理有大修与小修之分，应根据各地的经济条件来划分。修理内容主要有：
（1）检查井、雨水口顶盖等的修理与更换；
（2）检查井内踏步的更换，砖块脱落后的修理；
（3）局部管渠段损坏后的修补；
（4）由于出户管的增加需要添建的检查井及管渠；
（5）管渠本身损坏、淤积严重，无法清通时应进行的整段开挖翻修。

2. 修理方法

污水管道可采用开挖修理或非开挖修理。管道开挖修理应符合现行国家标准《给水排水管道工程施工及验收规范》（GB50268—2008）的规定。管道开挖修理前应封堵管道。封堵方法主要有充气管塞、机械管塞、木塞、止水板、黏土麻袋或墙体等。

为减少地面的开挖，可采用非开挖修理。对于个别接口损坏的管道可采用局部修理；出现中等以上腐蚀或裂缝的管道应采用整体修理；而对于强度已削弱的管道，应采用自立内衬管设计的方法。选用非开挖修理方法可参照表 2-15 进行。

表 2-15　非开挖修理的方法

修理方法		小型管	中型管	大型管以上	检查井
局部修理	钻孔注浆	—	—	+	+
	嵌补法	—	—	+	+
	套环法	—	—	+	—
	局部内衬	—	—	+	+
整体修理	现场固化内衬	+	+	+	+
	螺旋管内衬	+	+	+	—
	短管内衬	+	+	+	+
	拉管内衬	+	+	—	—
	涂层内衬	—	—	+	+

注：表中“+”表示适用。

污水管道非开挖修理的方法参见本项目给水管网维修这一部分。
在进行检查井的改建、添加或整段管渠翻修时，常常需要断绝污水的流通，可采取以下措施：
（1）安装临时水泵将污水从上游检查井抽送到下游检查井；
（2）临时将污水引入雨水管渠中。
修理应尽可能在短时间内完成，如能在夜间进行更好。

【任务准备】

准备好相应的维修机械设备和材料，进行修理。

【任务实施】

污水管道由于土壤不均匀沉降、地面载荷过大等原因出现损坏，需要进行维修。学生根据现场情况决定开挖修理方式，按照相应的操作步骤实施开挖，并对管道进行维修。

【检查评议】

评分标准见表 2-14。

【思考与练习】

（1）污水管道损坏的原因可能有哪些？
（2）污水管网维修的内容包括哪些？

知识点三　污水管网渗漏检测

【任务描述】

学习污水管网渗漏检测的方法。

【任务分析】

污水管网的渗漏检测是一项重要的日常管理工作。为保证新管道的施工质量，应对其进行防渗检测；而对已建管道，则应进行日常检测。

【知识链接】

污水管道的渗漏检测方法主要有闭水试验和低压空气检测方法等。

1. 闭水试验

（1）闭水试验的过程（图 2-62）

① 先将两污水检查井间的管道封闭，封闭的方法可用砖砌水泥沙浆或用木制堵板加止水垫圈。

图 2-62　管道闭水试验示意图

② 封闭管道后，从管道低的一端充水，以排除管道中的空气，直到排气管排水后关闭排气阀。试验管段灌满水后浸泡时间应不少于 24 h。

③ 充水使水位达到水筒内所要求的高度，记录时间和计算水桶内的降水量。根据相关的规范判断管道的渗水量。

④ 一般非金属管道的渗水试验时间应不小于 30 min。

（2）管道闭水试验应符合下列规定

① 当试验段上游设计水头不超过管顶内壁时，试验水头应以试验段上游管顶内壁加 2 m 计；

② 当试验段上游设计水头超过管顶内壁时，试验水头应以试验段上游设计水头加 2 m 计；

③ 当计算出的试验水头小于 10 m，但已超过上游检查井井口时，试验水头应以上游检查井井口高度为准。

2. 低压空气检测方法

将低压空气通入一段管道，记录管道中空气压力降低的速率，检测管道的渗漏情况（图 2-63），如果空气压力下降速率超过规定的标准，则表示管道施工质量不合格或者需要进行修复。

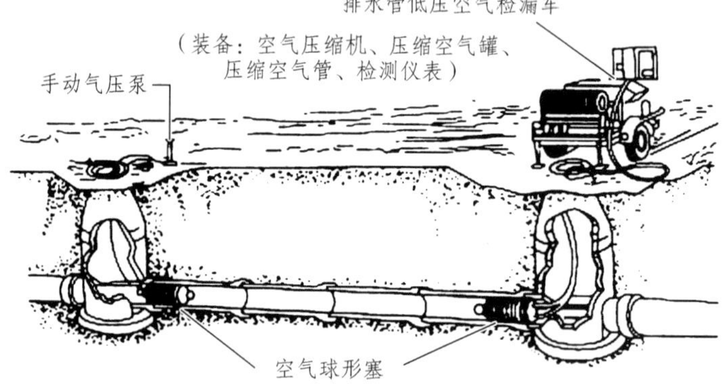

图 2-63　低压空气检漏示意图

【任务准备】

准备好检漏和维修的设备和工具，进行管道的渗漏检测。

【任务实施】

某段污水管道建成后，需要检测其渗漏情况。学生应合理选择检漏方法，按照检漏方法进行操作，记录试验数据，并确定管道是否符合标准，并进行必要的修复。

【检查评议】

评分标准见表 2-14。

【思考与练习】

（1）污水管网渗漏检测的方法与给水管网有何异同？

（2）闭水试验时应该注意哪些问题？

项目三　给水处理工艺运行与管理

【知识目标】

通过本项目的学习，了解给水处理厂设备安装调试和试运行的程序；熟悉特种水处理工艺的运行与管理方法；掌握常规给水处理的工艺和构筑物运行与管理方法。

【技能目标】

通过本项目的学习，能够进行常规给水工艺和构筑物的运行与管理。

【重点难点】

本项目重点掌握常规给水工艺和构筑物的运行与管理方法和相关技能；其难点在于特种水处理工艺的运行与管理方法。

任务一　给水处理厂（站）调试与验收

知识点一　设备的安装调试和验收

【任务描述】

了解给水处理常见设备的安装要求，能够参与给水处理厂（站）的设备验收工作。

【任务分析】

给水厂设备的安装必须严格按该设备安装工艺及要求进行，否则将影响整个净水工艺，严重时可使整个处理系统瘫痪。因此，正确的安装调试非常重要，通过本任务的学习熟悉整个安装调试过程，并能够最终对设备进行验收。

【知识链接】

一、安装的一般要求

1. 开　箱

开箱逐台检查设备的外观，按照装箱单清点零件、部件、工具、附件、合格证和其他技术文件，检查有否因运输途中受到振动而损坏、脱落、受潮等情况，并作记录（表 3-1）。

表 3-1　设备开箱记录表

<table>
<tr><td colspan="4">设备开箱检验记录</td><td colspan="2">编号</td><td>××-××-001</td></tr>
<tr><td colspan="2">设备名称</td><td colspan="2"></td><td colspan="2">检查日期</td><td>年月日</td></tr>
<tr><td colspan="2">规格型号</td><td colspan="2"></td><td colspan="2">总数量</td><td></td></tr>
<tr><td colspan="2">装箱单号</td><td colspan="2"></td><td colspan="2">检验数量</td><td></td></tr>
<tr><td rowspan="5">检验记录</td><td>包装情况</td><td colspan="5">是否完好</td></tr>
<tr><td>随机文件</td><td colspan="5">是否有产品合格证、检验报告</td></tr>
<tr><td>备件与附件</td><td colspan="5">是否齐全</td></tr>
<tr><td>外观情况</td><td colspan="5">是否完好</td></tr>
<tr><td>测试情况</td><td colspan="5">是否完好</td></tr>
<tr><td rowspan="5">检验结果</td><td colspan="6">缺、损附备件明细表</td></tr>
<tr><td>序号</td><td>名称</td><td>规格</td><td>单位</td><td>数量</td><td>备注</td></tr>
<tr><td></td><td></td><td></td><td></td><td></td><td></td></tr>
<tr><td></td><td></td><td></td><td></td><td></td><td></td></tr>
<tr><td></td><td></td><td></td><td></td><td></td><td></td></tr>
<tr><td colspan="7">结论：</td></tr>
<tr><td rowspan="2">签字栏</td><td colspan="2">建设单位</td><td colspan="3">施工单位</td><td>供应单位</td></tr>
<tr><td colspan="2"></td><td colspan="3"></td><td></td></tr>
</table>

2. 定　位

设备在室内定位的基准线应以柱子的纵横中心线或墙的边缘为准，其允许偏差为 10 mm。设备上定位基准的面、线或点对定位基准线的平面位置和标高的允许偏差，一般应符合表 3-2 的规定。

表 3-2　设备基准面与定位基准线的允许偏差

项　目	允许偏差/mm	
	平面位置	标高
与其他设备无机械上的联系	±10	+20 −10
与其他设备有机械上的联系	±2	±1

设备找平时，必须符合设备技术文件的规定，一般横向水平度偏差为 1 mm/m，纵向水平度偏差为 0.5 mm/m。设备不应跨越地坪的伸缩缝或沉降缝。

3. 地脚螺栓和灌浆

地脚螺栓上的油脂和污垢应清除干净（图 3-1）。地脚螺栓离孔壁应大于 15 mm。其底端不应碰孔底，螺纹部分应涂油脂。当拧紧螺母后，螺栓必须露出螺母 1.5 ~ 5 个螺距。灌浆处的基础或地坪表面应凿毛，被油玷污的混凝土应凿除，以保证灌浆质量。

（a）地脚螺栓　　（b）灌浆

图 3-1　地脚螺栓和灌浆示意图

1—地角络栓；2—点焊位置；3—支承垫铁用的小圆钢；4—螺栓调整垫铁；
5—设备底座；6—灌浆层；7—基础或地坪

4. 清　洗

设备上需要装配的零、部件应根据装配顺序清洗洁净，并涂以适当的润滑脂。加工面上如有锈蚀或防锈漆，应进行除锈及清洗。各种管路也应进行清洗洁净并使之畅通。

5. 装　配

过盈配合零件装配前应测量孔和轴配合部分两端和中间的直径。每处在同一径向平面上互成 90° 位置上各测一次，得平均实测过盈值。压装前，在配合表面均需加合适的润滑剂。压装时，必须与相关限位轴肩等靠紧，不准有串动的可能（图 3-2）。

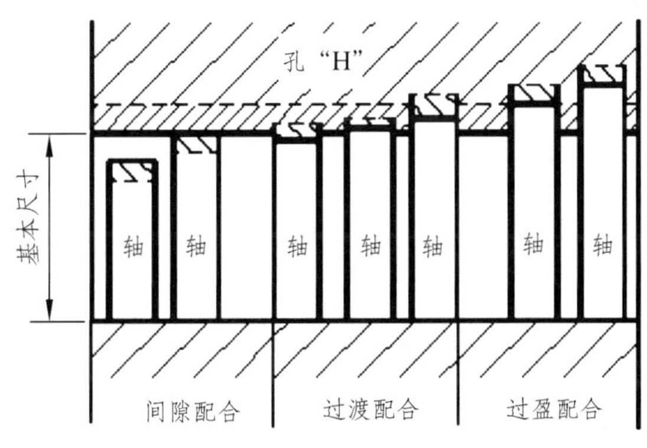

图 3-2　配合示意图

二、主要设备的安装调试和验收

1. 水泵的安装

其结构见图 3-3。

图 3-3　水泵结构

（1）水泵泵体与电动机、进出口法兰安装的允许偏差见表 3-3。

表 3-3　水泵泵体与电动机、进出口法兰的安装允许偏差

项　目	允许偏差				
	水平度/（mm/m）	垂直度/（mm/m）	中心线偏差/mm	径向间隙/mm	同轴度/（mm/m）
水泵与电动机	<0.1	<0.1			
泵体出口法兰与出水管			<5		
泵体出口法兰与出水管			<5		
叶片外缘与壳体				半径方向小于规定的40%二侧间隙之和小于规定最大值	
泵轴与传动轴					<0.03

（2）调整、试运转及验收

① 查阅安装质量记录，各技术指标符合质量要求。

② 开车连续运转 2 h，必须达到表 3-4 所列的要求。

表 3-4　水泵调试及验收要求

项　目	检查结果
各法兰连接处	无渗漏，螺栓无松动
填料函压盖处	松紧适当，应有少量水滴出（以每分钟 30～60 滴为宜），温度不应过高
电动机电流值	不超过额定值
运转状况	无异常声音，平稳，无较大振动
轴承温度	滚动轴承<70 °C，滑动轴承<60 °C，运转温升<35 °C

2. 搅拌设备安装

搅拌设备一般包括搅拌机和搅拌轴（图 3-4）。

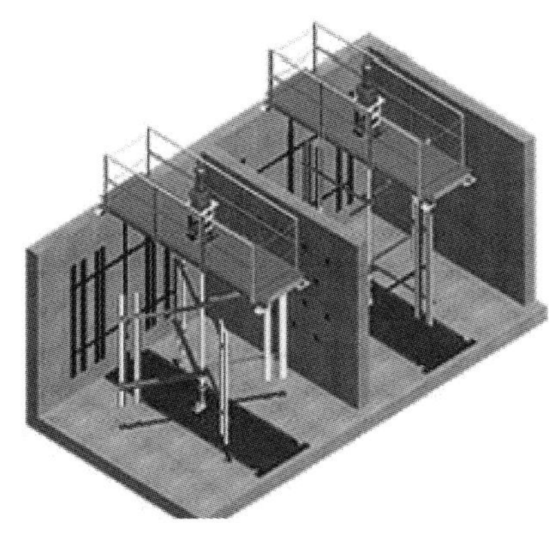

图 3-4　搅拌机与搅拌轴

（1）搅拌轴的安装允许偏差见表 3-5。

表 3-5　搅拌轴的安装允许偏差

搅拌器	转数/（r/min）	下端摆动量	桨叶对轴线垂直度/mm
桨式、框式和提升叶轮搅拌器	≤32	≤1.50	为桨板长度的 4/1000 且不超过 5
推进式圆盘平直叶涡轮式搅拌器	＞32	≤1.00	
	100～400	≤0.75	

（2）介质为有腐蚀性溶液的搅拌轴及桨板宜采用环氧树脂 3NTU、丙纶布 2 层包涂，以防被腐蚀。

（3）搅拌设备安装后，必须经过用水作介质的试运转和搅拌工作介质的带负载试运转。两种试运转都必须在容器内装满 2/3 以上容积的容量。试运转中设备应运行平稳，无异常振动和噪声。以水作介质的试运转时间不得少于 2 h；负载试运转对小型搅拌机为 4 h，其余不少于 24 h。

3. 澄清池刮泥机（图 3-5）的安装

图 3-5　澄清池刮泥机

（1）刮泥耙刮板下缘与池底距离为 50 mm，其偏差为±25 mm。

（2）当销轮直径小于 5 m 时，销轮节圆直径偏差为 0～2.0 mm；销轮端面跳动偏差为 5 mm；销轮与齿轮中心距偏差为 $^{+5.0}_{+2.5}$ mm。

（3）调整和试运转。试运行时设备运行平稳，无异常啮合杂音。试运行时间不得少于 2 h，带负荷试运行时，其转速、功率应符合有关技术文件。

【任务准备】

准备一台设备及其完整的说明与技术文件放在包装箱内。

【任务实施】

根据开箱检查记录表（表 3-1），逐项检查核对并填写记录表。

【检查评议】

评分标准见表 3-6。

表 3-6　评分标准

编号	项目内容	评分标准	分值	扣分	得分
1	学习态度	不认真操作扣 10 分	10		
2	动手能力	动手能力不强扣 20 分	20		
3	团队协作精神	没有团队精神扣 10 分	10		
4	专业能力	开箱检查并填写记录表，每错一处扣 5 分，扣完为止	50		
5	安全文明操作	不爱护设备扣 10 分	10		
6	合计		100		

【考证要点】

是否熟悉开箱检查的方法要点与记录表的填写方法。

【思考与练习】

（1）设备定位的要求有哪些？

（2）简述供水水泵安装验收要点。

知识点二　处理设施的试运行

【任务描述】

了解给水处理设备试运行的程序与内容。

【任务分析】

在给水厂的处理构筑物和主要给水设备安装、试验、验收完成之后，正式投入运行之前，都必须进行设备的试运行。

【知识链接】

1. 试运行的目的

（1）参照设计、施工、安装及验收等有关规程、规范及其他技术文件的规定，结合构筑物的具体情况，对整个构筑物的土建工程及给水排水工程设备的安装进行全面、系统的质量检查和鉴定，以作为评定工程质量的依据。

（2）通过试运行可及早发现遗漏的工作或工程，以及给水排水工程设备存在的缺陷，以便及早处理，避免发生事故，保证建筑物和给水排水工程设备能安全可靠地投入运行。

（3）通过试运行以考核主、辅机械协联动作的正确性，掌握给水排水工程设备的技术性能，制订运行中必要的技术数据及操作规程，为设备正式投入运行作技术准备。

（4）在一些大、中型水处理厂或有条件的水处理厂（站），还可以结合试运行进行一些现场测试，以便对运行进行经济分析，满足设备运行安全、低耗、高效的要求。

2. 试运行的内容

给水排水工程设备试运行工作范围很广，包括检验、试验和监视运行。由于给水排水工程设备为首次启动，以试验为主，通过试验掌握运行性能。其内容主要有给水排水工程设备机组充水试验，空载试运行，负载试运行和自动开停机试验。

试运行过程中，必须按规定进行全面详细地记录，要整理成技术资料，在试运行结束后，交工程鉴定、验收、交接组织进行正确评估并建立档案保存。

3. 试运行的程序

为保证给水设备安全可靠的试运行，并得到完善可靠的技术资料，启动调整必须逐步深入，稳步进行。

（1）试运行前的准备工作

试运行前要成立试运行小组，拟定试运行程序及注意事项，组织运行操作人员和值班人员学习操作规程、安全知识，然后由试运行人员进行全面认真的检查。

试运行现场必须进行彻底清扫，使运行现场有条不紊，并适当悬挂标牌、图表，为给水设备试运行提供良好的环境条件和协调的气氛。

（2）给水设备及泵站机组空载试运行

① 给水设备及泵站机组的第一次启动。第一次启动应用手动方式进行，有些设备应该轻载或空载启动（如离心泵的启动一定要轻载启动）。空载启动是检查转动部件与固定部件是否有碰撞或摩擦，轴承温度是否稳定，摆度、振动是否合格，各种表计是否正常，油、气、水管路及接头、阀门等处是否渗漏，测定电动机启动特性等有关参数；对运行中发现的问题要及时处理。

② 给水设备及泵站机组停机试验。机组运行 4～6 h 后，上述各项测试工作均已完成，即可停机。机组停机仍采用手动方式，停机时主要记录从停机开始到机组完全停止转动的时间。

③ 机组自动开、停机试验。开机前将机组的自动控制、保护等调试合格，并模拟操作准确，即可在操作盘上发出开机脉冲，机组即自动启动。停机也以自动方式进行。

（3）机组负荷试运行

机组负荷试运行的前提条件是轻载试运行合格，油、气、水系统工作正常，各处升温符合规定，振动、摆度在允许范围内，无异常响声和碰擦声，经试运行小组同意，即可进行带负荷运行。

① 负荷试运行前的检查：a. 检查进、出口内有无漂浮物，并妥善处理。b. 各种阀门操作正

常，要求动作准确，密封严密。c. 油、气、水系统投入运行。d. 各种仪表显示正常、稳定。

② 负载启动。负载启动用手动或自动均可，由试运行小组视具体情况而定。负载启动时的检查、监视工作，仍按轻载启动各项内容进行。

如无通水必要，运行 6 ~ 8 h 后，若一切运行正常，可按正常情况停机，停机前抄表一次。

（4）给水设备及泵站机组连续试运行

在条件许可的情况下，经试运行小组同意，可以进行给水设备及泵站机组连续试运行。其要求是：

① 给水设备及泵站单台机组运行一般应在 7 天内累计运行 72 h（含全部给水设备及泵站机组联合运行小时数）。

② 连续试运行期间，开机、停机不少于 3 次。

③ 给水设备及泵站机组联合运行的时间，一般不少于 6 h。

【任务准备】

准备一台水泵以及卡尺、万用电表等。

【任务实施】

根据水泵试运转测试记录表，逐项测试核对并填写记录表（表 3-7）。

表 3-7　水泵试运转测试记录表

<table>
<tr><td colspan="2">施工单位</td><td colspan="6">××公司</td><td colspan="2">试运转日期</td><td colspan="2">年　月　日</td></tr>
<tr><td colspan="2">设备名称</td><td colspan="5"></td><td>型号规格</td><td colspan="4"></td></tr>
<tr><td colspan="2">制造厂名</td><td colspan="5"></td><td>出厂日期</td><td colspan="4">年　月　日</td></tr>
<tr><td colspan="2">水泵扬程</td><td colspan="5"></td><td>出口压力</td><td colspan="4"></td></tr>
<tr><td rowspan="4">联轴器</td><td colspan="2">间隙</td><td></td><td rowspan="4">填料室滴水情况</td><td colspan="2" rowspan="2">要求值/滴</td><td rowspan="2"></td><td rowspan="4">最高温度/℃</td><td colspan="2" rowspan="2">室内温度</td><td rowspan="2"></td></tr>
<tr><td colspan="2">轴向倾斜</td><td></td></tr>
<tr><td colspan="2">径向位移</td><td></td><td colspan="2" rowspan="2">每分钟实测值/滴</td><td rowspan="2"></td><td colspan="2">轴承温度</td><td></td></tr>
<tr><td colspan="2">用手盘动</td><td>无卡阻</td><td colspan="2">机身温度</td><td></td></tr>
<tr><td colspan="3">阀门工作情况</td><td colspan="9"></td></tr>
<tr><td colspan="3">额定电压值/V</td><td colspan="3"></td><td colspan="2" rowspan="3">实测电流值/A</td><td>I_A</td><td colspan="3"></td></tr>
<tr><td colspan="3">实测电压值/V</td><td colspan="3"></td><td>I_B</td><td colspan="3"></td></tr>
<tr><td colspan="3">额定电流值/A</td><td colspan="3"></td><td>I_C</td><td colspan="3"></td></tr>
<tr><td colspan="3">其他试运转情况</td><td colspan="9"></td></tr>
<tr><td colspan="3">结论</td><td colspan="9"></td></tr>
</table>

【检查评议】

评分标准见表 3-8。

表 3-8　评分标准

编号	项目内容	评分标准	分值	扣分	得分
1	学习态度	不认真操作扣 10 分	10		
2	动手能力	动手能力不强扣 20 分	20		
3	团队协作精神	没有团队精神扣 10 分	10		
4	专业能力	逐项测试并填写记录表，每错一处扣 5 分，扣完为止	50		
5	安全文明操作	不爱护设备扣 10 分	10		
6	合计		100		

【考证要点】

是否熟悉给水设备试运行的方法要点。

【思考与练习】

（1）简述给水厂试运行的内容。

（2）简述给水厂试运行的程序。

知识点三　给水处理水质监测

【任务描述】

掌握给水处理水质监测的内容、方法与仪器。

【任务分析】

水质监测是供水企业加强水质管理确保供水安全的重要措施，饮用水主要考虑对人体健康的影响，其水质标准除有物理指标、化学指标外，还有微生物指标；对工业用水则考虑是否影响产品质量或易于损害容器及管道。

【知识链接】

1. 水质监测项目

给水厂在水质监测过程中主要监测的参数有原水的水温、水位、流量、水质（浊度、碱度、pH、溶解氧等）以及出水的余氯、漏氯检测和报警。

在净水处理过程中，监测设施应根据实际需要设置。一般需要设置的仪表可参见图 3-6。

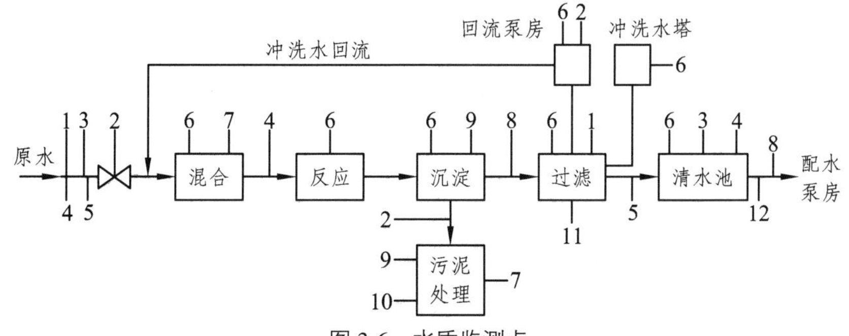

图 3-6　水质监测点

1—浊度计；2—流量计；3—水温；4—pH；5—加氯；6—水位；7—净水药剂；8—剩余氯；9—污泥浓度；10—污泥量；11—过滤水头；12—加氨

2. 出厂水监测与控制方法

给水厂出厂水需要具备必要的检测手段。运行管理人员把出厂水检验分散为对每一段净水构筑物都有出水的质量要求，就可以自然地保证出水的合格，这就是给水厂水质控制。要进行水质过程控制，就需配齐各种构筑物必有的仪表，还要求运行人员掌握浊度、余氯的检测技术和手段。

（1）pH 计

pH 计是最普通的计测仪器，使用 pH 计要注意以下事项：

① pH 标准液指定 1/20 mol/L 的邻苯二（甲）酸氢钾溶液，其 15 °C 时的 pH 定为 4.000。此外，还使用磷酸盐标准液（1/40 mol/L 磷酸二氢钾-1/40 mol/L 磷酸氢二钠溶液，pH=7）、硼酸盐标准液（1/100 mol/L 硼酸钠溶液，pH=9）等，也可用图 3-7 所示所示的缓冲剂直接配制。

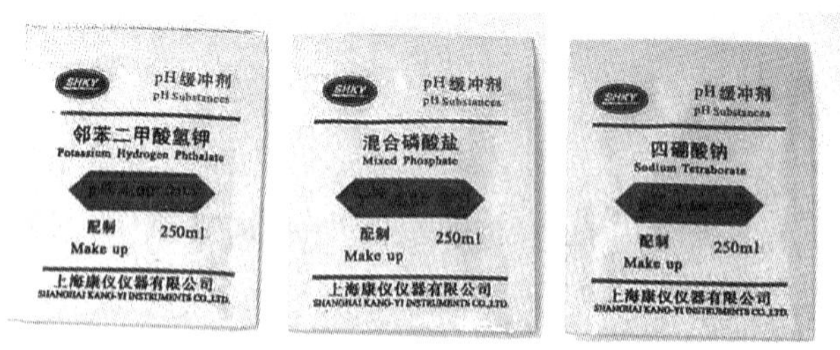

图 3-7　pH 缓冲剂

② 使用玻璃电极时，随着玻璃薄膜表面的逐渐变化和玻璃成分的溶出，其性质有所改变，测定误差也逐渐增大。为防止这种变化，需随时用标准液进行零位调整和间距调整。

（2）浊度计

浊度计用于对原水、沉淀水和滤后水的浊度进行指示和记录。使用浊度计要注意以下事项：

① 浊度测定的标准物质采用高岭土，以 1 mL 试样在 1 L 水中分散时的浊度为 1 NTU（高岭土）。该测定是通过目测加以比较。

② 高岭土标准液在稳定性、重现性方面存在许多问题，故近来采用福尔马林标准液。它是用 1%的硫酸肼溶液和 10%的六次甲基四胺溶液各 10 mL，在（25±3）°C 下保持 24 h 后配制成的 200 mL 稀释液。该溶液的浊度为 400 NTU（福尔马林），用于校准浊度计。

浊度计日常要注意维护保养。对操作者的要求仅限于周期性的标定、标准化检查及维护外部设备。如果出现任何系统报警，应立即查找原因，以免发生更为严重的故障。操作者要经常监视控制单元指示器，以便了解出现的异常情况。每月一次的标准化检查，应使用校准过的实验室仪器，对定时采到的样品进行分析，至少每 4 个月进行一次校准。

（3）余氯控制器

目前使用较多的为 CT-610 型余氯控制器。此控制器外壳设计特殊，防水及防酸气效果较好，防日晒透明前盖设计，方便读值。

3. 水质自动监测系统

由于水质自动监测系统（图 3-8）监测数值的连续性，它不仅仅提供水体的各污染物浓度值，还可同时监控水体的变化，以捕捉突发性污染事件的发生。

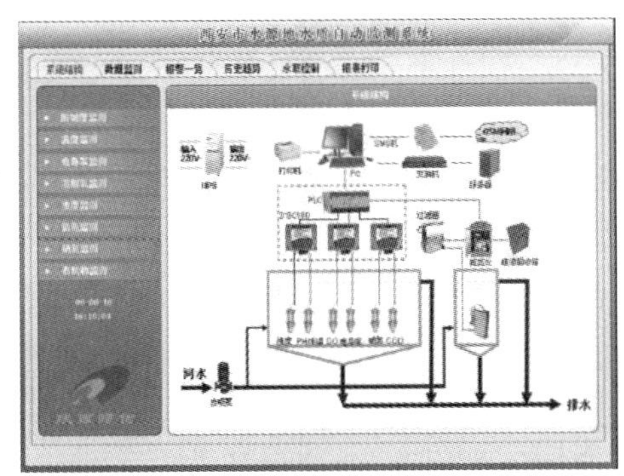

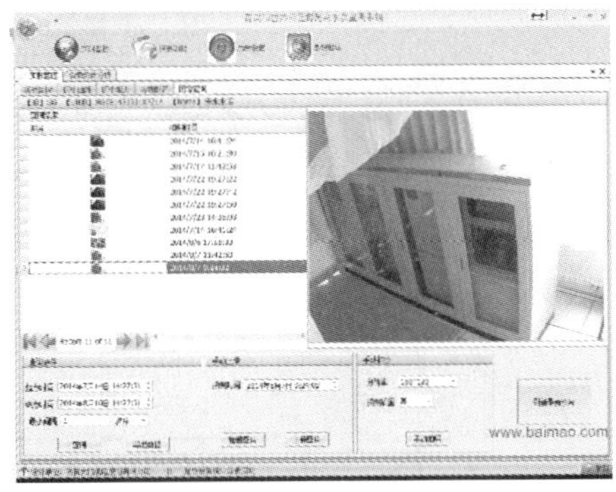

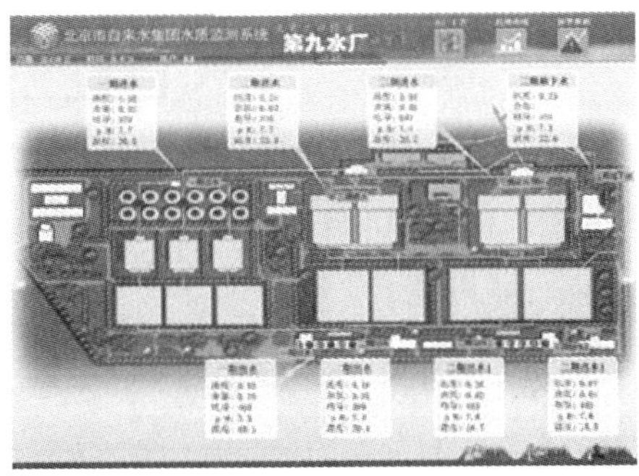

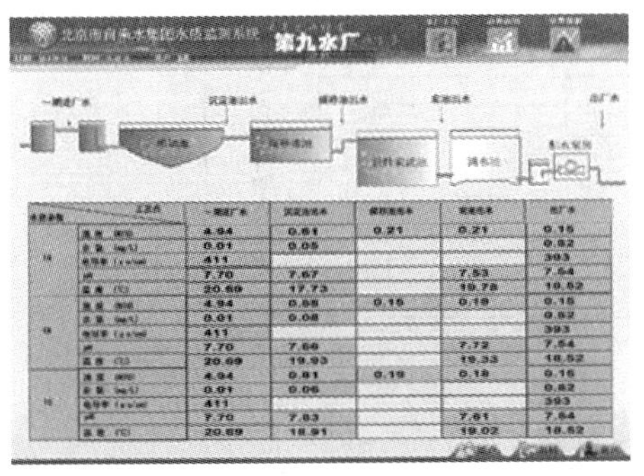

图 3-8 水质自动监测系统

4. 突发性水污染事件应急水质监测

突发性水污染事件有突然发生的性质，水质变化速率大。因入河污染物超过水环境容量造成的水污染事件主要是由水量小时未及时控制污染物入河总量引起的，受水量和入河污染物的双重影响。由于人们缺乏思想准备，不能及时采取防御措施，对社会经济和环境影响会很严重，有的甚至很难恢复。

应急水质监测是判断水污染事件影响程度的依据。它不同于日常的水质监测，其特点表现为：一是时间短，污染过程不可重复，事前无计划；二是耗费资金、人力、物力；三是污染物和排放方式不同，监测断面、项目和频率不同，具体流程可参见图 3-9。

应急水质监测的原则：事前有预防，有预案；事后就近监测、跟踪监测，测站监测与监测中心监测互相配合，固定监测与移动监测互为补充；做好人员培训、仪器设备装备和技术的储备。

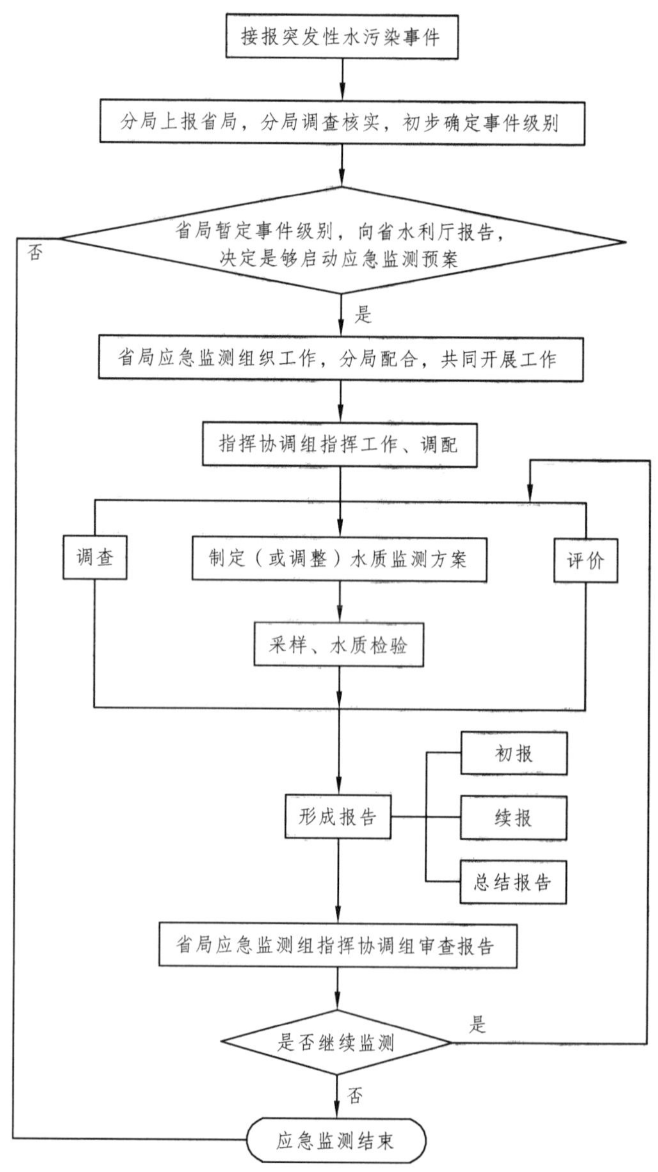

（a）应急监测流程

（b）监测现场

图 3-9　突发性水污染事件应急监测

【任务准备】

准备余氯控制器 1 台。

【任务实施】

调试并使用余氯控制器监测水管内水流余氯含量。

【检查评议】

评分标准见表 3-9。

表 3-9 评分标准

编号	项目内容	评分标准	分值	扣分	得分
1	学习态度	不认真操作扣 10 分	10		
2	动手能力	动手能力不强扣 20 分	20		
3	团队协作精神	没有团队精神扣 10 分	10		
4	专业能力	调试并使用余氯控制器监测余氯含量	50		
5	安全文明操作	不爱护设备扣 10 分	10		
6	合计		100		

【考证要点】

是否掌握余氯控制器的使用方法。

【思考与练习】

（1）简述 pH 计使用注意事项。
（2）浊度计使用注意事项。
（3）简述给水处理水质监测的参数和位置?

任务二 常规给水工艺运行与管理

知识点一 投药与混凝工艺运行与管理

【任务描述】

学习混合方法和投药方法、投药设备运行管理与维护方法。

【任务分析】

混凝剂投加是城市供水处理过程中净水处理的重要环节，准确地投加混凝剂可以有效地减轻过滤、消毒设备的负担，在保证满足出厂水浊度要求的前提下尽量减少混凝剂的投加量，具有良好的经济效益和社会效益。

【知识链接】

一、混　合

混合（图 3-10）和反应为混凝过程的两个阶段。混合的作用在于使药剂迅速均匀地扩散于水中，以创造良好的水解和聚合条件。在此阶段并不要求形成大的絮凝体。混合要求快速剧烈，在 10 ~ 30 s（至多不超过 2 min 内）应该完成，其作用在于使药剂在水中均匀扩散。常用的混合方式主要有水泵混合、隔板混合和机械混合三种；除此之外，还有管道混合，扩散混合，以及利用水跃或堰后跌水进行混合。

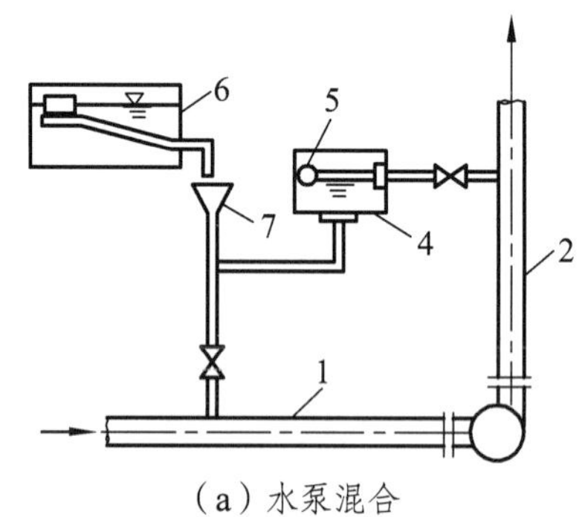

（a）水泵混合

1—吸水管；2—出水管；3—水泵；4—水封箱；5—浮球阀；6—溶液池；7—漏斗管

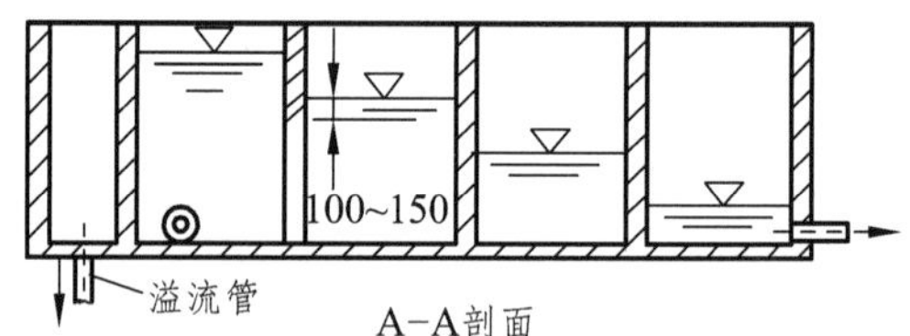

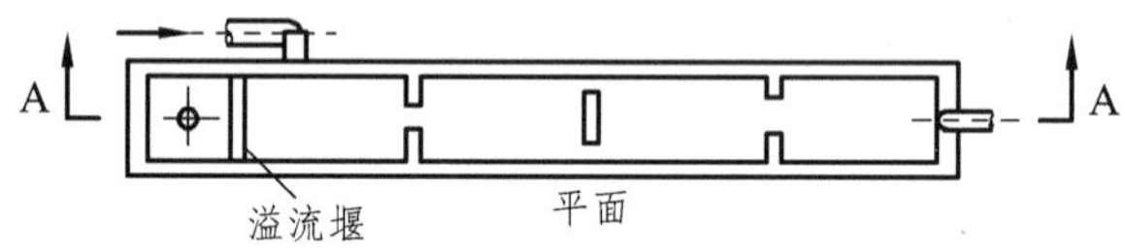

（b）隔板混合

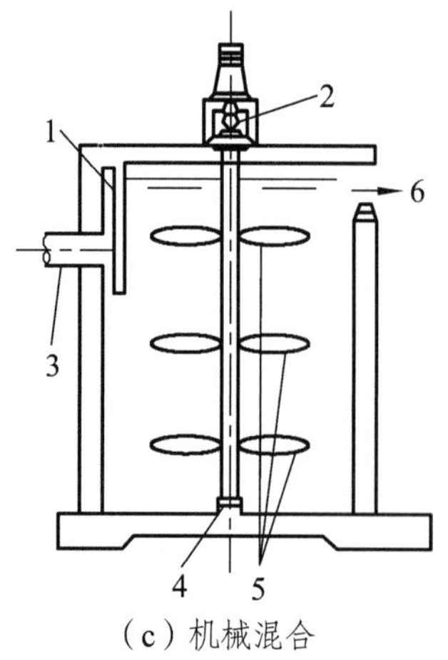

（c）机械混合

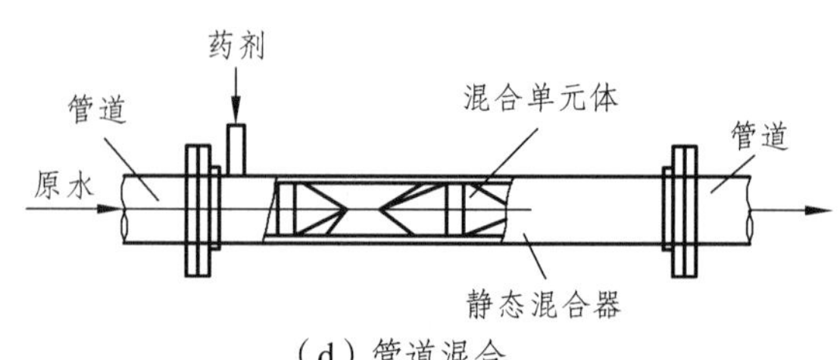

（d）管道混合

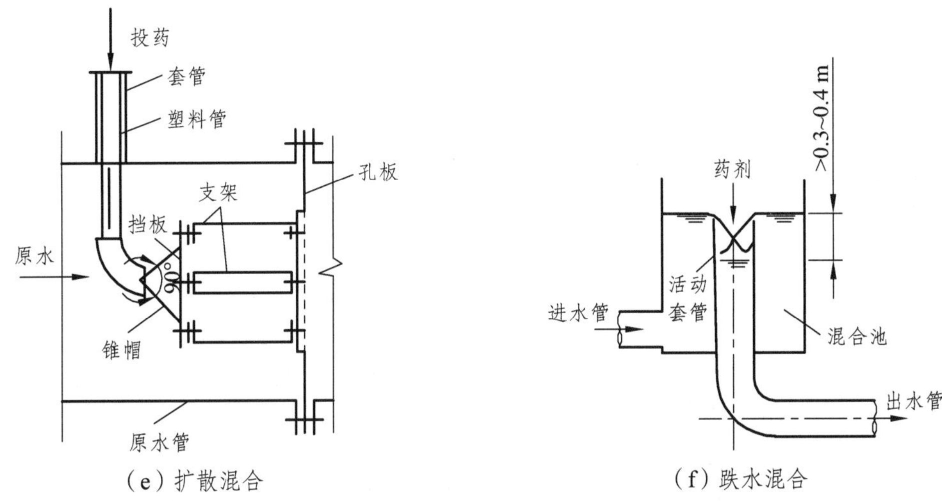

图 3-10 混合方法

二、混 凝

水的混凝处理是靠水中投加混凝剂及助凝剂来促使水中全部细微悬浮物与胶体颗粒产生凝聚，使凝聚后的颗粒能迅速产生絮凝，使絮凝后的颗粒能迅速下沉（图 3-11）。水中投加混凝剂后产生凝聚作用，包括两个过程：一是脱稳，也就是使水中高度稳定状态的胶体颗粒失去稳定性；二是絮凝，也就是脱稳后的胶体颗粒相互吸附，同时与水中原有较大悬浮颗粒产生黏结作用，生成较大的絮凝体（通常叫矾花，如图 3-12 所示）。

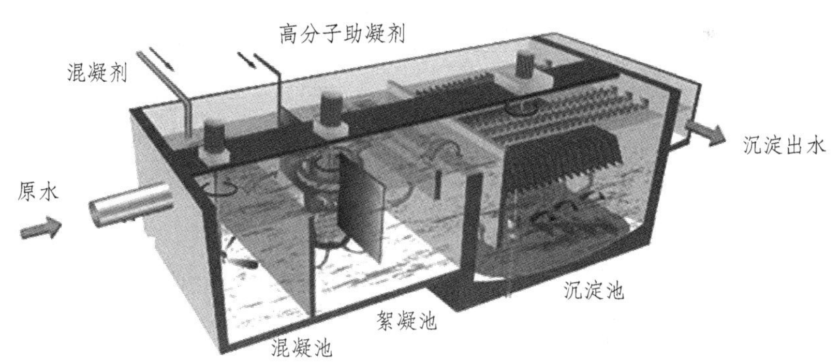

图 3-11 混凝示意图

图 3-12 絮凝体

1. 混凝剂

净水工艺中最常用的混凝剂有两大类：一类是铝盐，如硫酸铝、明矾、聚合氯化铝等（图 3-13）；另一类是铁盐，如三氯化铁、硫酸亚铁等（图 3-14）。

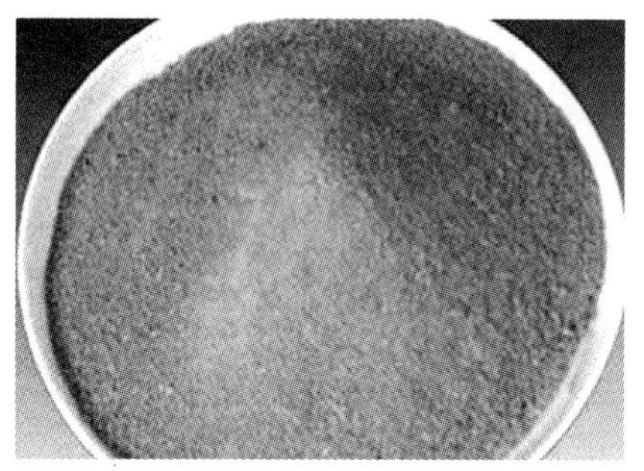

3-13　铝混凝剂示例

图 3-14　铁混凝剂示例

固体混凝剂须先溶解在水中，配成一定浓度的溶液后投加。在产水量较大的水厂，因为混凝剂用量很大，须专门设置溶解池，将固体药剂溶解。混凝剂用量少或容易溶解时，可在水缸或水槽中放入混凝剂，加一定量的水，然后由人力搅拌。或用水力溶药装置，逐步溶解成所需浓度的溶液。当混凝剂用量大或难以溶解时，可用机械搅拌方法，依靠浆板的拨动促使混凝剂溶解（图 3-15）。浆板采用加工方便、使用效果较好的平板，材料可为金属、塑料或木板。不管用什么方法溶解药剂，每天溶解药剂的次数不宜太多，一般每日 3 次，也就是每班溶药一次。

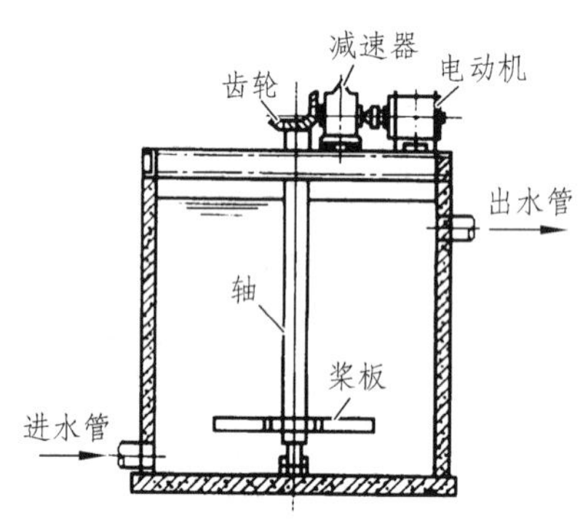

图 3-15　机械搅拌装置

2. 混凝剂的投加方式

混凝剂的投加点和投加方式对其混凝效果有很重要的作用。

（1）投药点的选择

投药点必须促使混凝剂与原水能迅速充分混合，混合后在进入反应池前，不宜形成大颗粒矾花，投药点与投药间距离尽量靠近，以便于投加。

① 泵前投加

当一级泵房与反应室（池）距离较近（一般为 100 m 以内）时，投药点应选在泵前，通过水泵与翼轮高速转动使药剂与原水充分混合，这种方法称为“水泵混合”。如图 3-16、图 3-17 所示。

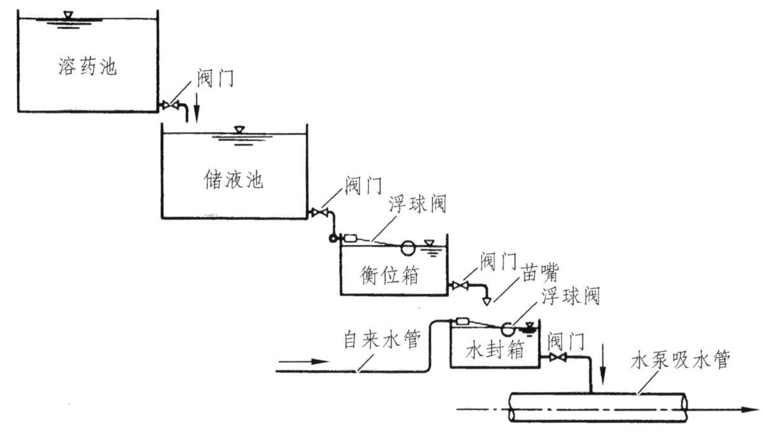

图 3-16　泵前投加（适用于投药点有吸力的）

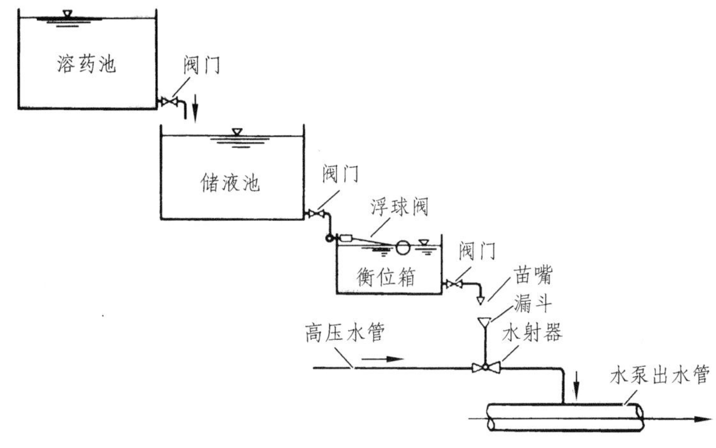

图 3-17　泵前投加（适用于投药点承压的）

② 泵后投加

当一级泵房与反应池距离较远（一般大于 100 m）时，宜在泵后投加药剂。投药点可分别选在一级泵房至反应池的管段上，凭借管内水流使混凝剂与原水充分混合，这种混合方式也称为“管式混合”。如果在出水管段上投加混凝剂，设备条件有困难时，投加点也可选在反应室（池）进水口处。

（2）投药方法

① 重力投加法

依靠重力作用把混凝剂加入投药点，这种投加方法称为重力投加法（图 3-18）。

② 吸入投加法

混凝剂依靠水泵吸水管负压吸入，这种投加方法称为吸入投加法。它适用于水泵前吸水管段投加。

③ 压力投加法

混凝剂用加注工具在水泵出水压力管处用压力投加，这种投加方法称为压力投加法。通常采用的加注工具有水射器和耐酸泵两种（图 3-19、图 3-20）。

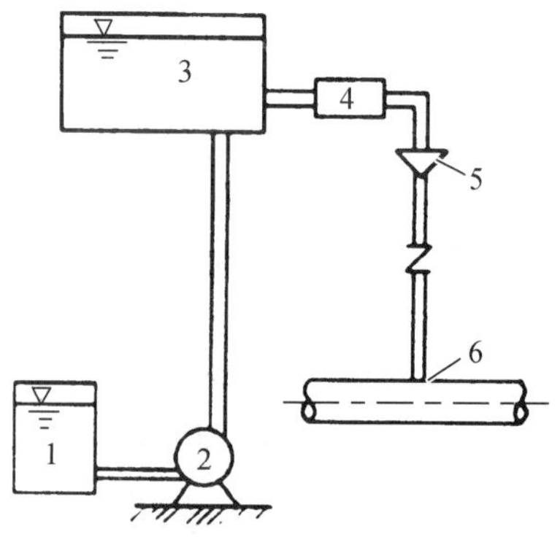

图 3-18　高位溶液池重力投药

1—溶解池；2—水泵；3—溶液池；4—投药箱；5—漏斗；6—压水管

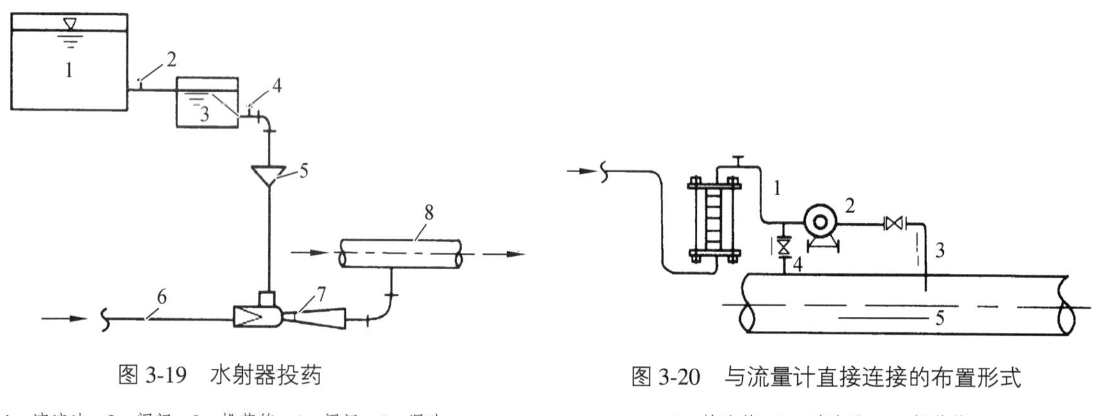

图 3-19　水射器投药

1—溶液池；2—阀门；3—投药箱；4—阀门；5—漏斗；6—高压水管；7—水射器；8—原水管

图 3-20　与流量计直接连接的布置形式

1—输液管；2—耐酸泵；3—投药管；4—补充水管；5—水泵出水管

（3）投药设备

投药设备包括投药池和计量设备。其容积大小应根据处理水量、原水所需混凝剂的最大用量来确定，并应满足连续投加的需要，同时投药池容积不宜过大。如图 3-21 所示。

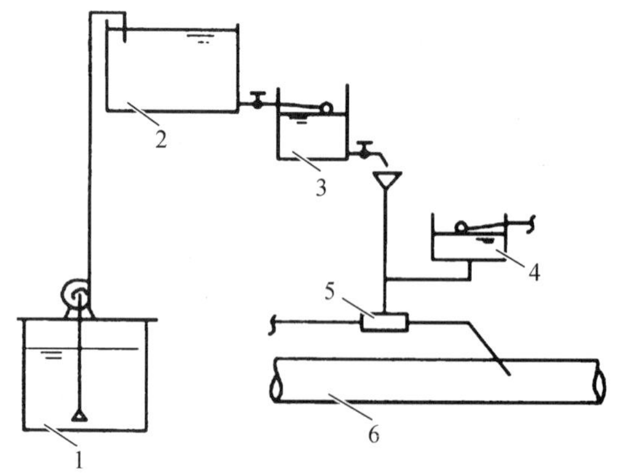

图 3-21　水厂投药设备

1—溶解池；2—溶液池；3—恒位箱；4—水封箱；5—水射器；6—吸水管

三、投药运行管理

1. 运　行

（1）净水工艺中选用的混凝药剂，与药液和水体有接触的设施、设备所使用的防腐涂料，均需鉴定对人体无害，即应符合国家标准《生活饮用水卫生标准》（GB 5749—2006）的规定。混凝剂质量应符合国家现行的有关标准的规定，经检验合格后方可使用。

（2）混凝剂经溶解后，配制成标准浓度的溶液进行计量加注。计量器具须每年鉴定一次。

（3）固体药剂要充分搅拌溶解，并严格控制药液浓度不超过 5%，药剂配好后应继续搅拌 15 min，再静置 30 min 以上方可使用。

（4）要及时掌握原水水质变化情况。混凝剂的投加量与原水水质关系极为密切，因此，操作人员对原水的浊度、pH 值、碱度必须进行测定。一般每班测定 1 ~ 2 次，如原水水质变化较大时，则需 1 ~ 2 h 测定 1 次，以便及时调整混凝剂的投加量。

（5）重力式投加设备，投加液位与加药点液位要有足够的高度差，并设高压水，每周至少自加药管始端冲洗一次加药管。

（6）配药、投药的房间是给水厂最难搞好清洁卫生的场所，而它的卫生面貌也最能代表一个给水厂的运行管理水平。在配药、投药过程中，应严防跑、冒、滴、漏；加强清洁卫生工作，发现问题及时报告。

2. 维　护

（1）应每月检查投药设施运行是否正常，贮存、配制、输送设施有无堵塞和滴漏。

（2）应每月检查设备的润滑、加注和计量设备是否正常，并进行设备、设施的清洁保养及场地清扫。

四、混合絮凝设施运行管理

1. 运　行

（1）药水药剂投入净化水中要求快速混合均匀，药剂投加点一定要在净化水流速最大处。

（2）混合、絮凝设施运行负荷的变化，不宜超过设计值的 15%。所以，混合、絮凝设施在设计中考虑运行负荷的变化是十分必要的。

（3）对经投药后的絮凝水体水样，注意观察出口絮体情况，应达到水体中絮体与水的分离度大、絮体大而均匀、密度大的要求。

（4）絮凝池出口絮体形成不好时，要及时调整加药量，最好能调整混合、絮凝的运行参数。

（5）混合、絮凝池要及时排泥。

2. 维　护

（1）日常保养

日常保养主要是做好环境的清洁工作。采用机械混合的装置，应每日检查电机、变速箱和搅拌桨板的运行状况，加注润滑油，做好清洁工作。

（2）定期维护

机械、电气设备应每月检查修理一次；机械、电气设备、隔板、网格和静态混合器每年检查一次，保养检修或更换部件；金属部件每年油漆保养一次。

【任务准备】

准备烧杯、搅拌器、原水、混凝剂。

【任务实施】

用烧杯试验确定混凝剂的投加量。

【检查评议】

评分标准见表 3-10。

表 3-10　评分标准

编号	项目内容	评分标准	分值	扣分	得分
1	学习态度	不认真操作扣 10 分	10		
2	动手能力	动手能力不强扣 20 分	20		
3	团队协作精神	没有团队精神扣 10 分	10		
4	专业能力	准确快速测试出混凝剂的投加量	50		
5	安全文明操作	不爱护设备扣 10 分	10		
6	合计		100		

【考证要点】

是否掌握混凝剂投加量的测试方法。

【思考与练习】

（1）混凝剂的投加方法有哪些？
（2）混凝剂的投加点有哪些？适用条件是什么？

知识点二　沉淀与澄清工艺运行与管理

【任务描述】

学习沉淀与澄清工艺流程及构筑物运行管理方法。

【任务分析】

目前，给水处理工艺大多采用沉淀（澄清）（图 3-22、图 3-23）、过滤和消毒形式，通过学习和掌握沉淀和澄清的类型、构筑物、管理方法和维护方法，可以将原水中的悬浮物按要求去除。

图 3-22　沉淀池

图 3-23　澄清池

【知识链接】

一、沉　淀

水中固体颗粒依靠重力作用，从水中分离出来的过程称为沉淀。澄清则是将微絮体的絮凝过程和絮凝体与水的分离过程综合于一个构筑物中完成。按照水中固体颗粒的性质，沉淀可以分为自然沉淀和混凝沉淀。

沉淀池从构造形式可以分为平流式沉淀池和斜板（管）沉淀池。

1. 平流式沉淀池

平流式沉淀池（图 3-24）包括进水区、沉淀区、出水区及积泥区四部分。平流式沉淀池的优点是可就地取材，造价低，操作管理方便，施工较简单，适应性强，处理效果稳定。缺点是排泥较困难，占地面积较大。

（a）平流式沉淀池外观

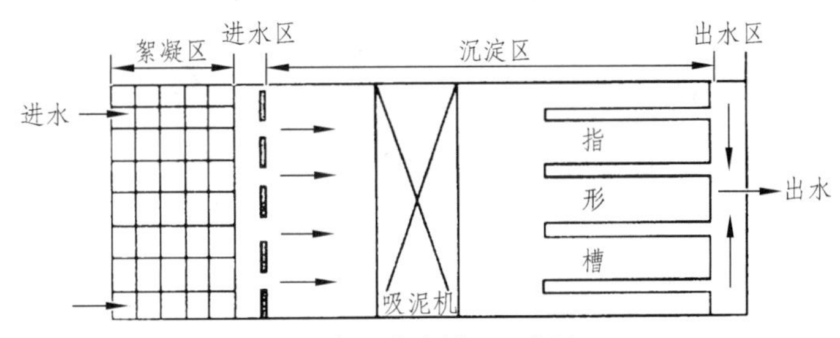

（b）平流式沉淀池剖面示意图

图 3-24　平流式沉淀池

（1）运行

① 必须严格控制运行水位，水位宜控制在允许最高运行水位和其下 0.5 m 之间，以保证满足各种设计参数的允许范围。

② 必须做好排泥工作。如果沉淀池底积泥过多将减少沉淀池容积，并影响沉淀效果，故应及时排泥。有机械连续吸泥或有其他排泥设备的沉淀池，应将沉淀池底部泥渣连续或定期进行排除。采用排泥车排泥时，每日累计排泥时间不得少于 8 h，当出水浊度低于 8 NTU 时，可停止排泥；采用穿孔管排泥时，排泥频率每 4 ~ 8 h 一次，同时要保持快开阀的完好、灵活。无排泥设备的沉淀池，一般采取停池排泥，把池内水放空采用人工排泥，人工排泥一年至少应有 1 ~ 2 次，可在供水量较小期间进行。

③ 发现沉淀池内藻类大量繁殖时，应采取投氯和其他除藻措施，防止藻类随沉淀池出水进入滤池。此外，还应保持沉淀池内外清洁卫生。

④ 沉淀池出水口应设立控制点，出水浊度宜控制在 8 ~ 10 NTU 以下。

⑤ 运行人员必须掌握检验浊度的手段和方法，保证沉淀池出水浊度满足要求。

（2）维护

① 日常保养

a. 每日检查沉淀池进出水阀门、排泥阀、排泥机械运行状况，加注润滑油，进行相应保养。

b. 检查排泥机械电气设备、传动部件、抽吸设备的运行状况并进行保养。

c. 保持管道畅通，清洁地面、走道等。

② 定期维护

a. 清刷沉淀池每年不少于两次，有排泥车的每年清刷一次。

b. 排泥机械、电气设备，每月检修一次；排泥机械、阀门每年修理或更换部件一次；对池底、池壁每年检查修补一次；金属部件每年油漆一次。

2. 斜板（管）沉淀池

斜板（管）沉淀池是一种在沉淀池内装置许多间隔较小的平行倾斜板或直径小的平行倾斜管的新型沉淀池。其特点是沉淀效率高，池子容积小和占地面积小。斜板（管）沉淀池按水流方向主要有上向流、平向流及下向流三种。斜板（管）沉淀池由反应区、配水区、整流区、斜板（管）区、集水区、积泥区等部分组成。斜管沉淀池内部结构如图 3-25 所示。

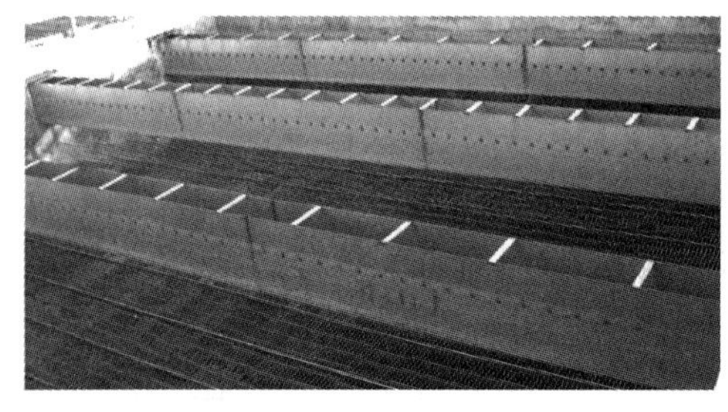
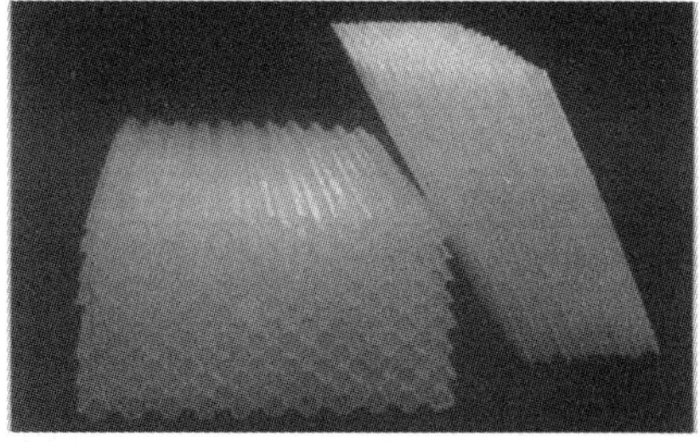

图 3-25　斜管沉淀池内部结构示意

（1）运行管理

① 斜板（管）设置在平流式沉淀池中，效果最为显著。如图 3-26 所示。

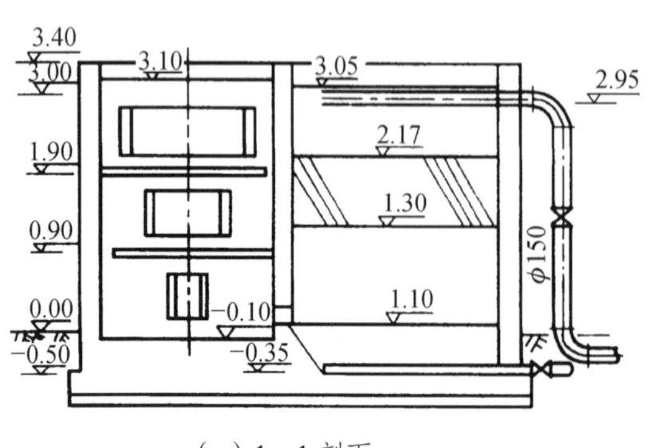

（a）1—1 剖面

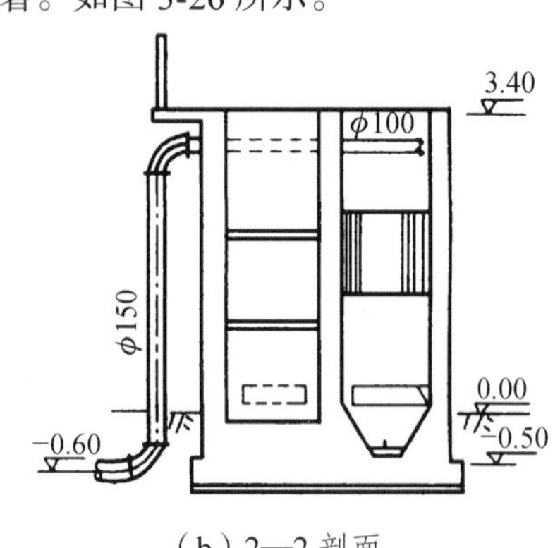

（b）2—2 剖面

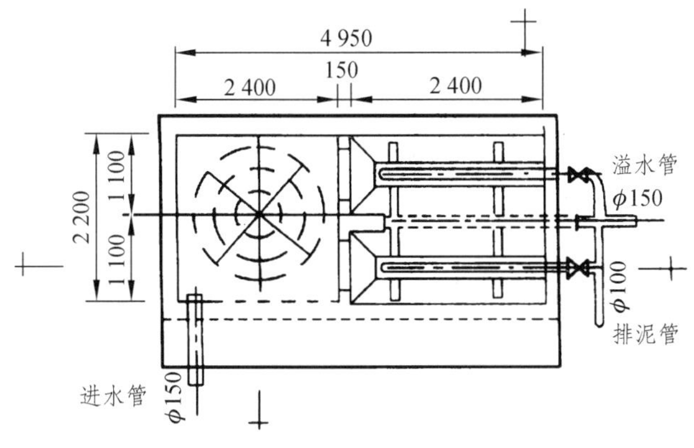

（c）平面图

图 3-26　某自来水厂斜管沉淀池

② 混合反应的好坏对斜板（管）沉淀效果有很大影响。

③ 当采用聚氯乙烯蜂窝材质作斜管时，在正式使用前，要先放水浸泡去除塑料板制造时添加剂中的铅、钡等重金属。

④ 严格控制沉淀池运行的流速、水位和停留时间。上向流斜板（管）沉淀池的垂直上升流速，一般情况下可采用 2.5 ~ 3.0 mm/s。

⑤ 沉淀池的进水、出水、进水区、沉淀区、斜管的布置和安装、积泥区、出水区应符合设计和运行要求。

⑥ 沉淀池适时排泥是斜管沉淀池正常运行的关键。穿孔管排泥或漏斗式排泥的快开阀必须保持灵活、完好，排泥管道畅通，排泥频率应在 4 ~ 8 h 一次。在原水高浊期，排泥管径小于 200 mm 时，排泥频率酌情增加。

⑦ 斜管沉淀池不得在不排泥或超负荷情况下运行。

⑧ 斜管顶端管口、斜管管内积存的絮体泥渣，根据运行实际需要，应定期降低池内水位，露出斜管，用 0.25 ~ 0.3 MPa 的水枪水冲洗干净；以避免斜管堵塞和变形，造成沉淀池净水能力下降。

⑨ 在日照较长，水温较高地区，应加设遮阳屋（棚）盖等措施，以防藻类繁殖与减缓斜板管材质的老化。

（2）维护

① 每日检查进出水阀、排泥阀、排泥机械运行状况，加注润滑油进行保养。

② 检查机械、电气设备并进行保养。

二、澄清池

利用悬浮泥渣层创造的接触絮凝条件，增加原水中的颗粒与矾花碰撞、吸附、相互结合的机会，从而提高凝聚澄清的效果。澄清池的优点是占地面积小，排泥方便，单位产水量的基建投资较平流式沉淀池低。缺点是对水量、水质、水温的变化较敏感，净化效果容易受这些因素影响，排泥的耗水量较大。

澄清池的类型有很多，目前使用较多的是机械搅拌澄清池及水力循环澄清池。其中水力循环澄清池在小城镇给水工程中应用较多，它具有设备简单、建设容易等特点。

1. 水力循环澄清池

水力循环澄清池属于泥渣回流接触分离型澄清池，如图 3-27 所示。

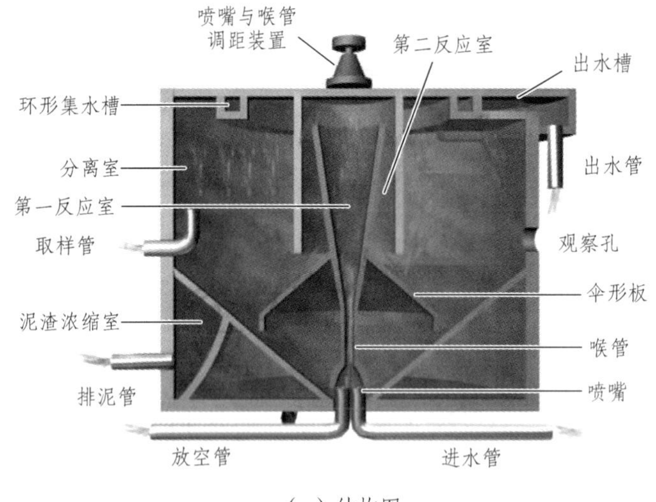

（a）结构图

（b）实物图

图 3-27　水力循环澄清池

（1）初次运行

① 原水浊度在 200 NTU 以上时，可不加黄泥，进水流量控制在设计流量的 1/3，混凝剂投加量要比正常增加 50% ~ 100%，即能形成活性泥渣。

② 原水浊度低于 200 NTU 时，将准备好的黄泥一部分先倒入第一反应室，然后澄清池开始进水，进水量为设计水量的 70%左右，其余黄泥根据原水浊度情况逐步加入。总投加黄泥量应根据原水浊度酌情而定；混凝剂投加量为正常投药量的 3 ~ 4 倍。

③ 当澄清池开始出水时，要仔细观察分离区与反应池水质变化情况。如分离区的悬浮物产生分离现象，并有少量矾花上浮，而面上的水不是很浑浊，第一反应室水中泥渣含量却有所增高，这时一般可以认为投药和投泥适当。如第一反应室水中泥渣含量下降，或加泥时水浑浊，不加时变清，则说明黄泥投加量不足，需继续增加黄泥投加量。当分离区有泥浆水向上翻，则说明投药量不足，悬浮物不能分离，需增加投药量。

④ 当澄清池开始出水时，还要密切注意出水水质情况，如水质不好应排放，不能进入滤池。

⑤ 测定各取样点的泥渣沉降比，泥渣沉降比反映了反应过程中泥渣的浓度与流动性，是运行中必须控制的重要参数之一。若喷嘴附近泥渣沉降比增加较快，而第一反应室出口处却增加很慢，这说明回流量过小，应立即调节喉嘴距，增加回流量，使之达到最佳位置。

⑥ 如有两个澄清池，其中一个池子的活性泥渣已形成而另一个未形成，则可利用已形成活性泥渣池子，在排泥时暂时停止进水，打开尚未形成活性泥渣池子的进水闸阀，把活性泥渣引入该池。若一次不够，可进行多次，直至活性泥渣形成。澄清池的初次运行实际上是培养活性泥渣阶段，为正常运行创造必要的条件。

（2）正常运行

① 每隔 1 ~ 2 h 测定一次原水与出水的浊度和 pH 值。如水质变化频繁时，测定次数应增加。

② 操作人员应根据化验室试验所需投加量，找出最佳控制数据，使出水水质符合要求。操作人员应在日常工作中摸索出原水浊度与混凝剂投加量之间的一般规律。

③ 当原水 pH 值过低或过高时，应加碱和加氯助凝（参看平流式沉淀池运行管理）。

④ 每隔 1 ~ 2 h 测第一反应室出口与喷嘴附近处泥渣沉降比一次。掌握沉降比、原水水质、混凝剂投加量、泥渣回流量与排泥时间之间变化关系的规律。一般原水浊度高，水温低，沉降比要控制小一些；相反要控制大一些。一般当沉降比达到 15% ~ 30%时应排泥，具体应根据原水水质情况来确定。

⑤ 掌握进水管压力与进水量之间的规律，避免由于进水量过大而影响出水水质，或因为水压过高、过低而影响泥渣回流量。进水量一般可根据进水压力进行控制。

⑥ 必须掌握气温、水温等外界因素对运行的影响，加强对清水区的观察，以便及时处理事故，避免水质变坏。

⑦ 及时排泥，使池内泥渣量保持平衡，不使水质因泥渣量过少或过多而变坏。排泥历时不能过长，以免排空活性泥渣而影响池子正常运行。

2. 机械搅拌澄清池

利用机械搅拌设备使池中泥渣回流，以此提高净化效果，是机械搅拌澄清池（图 3-28）的特点。回流泥渣的浓度较高，回流泥渣量又很大，一般相当于澄清池进水量的 3 ~ 5 倍。机械搅拌澄清池较之其他类型澄清池更能适应水质、水量和水温的变化，容易管理。机械搅拌性设备的转速、回流泥渣的数量和浓度等都可以调整，但转速不宜过高而把矾花打碎。澄清池投产时，通过试验调整转速，一般控制在 5 ~ 7 r/min，平时不经常变动。关于回流泥渣的浓度，从混凝反应效果考虑，浓度高些好，因为接触凝聚机会多，但是泥渣浓度过大，从水中分离就困难些。根据生产经验，泥渣层浓度应控制在 2500 ~ 5000 mg/L 范围内。机械搅拌澄清池的搅拌设备不可停用，否则泥渣下沉，泥渣层消失，出水水质将无法保证。

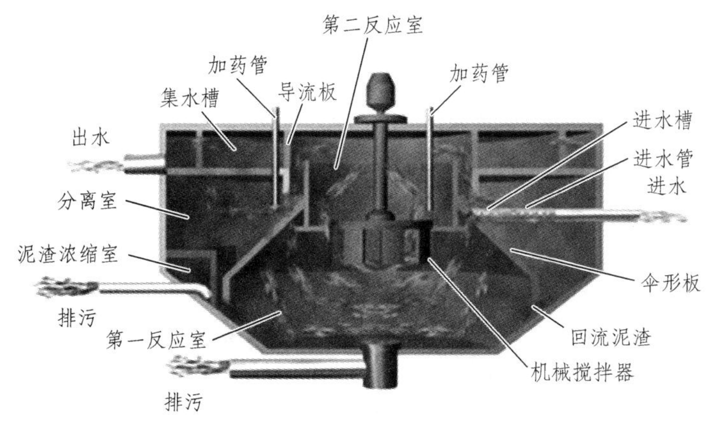

（a）结构图

（b）实物图

图 3-28　机械搅拌澄清池

多余的泥渣从悬浮层中进入浓缩室，通常悬浮层下部的泥渣颗粒较大，在池内停留时间已较长，吸附能力较差，故应先排除这些老化的，而留下吸附能力较好的泥渣。

机械搅拌澄清池和其他澄清池一样，都是利用悬浮泥渣层的接触絮凝作用来提高净水能力。由于间歇运行时下沉的泥渣容易老化变质，等到下一次投入运行时，又需重新形成泥渣层，不仅要增加混凝剂投量，还需要较长的泥渣层形成时间，因此，应尽可能连续而不是间歇地运行。

【任务准备】

准备小型斜板沉淀装置、浊度仪、原水、混凝剂。

【任务实施】

投加混凝剂，利用斜板沉淀池降低原水浊度，并检测原水和出水浊度。

【检查评议】

评分标准见表 3-11。

表 3-11　评分标准

编号	项目内容	评分标准	分值	扣分	得分
1	学习态度	不认真操作扣 10 分	10		
2	动手能力	动手能力不强扣 20 分	20		
3	团队协作精神	没有团队精神扣 10 分	10		
4	专业能力	运行斜板沉淀装置，检测进出水浊度	50		
5	安全文明操作	不爱护设备扣 10 分	10		
6	合计		100		

【考证要点】

是否掌握斜板沉淀池水流方向和操作使用方法，是否会观察絮体生成和沉淀的状况。

【思考与练习】

（1）平流式沉淀池和斜板（管）沉淀池的构造有何区别？
（2）简述机械搅拌澄清池运行管理要点。

知识点三　过滤工艺运行与管理

【任务描述】

学习过滤工艺原理、运行管理与维护方法。

【任务分析】

对于大多数地表水处理来说，过滤是消毒工艺前的关键性处理手段，对保证出水水质具有重要作用。通过本任务的学习要求掌握滤池的类型、特点、构造与运行管理要点。

【知识链接】

原水经混凝、沉淀或澄清后，大部分杂质颗粒和细菌病毒已被去除，但还不能满足生活饮用和某些工业用水的要求，必须用过滤的方法进一步除去水中残留的悬浮颗粒和细菌病毒，因此，过滤是净化过程中的一个重要的环节。给水工程中常用滤池有普通快滤池、双层滤料池、接触双层滤料池、无阀滤池、虹吸滤池、移动罩滤池、V 形滤池等几种形式。

1. 快滤池

（1）正常运行

快滤池（图 3-29）正常运行必须有一套严格的操作规程和管理方法，否则很容易造成运行不正常，滤池工作周期缩短，过滤水水质变坏等问题。为此必须做到以下几点：

① 严格控制滤池进水浊度，一般以 10 NTU 左右为宜。如进水浊度过高，不仅会缩短滤池运行周期，增加反冲洗水量，而且还影响滤后水质。一般应 1 ~ 2 h 测定 1 次进水浊度，并记入生产日报表。

② 适当控制滤速。刚冲洗过的滤池，滤速尽可能小一点，运行 1 h 后再调整至规定滤速。如确因供水需要，也可适当提高滤速，但必须确保出水水质。

③ 运行中滤料面以上水位宜尽量保持高一点，不应低于三角配水槽，以免进水直冲滤料层，破坏滤层结构，使过滤水短路，造成污泥渗入下层，影响出水水质。

④ 每小时观察一次水头损失，将读数记入生产日报表。运行中一般不允许产生负水头，决不允许空气从放气阀、水头损失仪、出水闸阀等处进入滤层。当水头损失到达规定数值时应立即进行反冲洗。

⑤ 按时测定滤后水浊度，一般 1 ~ 2 h 测 1 次，并记入生产日报表中。当滤后水浊度不符合水质标准要求时，可适当减小滤池负荷，如水质仍不见好转，应停池检查，找出原因并及时解决。

⑥ 当用水量减少，部分滤池需要停池时，应先把接近要冲洗的滤池冲洗清洁后再停用，或停用运行时间最短，水头损失最小的滤池。

⑦ 及时清除滤池水面上的漂浮杂质，经常保持滤池清洁，定期洗刷池壁、排水槽等，一般可在冲洗前或冲洗时进行。

⑧ 每隔 2 ~ 3 个月对每个滤池进行一次技术测定，分析滤池运行状况是否正常。对滤池的管配件和其他附件，要及时进行维修。

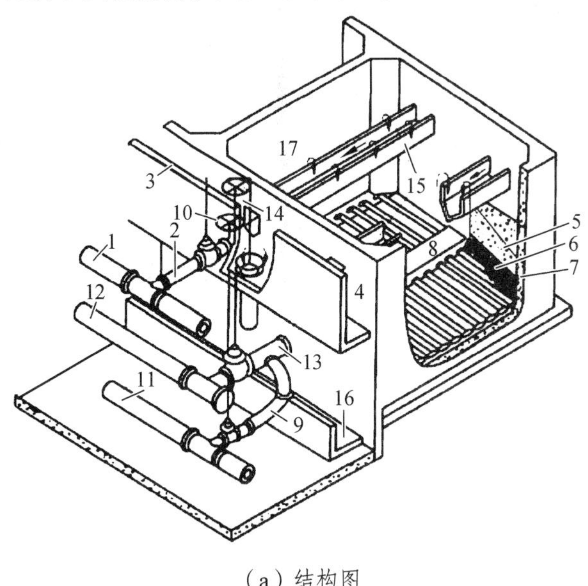

（a）结构图

（b）实物图

图 3-29　快滤池

1—进水总管；2—进水支管；3—进水阀；4—浑水渠；5—滤料层；6—承托层；7—配水系统支管；8—配水干渠；9—清水支管；10—出水阀；11—清水总管；12—冲洗水总管；13—冲洗支管；14—冲洗水阀；15—排水槽；16—废水渠；17—排水阀

（2）反冲洗

反冲洗（图 3-30）是滤池运行管理中重要的一环。为了充分洗净滤料层中吸附着的积泥杂质，需要有一定的冲洗强度和冲洗时间，否则将影响滤池的过滤效果。

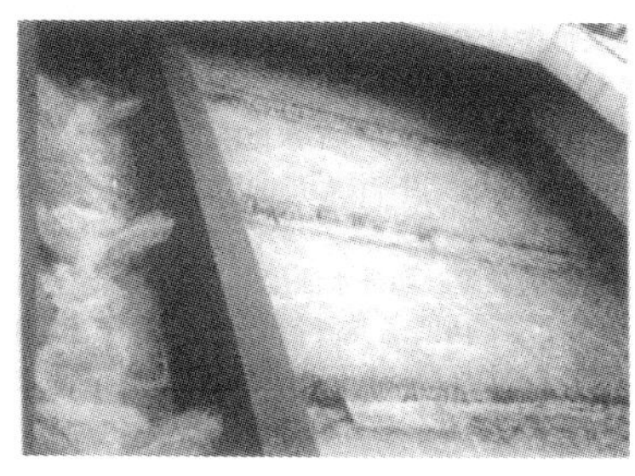

图 3-30　滤池反冲洗

① 反冲洗顺序

先关闭进水闸阀与水头损失仪测压管处闸阀，将滤池水位降到冲洗排水槽以下。然后打开排水闸阀，使滤池水位下降到池料面以下 10 ~ 20 cm。再关闭滤后水出水闸阀，打开放气闸阀。最后打开表面冲洗闸阀，当表面冲洗 3 min 后，立即打开反冲洗闸阀，闸阀开启度由小至大逐渐达到要求的反冲洗强度，冲洗 2 ~ 3 min，关闭表面冲洗闸阀，这样表面冲洗历时总共需 5 ~ 6 min；表面冲洗结束后，再单独进行反冲洗 3 ~ 5 min，关闭反冲洗闸阀和放气阀。

② 反冲洗要求

滤池反冲洗后，要求滤料层清洁、滤料面平整、排出水浊度应在 20 NTU 以下。如果排出水浊度超过 20 NTU 时，应考虑适当缩短运行周期；当超过 40 NTU 以上时，滤料层中含泥量会逐渐增多而结成泥球，不仅影响滤速而且还影响出水水质，破坏原有滤层结构。为了保证滤池冲洗干净，必须具有 12 ~ 15 L/(m^2·s)的反冲洗强度以及 6 ~ 8 min 的冲洗时间。

2. 多层滤料快滤池

多层滤料快滤池（包括双层及三层滤料滤池）（图 3-31）的过滤原理及构造与普通快滤池基本相同。所不同的是滤料分为两层或三层；上层滤料的粒径比下层的大，这样不但上层可多截留悬浮颗粒，下层也能充分发挥截污作用，因此，截污能力远远超过普通快滤池，故滤速较高。双层滤料快滤池的滤料组成分为两层，上层一般采用颗粒较大、相对密度较小的（r=1.5 ~ 1.8）无烟煤（白煤），下层采用颗粒较小、相对密度较大的（r=2.65）石英砂。其运行管理与普通快滤池近似。

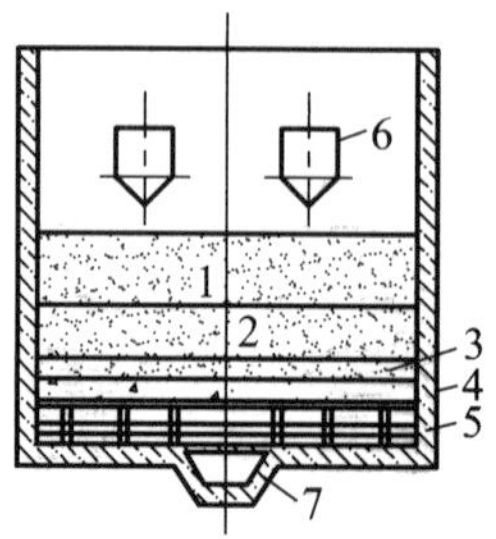

图 3-31　多层滤料快滤池

1—无烟煤；2—石英砂；3—磁铁矿；4—承托层；5—滤砖；6—冲洗排水槽；7—冲洗干渠

3. 接触双层滤料滤池

接触双层滤料滤池将混凝与过滤作用统一在一个构筑物内完成。正确投药对接触双层滤池运行极为重要。在滤池稳定运行和进水浊度不变的条件下，若混凝剂投加量不足，由于原水中细小杂质颗粒的稳定性不能充分被破坏，接触凝聚效果就差，部分细小的絮凝体不能牢固地黏附在滤料表面而穿过滤料层，滤后水就能看到有乳白色云雾状细小矾花，出水浊度达不到处理要求。如混凝剂投加过多，在原水 pH 值较高情况下形成矾花颗粒过大，对滤料吸附能力也有很大影响。矾花颗粒愈大，滤层孔隙阻塞就愈快，大量的大颗粒矾花被吸附在滤层表面，使下部滤层不能充分发挥作用，造成水头损失骤增，滤速下降，影响产水量。其次加药点选择也极为重要，加药点距滤池不能太近，也不能太远。运行中还要注意以下几点：

（1）在设计安装中，在管段上多设几个混凝剂投加点，保证出水水质。

（2）运行时要经常测定进出水浊度。随时增减投药量，逐步摸索出不同进水浊度所需混凝剂投加量。

（3）冲洗后运行，开始时滤速要小，逐步增大到规定滤速。

（4）滤池的冲洗、消毒、各种测定方法、注意事项和故障及其解决办法等，均可参照普通快滤池和双层滤料滤池有关部分。

4. 虹吸滤池

虹吸滤池是快滤池的一种形式（图 3-32），其工作原理与普通快滤池相同，但在工艺布置、各种进出水管系统的设置及运行控制方式上均不相同。虹吸滤池的进水排水均采用虹吸管，用真空系统进行控制，因此可以省去各种大型闸阀。

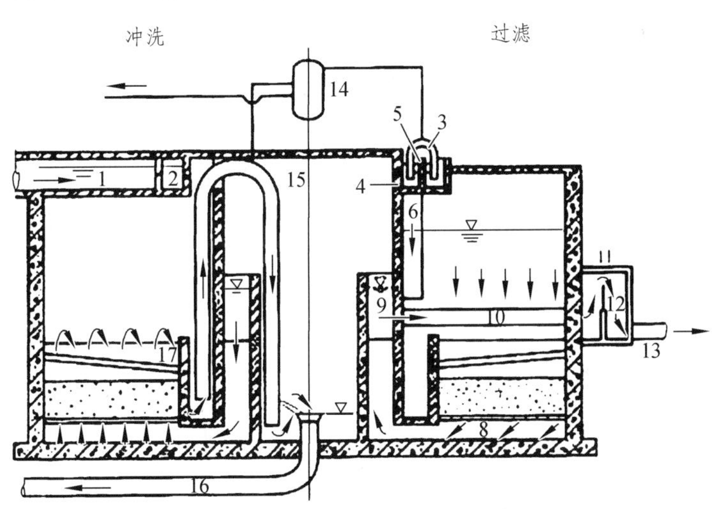

图 3-32　虹吸滤池结构图

1—进水槽；2—配水槽；3—进水虹吸管；4—单元滤池进水槽；5—进水堰；6—布水管；7—滤层；8—配水系统；9—集水槽；10—出水管；11—出水井；12—出水堰；13—清水管；14—真空罐；15—冲洗虹吸管；16—冲洗排水管；17—冲洗排水槽

真空系统在虹吸滤池中占重要地位，它控制着每组虹吸滤池的运行（过滤、反冲洗等）；如果发生故障就会影响整组滤池的正常运行，为此在运行中必须维护好真空系统真空泵（或水射器），真空管路及真空旋塞等，防止一切漏气现象；寒冷地区须做好防冻工作，做到随时可以工作。当要减少滤水量时，可破坏进水小虹吸，停用一格或数格滤池。当沉淀（澄清）水质较差时，应适当降低滤速，可以采取减少进水量的方法，在进水虹吸管出口外装置活动挡板，用挡板调整进水虹吸管与出口处间距来控制水量。

冲洗时要有足够的水量。如果有几格滤池停用，则应将停用滤池先投入运行后再进行冲洗。

5. 移动罩滤池

移动罩滤池（图 3-33）是由若干滤格组成，设有公用的进水出水系统的滤池。每滤格均在相同的变水头条件下，以降梯式进行降速过滤，而整个滤池又在恒定的进、出水位下，以恒定的流量进行工作。

（a）实物图

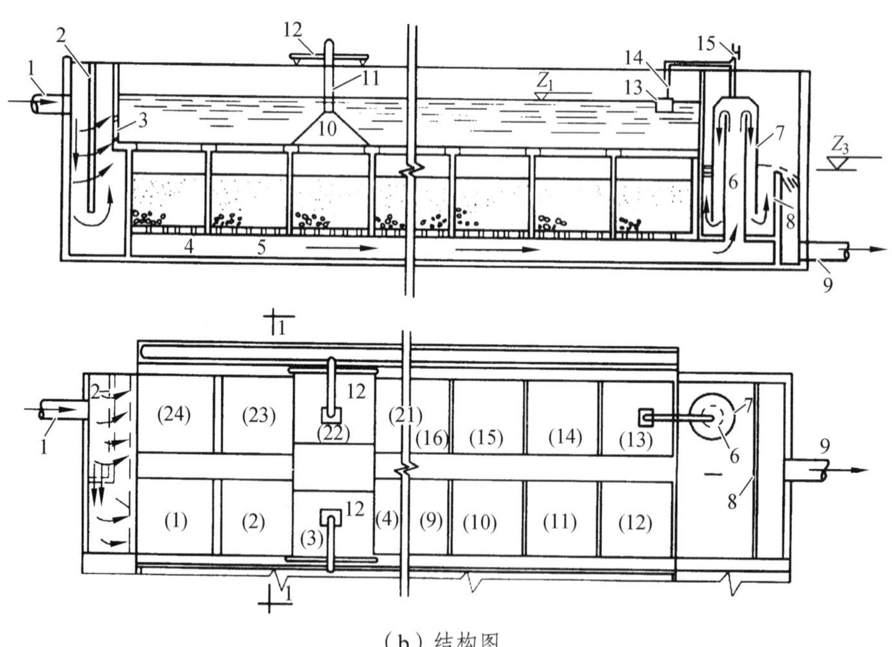

（b）结构图

图 3-33　移动罩滤池

1—进水管；2—穿孔配水墙；3—消力栅；4—小阻力配水系统的配水孔；5—配水系统的配水室；6—出水虹吸中心管；7—出水虹吸管钟罩；8—出水堰；9—如水管；10—冲洗罩；11—排水虹吸管；12—桁车；13—浮筒；14—针形阀；15—抽气管；16—排水渠

（1）移动罩滤池运行

① 过滤

沉淀水进入滤池后，通过砂层和承托层进入集水区，然后通过出水虹吸管经出水堰流入清水池。在一个过滤周期中，滤池水头损失的变化表现在出水虹吸管中水位间的变化。

当一个滤格冲洗结束开始过滤时，该滤格的滤料是清洁的，水头损失最小，出水虹吸管水位最高，该滤格处于最高滤速下运行，称最高滤速。随着水头损失的增加，出水虹吸管中水位将下降，其他滤格由于滤层积污程度比该滤格严重，其滤速要比该滤格低。当出水虹吸管中水位继续下降到最低水位时，滤层水头损失最大，第二个滤格即需要反冲洗，这时该滤格滤速最低，称最低滤速。整座滤池是在恒定的进、出水位下，以恒定的流量进行工作，单格滤池则在变水头下以不同等级降速过滤。

② 反冲洗

反冲洗水来自邻近滤格的滤后水，通过砂层进行反冲洗，经移动冲洗罩从排水管流入排水槽（井）。移动罩滤池的反冲洗有虹吸式和泵吸式。

虹吸式反冲洗时，来自邻近滤格的反冲洗水由虹吸排水管排出。泵吸式反冲洗时，来自邻近滤格的反冲洗水由排水泵抽提排出。由于水泵的限制，泵吸式反冲洗一般对单格滤池面积 3 ~ 4 m^2 以下者适用。虹吸式反冲洗由于不受水泵限制，故适用于单格滤池面积较大者。

（2）维护与管理

① 每日检查进水池、虹吸管、辅助吸管的工作状况，保证虹吸管不漏气；检查强制冲洗设备，保证高压水有足够的压力。

② 真空设备的保养、补水，阀门的检查保养。

③ 保持滤池工作环境整洁，设备清洁。

④ 每半年至少检查滤层情况一次，检查时放空滤池水，打开滤池顶上人孔，运行人员下到滤层上检查滤层是否平整，滤层表面积泥球情况，有无气喷扰动滤层情况发生。若发现问题，应及时处理。

⑤ 每 1 ~ 2 年清出上层滤层清洗滤料，去除泥球。

6. 慢滤池

慢滤池（图 3-34）对从浊度较低的原水中去除有机物和微生物很有效果，可以节约消毒剂用量。慢滤池的成本低，材料和设备都比较容易获得，并且建造、操作和维护较简单。但必须要有尺寸合适、颗粒均匀和清洁的石英砂来源。

（a）实物图

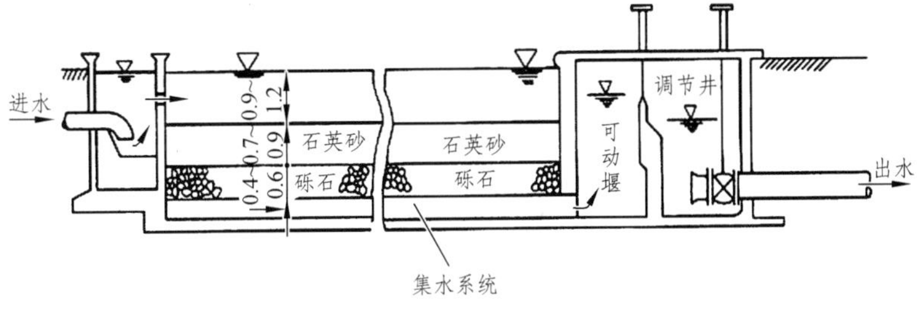

（b）结构图

图 3-34　慢滤池

慢滤池的滤速应根据过滤水中悬浮物的浓度决定，应在 0.1 ~ 0.2 m/h 范围内。滤池的个数应不少于 2。滤池单元的宽度应不大于 6 m，长度应不大于 60 m。

（1）慢滤池运行管理应注意以下几点：

① 运行初始，需半负荷运行。7 ~ 15 天中可逐渐加大负荷至设计值。

② 池中滋生藻类时，轻者人工打捞，严重时应用氯或漂白粉灭藻。

③ 运行 1 ~ 2 个月后，滤膜加厚影响滤速，应人工刮去表面砂层 2 ~ 5 cm，并降低负荷，待滤膜形成再逐步提高负荷。

④ 慢滤池不宜间断运行，也不宜突然增大负荷。

（2）慢滤池的维护

① 每日保持滤池环境清洁。

② 经常检查进出水阀门，使之保持完好。

③ 滤料层的厚度经几次刮砂变薄影响出水水质时，需每年一次补砂至设计厚度。

④ 5 ~ 10 年对滤层进行翻洗，重新装填。

7. 无阀滤池

无阀滤池是 20 世纪 80 年代以来在我国开始普遍使用的一种滤池，特别是中小型水厂使用较为广泛，如图 3-35 所示。无阀滤池分重力式和压力式两种，形状有圆形和方形。目前采用较多的是重力式无阀滤池。

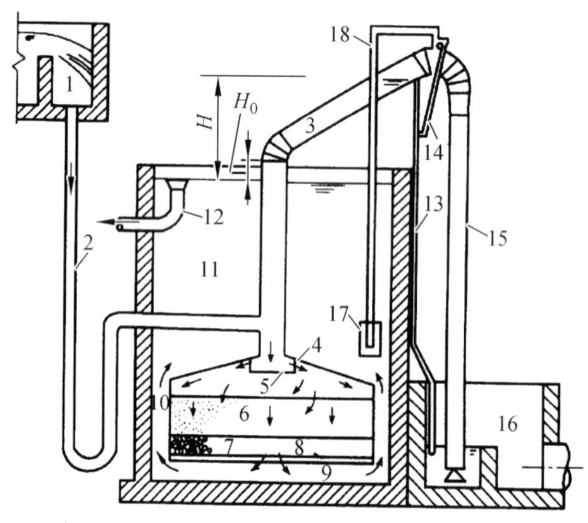

图 3-35　无阀滤池

1—进水分配槽；2—进水管；3—虹吸上升管；4—伞形顶盖；5—挡板；6—滤料层；7—承托层；8—配水系统；9—底部配水区；10—连通渠；11—冲洗水箱；12—出水渠；13—虹吸辅助管；14—抽气管；15—虹吸下降管；16—水封井；17—虹吸破坏斗；18—虹吸破坏管

（1）运行

① 重力式无阀滤池一般设计为自动冲洗，因此滤池的各部分水位相对高程要求较严格，工程验收时各部分高程的误差应在设计允许范围内。

② 滤池反冲洗水来自滤池上部固定体积的水箱，冲洗强度与冲洗时间的乘积为常数。因此如若想改善冲洗条件，只能增加冲洗次数，缩短滤程。

③ 滤池除应保证自动冲洗的正确运行外，还应建立必要的压力水或真空泵系统，并保证操作方便、随时可用。

④ 滤池在试运行时应依据试验的方法逐步调节，使平均冲洗强度达到设计要求。

⑤ 重力无阀滤池的滤层隐蔽在水箱下，因此，滤层运行后的情况不可知晓，应谨慎运行，一切易使气体在滤层中出现的情况和操作都要避免。应制订操作程序和操作规程，并要求运行人员严格执行。

⑥ 初始运行时，应先向冲洗水箱缓慢注水，使滤砂浸水，滤层内的水缓慢上升，形成冲洗并持续 10 ~ 20 min；然后向冲洗水箱的进水加氯，含氯量大于 0.3 mg/L，冲洗 5 min 后停止冲洗，再以此含氯水浸泡滤层 24 h，再冲洗 10 ~ 20 min 后，方可进沉淀池正常运行。

⑦ 若重力式无阀滤水池未经试验验证，不得超设计负荷运行。

⑧ 滤池出水浊度大于 1 NTU，尚未自动冲洗时，应立即人工强制冲洗滤池。

⑨ 滤池停运一段时间，如池水位高于滤层以上，可启动继续运行；如滤层已接触空气，则应按初始运行程序进行，是否仍需加氯浸泡措施应视出水细菌指标而定。

（2）维护

维护措施与移动罩滤池的维护措施相同。

8. V 形滤池

V 形滤池是从法国引进的一种滤池，近年来在大中型水厂使用较多，也有运用于小型水厂的。如图 3-36 所示。

V 形滤池的特点：

（1）采用在池的两侧壁的 V 形槽进水和池中央的尖顶堰溢流排水。

V 形槽不仅起到滤池进水的作用，还可以通过 V 形槽底部开孔，在过滤期间淹没在水中，在冲洗期间利用原水经底部小孔排出，起到扫洗滤池表面水的作用。

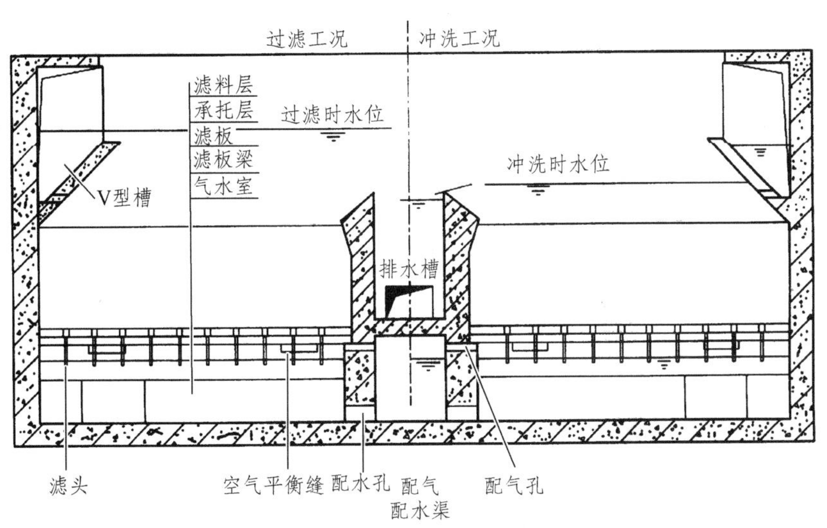

图 3-36　双格 V 形滤池

（2）采用较粗而厚的单层均匀颗粒的砂滤层。

滤料常用石英砂，滤速一般采用 7 ~ 20 m/h。滤床上的水深，过滤时一般为 1.2 m，反冲洗时为 0.5 m。匀质滤料有利于杂质的逐层下移，提高了滤层的截污能力，还可延长滤池运行周期，降低能耗和水耗。

（3）采用滤床在不膨胀的状态下进行低强度的气、水同时反冲洗，并兼有原水的表面扫洗。先用气、水同时冲洗，使砂粒互相振动和摩擦直至表面污泥脱落；然后停止气冲，单独用水冲，使剥落下来的污泥随水流冲走。此外，冲洗滤池时并不停止进水，原水通过 V 形槽底部小孔进入滤池，对滤层表面进行扫洗。将杂质污泥扫向中间排水槽，从而消除了池面死角，使冲洗更为彻底。

9. 滤　料

滤料是滤池工作好坏的关键，选用滤料、决定粒径应同时考虑过滤和反冲洗两方面的要求，即在满足最佳过滤条件下，选择反冲洗效果较好的滤料层。

（1）一个好的滤料层应能保证滤后水质达到下述要求

① 过滤单位水量所用费用最少，即滤料层截污的悬浮浓度、滤速以及过滤周期的乘积为最大；

② 过滤时，达到预期水头损失的时间接近达到预期出水水质的时间以及反冲洗条件最好。

（2）选择作为滤料的技术要求

① 适当的级配、形状均匀度和空隙度；

② 有一定的机械强度；

③ 有良好的化学稳定性。

选择滤料要与所采用的滤池形式结合起来，同时要考虑到滤料的产地及运输方便。

【任务准备】

准备小型滤池实训装置。

【任务实施】

每组完成一次过滤流程：冲洗滤层、过滤、反冲洗。

【检查评议】

评分标准见表 3-12。

表 3-12　评分标准

编号	项目内容	评分标准	分值	扣分	得分
1	学习态度	不认真操作扣 10 分	10		
2	动手能力	动手能力不强扣 20 分	20		
3	团队协作精神	没有团队精神扣 10 分	10		
4	专业能力	准确完成过滤	50		
5	安全文明操作	不爱护设备扣 10 分	10		
6	合计		100		

【考证要点】

是否熟悉滤池的构造，是否掌握过滤的方法要点。

【思考与练习】

（1）简述快滤池的构造。

（2）简述快滤池正常运行的管理要点。

知识点四　消毒工艺运行与管理

【任务描述】

学习给水消毒方法、设备与工艺运行管理。

【任务分析】

在给水处理中，消毒是最基本的水处理工艺，它是保证用户安全用水必不可少的措施之一。为了保证出水水质安全，必须学习和掌握给水消毒（图 3-37）的工艺、药剂、投加量、注意事项等。

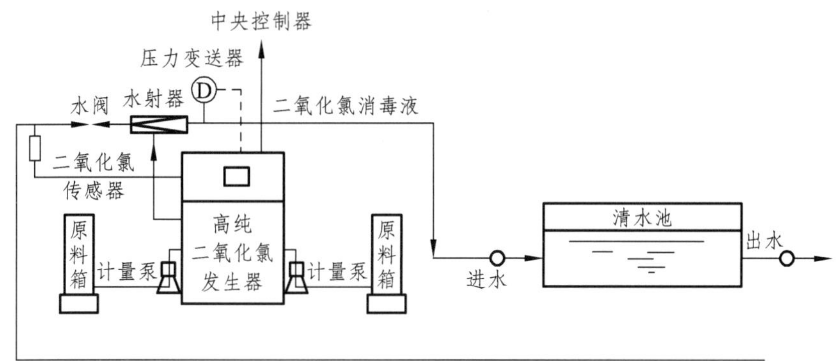

图 3-37　给水消毒示意图

【知识链接】

1. 消毒设施运行通则

（1）给水系统的消毒，仍以加氯消毒为主。主要含氯药剂有液氯、漂白粉、次氯酸钠液体和电解食盐水的商品次氯酸钠等。

（2）消毒剂加入净化水中后应充分混合均匀，并要求有 30 ~ 60 min 的接触反应时间，以达到杀菌的目的。保证这一接触时间一般由清水池、高位水池或水塔贮水时间来实现。

（3）为加注消毒剂数量计算的方便起见，一般反算其用量，以便于运行人员掌握。消毒剂量的多少，应根据净化构筑物净化水的数量，四季各不相同，经消毒后，最终以水厂出厂水中游离余氯不少于 0.3 mg/L 为合格。夏季应增加投氯量，使出厂水中游离余氯在 0.5 mg/L。

（4）按国家饮用水卫生标准规定，给水管网末梢水还应保持游离余氯含量不得少于 0.05 mg/L。

（5）为提高自来水的品质，减少出厂水中有害物的含量，应尽量减少有效氯的投加量。

2. 氯消毒

氯消毒具有杀菌能力强、使用方便、设备较简单、成本低等优点。其过程如图 3-38 所示。

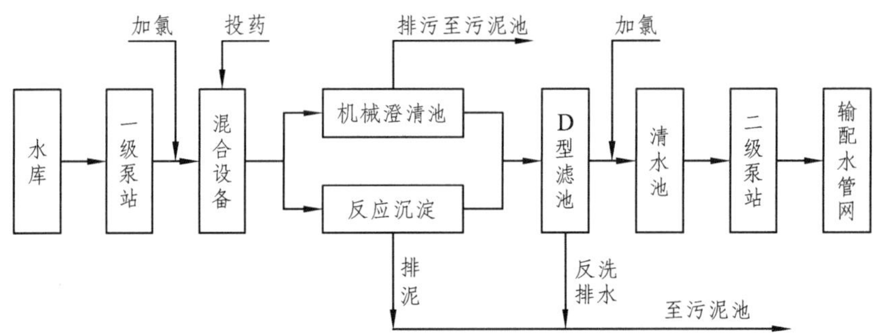

图 3-38　氯消毒

（1）氯的消毒方法

氯的消毒方法有两种。一次氯消毒是指消毒过程中，一次投加液氯（或漂白粉）（图 3-39），一般适用于原水水质较好、含氨量很低、管线不长的水厂。二次氯消毒主要用于污染较严重、有机物含量较高、藻类繁殖较多的原水。采用二次氯消毒时，在原水混凝前进行第一次加氯，过滤后再第二次加氯至能保证出厂水规定的游离氯量。

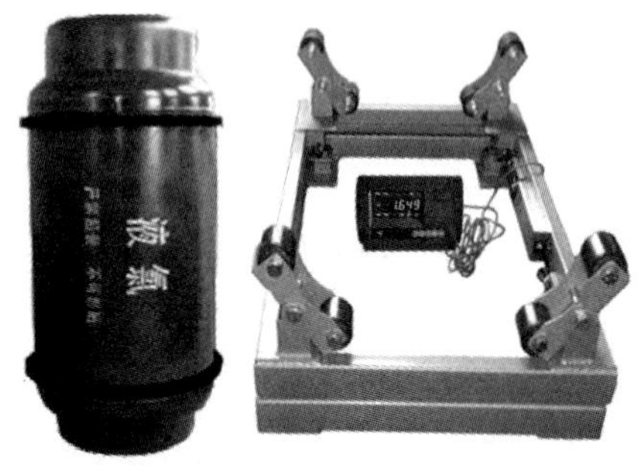

图 3-39　氯消毒剂

（2）投氯量

投氯量是否适当与消毒效果好坏直接有关。操作人员在水的消毒处理中应注意以下几点：

① 要及时掌握水质的变化，水质的变化对加氯量的影响很大。氯在水中为杀灭细菌所消耗的数量较小，但是存在于水中的各种有机物质、无机物质消耗氯的数量很大。如果投氯量不能满足这些有机与无机杂质的需要，就不能有效地杀菌。故操作人员对于水质要做到勤检查、勤化验（余氯、pH 值等）。当水质变化剧烈时，还要进行水的需氯量测定。

② 要均衡配置投氯。根据处理水需氯量的要求，按处理水量的大小，掌握好投氯量，只有做到均衡配氯才能取得较好的持续效果。

③ 要定时定点检测余氯。在净水过程中，定时定点检测余氯是及时反映水质变化情况，衡量加氯量是否恰当的重要措施。

④ 要做好加氯设备的维护与保养工作。做到加氯机无铁锈、无铜锈，漂白粉池无结垢，若有损坏应及时修理，这是准确控制投氯量的重要保证。

3. 漂白粉消毒

（1）漂白粉的消毒方法

漂白粉或漂白粉精放入水中后，主要是通过产生次氯酸达到杀菌效果，其作用与放入液氯相同。

（2）漂白粉液的配制和投加方法

漂白粉或漂白粉精均需配成溶液加注，溶解时先调成浆状，然后再加水配成浓度为 1.0%～2.0%（以有效氯计）的溶液，当投加入滤后水时，溶液必须经过 4～24 h 澄清。如加入浑水中，可不澄清立即使用。

（3）漂白粉的投加量可按下式计算

$$e=0.1\times Qa/C$$

式中　e——漂白粉投加量，g/d；

Q——设计水量，m^3/d；

a——最大加氯量，mg/L；

C——漂白粉有效含氯量，%，一般采用 $C=20\sim25$。

4. 臭氧消毒

臭氧既是消毒剂，又是氧化能力很强的氧化剂。在水中投入臭氧进行消毒或氧化统称臭氧化。作为消毒剂，由于臭氧在水中不稳定，易消失，故在臭氧消毒后，往往仍需投加少量氯、二氧化氯或氯胺以维持水中剩余消毒剂，臭氧极少作为唯一消毒剂使用。

臭氧和水在接触室内反应后，从尾气管排出的气体中还含有一定数量的剩余臭氧。剩余臭氧量的多少和投加的臭氧量、水质、接触时间等有关，一般为臭氧总生产量的 1%～15%。当尾气不经处理直接排入大气中的浓度达到 0.1 mg/L 时，就会污染环境，刺激鼻、眼、喉部和呼吸系统。因此，接触室尾气中的剩余臭氧须加以利用和处理，以提高臭氧的利用率和消除污染。

使用臭氧时，应注意以下几点：

（1）因为臭氧在水中是不稳定的，当接触室出水中的臭氧浓度为 0.4 mg/L 时，在管道中流动半小时后还可以检测出微量的臭氧。

（2）如果清水池的容量有限，停留时间不足，在配水管网中，氧化反应仍在进行，由于臭氧的腐蚀性会导致靠近水厂的用户所用设备发生腐蚀，这种情况下，应将剩余臭氧中和。

（3）如果水在清水池的停留时间过长，并且水厂地处郊区远离用户，配水管网中的剩余臭氧消失以致浮游生物和细菌继续在配水管网中滋生。此时，应在出厂水中加少量氯，因为，出厂水中的有机物已被臭氧氧化，不会再生成三氯甲烷。

5. 紫外线消毒

紫外线（UV）消毒是一种物理方法，利用紫外线的杀菌作用对水进行消毒。它是用紫外灯照射流过的水，以照射能量的大小来控制消毒效果（图 3-40）。

图 3-40　紫外线消毒装置与消毒过程

（1）紫外线消毒的优点：杀菌速度快，运行管理简便，不需向水中投加化学药剂，产生的消毒副产物少，不存在剩余消毒剂所产生的臭味。

（2）紫外线消毒的缺点：费用较高，紫外灯管寿命有限，无剩余消毒作用，消毒效果较难控制。

（3）紫外线消毒器运行管理应注意以下事项：

① 为保证杀菌效果，根据紫外线杀菌灯的寿命和光强衰减规律，当使用至紫外灯管标记寿命的 3/4 时即应更换灯管。

② 开机后应经常观察产品的窥视孔，以确保紫外灯管处于正常工作状态。

③ 勿直视紫外光源。暴露于紫外灯下工作时应穿防护服、戴防护眼镜。为防止长时间开机后局部臭氧浓度过高，紫外消毒器工作的房间应加强通风。

④ 未放空水的紫外消毒器再次启用时应先点亮 5 min 后再通水，以便首先对消毒器内部和存水消毒。

⑤ 由于光化学作用，长期使用后，紫外光消毒器的石英玻璃套管与水接触部分会结垢。可按厂家说明，小心取出石英套管，用适量的清洗剂清洗除垢。

6. 氯胺消毒

氯胺消毒作用缓慢、杀菌能力比自由氯弱。氯胺消毒的优点：当水中含有有机物和酚时，氯胺消毒不会产生氯臭和氯酚臭，同时大大减少三卤甲烷（THMs）产生的可能；能保持水中余氯较久，适用于供水管网较长的情况。不过，因杀菌力弱，单独采用氯胺消毒的水厂很少，通常作为辅助消毒剂以抑制管网中细菌再繁殖。

人工投加的氨可以是液氨、硫酸铵或氯化铵。水中原有的氨也可利用。硫酸铵或氯化铵应先配成溶液，然后再投加到水中。

液氯和氨的投加量视水质不同而有不同比例。一般采用氯、氨之比=3∶1～6∶1。当以防止氯臭为主要目的时，氯和氨之比小些；当以杀菌和维持余氯为主要目的时，氯和氨之比应大些。采用氯胺消毒时，一般先加氨，待其与水充分混合后再加氯，这样可减少氯臭，特别当水中含酚时，这种投加顺序可避免产生氯酚恶臭。但当管网较长，主要目的是为了维持余氯较为持久，可先加氯后加氨。有的以地下水为水源的水厂，可采用进厂水加氯消毒，出厂水加氨减臭并稳定余氯。氯和氨也可同时投加。有资料认为，氯和氨同时投加比先加氨后加氯，可减少有害副产物（如三氯甲烷、氯乙酸等）的生成。

【任务准备】

准备水样、漂白粉、量筒等。

【任务实施】

测定水样体积，测定漂白粉有效氯含量，按 1.5 mg/L 的需氯量及所测得的该漂白粉的有效氯，计算漂白粉的用量 。

【检查评议】

评分标准见表 3-13。

表 3-13 评分标准

编号	项目内容	评分标准	分值	扣分	得分
1	学习态度	不认真操作扣 10 分	10		
2	动手能力	动手能力不强扣 20 分	20		
3	团队协作精神	没有团队精神扣 10 分	10		
4	专业能力	计算正确	50		
5	安全文明操作	不爱护设备扣 10 分	10		
6	合计		100		

【考证要点】

是否了解氯消毒的基本原理，是否掌握加氯量、需氯量的计算方法。

【思考与练习】

（1）简述消毒设施运行通则。
（2）氯消毒的注意事项有哪些?

知识点五　其他净水构筑物运行与管理

【任务描述】

了解清水池和二级泵房的结构特征、运行管理要点。

【任务分析】

清水池是给水系统中调节水厂均匀供水和满足用户不均匀用水的调蓄构筑物。二级泵房的作用是将处理厂清水池中的水输送（一般为高扬程）到给水管网，以供应用户需要。

【知识链接】

一、清水池运行管理与维护

（1）清水池（图 3-41）必须安装在线式液位仪，且保证液位仪的准确性。

（2）清水池阀门等设备应定期维护保养，保证动作正常。

（3）汛期应保证清水池四周的排水畅通，并对溢流口采取保护措施，防止雨水倒流和渗漏。

（4）清水池及周围不得堆放污染水质的物品和杂物。

（5）清水池应定期（1～2 年）排空清洗一次，清洗人员须持有健康证，清洗完毕后经消毒合格后方可重新投入使用。

（6）清水池清洗时要检查清水池结构，确保清水池无渗漏。

图 3-41　清水池

二、吸水井及二级泵房运行规程

1. 吸水井（图 3-42）运行管理

（1）吸水井接来自清水池的出水，水位受控于清水池水位，严禁吸水井出现溢流现象。

（2）每座吸水井进水管上一般设补氯投加点。

图 3-42　吸水井

图 3-43　二级泵房

2. 二级泵房（图 3-43）运行管理

（1）离心水泵运行应符合下列规定

① 启动时：a. 检查清水池或吸水井水位是否适于开机；b. 检查进出水手动阀门是否开启，出水电动阀门是否关闭；c. 检查轴承油位，确保轴承润滑；d. 真空引水正常，泵内注水形成真空；e. 按水泵机组《生产设备操作规程》开启水泵；f. 当水泵运行平稳，表计显示正常，再缓慢开启出水阀，调节压力和流量。

② 运转时：运转过程中必须观察仪表读数，轴承温度，水泵密封是否漏水，水泵振动和声音等是否正常，发现异常情况应及时处理。

③ 停泵时：

a. 停泵前应先关出水电动阀或止回阀后关泵，防止停泵水锤。

b. 环境温度低于 0 °C 时要注意水泵防冻保护，防止水泵冻裂。

（2）二级泵房的运行保障

① 真空引水泵系统应保持正常状态，以保证水泵启动时的真空形成，真空未形成，不得启动水泵。

② 水泵运行中，水泵进水水位（吸水井水位）不应低于规定值。

③ 进水手动阀门、出水手动阀门、出水电动阀门、泵口压力表、水泵、电机、配电系统、变频器、引真空系统、排水系统应定期维护检查，确保可用。

④ 二级泵房的相关设备出现故障时，生产运行人员应及时填写“设备异常情况记录单”，并立即通知技术负责人。

⑤ 要关注二级泵房地面有无积水，若有须及时开启排水泵，自动排水泵无法正常排水时，采用人工排水措施，防止二级泵房受涝。

【任务准备】

准备投入式液位计、水箱等。

【任务实施】

校准并使用投入式液位仪测定清水池（或水箱）水位 。

【检查评议】

评分标准见表 3-14。

表 3-14　评分标准

编号	项目内容	评分标准	分值	扣分	得分
1	学习态度	不认真操作扣 10 分	10		
2	动手能力	动手能力不强扣 20 分	20		
3	团队协作精神	没有团队精神扣 10 分	10		
4	专业能力	正确测定水位	50		
5	安全文明操作	不爱护设备扣 10 分	10		
6	合计		100		

【考证要点】

是否了解清水池的日常管理，是否掌握液位仪的使用方法。

【思考与练习】

（1）简述清水池运行管理要点。

（2）二级泵房运行管理要点。

任务三　特种水处理工艺运行与管理

知识点一　高浊度水给水处理

【任务描述】

了解高浊度原水处理工艺与管理方法。

【任务分析】

高浊度水是指浊度较高、有清晰沉降界面的含砂水体，其含砂量一般大于 10 kg/m^3。通过本任务的学习，了解高浊度水的特点，熟悉高浊度水的处理工艺，并使原水处理后达到饮用水标准。

【知识链接】

1. 高浊度水特征

高浊度水是指浊度较高，有清晰的界面分选沉降的含砂水体（图 3-44）。其含砂量一般为 10～100 kg/m^3。高浊度水处理流程与常规水处理流程的差别，主要在于调蓄水池和预沉池的设置以及对沉淀池技术的考虑。

高浊度水的特点集中表现在沉降特性的不同，其沉降过程将产生浑液面而具有界面沉降的特点。

图 3-44　高浊度进水

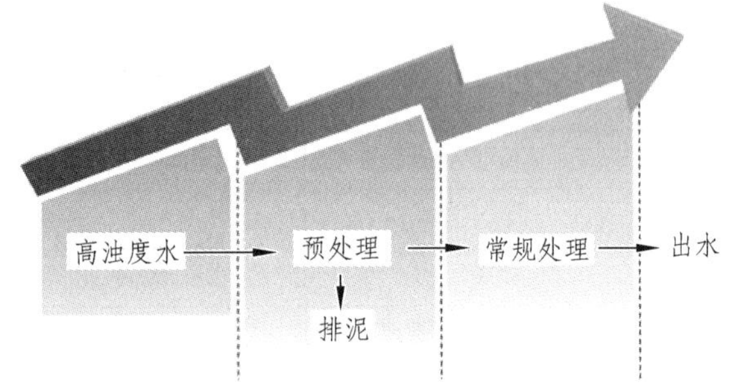

图 3-45　工艺流程

2. 高浊度水处理的工艺流程

高浊度水处理流程与常规水处理流程的主要差别，在于高浊度水需要根据水中含沙量设置调蓄水池、沉沙池和预沉池，完善沉淀（澄清）工艺（图 3-45）。

高浊度水的工艺流程，一般分为一级沉淀（澄清）（图 3-46）和二级沉淀（澄清）（图 3-47）两种。

（1）一级沉淀（澄清）流程的适用条件：① 出水浊度允许大于 50 mg/L；② 设计最大含砂量小于 40 kg/m^3；③ 允许大量投加聚丙烯酰胺的生产用水工程；④ 投加聚丙烯酰胺剂量小于卫生标准的生活用水工程；⑤ 有备用水源的工程。

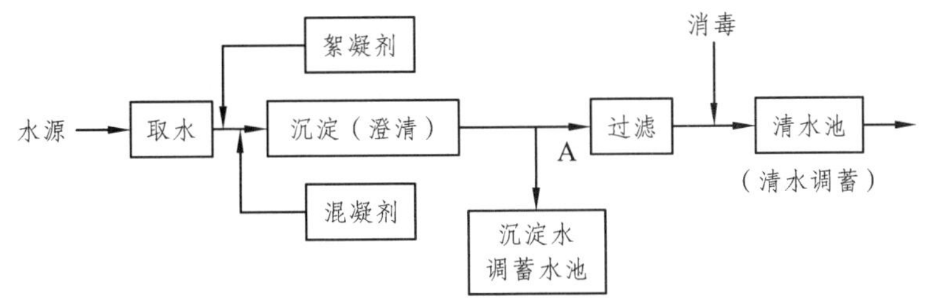

图 3-46　一级沉淀工艺流程

（2）采用二级沉淀处理流程应符合下列条件：① 出水浊度要求小于 20 mg/L；② 取水河段最大含砂量大于 40 kg/m^3；③ 供有生活饮用水，净化所需投加的聚丙烯酰胺剂量超过卫生标准规定剂量；④ 无备用水源的工程。

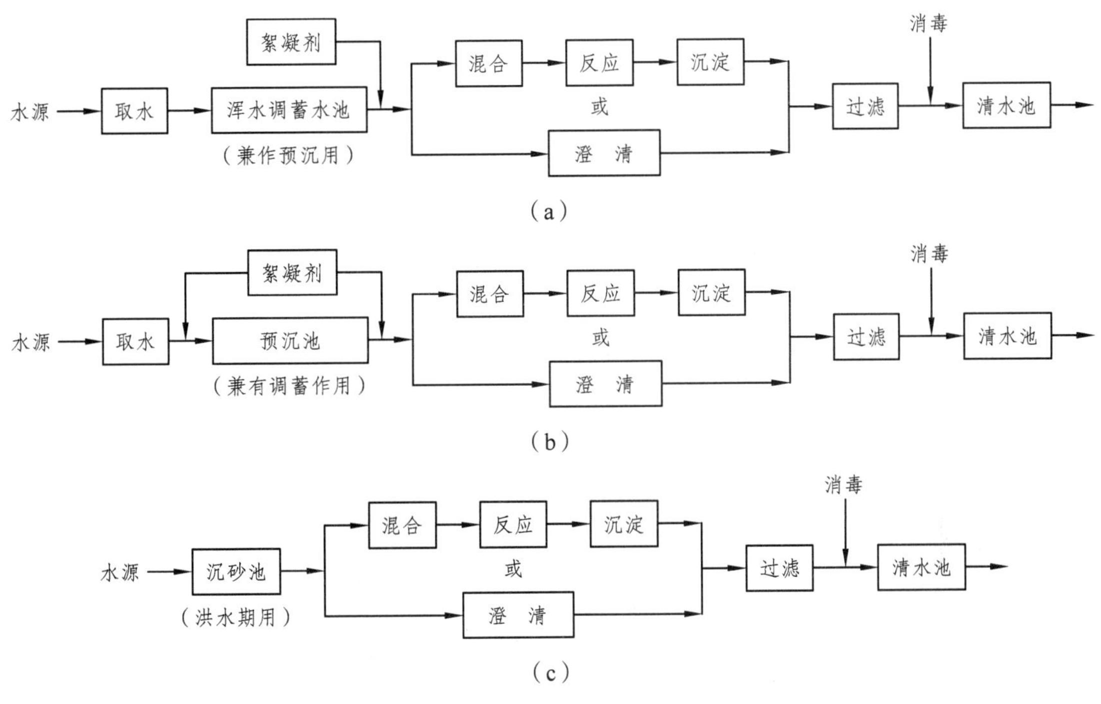

图 3-47　二级沉淀工艺流程

3. 高浊度水处理运行控制与管理

高浊度水处理运行控制与管理可参照常规处理的相关内容，重点是做好预沉池、沉砂池的运行管理，其他按常规处理的管理要点执行。需要注意的是第一级沉淀构筑物的运行管理，方式如下：砂峰持续时间不长，可在高浊度水期投加聚丙烯酰胺进行凝聚沉淀，其他时间进行自然沉淀；砂峰持续时间较长，可采用自然沉淀或投加聚丙烯酰胺的凝聚沉淀。当河段砂峰超过设计含砂量的持续时间较长，或因断流、脱流、封冻等原因不能取水的持续时间较长时，亦应使用清水或浑水调蓄水池，以确保供水保证率。

【任务准备】

准备水样、烘箱、量筒、天平等。

【任务实施】

烘干法测定水样含砂量，取一定量水样，测其原重和烘干后的重量，计算出含砂量。

【检查评议】

评分标准见表 3-15。

表 3-15　评分标准

编号	项目内容	评分标准	分值	扣分	得分
1	学习态度	不认真操作扣 10 分	10		
2	动手能力	动手能力不强扣 20 分	20		
3	团队协作精神	没有团队精神扣 10 分	10		
4	专业能力	正确测定计算含砂量	50		
5	安全文明操作	不爱护设备扣 10 分	10		
6	合计		100		

【考证要点】

是否了解不同含砂量水样泥砂沉降特点，是否掌握含砂量测定方法。

【思考与练习】

（1）什么是高浊度水？

（2）简述高浊度水二级沉淀流程。

知识点二　含铁含锰水给水处理

【任务描述】

学习含铁、含锰水处理方法及构筑物管理。

【任务分析】

水中铁含量＞0.3 mg/L 时水变浊，超过 1 mg/L 时，水具有铁腥味；当锅炉、压力容器等设备以含铁量较高的水作为介质时，常造成其发生变形、爆管事故。为保证供水水质安全，必须熟悉含铁、含锰水除铁、除锰的工艺和构筑物运行管理要点。

【知识链接】

水中含有过量的铁和锰，将给生活饮用及工业用水带来很大危害。我国《生活饮用水卫生规范》规定含量：铁＜0.3 mg/L，锰＜0.1 mg/L。当原水铁、锰含量超过上述标准时，就要设法进行处理。生产用水是否考虑除铁、除锰，应根据用水要求确定。

除铁、除锰的方法包括曝气氧化法、曝气接触氧化法、氯氧化法和高锰酸钾氧化法等。

1. 除铁、除锰工艺

地下水除铁除锰一般采用接触氧化法或曝气氧化法。当受到硅酸盐影响时，应采用接触氧化法。

（1）原水只含铁、不含锰时采用接触氧化法的工艺：原水曝气→接触氧化过滤。

（2）原水含铁同时含锰时宜采用接触氧化法，其工艺流程根据下列条件确定：

① 当原水含铁量低于 2.0 mg/L、含锰量低于 15 mg/L 时，采用：原水曝气→单级过滤除铁除锰。

② 当原水含铁量或含锰量超过上述数值时，应通过试验确定。必要时可采用：原水曝气→氧化→一次过滤除铁→二次过滤除锰。

③ 当除铁受硅酸盐影响时，应通过试验确定。必要时可采用：原水曝气→一次过滤除铁（接触氧化）→曝气→二次过滤除锰。

（3）曝气氧化法的工艺：原水曝气→氧化→过滤。

2. 含铁、含锰水处理构筑物及管理

（1）含铁、含锰水处理滤池池型

普通快滤池和压力滤池是除铁、除锰工艺中常用的滤池池型，前者主要用于大、中型水厂，后者主要用于中、小型水厂。此外无阀滤池构造简单、管理方便，也是除铁、除锰工艺中常用的滤池池型之一。

（2）含铁、含锰水处理滤池管理

含铁、含锰水处理滤池运行管理和选取的滤池管理方式相同，值得注意的是冲洗的强度和时间。除铁滤池运行管理见表 3-16，除锰滤池运行遵守以下规定：

① 滤速 5 ~ 8 m/h；

② 冲洗强度，锰砂滤料时 16 ~ 20 L/(s · m^2)，石英砂滤料时 12 ~ 14 L/(s · m^2)；

③ 膨胀率锰砂滤料时 15% ~ 25%，石英砂滤料时 27.5% ~ 35%；

④ 冲洗时间 5 ~ 15 min。

表 3-16　除铁滤池运行管理规定

序号	滤料	滤料粒径/mm	冲洗方式	冲洗强度[L/(s · m^2)]	膨胀率/%	冲洗时间/min
1	石英砂	0.5 ~ 1.2	无辅助冲洗	13 ~ 15	30 ~ 40	大于 7
2	锰砂	0.6 ~ 1.2	无辅助冲洗	18	30	10 ~ 15
3	锰砂	0.6 ~ 1.5	无辅助冲洗	20	25	10 ~ 15
4	锰砂	0.6 ~ 2.0	无辅助冲洗	22	22	10 ~ 15
5	锰砂	0.6 ~ 2.0	有辅助冲洗	19 ~ 20	15 ~ 20	10 ~ 15

【任务准备】

准备水样、小型锰砂过滤器等。

【任务实施】

按说明书要求调节参数，将水样通过锰砂过滤器去除铁、锰并反冲洗。

【检查评议】

评分标准见表 3-17。

表 3-17　评分标准

编号	项目内容	评分标准	分值	扣分	得分
1	学习态度	不认真操作扣 10 分	10		
2	动手能力	动手能力不强扣 20 分	20		
3	团队协作精神	没有团队精神扣 10 分	10		
4	专业能力	正确调节与使用锰砂过滤器	50		
5	安全文明操作	不爱护设备扣 10 分	10		
6	合计		100		

【考证要点】

是否了解去除铁、锰的原理，是否掌握锰砂过滤器的使用方法。

【思考与练习】

（1）我国《生活饮用水卫生规范》规定铁含量不得超过_____，锰含量不得超过 _____。

（2）除铁、除锰方法主要有____、____、_____、_____四种。

知识点三　含藻水给水处理

【任务描述】

学习含藻水处理方法及构筑物管理方法。

【任务分析】

随着水体富营养化的加剧，藻类及其产生的藻毒素对人类有较大的潜在危害，应对其进行控制、消除。

【知识链接】

含藻水是指藻的含量大于 100 万个/L,或含藻量足以妨碍由混凝沉淀和过滤所组成的常规水处理工艺的正常运行，或足以使出厂水水质降低的水源水。含藻水主要是水库和湖泊水，浑浊度大都比较低，水源水质符合《地表水环境质量标准》Ⅲ类水域水质标准。含藻水处理技术与常规水处理技术的差异主要在于杀藻和除藻。

1. 含藻水处理工艺流程

（1）常规工艺流程：原水→混合→絮凝→沉淀（澄清）→过滤→消毒。

（2）以富营养型湖泊、水库为水源，且浑浊度常年小于 100 度的原水，处理工艺流程：原水→混合→絮凝→气浮→过滤→消毒。

（3）以贫-中营养或中-富营养化湖泊、水库水源，日最大浑浊度小于 20 度的原水，处理工艺流程可采用：原水→混合→絮凝→直接过滤→消毒。

2. 构筑物及运行管理

（1）处理含藻水的沉淀池和澄清池

① 平流沉淀池的表面负荷宜为 1.0 ~ 1.5 $m^3/(m^2 \cdot h)$，水平流速宜为 5 ~ 8 mm/s，沉淀时间宜为 2 ~ 4 h，当原水浑浊度较低时，沉淀应采用较高值。

② 异向流斜管沉淀池的表面负荷一般不大于 7.2 $m^3/(m^2 \cdot h)$。

③ 澄清池清水区上升流速一般不大干 0.7 mm/s。

（2）处理含藻的气浮池

① 气浮池表面负荷一般小于 7.2 $m^3/(m^2 \cdot h)$。

② 溶气罐压力一般采用 300 ~ 400 kPa。

③ 气浮池之前的絮凝时间，一般采用 10 ~ 15 min。

④ 气浮池分离区停留时间，一般为 10 ~ 20 min。

⑤ 气浮池分离区有效水深，一般为 1.5 ~ 2.0 m。

（3）处理含藻水的滤池

① 湖泊、水库水经混凝沉淀或澄清处理以后，进入滤池时，其浑浊度应低于 7 度。

② 滤池的过滤周期，一般不宜小于 12 h。

【任务准备】

准备含藻水样（浊度小于 20 NTU）、水桶、搅拌器、过滤装置、混凝剂等。

【任务实施】

将一定量水样加入水桶中，加入混凝剂搅拌后倒入过滤装置中直接过滤，去除藻类。

【检查评议】

评分标准见表 3-18。

表 3-18　评分标准

编号	项目内容	评分标准	分值	扣分	得分
1	学习态度	不认真操作扣 10 分	10		
2	动手能力	动手能力不强扣 20 分	20		
3	团队协作精神	没有团队精神扣 10 分	10		
4	专业能力	正确混凝、过滤	50		
5	安全文明操作	不爱护设备扣 10 分	10		
6	合计		100		

【考证要点】

是否熟悉含藻水给水处理方法。

【思考与练习】

（1）什么是含藻水？

（2）含藻水处理的工艺流程有哪些？

任务四　给水处理新工艺

知识点一　给水强化预处理技术

【任务描述】

了解氧化预处理技术和吸附预处理技术。

【任务分析】

学习和了解通过适当采用物理、化学和生物的处理方法，对水中的污染物进行初级去除，使常规处理更好地发挥作用，减轻常规处理和深度处理的负担，发挥水处理工艺整体作用，提高对污染物的去除效果，改善和提高饮用水水质。

【知识链接】

强化预处理方法按对污染物的去除途径不同可分为氧化法和吸附法。

1. 氧化预处理技术

氧化预处理技术又分为化学氧化预处理技术和生物氧化预处理技术。

（1）化学氧化预处理技术

化学氧化预处理技术是指依靠氧化剂的氧化能力，分解破坏水中污染物的结构，达到转化或分解污染物的目的。常用氧化剂有氯气、高锰酸钾、紫外光氧化和臭氧等。

① 氯气预氧化。氯气氧化是目前应用最广泛的方法。在饮用水输送过程中或进入常规处理工艺构筑物之前投加一定量氯气预氧化可以控制因水源污染生成的微生物和藻类在管道内或构筑物内的生长，同时，也可以氧化一些有机物和提高混凝效果并减少混凝剂使用量。但是，由于预氯化导致大量卤化有机污染物生成，且不易被后续的常规处理工艺去除，因此，可能造成处理后水的毒理学安全性下降。

② 紫外光氧化预处理。虽然其能有效减少水中有机污染物数量，但对水中毒性物质没有明显的去除能力。

③ 臭氧预处理。臭氧预处理对水中移码突变物有部分去除效果，但对碱基置换突变物没有明显的处理能力，而且部分臭氧化产物不易被常规处理去除，使组合工艺处理后水中移码突变物前体物和碱基置换突变物前体物有较大量的增加，出水氯化后的致突变活性与原水相比有较高的上升。

（2）生物氧化预处理技术

给水生物处理的主要对象是水中有机物、氮（包括氨氮、亚硝酸盐氮和硝酸盐氮）、铁和锰等。生物预处理的目的就是去除那些常规处理方法不能有效去除的污染物，如可生物降解的有机物、人工合成有机物、氨（氮氯、亚硝酸盐氮）、铁和铝等。

有机物和氨的生物氧化，可以降低配水系统中使微生物繁殖的有效基质，减少臭味，降低形成氯化有机物的前体物，另外还可以延长后续过滤和活性炭吸附等物化处理的使用周期和容量。生物处理最好是作为预处理设置在常规处理工艺的前面，这样既可以充分发挥微生物对有机物的去除作用，也可以增加生物处理带来的饮用水可靠性。如生物处理后的微生物、颗粒物和生物的代谢产物等都可以通过后续处理加以控制。

生物预处理大多采用生物膜法，其形式主要是淹没式生物滤池。

2. 吸附预处理技术

（1）粉末活性炭吸附。粉末活性炭投加量的多少与水的浊度大小和产生臭味物质的浓度有关，投加量应根据水质特点试验确定。目前有合肥巢湖水源水厂季节性地在沉淀池后投加粉末活性炭除臭味取得成功的运行实例。

（2）黏土吸附。黏土特别是一些改性黏土，往往也是较好的吸附材料。通过投加黏土可改善和提高后续混凝沉淀效果；但是，大量黏土投加入混凝池中，会增加沉淀池的排泥量。

【任务准备】

准备含有机物水样、混凝剂和平流沉淀池实训装置等。

【任务实施】

在平流沉淀池实训装置中通过强化混凝去除水中有机物，并使出水浊度小于 10 NTU。

【检查评议】

评分标准见表 3-19。

表 3-19　评分标准

编号	项目内容	评分标准	分值	扣分	得分
1	学习态度	不认真操作扣 10 分	10		
2	动手能力	动手能力不强扣 20 分	20		
3	团队协作精神	没有团队精神扣 10 分	10		
4	专业能力	通过水质、水温、pH 值计算混凝剂用量，正确使用平流沉淀池教仪	50		
5	安全文明操作	不爱护设备扣 10 分	10		
6	合计		100		

【考证要点】

是否熟悉氧化预处理和吸附预处理技术。

【思考与练习】

（1）氧化预处理技术有哪些？

（2）常见的吸附预处理技术有哪些？

知识点二　给水强化处理技术运行管理

【任务描述】

了解给水强化处理技术方法及技术措施。

【任务分析】

通过学习了解强化措施，熟悉提高常规水处理工艺对有机物等污染物的去除效果的方法，进一步提高常规工艺的处理效能，保证出厂水水质满足《生活饮用水卫生标准》(GB5749—2006)要求。

【知识链接】

1. 强化混凝

强化混凝是指向水中投加过量的混凝剂并控制一定的 pH 值，从而提高常规处理中天然有机物（NOM）去除效果，最大限度地去除消毒副产物的前体物（DBPFP），保证饮用水消毒副产物符合饮用水水质标准的方法。强化混凝的主要方法如下：

（1）加大混凝剂的投加量。不同的水质对混凝剂用量的要求不同，混凝剂对水中大分子有机物和憎水性有机物有较好效果。

（2）调整 pH 值。水的 pH 值对有机物去除影响明显。当原水 pH 值较高时，可通过加酸来降低 pH 值，一般有机物较多时，pH 调整到 5 ~ 6 效果较好。加酸一般加在混凝剂投加前，以促使混凝剂水解形成高价正电荷。

（3）投加絮凝剂，增加吸附、架桥作用，使有机物易被絮体黏附而下沉。

（4）完善混合、絮凝等设施。从水力条件上加以改进，使混凝剂能充分发挥作用，也是强化混凝的一个措施。

2. 强化过滤

强化过滤是指通过选择合适的滤料，采取一定的措施和技术，使得滤料在去除浊度的同时，又能降低有机物、氨氮和亚硝酸盐氮的含量。为了保证滤后水浊度，一方面要加强滤前处理工艺；另一方面，合理选择滤层和保证滤料的清洁则是过滤的关键。

通常强化过滤可采用的技术措施：

（1）选择合适的滤料。滤料的表面要有利于细菌的生长，并具有足够的比表面积，滤料的粒径和厚度必须保证滤后水浊度的要求。国外已有这方面的专用滤料，国内也正在开发研究。

（2）滤料的反冲洗既能有效地冲去积泥，又能保存滤料表面一定的生物膜。其冲洗方法（单水或气、水反冲）和冲洗强度应结合选用的滤料通过试验确定。

（3）要求进滤池水有足够的溶解氧。氨氮的硝化过程需要消耗溶解氧，如果原水中溶解氧不足，将影响硝化过程的进行，因此，当原水溶解氧较低时，可通过曝气措施增加溶解氧。

（4）由于余氯的存在会抑制细菌生长，因此不能在滤前进行加氯，滤池的反冲洗水也不应含余氯。由于取消了预加氯，为了保证出厂水细菌指标的合格，必须注意滤后水的消毒工艺。

【任务准备】

准备含有机物水样、平流沉淀池教仪、混凝剂等。

【任务实施】

在平流沉淀池教仪中通过强化混凝去除水中有机物，使出水浊度小于 10 NTU。

【检查评议】

评分标准见表 3-19。

【考证要点】

是否熟悉强化混凝处理技术。

【思考与练习】

（1）强化混凝的主要方法有哪些?

（2）强化过滤可采用的技术措施有哪些?

知识点三 给水深度处理技术

【任务描述】

了解给水深度处理方法及其工艺流程。

【任务分析】

当饮用水的水源受到一定程度的污染，又无适当的替代水源时，为了达到生活饮用水的水质标准，在常规处理的基础上，需要增设深度处理工艺。

【知识链接】

1. 活性炭吸附

活性炭吸附是在常规处理的基础上去除水中有机污染物最有效、最成熟的水处理深度处理技术。活性炭是一种具有较大吸附能力的多孔性物质，对水中多种污染物有广泛的去除作用；它是一种非极性吸附剂，对水中非极性、弱极性有机物质有很好的吸附能力，对水中离子和多种重金属离子也有很好的去除作用。

活性炭依其外观形式，分为粒状炭（GAC）和粉状炭（PAC）两种。粒状炭多用于水的深度处理，其处理方式一般为粒状活性炭滤床过滤，经过一段时间吸附饱和后的活性炭被再生后重复使用。具体工艺流程如下：

（1）水源水→常规处理→粉状炭吸附→消毒→出厂水。

（2）水源水→常规处理→臭氧氧化→粉状炭吸附→消毒→出厂水。

（3）水源水→常规处理→臭氧氧化→生物活性炭→消毒→出厂水。

活性炭吸附也有一定的局限性。对于三卤甲烷类物质，活性炭的吸附容量较低；此外饮用水水源水中分子量较小的物质多含有较多的羧基、羟基等，分子的极性较强，不易被活性炭吸附，因为活性炭属于非极性吸附剂，对极性分子的吸附作用较差。

2. 臭氧氧化

臭氧是一种强氧化剂，它可以通过氧化作用分解有机污染物。目前，臭氧用于水处理的主要目的是去除水中的有机污染物。

臭氧可以分解多种有机物、除色、除臭。但是因为水处理中臭氧的投加量有限，不能把有机物完全分解成二氧化碳和水，其中间产物仍存在水中；经过臭氧氧化处理后，水中有机物上增加了羧基、羟基等，其生物降解性得到大大提高，如不加以进一步处理，容易引起微生物的繁殖。另外，臭氧处理出水再进行加氯消毒时，某些臭氧化中间产物更易于与氯反应，往往产生更多的三卤甲烷类物质，使水的致突变活性增加。因此，在饮用水处理中，臭氧氧化一般并不单独使用，或者是用臭氧替代原有的预氯化，或者是在活性炭床前设置臭氧氧化与活性炭联合使用。

3. 臭氧生物活性炭

臭氧生物活性炭深度处理工艺以预臭氧代替了原来的预氯化，臭氧氧化出水中有机物的可生物降解性大为提高；水中剩余臭氧可以被活性炭迅速分解，加之臭氧氧化出水中的溶解氧浓度较高（因臭氧化气体的曝气作用），使得臭氧后设置的活性炭床中生长了大量的细菌，生物分解水中可生物降解的有机物，由原有单纯进行吸附的活性炭床演变成为同时具有明显生物活性的活性炭床，因此这种活性炭技术被称之为生物活性炭。示例如图 3-48 所示。

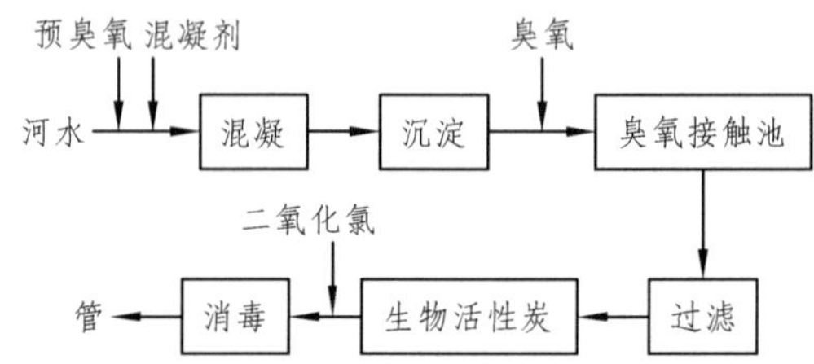

图 3-48　德国 Dohne 水厂臭氧生物活性炭深度处理工艺流程

工艺流程中臭氧氧化的主要目的是用最少量的臭氧尽可能多的使水中不可生物降解的有机物变成可生物降解的有机物，增加被处理水的可生物降解性，为生物活性炭中微生物的降解创造条件，并降低活性炭的物理吸附负荷。

在生物活性炭床中，活性炭起着双重作用。首先，它是一种高效吸附剂，吸附水中的污染物质；其次是作为生物载体，为微生物的附着生长创造条件，通过这些微生物对水中可生物降解的有机物进行生物分解。由于生物分解过程比吸附过程的速度慢，因此，要求活性炭床中的水力停留时间比单纯活性炭吸附的时间长。

4. 膜分离技术

膜分离技术是一种以压力为推动力、利用不同孔径的膜进行水与水中颗粒物质筛除分离的技术。根据膜孔径从大到小排列，可以把膜滤分为微滤、超滤、纳滤和反渗透 4 种（图 3-49）。膜组件的形式主要有板式、卷式、中空纤维、管式等。

微滤的孔径为零点几微米到几微米，配合混凝剂的使用，能够去除水源水中的悬浮颗粒、胶体物质和细菌，操作压力为 0.1 ~ 0.2 MPa。微滤可以替代饮用水常规处理的混凝、沉淀、过滤，在一个设备中实现常规工艺多个处理构筑物才能完成的净水效果。

超滤膜的孔径在 5 nm ~ 0.1 μm 之间，可以去除相对分子质量在 300 ~ 300 000 之间的大分子、细菌、病毒和胶体微粒，操作压力在 0.1 ~ 1.0 MPa。在饮用水处理领域，大多数家用净水器（一般构成：粗滤→粒状活性炭→超滤）中都设有中空纤维超滤膜来截留水中的杂质颗粒和细菌。

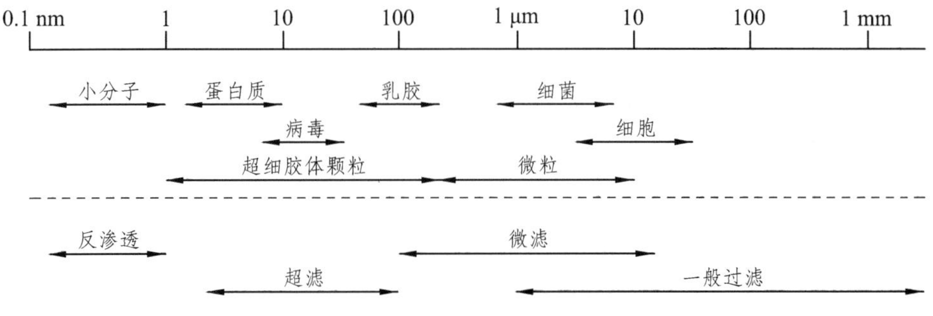

图 3-49　不同膜分离筛分粒径

纳滤膜的孔径略大于反渗透膜，为几个纳米，操作压力也低于反渗透。纳滤可以截留二价以上的离子和其他颗粒，所透过的只有水分子和一些一价的离子（如钠、钾、氯离子）。纳滤可以用于生产直饮水，出水中仍保留一定的离子，比纯水有益于健康，并可降低处理费用。

反渗透膜的孔径最小，在 2 ~ 3 nm 以下。除了水分子外，其他所有杂质颗粒（包括离子）都不能通过反渗透膜，因此反渗透膜分离得到的水为纯水。反渗透技术已经广泛用于海水淡化、苦咸水脱盐、工业给水高纯水的制备（电子工业用水、锅炉给水等），近年来迅速发展起来的饮用纯净水、优质直饮水的核心技术就是反渗透。

膜分离技术的优点在于不需要投加药剂，去除的污染物范围广，可通过选用不同的膜来实现预定的分离效果，运行可靠，设备紧凑、易于实现自动控制等。缺点是设备费和运行费高，运行中膜易堵塞，需要定期进行化学清洗，前处理要求较高，存在浓缩液的处理与处置问题等。但近年来随着膜材料价格的不断降低，膜分离技术在水处理应用中具有越来越强的竞争力。

【任务准备】

准备水样、浊度仪、微滤、纳滤膜装置等。

【任务实施】

根据说明书正确设置膜装置参数，使水样通过膜装置并测定通过前后的浊度。

【检查评议】

评分标准见表 3-20。

表 3-20　评分标准

编号	项目内容	评分标准	分值	扣分	得分
1	学习态度	不认真操作扣 10 分	10		
2	动手能力	动手能力不强扣 20 分	20		
3	团队协作精神	没有团队精神扣 10 分	10		
4	专业能力	正确使用膜分离装置处理水样	50		
5	安全文明操作	不爱护设备扣 10 分	10		
6	合计		100		

【考证要点】

是否了解膜分离技术处理水样的原理，是否熟悉膜分离装置的操作技术。

【思考与练习】

（1）活性炭吸附深度处理给水的工艺流程有哪些？

（2）膜分离技术中滤膜主要有哪几种？膜装置主要有哪几种类型？

项目四　污水处理工艺运行与管理

【知识目标】

了解污水处理厂（站）工艺调试与验收，污水处理厂的各类运行工艺和典型工业废水处理工艺运行与管理；掌握污水处理厂的生物处理工艺方法；熟练掌握污水处理厂的生物处理工艺运行管理与维护的方法。

【技能目标】

通过本项目的学习，能够进行污水处理厂的调度、验收、运行与管理；会进行污水处理厂预处理工艺的选择，生物处理工艺的比选、运行与维护以及水质的消毒管理等；掌握污水处理厂的物理处理法、化学处理法和生物处理法等相关操作技能运行维护与管理。

【重点难点】

本项目重点掌握污水处理厂运行与管理的方法和相关技能；其难点在于生物处理工艺的运行与管理。

任务一　污水处理厂（站）工艺调试与验收

知识点一　污水处理厂（站）验收

【任务描述】

了解污水处理厂验收的基本条件、验收资料和文件。掌握预处理单元、污水处理系统、污泥处理系统、供配电系统、仪表和自动化控制、鼓风曝气系统和化验室的验收工作。

【任务分析】

污水处理系统在工程完工之后和投产之前，需要进行验收工作，在验收工作中，应用清水进行试运行，通过工程调试验证设计的正确性和可行性，对发现的问题做最后的修正，保证系统的正常运行。

【知识链接】

一、污水处理厂验收前期工作

调试运行前应对各建筑物、构筑物以及所安装的设备、工艺管道、各种阀门仪器仪表、自控等进行验收。验收分为初步验收和最终验收两个阶段。一般土建工程初步验收以后，施工单位保修一年，才能最终验收。设备和其他安装工程在其初步验收后也要经过一年的试运转、保修一年后才能最终验收。其目的是让构建筑物、设备等都要经过冷、热、潮湿等环境条件检验，充分暴露一些问题。在初步验收阶段要对建筑物、构筑物、设备等单项（体）进行试车验收，也叫单机（体）试车。

1. 初步验收应具备的条件

（1）对土建工程的初步验收是分阶段的，许多单项（体）工程的验收应在施工同时进行。特别是隐蔽工程的验收，必须在下一道工序前组织验收。在建筑物、构筑物建好后组织初步验收时，尽可能查看可以看到的隐蔽工程，主要还是查阅施工各阶段中的隐蔽工程验收资料。如果资料不全或当时没有组织单项（体）隐蔽工程验收，应视为验收不合格。

（2）对设备安装工程的初步验收是为了检查设备安装的质量和设备自身的质量是否符合设计的有关标准。安装工程也存在隐蔽工程的验收，如埋入地下的管道和在构筑物、建筑物体内的管道安装工程及防腐工程等。同样，隐蔽工程的验收也应在施工同时进行。初步验收时如无相关的隐蔽工程验收记录或当时没有验收，也视为验收不合格。

（3）具备初步验收条件的构筑物、建筑物和设备还应符合下列条件：

① 各建筑物、构筑物的全部施工已结束。

② 各建筑物、构筑物的内部及外围应认真、彻底地清除全部建筑垃圾，卫生条件符合验收标准。

③ 安全防护设施、仪器，如灭火器、防 H_2S 毒气设备、防酸碱器具等，应按设计配齐安装完毕，以备试车时使用。应能安供电，通上水及下水、供暖、自控等系统，以检查各类电气的性能及上、下水管道、阀门、锅炉等设备的性能。

④ 被初验的设备应完成全部安装工作。

⑤ 设备外表应油漆一新，无碰痕、擦痕。设备内部该加油、油脂的按要求加满；有刻度的加油标志一定按要求做，不能超过也不能低于刻度。对于购买的润滑油脂或油膏应按设计要求的标准购买，以免出现设备事故。

⑥ 土建工程和设备安装工程应由施工单位和质监单位准备好验收的表格，供验收时使用。有关图纸和验收标准应提前准备好并置于现场供验收时随时填表和查阅。

⑦ 试车前应对试车人员培训，掌握操作技能和取得各种必需的上岗证件后才能参加试车。

参加试车前，有关人员应认真阅读有关资料，熟悉设备的机械、电气性能；做好单项（体）试车的技术准备。

⑧ 设备初步验收和单体试车时，应通知厂家或供货商到现场，引进国外设备的单体试车应在国外技术人员现场指导下进行。

2. 初步验收前应准备的验收资料

初步验收前应准备三大类资料，一是工程综合类资料；二是工程技术类资料；三是竣工图类资料。

（1）工程综合资料主要包括：项目建议书和批准文件；项目的可行性研究报告和批准文件；初步设计书；施工图设计书；环境影响评价书及批准文件；水土保持方案及批准文件；劳动安全评价书及批准文件；卫生防疫评价书及批准文件；消防评价书及批准文件；土地征用申报与批准文件与红线；拆迁补偿协议书；招标与投标文件；承包发包合同；施工执照；工程现场声像资料等。

（2）工程技术类资料主要包括：工程地质、水文、气象、地震资料；地形、地貌、水准点、构建筑物、重要设备安装测量定位，观测记录；设计文件及审查批文、图纸会审和设计交底记录；工程项目开工、竣工报告；设计交付通知单、变更核实单；工程质量事故的调查和处理资料；材料、设备、构件的质量合格证明资料。或相关试验、检验报告、隐蔽工程验收记录及施工日志。

（3）竣工图类资料主要包括：土建构建筑物竣工图；厂区工艺、进出水管线、检查井、压力井、阀门井等竣工图；上水、下水、再生水、供热等管道图；供电、通讯竣工图；自控、仪表竣工图；道路、绿化竣工图；各种设施设备的说明书；单体详细图纸；化验设备设施、各种排气通风设备设施竣工图等。

二、污水处理厂的验收

1. 预处理系统的初步验收

（1）预处理系统土建可分为进水闸门井、溢流井、粗格栅土建、曝气沉砂池、进水泵房、细格栅土建、沉淀池等。一些强化工艺还有加药、搅拌池及斜板（斜管）沉淀池。其验收方法应对照竣工图进行外观尺寸实测实量是否与图纸一致；设备安装位置是否符合设计要求。最后通水试压、试漏。如无问题，做好记录方可投入使用；如有问题，应返工重来。

（2）预处理系统设备安装工程验收及单体试车主要检查的设备：进水闸门、溢流闸门、粗格栅、皮带运输机、栅渣压实机、砂水分离机、沉砂池吸砂泵、桥或刮浮渣机、沉砂机、污水泵、细格栅、加药絮凝机、搅拌机等。验收的方法应由电气人员检查设备的供电线路是否正常，供电开关是否正常，有无漏电现象。机械人员检查设备底座安装是否牢固，按设备说明准确地向润滑部分加油或油脂；对于电机带动的设备应点动试车，观察转向是否与标识一致。当确认准备工作完毕后可通电试车，并观察电压、电流是否符合要求；如有异常现象，应及时检查维修。还应观察设备的振动，噪声是否符合标准；如有异常，也应立即检查维修，正常后再试车并做好记录。

2. 污水处理系统的初步验收

污水处理系统因工艺的不同，其构建筑物及设备有所不同。

（1）污水处理系统土建工程的初步验收包括生物曝气池、沉淀池、回流污泥泵房、回流污泥渠道、配水阀门井、放空井、管道沟、廊道等。其验收方法应对照竣工图进行外观尺寸实测实量是否与图纸一致；其隐蔽工程应检查对照隐蔽工程资料进行；然后通水试压、试漏。

（2）污水处理系统安装及单体试车主要检查验收设备：① 进水调节堰门、闸门；② 回流污泥调节闸门、曝气头空气管道阀门、剩余污泥泵及逆止阀阀门、吸污泥桥和回流泵、进出水齿形堰、浮渣刮板、浮渣阀门、浮渣泵、浮渣脱水机、压实机；③ 出水闸门；④ 加药设备、絮凝搅拌设备、絮凝沉淀池、消毒机、接触池、滤池、清水池、加压泵；⑤ 鼓风机及配套附属物。

3. 污泥处理系统的初步验收

污泥处理系统因设计不同，其工艺有的设置厌氧消化处理、污泥脱水处理工艺；有的只设置污泥脱水处理工艺。

（1）污泥处理系统土建的初步验收主要有污泥浓缩池、进泥泵房、污泥消化池、污泥后浓缩池、污泥脱水机房、沼气脱硫房、沼气柜、沼气阀门井等。

（2）污水处理厂污泥处理设备的初步验收和单体试车主要内容：

① 污泥消化池的进泥泵、循环泵、沼气提升泵；

② 污泥消化池上的各种气阀、水阀、室内外管廊；

③ 热交换器及进水、进泥阀、出水阀、出泥阀、水和泥的压力表；

④ 湿式脱硫设备、干式脱硫设备；

⑤ 脱水机（带式或离心式）及配套设备（如空气压缩机、冲洗水高压泵、配絮凝剂搅拌机械、冲洗水的排水系统、臭味排除系统）；

⑥ 预、后浓缩池上的刮泥桥。

4. 供配电系统的初步验收

供配电系统一般分为高压供配电系统和低压配电系统。

（1）高压供配电系统包括

① 外线工程从电业局高压供电线路至厂内的高压变配电室进线端。

② 厂内高压电缆地下敷设工程从高压变配电室进线端至厂内各供配电室的高压电缆敷设及进出线等。

③ 厂内高压供配电室的变压器、高压配电柜、高压计量柜、高压开关柜、高压保护柜等。

（2）高压供配电系统的初步验收和单体试车的内容包括

① 按上面所列的各子项分段验收。

② 高压变配电系统由电力安装公司负责安装，由供电局统一组织进行单体试车、电检、验收；外线工程以供电局验收为主。

③ 厂内验收应以设备的操作是否灵活；设备的机械性能是否良好；通风、避小动物设施是否完好等为主。

5. 仪表和自控系统的初步验收

（1）仪表单体试验和初步验收主要内容包括

① 各机械仪表的机械调零和校正。

② 各电子显示仪表和校正。

③ 各监测控制仪表一次表的通电试验、校正和二次表的通电试验、校正。

（2）自控系统的初步验收单体试车主要包括

① 各 PLC 系统的调试。

② 检查各 PLC 系统与机应 MCC 之间的连线是否正确。

③ 各 PLC 的接地是否可靠。

④ 各电机、阀门的状态和信号在 PLC 上反映是否对应和正确。

⑤ 检查各控制仪表及分析仪表信号输入情况是否正确。在中央控制室内的显示屏上的信号、曲线、开、停、故障信号等能否被记录和打印。

⑥ 对软件的检查、PLC 系统对软件执行情况的检查。

⑦ 中央控制室能否对全系统进行监视、控制、记录以及执行情况。

6. 鼓风曝气系统的初步验收

生物处理厂一般采用鼓风曝气或表面曝气。表面曝气主要由曝气转刷实现，为氧化沟工艺配套设备。而其他工艺多采用鼓风曝气，鼓风曝气主要由空气鼓风机实现。

鼓风曝气系统初步验收的内容：

① 空气过滤装置，并设有前后压力差表。

② 鼓风机就地开关柜（自控系统）。

③ 鼓风机冷却系统，润滑系统。

④ 高压供电的绝缘测试。

⑤ 鼓风机的高压供电保护系统。

⑥ 供气管道系统（考虑冷胀热缩的影响）及闸门、逆止阀、放水阀。

⑦ 沼气发动机（带动鼓风机）水冷、油冷系统，可燃、有毒气体报警系统和通风系统。

7. 化验室的初步验收

化验的初步验收内容：

① 化验仪器仪表。

② 化验室内上、下水管道，阀门。

③ 供电配电盘、插座、照明。

④ 操作台、通风橱。

⑤ 安全保护设施。

⑥ 附属设施等。

【任务准备】

设定某个建成的污水处理厂场景及其相关资料，包括建筑物、构筑物，以及所安装的设备、工艺管道、各种阀门仪器仪表、自控等。

【任务实施】

根据给定的场景，选出验收的主要资料、文件。对给定的系统进行初步验收。

【检查评议】

评分标准见表 4-1。

表 4-1　评分标准

编号	项目内容	评分标准	分值	扣分	得分
1	学习态度	不认真操作扣 10 分	10		
2	动手能力	动手能力不强扣 20 分	20		
3	团队协作精神	团队协作精神不强扣 10 分	10		
4	专业能力	操作错误，每错一个步骤扣 10 分；文件选择错误，每选错一次扣 5 分，扣完为止	50		
5	安全文明操作	不爱护设备扣 5 分；不注意安全扣 5 分	10		
6	合计		100		

【考证要点】

是否了解污水处理厂验收的主要内容，主要设备和构筑物；是否掌握验收的基本要点和注意事项。

【思考与练习】

（1）污水处理厂验收的主要内容有哪些？

（2）初步验收和最终验收的时间间隔一般为多久？

知识点二　污水处理厂（站）工艺调试

【任务描述】

了解污水处理厂调试的目的，试车运行的条件，以及污水处理厂各处理单元调试工作的主要内容。

【任务分析】

污水处理厂在初步验收达到合格的基础上，可转入通水和联动试运行。进行通水和联动试运行后，才能进一步考核设备的机械性能和安装质量，检查设备电气、仪表、自动控制等在联动条件下的工作状况，检查土建构建筑物在通水和联动试运行能否达到工艺设计要求等。

【知识链接】

一、污水处理厂通水和联动试车

在初步验收和单体试车阶段已对土建构筑物单体、设备安装、电气自控、管道阀门、辅助工程等查出的问题进行了维修和更换，使其达到了合格，在此基础上，污水处理厂可转入通水和联动试运行。

通水和联动试运行的目的是为进一步考核设备的机械性能和安装质量，检查设备电气、仪表、自动控制等在联动条件下的工作状况，检查土建构建筑物在通水和联动试运行能否达到工艺设计要求；还要进一步检查电气、仪表和自控设备的性能和与工艺设备联动的效果；特别要检查中央控制室与各 PLC 就地开关柜能否控制用电设备开关，反映运行数据和图表。

1. 通水和联动试运行的条件

（1）通水和联动试运行时，厂外输水管道及泵站具备输送污水的能力，同时，污水处理厂也具备向外排水的能力。

（2）供电能力能够满足通水和联动试运行的负荷条件，厂内的各主变压器和供电设备应投入运行，能基本满足联动运行的用电负荷。

（3）电气和自控系统通过单体试车，能达到控制用电设备的条件。仪器仪表能显示和监控各种设备运行状况。

（4）单体试车完好后，绝大多数的设备和构筑物通过初步验收，有问题的设备和构建筑物经过更换和维修达到合格。

（5）人员经过充分的培训。各类安全操作规程已建立，对设备的性能及调试方法已基本掌握。

（6）化验室化验人员培训到位，化验室设备仪器、仪表安装到位，各种所需化验药品和标准溶液配备齐全，具备了分析水质各种指标的能力。

（7）供货商及技术人员到现场指导操作人员通水和联动试运和各个环节，并逐步让运营人员独立掌握工作。

2. 联动试车

在初步验收和单体试车时已采用清水试车对设备和构筑物查出的问题进行了维修和更换。在此基础上，可采用污水直接进厂，不必再使用清水联动试车。

联动试车分为水处理段和泥处理段两个阶段进行试运行。先进行水处理段的联动调试，待有了足够的污泥后，再进行泥处理段调试。水处理段又分预处理单元和生物处理单元两步调试。泥处理段分为生物处理单元和理化处理单元，有的厂只有理化处理单元。

二、联动试车的内容

1. 水处理段预处理单元的联动试车

（1）进水闸门

一般设计为手电两用闸门。单机调试已合格后，在调试运行时能按生产运行指令控制闸门的开关。在紧急事故时有紧急备用电源，自动将进水闸门关上并通过紧急溢流口流出去，保证污水处理厂后续设备的安全。

（2）沉砂集水池

主要将粒径≥25 mm 以上颗粒物沉积下来，并配有电动抓砂斗清理颗粒物。同时兼有调节水量混合水质的作用。

（3）粗格栅

当污水流入粗格栅后，PLC 自动控制，根据进水流量利用液位仪或时间继电器，或两种方式同时控制开停粗格栅的次数及耙齿启动的次数。还应逐步检查粗格栅功能或联动运行的功能。

（4）细格栅

细格栅的自动控制方式和配套的附属设施与粗格栅一样，运行调试可参照粗格栅运行方式进行。

（5）曝气沉砂池

在手动和自动控制下启动吸砂桥、吸砂泵，分别观察吸砂桥走到两端时磁力开关能否让吸砂桥自动开、停，吸砂泵能否按自动控制设置的开启要求开停，并能将砂水送入砂渠道。浮渣刮板在一端将浮渣自动排入浮渣渠道。桥的导轮及时纠正走偏现象，电缆卷筒正确自动卷放电缆。磁力矩（离合器）不应发烫。

与曝气沉砂池配套的砂水分离器及时开启将砂、水分离，把砂送到砂箱。

（6）污水提升泵房

联动试车时，PLC 在泵房水位达到启动水位后，可控制水泵软启动开启，检查水泵的启动、停止和运行状态，并与调步设备连接控制一台或几台泵保持连续提升污水，避免污水泵频繁启动。还要检查原来设定的水泵轮值功能是否健全，各设定水位、保护水位信号是否好用。

污水提升泵房设有潜污泵，一般在管道上不设逆止阀、阀门。为保证干式泵的自动运行，阀门需要电动和手动两种功能。

（7）化学絮凝强化处理

为脱磷达标和生物处理（曝气生物滤池），常采用化学絮凝处理，联动试车时应通污水试车。

① 加药池投加药剂应在小试的基础上再试投，选出几种药剂。加干式药剂要试干粉自动投药设施、搅拌稀释设施、存储设施和投加药液计量泵设施。加液体药剂要试液体计量泵、稀释设施和存储设施等。

② 混合反应池将制备好的液体药剂与污水混合，产生絮状沉淀要通过混合设施、反应设施。反应设施一般与沉淀设施合建。混合设施有采用管式混合器、水力混合器、机械混合器等，一般采用机械混合器比较稳定可靠，并且可调混合的速度。反应池有隔板絮凝池、折板絮凝池、网格絮凝池、涡流絮凝池、机械混凝池等，前四种属水力絮凝，是利用水流自身的能量，推荐使用；后一种为机械絮凝，耗能多，只有在特别需要时采用。通常，为减小占地面积，缩短沉淀时间，沉淀池一般采用斜板（管）沉淀池。

2. 水处理段的生物处理单元联动试车

（1）曝气池的联动试车要在培养好微生物菌种的基础上通污水试运行。需要联动调试的设备有进水渠道调节堰门、气管道上的冷凝水闸阀、回流泵及回流污泥。曝气池内固定的仪表有：溶氧仪、pH 计、温度仪等。

① 通过 PLC 对池内溶氧仪反馈的信号调整鼓风机的叶片张开、收缩，控制出气风量使池内溶解氧达到生物处理的标准。

② 调整调节堰门使进水与回流污泥均匀混合，使曝气池内的污泥浓度、污泥负荷达到设计标准。

③ 根据溶解氧的反馈信号，需要增加溶解氧时先将风机内的叶片（扩散量）角度调大，不够时再启动另一台风机，直至达到设计数值。当溶解氧高时，先将风机内的叶片（扩散量）角度调小，直至关闭一台风机。

④ 空气管道隔一段时间需打开冷凝水阀放水，以免冷凝水造成水堵。

⑤ 根据曝气池污泥浓度确定剩余污泥排放量。

（2）沉淀池

① 当污水充满沉淀池后，才可启动刮泥桥。为防止回流污泥泵露出水面干运行烧坏，刮泥桥能自动开停，没问题后再启动随刮泥桥运行的污泥泵、行走轮的电机和刮浮渣板。

② 随时检查沉淀池的出水齿形堰的出水是否均匀。如不满足，应进行调整。

③ 观察回流污泥管道上的阀门能否按要求开启，并调整和开启阀门的角度以控制回流泵的出泥量。

④ 观察剩余污泥泵管道上的逆止阀是否好用。如有堵塞或角度不可调就应拆开检修。

⑤ 观察刮泥桥的运行电缆是否运行正常，有无滑落的险情和缠绕的现象。

3. 污泥处理段的生物厌氧消化联动试车

污泥处理段的联动调试要在污水处理段调试成功后进行。

（1）厌氧消化的联动调试应先开启进泥泵，将消化池中充满污水，或充满污泥。待消化池充满到泥位线时，停止进污水或污泥，将消化池泥位线以上的空气用氮气替代。

（2）将污水或污泥送入消化池后，开启污泥循环泵和热交换器系统中的热水泵（可暂不加热），使消化池内的污泥循环起来。然后开启污泥搅拌泵（有的用沼气提升泵搅拌，有的用机械搅拌），使消化池的污泥上下翻滚，防止沉淀。应特别注意热交换器套管内的泥压和水压；污泥循环泵和热水泵的开停顺序不能有误，否则，可能压瘪热交换器内套管。

（3）将脱硫装置内、沼气柜内等的空气都用氮气充满替代，观察压力表，超过额定压力后，可在保证安全的情况下向空中排放混合气体。千万注意不能排放的太急、太多，以免产生负压，压瘪设备。

（4）在消化池、沼气柜进行气体置换期间应每日监测各有关气体含量，只有沼气、氧气、硫化氢含量达标后才能向使用沼气的设备供气。否则就需要在保证安全的情况下向空中排放不合格气体。

（5）消化池上的水封阀、沼气管道上的水封阀和湿式沼气柜上的水封阀，应按设计要求填满水，冬季运行还要做好保温防冻工作。

（6）污泥处理系统中的各种安全阀应按要求到市级质量监督部门办理检验手续，确保能安全使用。

（7）设在污泥处理段的报警器（如 CO、H_2S、可燃气体、CO_2 等），都必须到市级质量监督部门办理检验后才能安全使用。

4. 污泥处理段的理化处理单元联合调试

（1）污泥的理化处理主要工艺是加药—搅拌—混合—脱水—泥饼。药剂一般选用有机分子絮凝剂（如阳离子聚丙烯酰胺 PAM），或是再添少量无机絮凝剂（如聚铝或聚铁）效果会更好，但要注意先加无机药剂再加有机药剂的顺序。

（2）脱水机以带式脱水机为例。开机前要检验絮凝药液是否配好，供气动元件的空气压缩机是否正常输送压缩气体，供冲洗履带的水压是否足够，进药计量泵是否正确和可调。

（3）检查脱水机上的吸气除臭设备是否有效，机器上的照明设施是否安全可靠（防爆、防潮湿）。

（4）检查就地自控 PLC 是否正常监控运转和报警。

【任务准备】

设定某个建成的污水处理厂处理调试运行阶段的场景，分步骤要求学生对各个处理单元进行单独调试运行，最后达到联合调试运行的目的。

【任务实施】

根据给定的场景，对各个水处理单元进行单独调试。

【检查评议】

评分标准见表 4-2。

表 4-2　评分标准

编号	项目内容	评分标准	分值	扣分	得分
1	学习态度	不认真操作扣 10 分	10		
2	动手能力	动手能力不强扣 20 分	20		
3	团队协作精神	团队协作精神不强扣 10 分	10		
4	专业能力	操作错误，每错一个步骤扣 10 分；扣完为止	50		
5	安全文明操作	不爱护设备扣 5 分；不注意安全扣 5 分	10		
6	合计		100		

【考证要点】

是否了解污水处理厂调试运行的主要内容；是否掌握污水处理厂联合调试运行的基本要点和注意事项。

【思考与练习】

（1）污水处理厂调试运行的主要内容有哪些？

（2）如何对污水处理厂进行联合调试运行？

任务二　预处理工艺运行与管理

知识点一　格栅的运行与管理

【任务描述】

了解格栅设置的目的、作用及类型，掌握格栅的清渣方法和运行管理。

【任务分析】

对某处理量一定的污水处理厂，应会对格栅进行清渣和运行维护。

【知识链接】

1. 格栅的作用及类型

格栅由一组（或多组）相平行的金属栅条与框架组成，倾斜安装在进水的渠道里或进水泵站集水井的进口处，以拦截污水中粗大的悬浮物及杂质（图 4-1）。

格栅的作用是去除可能堵塞水泵机组及管道阀门的较粗大悬浮物及杂质，并保证后续处理设施能正常运行。根据格栅上截留物的清除方法不同，可将格栅分为人工清理格栅和机械格栅。人工清理格栅只适用于处理水量不大或所截留的污染物量较少的场合。机械格栅适用于大型污水处理厂，需要经常清除大量截留物的场合。

（a）阶梯式细格栅

（b）齿耙式格栅除污机

（c）回转式固液分离机

图 4-1　格　栅

2. 格栅设置的要求

（1）格栅一般设置在处理构筑物前，以拦截污水中粗大的悬浮物及杂质。

（2）在大型污水处理厂（站），一般应设置两道格栅，第一道粗格栅或中格栅；第二道中格栅或细格栅。

（3）格栅的台数不少于 2 台。

（4）格栅（网）间必须设置工作台，台面应高出栅前最高水位 0.50 m，台上应设有安全和清洗设施。

（5）机械格栅（网）一般应设置在通风良好的格栅间，大中型机械格栅间应安装吊运设备，便于设备检修和栅渣的日常清除。

3. 格栅的运行与管理

（1）不管采用什么形式，操作人员都应该巡回检查，根据栅前和栅后的水位差变化或栅渣的数量，及时开启除渣机将栅渣清除。

（2）检查并调节栅前的流量调节阀门，保证过栅流量的均匀分布。由投入工作的格栅台数控制过栅流速。当过栅流速过高时，可增加格栅台数；当过栅流速偏低时，可减少格栅台数。

（3）随着运行时间的延长，格栅前后的渠道内可能会积砂，应当定期检查清理积砂。

（4）栅渣中往往夹带许多挥发性油类等有机物，堆积后能够产生异味，因此，应及时清运栅渣，并经常保持格栅间的通风透气。

4. 栅渣处理

对格栅筛网截留的污染物的处置方法，国外有将大的破布和织物去除而将有机物粉碎后再返回废水中或焚烧。国内较多采用填埋或堆肥处理。

【任务准备】

给定某一形式的格栅。

【任务实施】

根据给定的场景，对格栅进行清渣；并对格栅进行运行管理。

【检查评议】

评分标准见表 4-1。

【考证要点】

了解污水处理厂格栅的类型及其作用，格栅如何清渣，如何运行管理?

【思考与练习】

（1）格栅的类型、作用及其设置要求有哪些?
（2）如何对格栅进行清渣和运行管理?

知识点二　沉砂池的运行与管理

【任务描述】

了解设置沉砂池的目的，沉砂池的作用及类型，沉砂池的运行管理。

【任务分析】

分析污水处理厂沉砂池的设置位置及其运行管理要点。

【知识链接】

1. 沉砂池的作用

沉砂池主要是在城市污水处理中去除砂粒等粒径较大的重质颗粒物，它一般设在泵站或初沉池之前。其作用如下：

（1）防止砂粒对污泥刮板造成磨损，缩短使用寿命。

（2）防止管道中砂粒的沉积导致管道堵塞，并防止砂粒进入泵后加剧叶轮磨损。

（3）对于氧化沟等进水负荷较低的工艺，防止大量砂粒直接进入生化池沉积（形成“死区”），导致生化池有效容积减少，同时对曝气装置产生不利影响。

（4）防止污泥中的砂粒进入带式脱水机而加剧滤布的磨损，缩短更换周期，同时影响絮凝效果，降低污泥成饼率。

因此，沉砂池在整个污水处理工艺中具有十分重要的预处理作用。

2. 沉砂池的类型

常用的沉砂池有平流沉砂池、曝气沉砂池和旋流式沉砂池等（图 4-2）。平流沉砂池只在个别小厂或老厂中使用，而旋流沉砂池是目前使用最多的一种设备。

3. 沉砂池运行管理

（1）沉砂池最重要的操作是及时排砂。沉砂池沉积下来的沉砂要及时清除，沉砂中的有机物较多时需要进行有效的清洗，并进行砂水分离。清洗分离出来的沉砂含有机成分较低，且基本变成固态，可直接装车外运。

（2）每周都要对进、出水闸门及排渣闸门进行加油、清洁保养，每年定期油漆保养。

（3）砂渣应定期取样化验，主要项目有含水率及灰分；砂渣量也应每天记录。刚排出的砂渣含水率很高，一般在沉砂池下面或旁边设置集砂池或砂水分离设备，降低含水率至 60% ~ 70%。

（4）排砂机械应经常运转，以免积砂过多引起超负荷，排砂机械的运转间隔时间应根据砂量及机械能力而定。排砂间隙过长，会堵塞排砂管、砂泵，堵、卡刮砂机械。排砂间隙过短会使排砂量增大，含水率增高，导致后续处理难度增大。

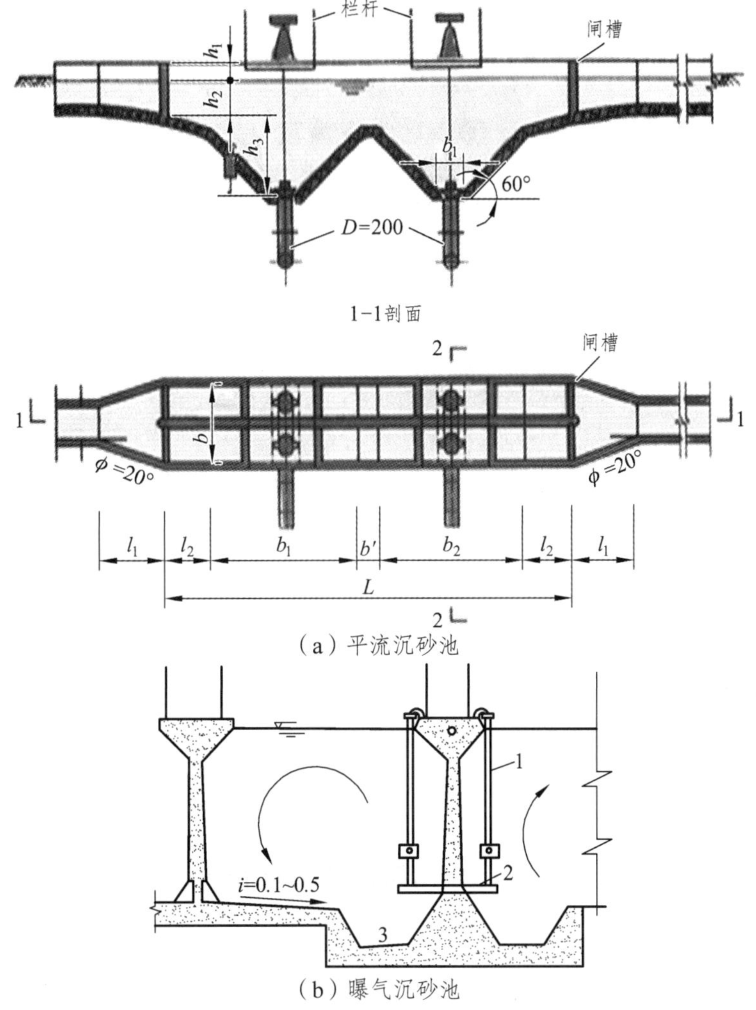

（a）平流沉砂池

（b）曝气沉砂池

1—压缩空气管；2—空气扩散板；3—集砂槽

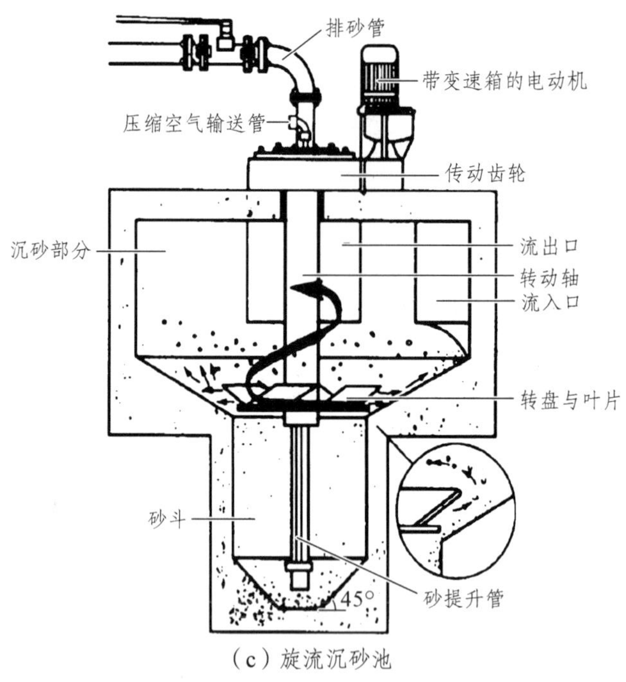

（c）旋流沉砂池

图 4-2　沉砂池的类型

【任务准备】

根据污水仿真系统中给出的某污水处理厂的沉砂池场景，要求学生能独立对沉砂池进行排砂。

【任务实施】

根据给定的场景，对沉砂池进行排砂。并对沉砂池进行运行管理。

【检查评议】

评分标准见表 4-1。

【考证要点】

是否了解污水处理厂沉砂池的类型及其作用，沉砂池如何进行砂水分离，如何排砂。

【思考与练习】

（1）沉砂池的类型、作用及其设置要求有哪些？
（2）如何对沉砂池进行运行管理？

知识点三　初沉池的运行和管理

【任务描述】

了解设置初沉池的目的，初沉池的作用及类型，初沉池的运行管理。

【任务分析】

会根据污水处理厂水量的大小，选择适合的初沉池，并会对其进行运行管理。

【知识链接】

1. 初沉池的类型

沉淀池是分离水中悬浮颗粒的一种主要处理构筑物，一般分为流入区、流出区、沉降区、污泥区四个部分，主要去除的是悬浮液中粒径在 10 μm 以上的可沉固体。

按照沉淀池内水流方向的不同，沉淀池可分为平流式、竖流式、辐流式和斜流式四种，如表 4-3 所示。

表 4-3　初沉池的类型

序号	形式	特点	结构
1	平流式	池型呈长方形；水在池内按水平方向流动，从池一端流入，从另一端流出；一般在污水处理厂应用较少	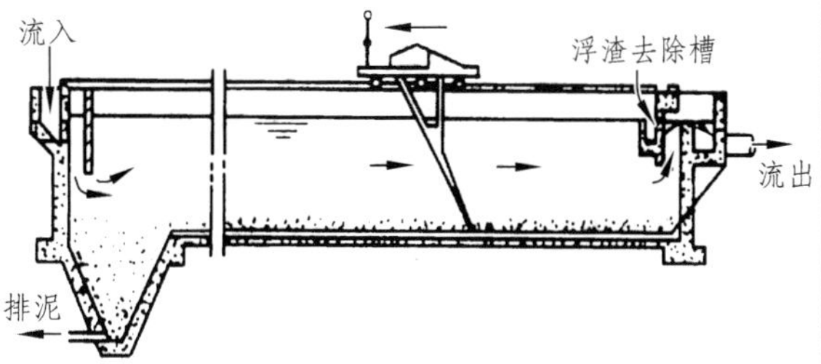
2	竖流式	呈圆形或正方形；原水通常由设在池中央的中心管流入，在沉降区的流动方向是由池的下面向上作竖向流动，从池的顶部周边流出，池底锥体为贮泥斗；适用于处理水量不大的小型污水处理厂	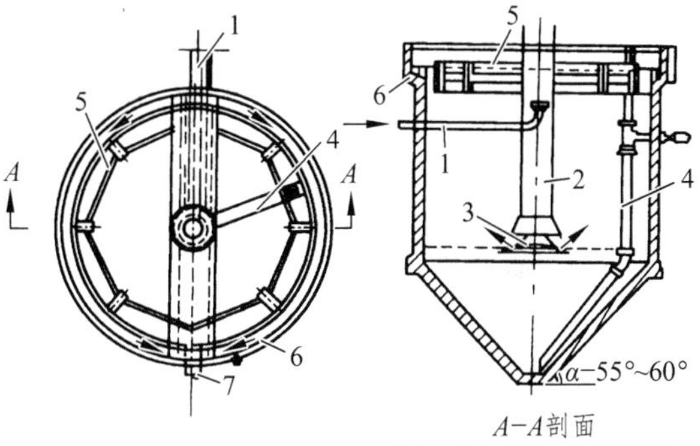
3	辐流式	呈圆形、直径较大而有效水深相应较浅的池子；污水一般由池中心管进入，在穿孔挡板（称为整流板）的作用下使污水在池内沿辐射方向流向池的四周；适用于处理大水量的场合	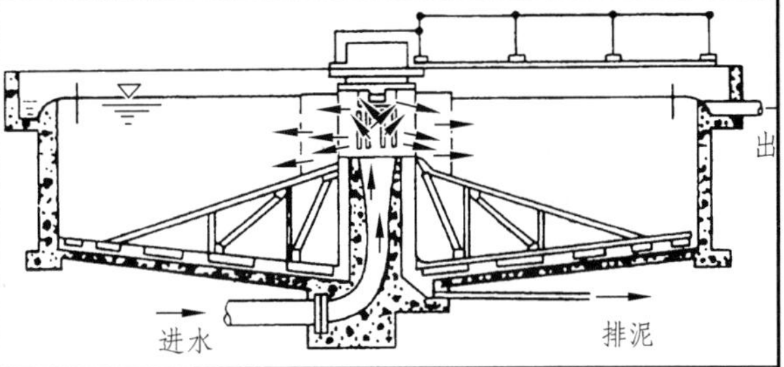
4	斜板（管）式	在沉淀池的沉淀区加斜板或斜管而构成；适用于选矿水尾矿浆的浓缩、炼油厂的含油废水的隔油、印染废水处理和城市污水处理	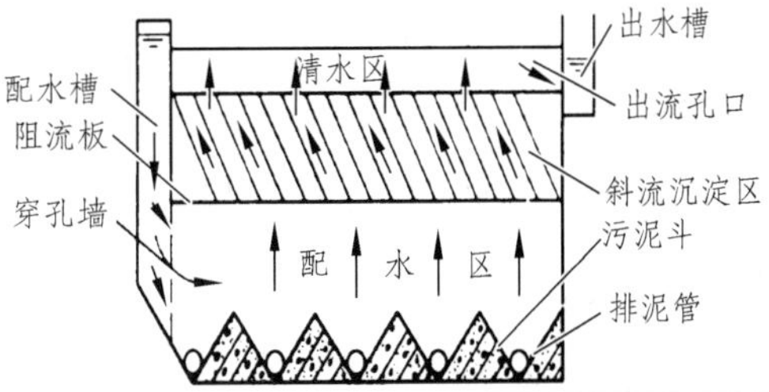

2. 初沉池排浮渣的注意事项

平流式行车刮浮渣机、辐流回转式刮浮渣机及竖流式回转刮浮渣机都是用刮板将浮渣刮至浮渣槽或浮渣斗内。

（1）排渣应注意的问题：

① 刮板与浮渣槽的配合要到位，否则浮渣不能全部进入浮渣槽。

② 浮渣槽内必须设水冲，否则浮渣流不到浮渣槽中。

（2）解决方法：在平流沉淀池的末端，安装一根带缺口的不锈钢圆管，转动圆管，大部分浮渣由缺口处流入管内，同时，水面上的泡沫浮渣也会流入管内被水带走。

3. 初沉池运行及维护

（1）运行人员应定时巡视初沉池运行情况，注意观察桥的行走状况是否有异常声音。

（2）注意沉淀池的出水三角堰板的堰口是否被浮渣堵死，是否跑泥。如有应及时清除。

（3）备用的初沉池最好采用动态备用，不能投入运行的池子应将污水放空。

（4）初沉池在正常运行情况下每年要排空一次，彻底检查清理。

4. 初沉池运行异常问题

（1）污泥上浮

① 如果是经常性的污泥上浮应调整参数。

② 来水腐败严重的污水，会造成污泥上浮。

③ 二沉池回流污泥中若硝酸盐含量较高，进入初沉池后缺氧可使硝酸盐反硝化，还原成氮气附着于污泥中，使之上浮。

④ 污泥浓缩池的上清液、脱水机的大部分废液含有机废水高，进入初沉池内导致出水混浊。

（2）污泥短路流出

① 堰板溢流负荷超标造成，或堰板不平整造成。解决办法：减少堰板的负荷或调整堰板出水高度一致。

② 刮泥机故障造成污泥上浮。

③ 辐流式沉淀池池面受大风影响出现偏流。

（3）排泥浓度降低

① 排泥时间过长导致含固率下降，污泥浓度降低。

② 刮泥与排泥步调不一致，各单体池排泥不均匀。

③ 积泥斗严重积砂，有效容积减小。

【任务准备】

给定某污水处理厂初沉池场景。

【任务实施】

根据给定的场景，对初沉池进行排浮渣，并对初沉池出现的问题现场进行解决。

【检查评议】

评分标准见表 4-1。

【考证要点】

是否了解污水处理厂初沉池的类型及其作用，初沉池如何排浮渣，初沉池运行过程中常见的异常问题有哪些。

【思考与练习】

（1）初沉池的类型、作用及排浮渣的注意事项有哪些？
（2）如何解决初沉池运行过程中出现的异常问题？

知识点四　中和池的运行和管理

【任务描述】

了解中和池的作用及其运行管理。

【任务分析】

针对某一污水处理厂的污水类型，会选择适合的中和方法和中和池，会对中和池进行运行管理。

【知识链接】

1. 中和池的分类

中和池是指进行酸碱反应，使 pH 值恢复至 6 ~ 9 的废水处理构筑物。碱性废水常用硫酸进行中和；酸性废水常用氢氧化钠、碳酸钠、石灰、石灰石、大理石和白云石等进行中和。中和池有普通中和池和中和过滤池两种。

2. 中和池的运行管理

（1）投药中和设备

池内一般装有混合搅拌设备，当废水量小而水质水量变化大时，采用间歇运行方式，当水量大及水质比较稳定时，采用连续流运行方式。混合搅拌有机械式和水力式两种。机械式混合搅拌在池内安装浆板搅拌机，对水质水量变化的适应性大，中和反应效果好。水力式混合搅拌，通过水的强制紊动促进中和反应，但效果稍差。

（2）过滤中和设备

一般建成塔状或柱状。滤池工作时，水由下向上流，上升的水流还可冲走反应生成的 CO_2，以防滤料层发生气塞现象。

【任务准备】

给定某污水处理厂中和池场景

【任务实施】

根据给定的场景，对废水进行检测。根据检测的结果，对废水进行中和处理，并选择相应的设备。

【检查评议】

评分标准见表 4-1。

【考证要点】

是否了解污水处理厂中和池的类型及其作用，如何检测废水的酸碱性，对酸、碱废水如何处理?

【思考与练习】

（1）中和的作用及中和池的类型?
（2）如何对酸碱废水进行中和处理?

知识点五　调节池的运行和管理

【任务描述】

了解设置调节池的目的，调节池的作用及类型、调节池的运行管理。

【任务分析】

分析污水处理厂调节池的运行管理。

【知识链接】

1. 调节池类型

调节池的功能是减少污水特征上的波动，为后续的水处理系统提供一个稳定和优化的操作条件。在调节的过程中通常要进行混合，以保证水质的均匀和稳定，这就是均衡。调节池常见的类型有水量调节池、水质调节池和事故调节池。

通过调节和均衡作用主要达到以下目的：

（1）提供对污水处理负荷的缓冲能力，防止系统负荷急剧变化。
（2）减少进入处理系统污水流量的波动。
（3）控制污水的 pH 值，稳定水质，减少中和化学品消耗量。
（4）防止高浓度的有毒物质进入生物化学处理系。
（5）当工厂或其他系统暂停排放污水时，保证系统的正常运行。

2. 调节池运行管理要点

（1）能够容纳水质水量变化一个周期所排放的全部废水水量。
（2）对沉淀物的处理，以免减少调节池的有效容积。
（3）经常巡查。
（4）事故调节池的阀门必须能够实现自动控制。

【任务准备】

给定某污水处理厂调节池场景。

【任务实施】

根据给定的场景，对调节池进行水量水质调节。并对调节池进行运行管理。

【检查评议】

评分标准见表 4-1。

【考证要点】

是否了解污水处理厂调节池的类型及其作用，调节池运行过程中运行管理有哪些？

【思考与练习】

（1）调节池的类型、作用？

（2）如何对调节池进行运行管理？

知识点六　隔油池的运行和管理

【任务描述】

了解设置隔油池的目的，隔油池的作用及类型、隔油池的运行管理。

【任务分析】

分析污水处理厂隔油池的运行管理。

【知识链接】

1. 隔油池的作用及类型

隔油池就是利用自然上浮法分离、去除废水中可浮性油类物质的处理设备。隔油池的去除效率一般在 70% ~ 80%。隔油池常见类型有平流式隔油池和斜板式隔油池两种。

（1）平流式隔油池

平流式隔油池是利用刮油刮泥机推动水面的浮油和刮集池底沉渣，浮油溢入集油管内收集，沉渣刮入污泥斗，通过排泥管排出。通常含油量从 400 mg/L 降到 150 mg/L 以下。其结构简单，管理方便，除油效果稳定，但池体庞大，占地多。

（2）斜板式隔油池

斜板式隔油池是一种异向流分离装置。废水自上而下流入斜板组，从出水堰排出，水中的悬浮颗粒沉降到斜板上，沿斜板滑落到池底经穿孔排泥管排出。油粒沿斜板上浮，用集油管汇集排出。通常斜板式隔油池去除油粒的最小直径为 60 μm，容积仅为普通隔油池的 1/2 ~ 1/4。

2. 隔油池运行管理要点

（1）隔油池必须同时具备收油和排泥两种功能。

（2）隔油池应密闭或加活动盖板，以防止油气污染环境和发生火灾，同时可以起到防雨和保温的作用。

（3）寒冷地区的隔油池应采取有效的保温防寒措施，以防污油凝固。为确保污油流动顺畅，可在集油管及污油输送管下设置热源为蒸气的加热器。

（4）隔油池周围一定范围内确定为禁火区，并配备足够的消防器材和其他消防手段。隔油池内防火一般采用蒸气，通常是在池顶盖以下 200 mm 处沿池壁设一圈蒸气消防管道。

（5）隔油池附近要有蒸气管道接头，以便接通临时蒸气扑灭火灾，或在冬季气温低时防止因污油凝固引起管道堵塞或池壁等处粘挂污油时清理管道或去污。

（6）隔油池的刮油：大型隔油池通常使用刮油机将浮油刮到集油管，刮油机的形式和气浮池刮渣机相同，有时和刮泥同时进行成为刮油刮泥机。平流式隔油池在分离段设刮油刮泥机，在整个池中刮油刮泥机将乳油和沉泥分别刮到出水和进水端；斜板隔油池只在分离段设刮油机，其排泥一般采用斗式重力排泥。

（7）隔油池的排泥：小型隔油池采用泥斗排泥，每个泥斗要单独设排泥阀和排泥管。大型隔油池采用机械排泥时，池底泥斗坡度为 1% ~ 2%。

【任务准备】

给定某污水处理厂的调节池场景。

【任务实施】

根据给定的场景，对隔油池进行水量水质调节；并对隔油池进行运行管理。

【检查评议】

评分标准见表 4-1。

【考证要点】

是否了解污水处理厂隔油池的类型及其作用，隔油池运行过程中运行管理有哪些?

【思考与练习】

（1）隔油池的类型、作用是什么?
（2）如何对隔油池进行运行管理?

任务三　生物处理工艺运行与管理

知识点一　活性污泥法处理工艺运行管理

【任务描述】

了解活性污泥的组成和特点；掌握活性污泥法工艺流程，活性污泥系统的组成，曝气池的分类和作用，污泥回流的作用，二沉池的运行与管理，活性污泥常见问题和对策。

【任务分析】

活性污泥法是污水处理厂处理废水的主要工艺，分析污水处理厂常用活性污泥法处理废水的池型，辨识活性污泥常见问题和解决对策。

【知识链接】

1. 活性污泥系统的组成

活性污泥是一种絮凝体，含有大量的活性微生物，包括细菌、真菌、原生动物、后生动物以及一些无机物，未被微生物分解的有机物和微生物自身代谢的残留物。活性污泥结构疏松，表面积很大，对有机污染物有着吸附凝聚、氧化分解和絮凝沉降的性能。活性污泥系统的基本工艺流程如图 4-3 所示。

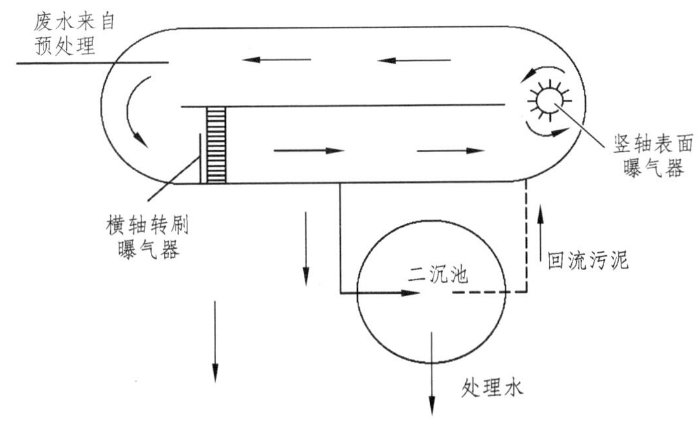

图 4-3　活性污泥的基本流程

活性污泥系统主要由曝气池、曝气系统、二次沉淀池、污泥回流系统和剩余污泥排放系统组成。

（1）曝气池

曝气池是活性污泥工艺的核心。根据曝气池内混合液的流态可将曝气池分为推流式活性污泥法和完全混合活性污泥法两种类型。曝气池的类型如表 4-4 所示。

表 4-4　曝气池的池型

序号	池型	特点	结构
1	推流式	窄长形曝气池，废水和回流污泥从曝气池一端流入，水平推进，从另一端流出；池子不受大小限制，不易发生短流，有助于生成絮凝好、易沉降的污泥，出水水质好；适用于城市污水处理厂	曝气 入水 曝气池 二次沉淀池 出水 回流 剩余污泥
2	完全混合式	污水和回流污泥一进入曝气池就立即与池内其他混合液均匀混合，使有机物浓度因稀释而立即降至最低值；池子受池型和曝气手段的限制，池容不能太大，当搅拌混合效果不佳时易产生短流，易出现污泥膨胀；广泛应用于工业废水处理	曝气池 二次沉淀池 混合液 回流活性污泥 剩余活性污泥

（2）曝气系统

曝气系统的作用是向曝气池供给微生物增长及分解有机污染物所必需的氧气，并起混合搅拌作用，使活性污泥与有机污染物质充分接触。根据曝气系统的曝气方式可分为鼓风曝气系统和机械曝气系统。鼓风曝气系统主要由空气净化系统、鼓风机、管路系统和空气扩散器组成。城市污水处理厂大多采用离心式鼓风机。机械曝气系统主要有竖轴曝气器和水平轴曝气器。曝气器的类型如图 4-4 所示。

（a）离心式鼓风机

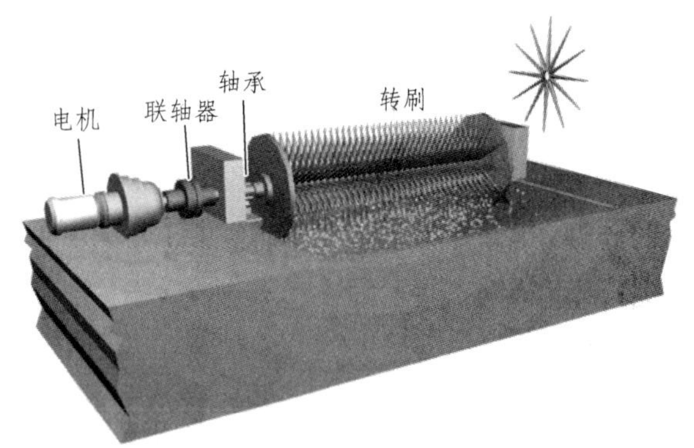

（b）水平轴曝气器

图 4-4　曝气器的类型

（3）二次沉淀池

二次沉淀池的作用是使活性污泥与处理完的污水分离，并使污泥得到一定程度的浓缩，保证出水水质，同时保证回流污泥，维持曝气池内一定的污泥浓度。

（4）污泥回流系统

回流污泥系统是为了保证曝气池有足够的微生物浓度。回流污泥系统包括回流污泥泵和回流污泥管或渠道。

（5）剩余污泥排放系统

随着有机污染物质被分解，曝气池每天都净增一部分活性污泥，增殖的活性污泥以剩余污泥排除。

2. 污泥回流的作用

（1）活性污泥法中生物菌较易流失，所以必须要回流部分污泥继续担当载体的作用，另一方面也可以找回部分流失出去的活性污泥菌落，补充失去的碳源，多余的污泥可以排掉。

（2）对活性污泥法而言，保持一定的污泥量，才能保证生物菌着床的条件。也可根据池水中足量污泥成絮的形状，观察判断装置运行状态。

（3）污泥回流对氨氮的去除起着非常重要的作用。

3. 二沉池的维护管理

（1）操作人员应根据池组设置、进水量的变化，调节各池进水量，使之均匀配水。

（2）二次沉淀池的污泥必须连续排放。

（3）二次沉淀池刮吸泥机的排泥闸阀，应经常检查和调整，保持吸泥管路畅通，使池内污泥面不得超过设计泥面 0.7 m。

（4）刮吸泥机集泥槽内的污物应每月清除一次。

4. 活性污泥运行中常见的问题与对策

（1）活性污泥膨胀

活性污泥膨胀是指活性污泥由于某种因素的改变，产生沉降性能恶化，不能在二沉池内进行正常的泥水分离，污泥随出水流失的现象（图 4-5）。活性污泥膨胀分为丝状菌膨胀和非丝状菌膨胀。丝状菌膨胀是当水质、环境因素及运转条件偏高或偏低时，丝状菌由于其表面积较大，抵抗"恶劣"环境的能力比菌胶团细菌强，其数量会超过菌胶团细菌，从而过度繁殖导致丝状菌污泥膨胀。非丝状菌膨胀是由于菌胶团细菌生理活动异常，导致活性污泥沉降性能的恶化。活性污泥膨胀以丝状菌膨胀为主。

解决对策：

① 杀菌或抑菌：具体做法是向曝气池投加氯化物，在回流污泥中投加过氧化氢，或者向曝气池投加酸，使 pH 调到 3～4，保持数小时等方法杀菌或抑菌。丝状菌的丝状部分由于直接与药物接触，比菌胶团受到的影响更大，因此，死亡的比例也大。

② 投加混凝剂：投加铁盐（或铝盐）、黏土、消石灰、高分子混凝剂等，使之发生絮凝。这种方法在一段时间内有明显的效果，但反复投加，效果会降低。

图 4-5　活性污泥膨胀

图 4-6　泡沫问题

③ 降低 BOD-SS 负荷：减少进水量，将 BOD-SS 负荷保持在 0.3 kg BOD/(kgSS・d)左右。

④ 增加 DO 浓度：在低溶解氧时，丝状菌与形成污泥絮体的菌胶团相比更容易摄取氧，因此，增加溶解氧能促进菌胶团的繁殖。

（2）泡沫问题

泡沫问题由合成洗涤液等发泡物质流入或由丝状菌引起（图 4-6）。污水中的洗涤剂以及一些工业用表面活性物质在曝气的搅拌和吹脱作用下产生的泡沫称为化学泡沫。化学泡沫为白色，较轻，用烧杯等采集后薄膜很快消失。由诺卡氏菌的一类丝状菌形成的泡沫称为生物泡沫。生物泡沫为茶白色或橙色或褐色，较重，黏性较大，可在曝气池上堆积很高，并进入二沉池，用烧杯等采集泡沫后消退极慢。

解决对策：

① 化学泡沫处理较容易，可以用水冲消泡，也可以加消泡剂。

② 生物泡沫采用杀菌或抑菌进行处理。

（3）污泥上浮（图 4-7）

活性污泥上氮气吸附多时，由于密度减小，污泥随气体浮上水面。或者污泥由于缺氧而腐化（厌氧分解），产生大量甲烷及二氧化碳气体附着在污泥上，使污泥密度变小而上浮，上浮的污泥发黑发臭。

解决对策：

减少曝气池使用池数、增大二次沉淀池排泥量、提高排泥速度，以减少污泥停留时间。

图 4-7　污泥上浮

图 4-8　活性污泥发黑

（4）活性污泥发黑（图 4-8）

① 硫化物的累积

一般曝气池都有硫化氢臭味。有可能是因为进水中硫化物含量过高，也可能是因为曝气池或二次沉淀池产生硫化氢。

② 氧化锰的积累

氧化锰的积累几乎不会引起水质和气味的异常。在运转初期负荷较低、SRT 较长的活性污泥中可以看到这种现象。一般在处理水质非常好时，才会出现氧化锰的沉积，进水量增大时会自然解决。

③ 工业废水的流入

一般由印染厂使用的染料引起，此时处理水也会带有特殊的颜色。

【任务准备】

给定某污水处理厂活性污泥系统的场景。

【任务实施】

根据给定的某污水处理厂场景，对活性污泥系统进行开车运行和停车。解决对活性污泥系统运行过程中产生的异常问题。

【检查评议】

评分标准见表 4-1。

【考证要点】

是否了解污水处理厂活性污泥系统的组成？活性污泥系统运行过程中常见的异常现象。

【思考与练习】

（1）活性污泥系统的组成及其运行管理?

（2）活性污泥系统运行过程中常见的异常现象及解决对策?

知识点二　生物膜法处理工艺运行管理

【任务描述】

掌握典型生物膜法工艺，生物滤池、生物转盘以及生物接触氧化池的运行管理。

【任务分析】

污水处理厂利用生物膜法处理废水的主要工艺，生物滤池、生物转盘以及生物接触氧化池的运行管理。

【知识链接】

1. 生物膜法基本流程及组成

生物过滤的基本流程与活性污泥法相似，由初次沉淀、生物滤池和二次沉淀三部分组成。污水经沉淀池去除悬浮物后进入生物膜反应池，去除有机物。生物膜反应池出水进入二沉池（部分生物膜反应池后无需接二沉池）去除脱落的生物体，澄清液排放。污泥浓缩后运走或进一步处理。生物膜法的基本流程如图 4-9 所示。

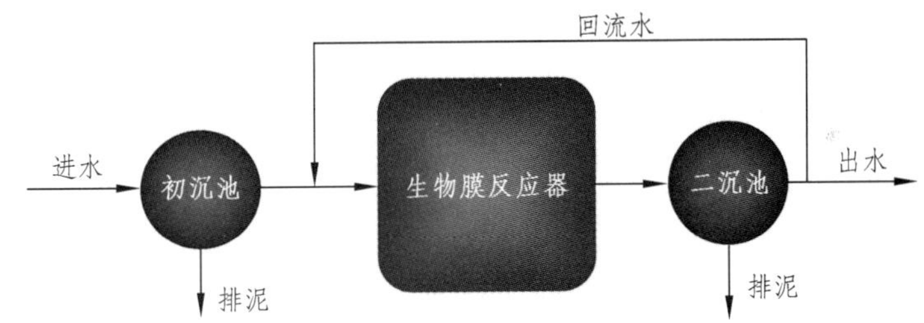

图 4-9　生物膜法的基本流程

（1）在生物过滤中，为了防止滤层堵塞，需设置初次沉淀池，预先去除废水中的悬浮物。

（2）二次沉淀池用以分离脱落的生物膜。

（3）由于生物膜的含水率比活性污泥小，因此，污泥沉淀速度较大，二次沉淀池容积较小。

（4）由于生物固着生长，不需要回流接种，因此，在一般生物过滤中无二次沉淀池污泥回流。但是，为了稀释原废水和保证对滤料层的冲刷，一般生物滤池（尤其是高负荷滤池及塔式生物滤池）常采用出水回流。

2. 典型生物膜法工艺

按生物膜与水接触的方式不同，生物膜可分为充填式和浸没式两类。充填式生物膜法的填料（载体）不被污水淹没，自然通风或强制通风供氧，污水流过填料表面或盘片旋转浸过污水，如生物滤池和生物转盘等。浸没式生物膜法的填料完全浸没于水中，一般采用鼓风曝气供氧，如接触氧化和生物流化床等。典型生物膜法工艺如图 4-10 所示。

（a）生物滤池

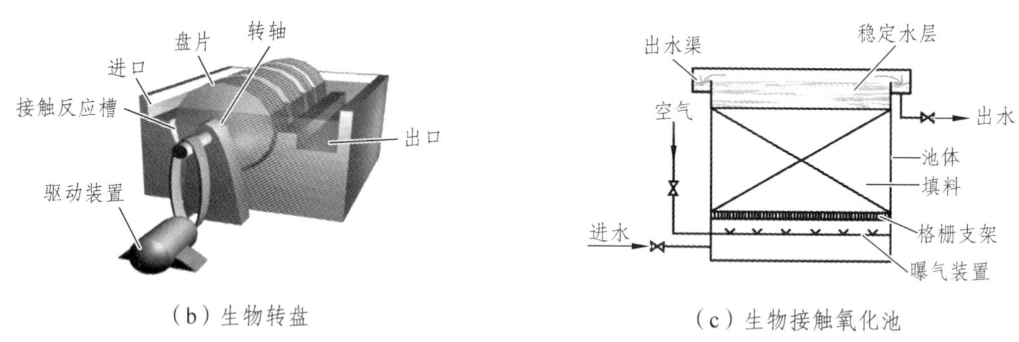

（b）生物转盘

（c）生物接触氧化池

图 4-10　典型生物膜法工艺

3. 生物膜法日常管理注意事项

（1）防止生物膜生长过厚

如果生物滤池负荷过高，使生物膜增长过多过厚，那么内部厌氧层随之增厚，会发生硫酸盐还原，污泥发黑发臭，导致微生物活性降低，大块黏厚的生物膜脱落，使填料局部堵塞，造成布水不均匀，则不堵的部位流量及负荷偏高，最终使出水水质下降。

（2）维持较高的 DO

提高生物膜系统内的 DO，可减少生物膜系统中厌氧层的厚度，增大好氧层在生物膜中的比例，提高生物膜内氧化分解有机物的好氧微生物的活性。

（3）减少出水悬浮物（ESS）

可投加低剂量的絮凝剂，以减少出水悬浮物，提高处理效果。

4. 生物膜法运行中异常问题及解决对策

（1）生物膜严重脱落

在生物膜正常运行阶段，膜大量脱落是不允许的。如果产生大量脱膜，主要是水质抑制性或有毒性污染物浓度太高，pH 值突变等原因引起的；解决办法即是改善水质。

（2）气味

对生物滤池、生物转盘及某些情况下生物接触氧化池，由于污水浓度高，污泥局部发生厌氧代谢，可能会有臭味产生。解决的办法即是处理出水回流，并保证曝气设施或通风口的正常。

（3）处理效率降低

当整个处理系统运行正常，且生物膜处理效果较好，仅是处理效率有所下降时，一般是水质的剧烈变化或有毒污染物的进入引起的；解决方法是局部调整。

（4）污泥的沉积

当预处理或一般处理沉降效果不佳时，大量悬浮物会在氧化槽中沉积积累。解决办法是提高预处理和一级处理的沉淀去除效果，或设置氧化槽临时排泥措施。

【任务准备】

给定某污水处理厂生物膜处理系统场景。

【任务实施】

根据给定的某污水处理厂场景，对生物膜进行开车运行和停车。解决对生物膜处理系统运行过程中产生的异常问题。

【检查评议】

评分标准见表 4-1。

【考证要点】

是否了解污水处理厂生物膜处理系统的组成和生物膜处理系统运行过程中常见的异常现象。

【思考与练习】

（1）生物膜处理系统的组成及其运行管理?
（2）生物膜处理系统运行过程中常见的异常现象及解决对策?

知识点三　自然生物处理法处理工艺运行管理

【任务描述】

掌握污水土地处理系统和稳定塘处理系统的原理、方法、工艺类型及运行管理要求。

【任务分析】

分析土地处理系统不同类型的使用范围；对给定的污水类型，会选择适合的土地处理系统。

【知识链接】

自然生物处理法包括土地处理系统和稳定塘处理系统。

一、污水土地处理系统

1. 污水土地处理系统的类型

根据处理对象的不同，土地处理系统可分为地表漫流、快速渗滤、慢速渗滤、地下渗滤等类型。土地处理系统的类型如表 4-5 所示。

表 4-5　土地处理系统的类型

序号	类型	特点	结构
1	地表漫流	污水沿地表缓慢流动，在流动的过程中得到净化	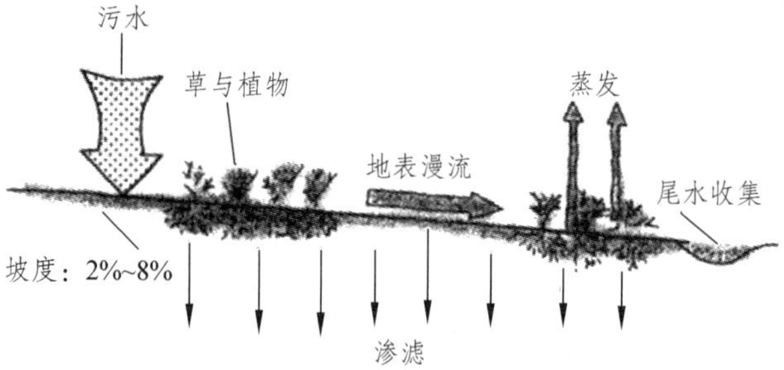 污水　草与植物　蒸发　地表漫流　尾水收集　坡度：2%~8%　渗滤
2	快速渗滤	依靠土壤微生物将被土壤截留的溶解性和悬浮有机物进行分解	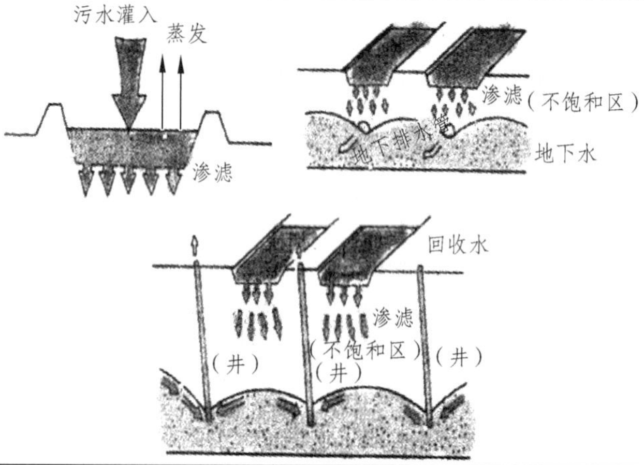 污水灌入　蒸发　渗滤　渗滤（不饱和区）　地下排水管　地下水　回收水　渗滤　（井）　（不饱和区）　（井）　（井）
3	慢速渗滤	土壤-植物-微生物的联合作用对污水进行净化	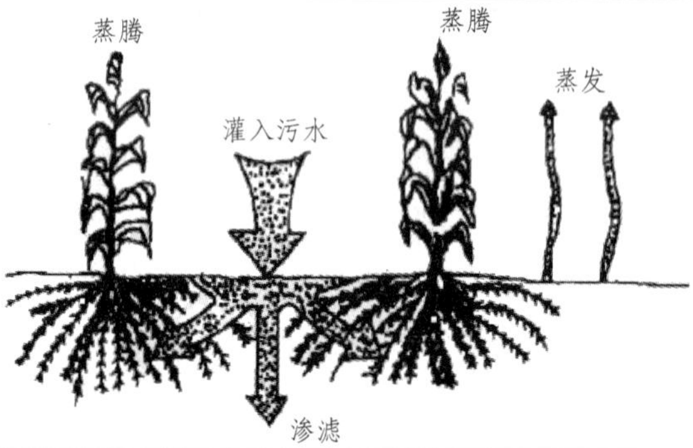 蒸腾　蒸腾　蒸发　灌入污水　渗滤
4	渗滤腔式地下渗滤装置	通过过滤、沉淀、吸附和微生物的降解作用使污水得到净化	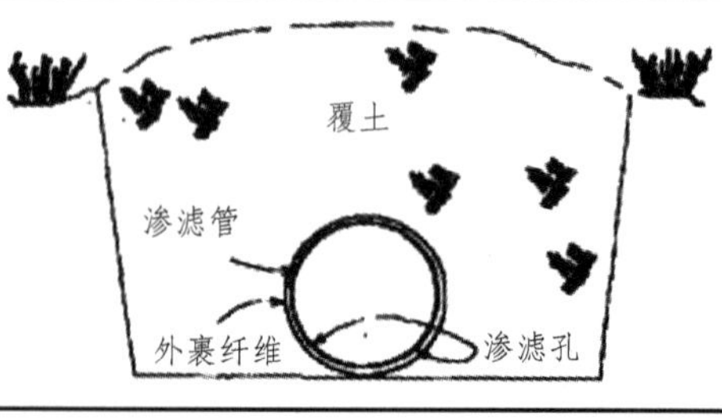 覆土　渗滤管　外裹纤维　渗滤孔

2. 污水土地处理系统的运行管理要求

（1）占地面积大

为保证良好的处理效果，土地处理系统水力负荷较低，由此带来的最大问题就是占地面积大，处理 1 m^3 的污水占地面积在 25 m^3 以上，是 SBR 法的 5 ~ 8 倍。因此，提高水力负荷，减小占地面积是土地处理系统推广使用所要解决的主要问题。

（2）土壤堵塞

土地处理系统堵塞土壤的原因复杂，物理堵塞和生物堵塞是造成系统崩溃的主要原因。基质堵塞会降低系统的水力传导性，妨碍通气，降低土地处理系统的净化效果。

二、稳定塘

1. 稳定塘分类

稳定塘又称氧化塘或生物塘，污水在塘内停滞过程中，水中有机物通过好氧微生物的代谢活动被氧化，或经过厌氧微生物的分解而达到稳定化。稳定塘除了用于处理中小城镇的生活污水之外，还被广泛用来处理各种工业废水。

根据塘水中氧的存在情况分为好氧塘、兼性塘、曝气塘及厌氧塘四种类型。各类稳定塘的主要性能如表 4-6 所示。

表 4-6　各类稳定塘的主要性能

塘型	好氧塘	兼性塘	曝气塘	厌氧塘
典型 BOD 负荷 /[g/(m^3·d)]	8.5～17	2.2～6.7	8～32	16～80
水深/m	0.3～0.5	1.5～2	1～4.5	2.5～5
主要用途及优缺点	一般用于其他生物处理工艺出水的处理。出水中水溶性 BOD_5 浓度低，但藻类质量浓度较高	常用于处理初级处理、生物滤池、曝气塘或厌氧处理的出水。运行管理方便，对水量、水质变化的适应能力强，是氧化塘中最常用塘型	常接在兼性塘后，用于工业废水的处理。易于操作维护，塘水混合均匀，有机负荷和去除率都较高	用于高浓度有机污水的初级处理，后需接好氧塘提升出水水质。污泥量少，有机负荷高。但出水水质差，并产生臭气

2. 稳定塘处理系统运行管理要求

（1）占地面积大

传统稳定塘的主要不足是水力停留时间长、占地面积大，在土地缺少或地价昂贵的地区，限制了其推广使用。缩短水力停留时间是解决稳定塘占地面积大问题的关键。

（2）底泥淤积严重

污水中的可沉悬浮物能够在塘内沉淀，并在塘底形成污泥沉积层。沉积层内的污泥虽可经厌氧发酵反应得以降解，但过程缓慢，沉积速率大于降解速率，沉积层将逐渐增厚，造成底泥淤积。因此，污水进入稳定塘之前进行以去除悬浮固体为主的预处理，是确保稳定塘系统正常运行的重要环节，是避免污泥过量积累的重要措施。

（3）渗漏

稳定塘若防渗处理不当，将污染地下水，形成二次污染，使地下水位升高，引起土壤盐碱化。

（4）除藻

稳定塘是菌藻共生体系，藻类在稳定塘中起着十分重要的作用；但塘中生成的藻类大于流进的有机污染物时，衰亡的藻类将形成污泥层；因此，需进行除藻处理。

（5）低温的不良影响

温度直接影响细菌和藻类的生命活动，因此温度对稳定塘净化能力的影响是十分重要的。塘内水温低，生物降解功能低下，净化功能下降。当水温低于 12 °C 时，处理效果急剧下降。因此，冬季要进行间歇曝气，补充了藻类供氧不足。

【任务准备】

给定某自然生物处理系统场景。

【任务实施】

根据给定的某自然生物处理系统场景，会判定采取的是何种工艺。

【检查评议】

评分标准见表 4-1。

【考证要点】

是否了解自然生物处理系统的主要方式。

【思考与练习】

（1）根据处理对象的不同，土地处理系统可分为哪些类型？

（2）好氧塘、兼性塘、曝气塘及厌氧塘各有何优缺点？

知识点四　厌氧生物处理工艺运行管理

【任务描述】

掌握厌氧生物处理工艺的原理、主要方法和运行管理。

【任务分析】

掌握厌氧生物处理的原理与特点、影响因素、分类以及异常现象及对策。

【知识链接】

1. 厌氧生物处理原理与特点

厌氧生物处理是指在无分子态氧条件下，厌氧微生物进行厌氧呼吸，将水中复杂有机物转化为甲烷与二氧化碳，并释放出能量的过程。厌氧生物处理一般包括三个阶段，即水解酸化阶段、产氢产乙酸阶段和产甲烷阶段。厌氧生物处理适用于处理高浓度的有机废水、污水处理厂的污泥，也可以用于处理中、低浓度的有机废水。广泛应用于工业废水污水处理、污泥消化等领域。常用的有厌氧滤器（AF）、上流式厌氧污泥床（UASB）和复合厌氧反应器（UBF）等。

厌氧生物处理的特点：

（1）适用范围比较广，适用于高、低浓度的有机废水。

（2）能耗低、负荷高，不需要曝气，容积有机负荷可以达到 2 ~ 10 kg BOD/(m^3·d)。

（3）剩余污泥少，氮磷营养需要少，碳氮磷比为 200∶5∶1。

（4）杀菌效果好，通产厌氧反应有一定的杀菌能力，能杀死寄生虫卵与病毒等。

2. 厌氧处理主要影响因素

（1）温度

温度是影响厌氧生物处理的主要因素。消化过程可以在三种不同的温度范围内进行，即低温消化 5～15 °C；中温消化 30～35 °C；高温消化 50～55 °C。通常采用的厌氧处理一般选择在中温。

（2）pH 值

甲烷细菌适宜的 pH 范围为 6.8～7.2 之间，若 pH 低于 6 或高于 8，正常的消化系统就会遭到破坏。在实际运行中，如 pH 值低，可投加石灰或碳酸钠调节 pH 值。

（3）营养与 C/N 比

厌氧生物中的 COD、N、P 之比控制为（200～300）∶5∶1 为宜。在碳、氮、磷比例中，碳氮比对厌氧消化的影响更为重要，一般 C/N 比达到（10～20）∶1 为宜。

（4）负荷

负荷是影响厌氧消化效率的一个重要因素，直接影响产气量和处理效率。在通常情况下，上流式厌氧污泥床反应器、厌氧滤池、厌氧流化床等新型厌氧工艺的有机负荷在中温下为 5～15 kgCOD/(m^3·d)。

3. 厌氧生物处理的类型

厌氧生物处理的类型如表 4-7 所示。

表 4-7 厌氧生物处理的类型

序号	类型	特点	结构
1	厌氧接触法	有机容积负荷高，去除率为 70%～80%，适合于处理悬浮物和有机物浓度均很高的废水	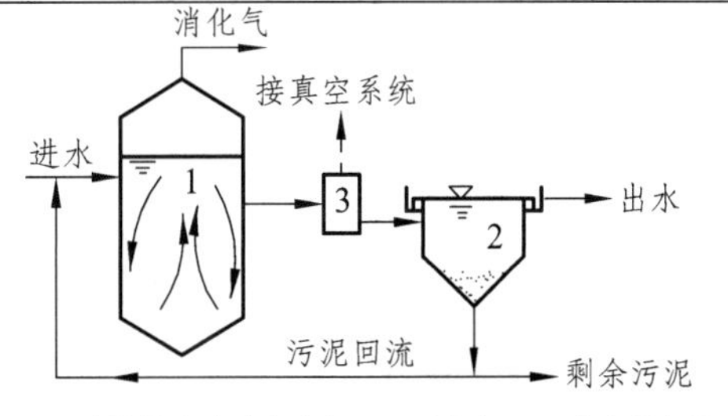 消化气；接真空系统；进水；1；3；2；出水；污泥回流；剩余污泥 1—混合接触池（消化池）；2—沉淀池；3—真空脱气器
2	厌氧滤池	处理能力高，出水 SS 较低	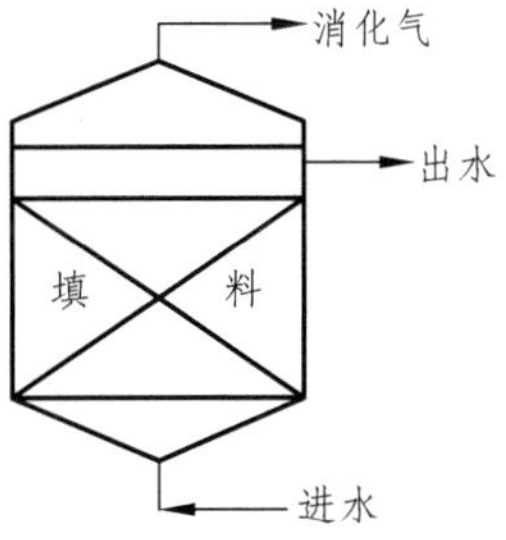 消化气；出水；填 料；进水

续表

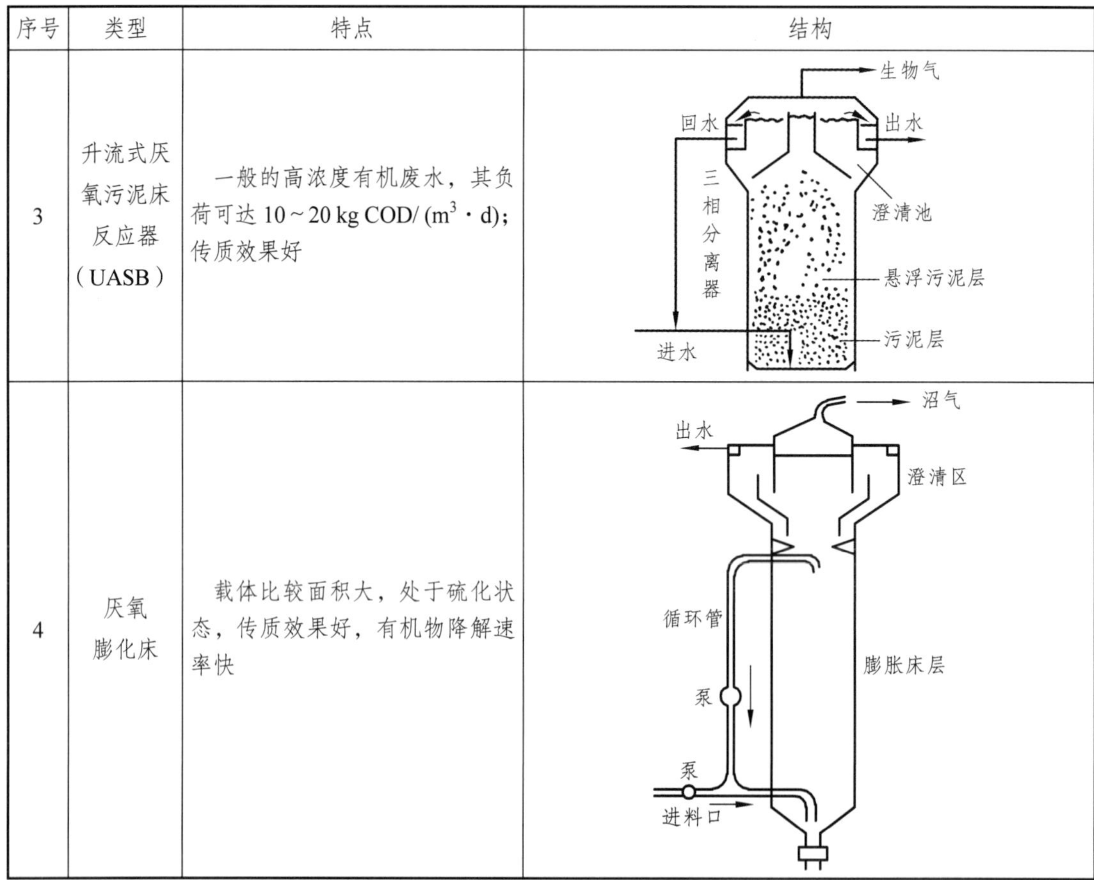

序号	类型	特点	结构
3	升流式厌氧污泥床反应器（UASB）	一般的高浓度有机废水，其负荷可达 10 ~ 20 kg COD/ $(m^3 \cdot d)$；传质效果好	
4	厌氧膨化床	载体比较面积大，处于硫化状态，传质效果好，有机物降解速率快	

4. 厌氧生物处理异常现象及对策

（1）UASB 反应器运行的三个重要前提

① 反应器内形成性能良好的颗粒污泥或絮状污泥；

② 由产气和进水均匀分布所形成的良好的自然搅拌作用；

③ 设计合理的三相分离器，这使沉淀性能良好的污泥能保留在反应器内。

（2）UASB 的启动

第一阶段：启动初始阶段。此阶段污染容积负荷应该低于 2 kg COD/$(m^3 \cdot d)$。此阶段应将污泥的驯化与颗粒化作为主要工作目标。

第二阶段：反应器容积有机负荷上升至 2 ~ 5 kg COD/$(m^3 \cdot d)$。厌氧污泥的驯化过程在这个阶段完成。

第三阶段：容积负荷增加到 5 kg COD/$(m^3 \cdot d)$。絮状污泥迅速减少，颗粒状污泥的含量进一步增高。

当反应器中污泥颗粒化完成之后，反应器的启动也就完成。

（3）UASB 运行异常问题与对策

现象一：VFA（挥发性有机酸）/ALK（碱度）升高，此时说明系统已出现异常，应立即分析原因。如果 VFA/ALK＞0.3，则应立即采取控制措施。

其原因及控制对策如下：

① 水力超负荷。此时减少进水量，降低反应床内水流速度。

② 有机物投配超负荷。控制措施是减少进水，加强上游污染源管理。

③ 搅拌效果不好。均匀进水，改善搅拌。

④ 存在毒物。解决毒物问题的根本措施是加强污染源的管理。

现象二：废水的 pH 值开始下降。

其原因及控制对策如下：当 pH 值开始下降时，VFA/ALK 往往大于 0.8。该现象出现时，首先应立即向废水内投入碱源，补充碱度，控制住 pH 值的下降并使之回升；否则如果 pH 值降至 6.0 以下，甲烷菌将全部失去活性，则须放空反应器重新培养消化污泥。其次，应尽快分析产生该现象的原因并采取相应的控制对策，待异常排除之后，可停止加碱。

【任务准备】

给定某厌氧生物处理系统场景。

【任务实施】

根据给定的某厌氧生物处理系统的场景，会判定采取的何种工艺，如何运行管理。

【检查评议】

评分标准见表 4-1。

【考证要点】

是否了解厌氧生物处理系统的主要方式。

【思考与练习】

（1）厌氧生物处理系统可分为哪些类型？

（2）厌氧生物处理异常现象及对策有哪些？

任务四　消毒与计量工艺运行与管理

知识点一　常用消毒方法及影响因素

【任务描述】

掌握消毒的方法和影响因素。

【任务分析】

消毒的目的主要是利用物理方法或化学方法杀灭水中的细菌、病毒和病虫卵等致病生物，以防止其对人类及畜禽的健康产生危害和对环境造成污染。因此，在城市污水处理及深度处理工艺流程中，一般都设有消毒工艺。消毒工艺常采用紫外线消毒和加氯消毒法。

【知识链接】

一、消毒方法

1. 紫外线消毒

紫外线污水消毒处理可以瞬间完成，不需要消毒接触池，不产生氯代消毒副产物，目前，已经成为城市污水处理厂消毒工艺的首选技术。

通常紫外线消毒可用于氯气和次氯酸盐供应困难的地区和水处理后对氯的消毒副产物有严格限制的场合。一般认为当水温较低时用紫外线消毒比较经济。

紫外线消毒适用于室内空气、物体表面和水及其他液体的消毒。

（1）紫外线消毒设备

① 紫外线灯

水的消毒处理都是采用人工紫外线光源（即人工汞灯或汞合金灯光源）。紫外线灯主要分为低压低强度紫外线灯、低压高强度紫外线灯和中压高强度紫外线灯三大类。低压低强度紫外线灯是消毒处理中使用范围最广泛的紫外线灯，按照国家标准，平均寿命为 8000 h。

② 紫外线消毒设备

紫外线消毒设备分为管式消毒设备和明渠式消毒设备两大类。其中管式消毒设备多用于给水消毒，明渠式消毒设备多用于污水消毒。其核心部件均为多个平行设置的紫外灯管，设置在专门的管件或消毒渠道中，在水流经消毒设备的数秒时间内，完成对水的紫外消毒处理。

（2）紫外线消毒需要考虑的问题

① 待处理水的性质

待处理水的紫外透光率是紫外线消毒设备设计的重要考虑因素。水中的颗粒物会对细菌和病毒起到包裹屏蔽保护作用，降低紫外线消毒的效果。因此，对于污水消毒，必须严格控制二沉池出水的悬浮物浓度。对于紫外透光率较低和颗粒物含量较多的水，必须采用较高的紫外剂量。

② 灯管表面结垢问题

水中的各种悬浮物质、生物，以及有机物和无机物（如钙、镁离子），都会造成石英套管表面结垢，将极大地影响紫外线的透过率。需要定期进行机械清洗和化学清洗，紫外线消毒设备要设有清洗设施，给水厂紫外线消毒设备大约每月清洗一次，污水处理厂大约每周清洗一次，一段时间后还需进行化学清洗。

③ 经紫外灭活微生物的光复活问题

存在可见光的条件下，已被紫外线灭活的微生物会有一部分又复活，称为光复活现象。因此，在实际的紫外线消毒剂量中应考虑光复活的余量，并使消毒后的回用水减少与光线的接触。当然，对于外排的污水消毒，此条件无法实现。

④ 剩余保护问题

紫外线消毒无剩余保护作用，对于污水回用消毒，目前需要采用紫外线与化学消毒剂联合使用的消毒工艺，即以紫外线作为前消毒工艺，再加入少量化学消毒剂（氯胺或二氧化氯等），以满足对管网水剩余消毒剂的要求，控制微生物在管网中的再生长。

2. 氯消毒

加氯消毒是指向污水中加入液氯，杀灭其中的病菌和病毒。氯消毒应用历史最久，使用也最为广泛。

（1）加氯消毒的机理

HOCl（次氯酸）和 ClO^-（次氯酸根）都具有氧化能力，次氯酸（HOCL）分子量小，且为中性分子，更易扩散到带负电荷的细菌细胞表面，渗入细胞内破坏细胞的酶系统，使其生理活动停止，最后导致死亡。

（2）加氯消毒的副产物

① 氯胺

当水中含有氨氮时，投氯后会生成各种氯胺。氯胺在酸性条件下有较强的杀菌作用，二氯胺的消毒作用比一氯胺强，三氯胺消毒作用极差 ，这些无机副产物对人体健康都不会产生危害。

② 三氯甲烷和卤乙酸

三氯甲烷和卤乙酸为有机副产物，因其强致癌性已成为控制的主要目标。

二、消毒的影响因素

1. 紫外线消毒

影响紫外线消毒效果的关键是紫外消毒剂量。对微生物的灭活效果与紫外剂量有关。在一定条件下，只要紫外剂量相同，消毒的效果也一样。

不同微生物对紫外线的敏感程度不同，其抵抗力由强到弱的次序依次为：真菌孢子＞细菌芽孢＞病毒＞细菌菌体。对于污水消毒，我国《室外排水设计规范》（GB50014—2006）中规定，污水的紫外线消毒剂量宜根据试验资料或类似运行经验确定。

2. 加氯消毒的影响因素

（1）1pH 是影响消毒效果的一个重要因素。pH 越低，消毒效果越好。实际运行中，一般应控制 pH＜7.4，以保证消毒效果，否则应该加酸使 pH 降低。

（2）温度对消毒效果影响也很大。温度越高，消毒效果越好，反之越差。其主要原因是温度升高能促进 HClO 向细胞内的扩散。

【任务准备】

给定各种类型的消毒设备和水样类型。

【任务实施】

根据给定的水样类型，会选择适合的消毒设备，并能控制其消毒剂的使用量。

【检查评议】

评分标准见表 4-1。

【考证要点】

是否了解消毒的方法、消毒的设备和消毒的影响因素。

【思考与练习】

（1）消毒的设备有哪些？主要适用于何种类型的水样？

（2）影响消毒效果的主要因素有哪些？

知识点二　消毒设备运行管理

【任务描述】

了解加氯设备、紫外线消毒设备、其他消毒设备的运行管理。

【任务分析】

在对城市污水二级处理后排放前或深度处理后回用时，消毒处理是必需的环节之一，因此，消毒设备运行管理是本知识点的重点。

【知识链接】

1. 紫外灯消毒设备运行与管理

（1）紫外灯消毒管必须在整个过水断面中均匀排列。对于低压低强度紫外线灯管，灯间距一般只有几厘米，其间距与待处理的水质有关。消毒设备的结构应使水流在纵向的流动为推流，避免水流出现短路。由于紫外线光照强度在设备中的分布是不均匀的，因此应在横断面上保持一定的紊流，使水流在流经整个设备时受到的光照均匀。

（2）紫外灯在使用过程中会在灯管表面产生结垢现象，影响光的透过。紫外消毒设备大都具有灯管在线清洗设施，多为机械清洗装置，少数设备还设有化学清洗装置，定期进行清洗。

（3）紫外线消毒的注意事项：

① 在使用过程中，应保持紫外线灯表面的清洁，一般每两周用酒精棉球擦拭一次，发现灯管表面有灰尘、油污时，应随时擦拭。

② 用紫外线灯消毒室内空气时。房间内应保持清洁干燥，减少尘埃和水雾；当温度低于 20 °C 或高于 40 °C，相对湿度大于 60%时，应适当延长照射时间。

③ 用紫外线消毒物品表面时，应使照射表面受到紫外线的直接照射，且应达到足够的照射剂量。

④ 不得使紫外线光源照射到人，以免引起损伤。

⑤ 紫外线强度计至少一年标定一次。

2. 加氯消毒设备运行管理

加氯设备包括加氯机、接触池、混合设备以及氯瓶等部分。

（1）加氯机

加氯机的功能是从氯瓶送来的氯气在加氯机中先流过转子流量计，再通过压力水的水射器使氯气和水混合，把氯溶解在水中形成高含氯水。氯水再被输送至加氯点投加。为了防止氯气泄漏，加氯机内多采用真空负压运行。

目前采用的自动真空加氯机，可有效防止氯气泄露，其运行安全可靠。

将氯加入污水以后，应使之尽快与污水均匀混合，发挥消毒作用，常采用管道混合方式；当流速较小时，应采用静态管道混合器；当有提升泵时，可在泵前加氯，用泵混合。

（2）接触池

接触池的作用是使氯与污水有较充足的接触时间，保证消毒作用的发挥。在污水深度处理中，可考虑在滤池前加药，用滤池作为接触池，但加氯量较滤池后更高。

（3）氯瓶

氯瓶的作用是运输并贮存液氯。氯瓶有立式和卧式两种类型，有 50 kg、5000 kg、1000 kg 等规格，处理厂可结合本厂规模选用。

【任务准备】

给定各种类型的消毒设备和水样类型。

【任务实施】

根据消毒设备的类型，能控制运行消毒设备。

【检查评议】

评分标准见表 4-1。

【考证要点】

是否了解消毒设备的类型及其运行管理。

【思考与练习】

（1）紫外灯消毒设备运行与管理有哪些？

（2）紫外线消毒使用时的注意事项？

任务五　污水处理新工艺运行与管理

知识点一　曝气生物滤池运行管理

【任务描述】

掌握曝气生物滤池去除 SS、BOD、脱氮、除磷的效果。

【任务分析】

会组装曝气生物滤池，并进行运行。

【知识链接】

1. 曝气生物滤池

曝气生物滤池技术常用于水体富营养化、城市污水、小区生活污水、生活杂排水和食品加工废水、酿造和造纸等高浓度废水处理，同时也可进行中水处理。

（1）曝气生物滤池的结构

曝气生物滤池的结构形式与普通快滤池类似，其主体由滤池池体、滤料层、承托层、布水系统、曝气系统、反冲洗系统、出水系统、管道和自控系统组成。

（2）生物滤料的种类

生物滤料主要可分为无机类滤料和有机类滤料两大类。

① 无机类滤料：国内在曝气生物滤池中使用最广泛的滤料是性能与活性火山岩类似的轻质生物陶粒。

② 有机类滤料：选用比重小于水的粒状或短管状聚合物滤料。

2. 曝气生物滤池的特点

曝气生物滤池与其他生物处理方法相比还具有以下优点：

（1）较小的池容和占地面积

曝气生物滤池的 BOD_5 容积负荷可达到 5～6 kg $BOD_5/(m^3 \cdot d)$，是常规活性污泥法或接触氧化法的 6～12 倍，所以它的池容和占地面积只有活性污泥法或接触氧化法的 1/10 左右，大大节省了占地面积和大量的土建费用。

（2）高质量的处理出水

在 BOD_5 容积负荷为 6 kg $BOD_5/(m^3 \cdot d)$时，其出水 SS 和 BOD_5 可保持在 8 mg/L 以下，COD_{Cr} 可保持在 40 mg/L 以下，远远低于国家《污水综合排放标准》之一级标准。

（3）简化处理流程

由于曝气生物滤池对 SS 的生物截流作用，使出水中的活性污泥很少，故不需设置二沉池和污泥回流泵房，处理流程简化，使占地面积进一步减少。

（4）基建费用、运转费用节省

由于该技术流程短、池容小和占地省，使基建费用大大低于常规二级生物处理。同时，粒状填料使得充氧效率提高，可节省能源消耗。

（5）管理简单

曝气生物滤池抗冲击负荷能力很强，没有污泥膨胀问题，微生物也不会流失，能保持池内较高的微生物浓度，因此日常运行管理简单，处理效果稳定。

（6）设施可间断运行

由于大量的微生物生长在粒状填料粗糙多孔的内部和表面，微生物不会流失，即使长时间不运转也能保持其菌种。如长时间停止不用后再使用，其设施可在几天内恢复正常运行。

【任务准备】

给定某一曝气生物滤池。

【任务实施】

根据给定的水样类型，使用曝气生物滤池处理废水，测定曝气生物滤池的处理效果。

【检查评议】

评分标准见表 4-1。

【考证要点】

是否了解曝气生物滤池的结构、功能和特点?

【思考与练习】

(1)曝气生物滤池的结构和处理原理是什么?
(2)简述曝气生物滤池的处理对象和效果。

知识点二　其他新工艺的运行管理

【任务描述】

掌握 CAST 工艺、ICEAS 工艺、MSBR 工艺、强化人工湿地等的应用范围和处理效果。

【任务分析】

会针对某一污水水样,选用适合的新工艺,并对其进行处理。

【知识链接】

1. CAST 工艺的运行管理

循环式活性污泥法(简称 CAST)工艺的核心为间歇式反应器,在反应器中按曝气与不曝气交替运行,将生物反应过程与泥水分离过程集中在一个池子中完成,属于 SBR 工艺的一种变型。CAST 反应池分为生物选择区、预反应区和主反应区,运行时按进水-曝气、沉淀、撇水、进水-闲置完成一个周期。CAST 的成功运行可将废水中的含碳有机物和包括氮、磷的污染物去除,出水总氮浓度小于 5 mg/L。其工艺流程如图 4-11 所示。

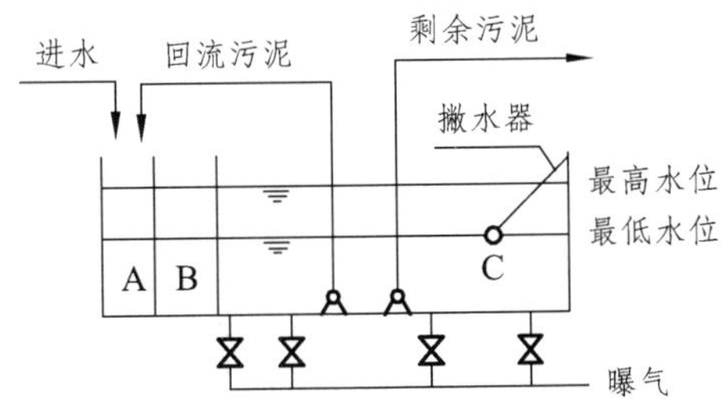

图 4-11　CAST 工艺基本构造

A—生物选择区;B—缺氧区(预反应区);C—主反应区

(1)CAST 工艺流程

① 进水段:CAST 进水首先在生物选择区中与源自上一周期沉淀段的污泥混合,大量的来水在该段内形成较大的基质浓差梯度,通过渗透酶使来水中的 BOD 在高浓度污泥条件下很快地被利用,形成良好的缺氧/厌氧环境。通过调节进水段的反应模式(进水时间、进水量、缺氧/厌氧反应时间)进行有效的生物脱氮、除磷。

② 曝气段：进水段的污水在足够的曝气条件下进行充分的好氧除碳和生物硝化。

③ 沉淀段：不进水、不曝气、不回流，使污水混合液获得一个静止的絮凝沉淀环境。

④ 撇水段：也可称为滗水段。不进水、不曝气、不回流，通过浮动撇水器（滗水器）将上清液排出，当液面降至最低控制水位时，排水停止。

⑤ 闲置段：进水、不曝气、不回流，视具体运行情况而定，可作为整个 CAST 运行系统调节。

（2）工艺运行常见的问题

① CAST 系统的微生物种群结构与常规活性污泥法不同，由于对非稳态系统中微生物种群之间的复杂的生存竞争和生态平衡关系至今尚不甚了解，培养困难。

② 与连续流污水处理工艺相比，设备的闲置率较高。

③ 处理水量较大时，应充分考虑该工艺的复杂性。

④ 随着处理单元数量增加，其控制量也将成倍增加。

2. ICEAS 间歇式循环延时曝气活性污泥法

ICEAS 全称为间歇式循环延时曝气活性污泥法。它将 SBR 反应池沿长度方向分为两个部分，前部为预反应区，后部为主反应区。其最大的特点就是在反应器的进水端增加了一个预反应区，运行方式为连续进水（沉淀期、排水期仍连续进水），间歇排水，无明显的反应阶段和闲置阶段。污水从预反应区以很低的流速进入主反应区，对主反应区的泥水分离不会产生明显影响。其构造如图 4-12 所示。

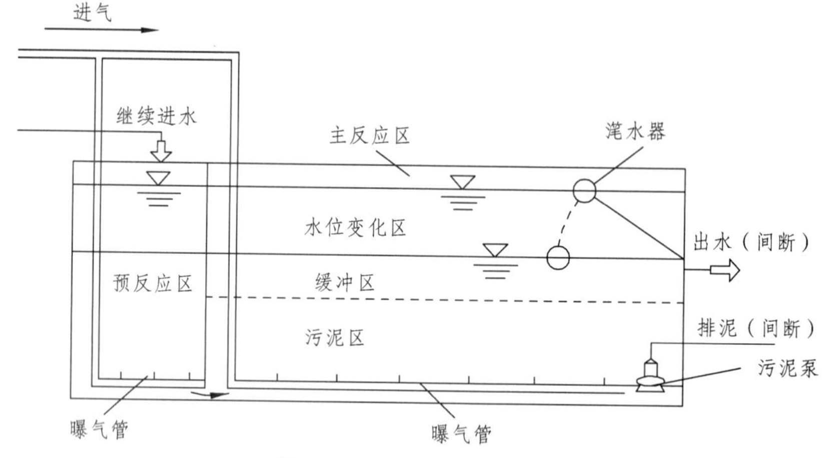

图 4-12　ICEAS 工艺结构图

（1）ICEAS 工艺中各操作单元的作用

① 曝气阶段：由曝气系统向反应池内间歇供氧，此时有机物经微生物作用被生物氧化，同时污水中的氨氮经微生物硝化反硝化作用，达到脱氮的效果。

② 沉淀阶段：此时停止向反应池内供氧，活性污泥在静止状态下降，实现泥水分离。

③ 滗水阶段：在污泥沉淀到一定深度后，滗水器系统开始工作，排出反应池内上清液。在滗水过程中，由于污泥沉降于池底，浓度较大，可根据需要启动污泥泵将剩余污泥排至污泥池中，以保持反应器内一定的活性污泥浓度。滗水结束后，又进入下一个新的周期，开始曝气，周而复始，完成对污水的处理。

（2）ICEAS 工艺与 CASS 工艺比较（表 4-8）

表 4-8 ICEAS 工艺与 CASS 工艺的比较

	ICEAS 工艺	CASS 工艺
①进出水方式的区别	ICEAS 工艺为连续进水，间歇出水。 a. 很大程度上克服了传统 SBR 法无法实现连续进水处理的缺点； b. 连续进水，配水稳定，简化了操作程序； c. 在沉淀期，进水在主反应区底部造成水力紊动影响泥水分离； d. 需要连续进水，使得主反应池很大一部分作为了调节贮存池使用，容积利用率不高，池体较大	CASS 工艺为间歇进水，间歇出水。 进水在滗水阶段就停止，为了实现连续处理，就需要设置两组 CASS 反应池交替运行，或设置调节池，这提高了处理成本和操作的复杂性
②预反应区的差别	ICEAS 反应池前置预反应区。 目的：起到了重要的缓冲和调节的作用。大量的污水进入预反应区，在微生物分泌的胞外酶作用下，污水中的溶解性有机物被大量的吸附和初步水解，同时在缺氧环境下兼性菌进行反硝化作用，污水中的部分硝酸盐氮被还原成氮气从水中溢出，起到了预脱氮的作用；聚磷菌也在缺氧环境释放磷，为后续的过量摄磷做准备。同时 ICEAS 工艺是连续进水，预反应区也起到了调节水量的作用。 预反应区底部设置曝气管和水下搅拌器：设置的曝气管道只是起到用气混合搅拌的作用，同时调节溶解氧浓度（DO>0.5 mg/L），使其处于缺氧状态，起到预脱氮和释磷的作用	CASS 反应池生物选择区。 目的：强调了生物选择作用，同时具有预脱氮、释磷、调节水量的作用。 生物选择：主反应区混合液回流至进水端，与进水混合，使活性污泥在高有机负荷下运行，在高底物浓度下菌胶团和丝状菌都以较大速率降解底物与增殖，而丝状菌的比增殖速率比非丝状菌小，因此其增殖量也较小，相比之下菌胶团菌的增殖量大，成为了优势菌，抑制了丝状菌的生长，起到了生物选择的作用，能有效改善污泥的沉降性能，防止污泥膨胀问题的发生。 生物选择区底部只设置水下搅拌器，无曝气系统； 生物选择区为了实现生物选择的目的，池内处于厌氧向兼氧状态的变化。为了提高生物量，强化生物选择作用，还可设置生物填料
③运行操作的差别	进水过程贯穿整个周期； 主反应区没有混合液的回流	整个周期有混合液回流贯穿始终；进水在滗水阶段就停止

污泥回流的目的是提高缺氧区的污泥浓度，以使污泥回流该区内污泥中的硝态氮进行反硝化，并进行磷的释放而促进微生物在好氧区内对磷的吸收。由于 CASS 反应器在运行过程中的最高水位和滗水时的最低水位是根据要求设计确定的，因而在滗水期间进行污泥回流不会影响供水水质。

3. MSBR 工艺运行与管理

MSBR（Modified Sequencing Batch Reactor）又称改良式序列间歇反应器。它采用单池多格方式，在恒水位下连续运行。由流程特点看，MSBR 实际相当于由 A^2/O 工艺与 SBR 工艺串联而成，因而同时具有很好的除磷和脱氮作用。其构造如图 4-13 所示。

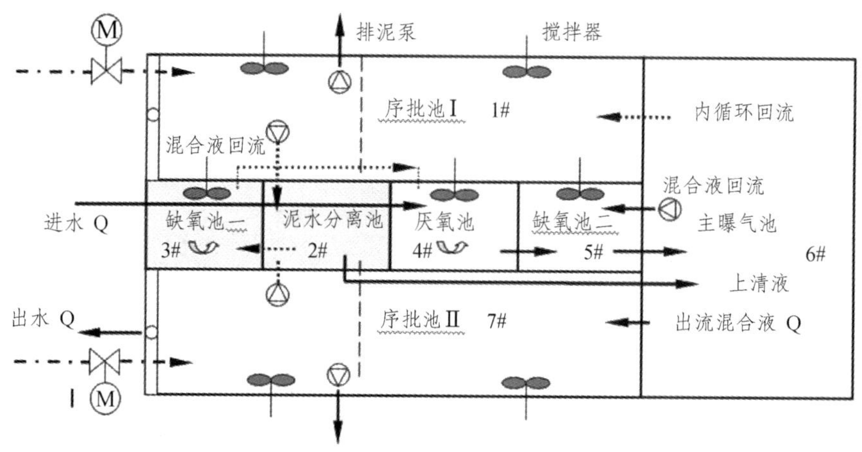

图 4-13　MSBR 工艺流程

（1）MSBR 系统的组成

每座改进型 MSBR 系统由 7 个单元组成，单元 1 和单元 7 是 SBR 池，单元 2 是污泥浓缩池，单元 3 是预缺氧池，单元 4 是厌氧池，单元 5 是缺氧池，单元 6 是主曝气好氧池，一个运行周期为 4 h。

单元 1 和单元 7 的功能是相同的，均起着好氧氧化、缺氧反硝化、预沉淀和沉淀作用。

单元 2 是污泥浓缩池，被浓缩的活性污泥进入单元 3，上清液（富含硝酸盐）则进入单元 6（也可以进入单元 5）。

单元 3 是缺氧池，除回流活性污泥中溶解氧在本单元中被消耗外，回流活性污泥中的硝酸盐也被微生物的自身氧化所消耗。

单元 4 是厌氧池，原污水由本单元进入 MSBR 系统，回流的浓缩污泥在本单元中利用原污水中的快速降解有机物完成磷的释放。

单元 5 是缺氧池，污水与由曝气单元 6 回流至此的混合液混合，完成生物脱氮过程。

单元 6 是好氧池，其作用是氧化有机物并对污水进行充分的硝化，让聚磷菌在本单元中过量吸磷。

MSBR 的 DO 一般保证入口处 0.5 ~ 1 mg/L，出口处 2 ~ 3 mg/L；泥龄一般控制在 7 ~ 20 d。

（2）MSBR 工艺运行

进厂污水经预处理工序后直接进入 MSBR 反应池的厌氧池，与预缺氧池的回流污泥混合，富含磷污泥在厌氧池进行释磷反应后进入缺氧池，缺氧池主要用于强化整个系统的反硝化效果，由主曝气池至缺氧池的回流系统提供硝态氮。缺氧池出水进入主曝气池经有机物降解、硝化、磷吸收反应后再进入序批池 1 或序批池 7。如果序批池 1 作为沉淀池出水，序批池 2 首先进行好氧反应。在好氧反应阶段，序批池的混合液通过回流泵回流到泥水分离池，分离池上清液进入缺氧池，沉淀污泥进入预缺氧池，经内源缺氧反硝化脱氮后提升进入厌氧池与进厂污水混合释磷，依次循环。

MSBR 系统的回流由两部分组成：混合液回流和污泥回流。

混合液回流：回流较简单，在各时段均为从单元 6 至单元 5、再由单元 5 回流至单元 6。

污泥回流又有两条路径：浓缩污泥回流路径和上清液回流路径。

（3）MSBR 工艺运行异常问题

① 空气堰的管理

空气堰出水是 MSBR 工艺的一大特色，使 MSBR 反应池始终保持满水位、恒水位运行，反应池的容积利用率高。空气堰需不断进行进气/放气的操作，即使在不出水时段也需不断补气以满足液位控制要求，因此触点开关动作频繁，需要经常检查和维护。空气堰最大的问题是容易产生虹吸 （尤其是在水量大时），造成出水水量不均，池面液位变化以致影响回流量，虹吸结束时造成空气堰罩的震动等，甚至会造成跑泥，影响出水水质。实际运行中需特别注意这种现象，一旦频繁发生，可改变进气方式予以解决。

② 曝气管膜的管理

可提升式曝气器为曝气管膜的维护带来了便利，可将曝气架提升到池面上进行维护而无需将反应池放空。由于曝气管膜表面易长生物膜、被杂物堵塞、破损等可能的原因，都会改变整套曝气器的风压分布，造成出气不均而影响其曝气效率，运行中需定期根据鼓风机风压值、观察池面曝气状态等检查维护曝气管膜。

③ 浮渣的管理

由于 MSBR 采用空气堰潜流出水，各单元之间通过底部连通或回流泵回流，所以浮渣一旦进入系统就富集于池面。设计上单元 3、4、5、1 或 7 都设置了浮渣收集管，但没有刮渣装置，仅仅靠水流推动浮渣进入集渣管，效果欠佳。因此对于 MSBR 工艺应选用除渣效果好的细格栅，在源头减少浮渣，同时改进池面集渣方式并加强池面的保洁工作。

4. 强化人工湿地

人工湿地是人们模拟天然湿地系统结构和功能而建造的、可控制运行的湿地系统，用以对受污染水进行处理的一种工艺，由围护结构、人工介质、水生植物等部分构成。当水进入人工湿地时，其污染物被床体吸附、过滤、分解而达到水质净化作用。

（1）人工湿地的工艺形式

人工湿地分为表面流人工湿地、水平潜流人工湿地和垂直潜流人工湿地（图 4-14）。

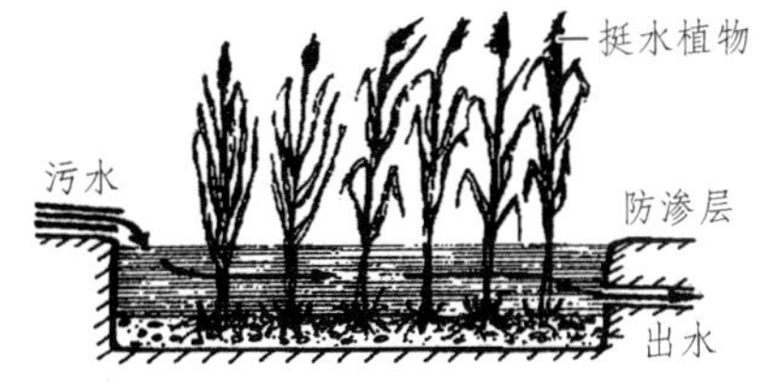

（a）表面流人工湿地

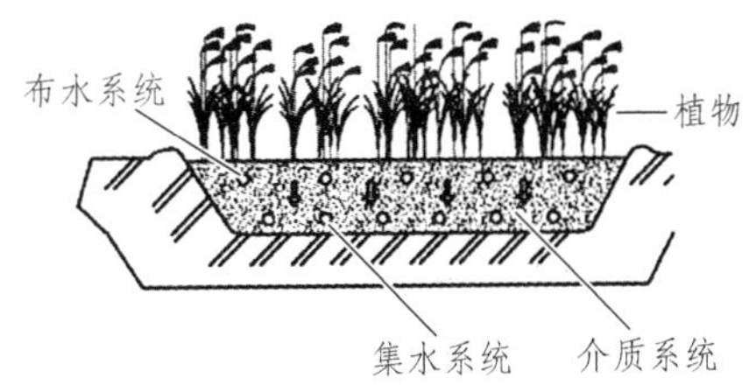

（b）水平潜流人工湿地

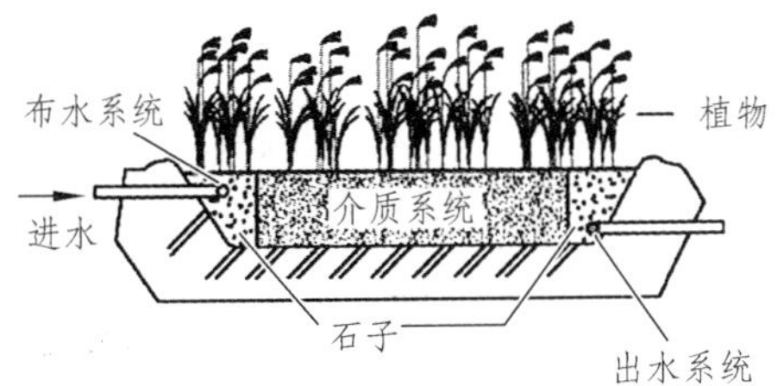

（c）垂直潜流人工湿地

图 4-14　人工湿地

（2）人工湿地净化污水的异常问题

① 温度问题

低温时生物活性下降和植物的死亡。

对于表面流和垂直流湿地，低温时表面会结冰，冰层覆盖不仅阻碍了大气的复氧过程，使生化水平降低，而且冰层的存在减少了有效水深，从而缩短了停留时间，进而对处理效果产生影响。因此，低温会导致处理效果的显著降低。

② 占地面积问题

人工湿地净化的机理与特点使其与传统的污水处理工艺相比较需要较大的占地面积，一般认为是传统污水处理工艺的 2 ~ 3 倍。而当今，土地资源对于很多城市来说是非常宝贵的，这就为应用该技术带来了很大的障碍。

③ 出水污染物浓度回升问题

水生植物生长周期较短和补给水源水质等环境的变化会引起植株的衰竭和腐烂，腐烂的茎、叶容易消耗水体中的溶解氧使河床上升、底泥增多，其中释放出的有机物、氨氮等导致水体污染物回升，容易造成水体的二次污染。

解决办法：及时收割调控，并将茎和叶移出水体，以便有效削减氮、磷并培育维护良好生态系统和促进健康水体的形成。

④ 堵塞问题

随着时间推移，湿地中的微生物也相应繁殖，再加上植物的腐败，若维护不当，很容易产生淤积、阻塞现象。这种现象不仅会影响水的流速，而且会影响水的复氧，从而影响到微生物的活性，并最终影响到处理效果。

解决办法：选择适当的填料，最好是多孔、质轻、不易板结的材质，采用合适的操作工艺，可以通过一定的间歇进水来恢复湿地的渗透速率，选择适当的植物密度并及时维护。

【任务准备】

给定某一场景的废水。

【任务实施】

根据给定的废水水样类型，选用适合的废水处理新工艺进行处理。

【检查评议】

评分标准见表 4-1。

【考证要点】

是否了解污水处理新工艺的主要类型、结构、功能和特点。

【思考与练习】

（1）污水处理新工艺的主要类型有哪些？

（2）污水处理新工艺的应用范围和效果？

任务六　典型工业废水处理工艺运行与管理

知识点一　造纸废水的处理工艺运行与管理

【任务描述】

了解造纸废水的特点，处理技术和运行管理。

【任务分析】

造纸工业废水是指制浆造纸生产过程中所产生的废水。造纸工业废水的特点是废水排放量大，BOD 高，废水中纤维悬浮物多，而且含二价硫和带色，并有硫醇类恶臭气味。本知识点主要任务是掌握造纸工业废水工艺的运行管理。

【知识链接】

1. 造纸废水处理技术

废纸造纸废水排放主要来源于筛选、浓缩及纸机白水等工序，废纸造纸废水中主要污染物有 COD、BOD_5、色度等。无化学脱墨的制浆工艺所产生的废水远比化学脱墨车间废水的污染负荷低，废纸脱墨车间排出的废水色度、悬浮物含量高，并含有重金属及印刷油墨中溶出的胶体性有毒物质。

（1）混凝法

目前，再生浆造纸废水处理一般采用常规的混凝-沉淀法，较常用的混凝剂为聚氯化铝（PAC），助凝剂为聚丙烯酰胺（PAM），该混凝剂组合处理后的出水一般均能达到国家排放标准。但 PAM 价格昂贵，增加废水处理成本；且 PAM 单体有毒（致癌），以 PAM 作助凝剂可能会在排水或排泥中带入二次污染物。

（2）气浮法

絮凝上浮法使轻飘絮粒的上浮分离速率及净水效率大为提高，浮渣含水率低，为固体物料与水的回用创造了良好的条件，由于水基本上全部回用，实现了生产中的循环使用。再生造纸废水采用高效汽浮工艺和设备进行处理，完全可以实现造纸废水的处理和水循环使用，出水水质可以达到国家污水综合排放标准。

（3）物化法

运用物化法处理技术，治理工程占地面积小，造价低、节省运行费用，净化水水质稳定。

本设施的特点是：无动力搅拌斜板沉淀器无需动力，是集投药、调 pH 值、混凝搅拌、沉淀分离为一体的废水处理先进新设备，节约用水 80%，并可回收纸浆用于造纸。

（4）物化加生化处理方法

A/O（缺氧-好氧）处理工艺，通过缺氧段的微生物选择作用，只是对有机物进行吸附，吸附在微生物体的有机物则在好氧段被氧化分解。因此 A 段停留时间短，在 40 ~ 60 min。

由于A段微生物的筛选和对有机物的吸附作用，能有效地抑制O段丝状菌生长，控制污泥膨胀。当废水经过混凝沉淀或气浮处理后，A/O工艺的有机负荷为0.5 kg COD/(kg MLSS · d)时，其COD去除率可达90%左右。

生物接触氧化法具有挂膜快、无污泥回流系统、无污泥膨胀危害、日常运行管理容易等优点，在中小型有机废水处理中应用较多。

但是在相同条件下，接触氧化法处理效果不如活性污泥法，虽然无污泥膨胀，但在二沉池需要更低的表面负荷，而且填料的定期更换问题也应引起重视。

2. 造纸废水工艺运行管理

（1）采用废纸生产纸品，再生打浆、洗浆和抄造等生产工艺中产生大量综合废水，从上述再生纸废水处理方法可以看出，只要严格掌握各工艺的技术关键，完全可以实现造纸废水的处理和循环，但在长期水循环使用中，也会出现一些问题，如多余水的排放、氯离子的积累、腐浆的产生而影响产品质量等。

（2）解决对策

① 废纸再生系统适度封闭，排出污泥及时处理，主要应消除因封闭循环而造成的有机物积累。

② 所有从预除渣、筛选和除渣机排出的废渣需要浓缩以减少带走的水分，大多数固体废渣用于填坑，或将废渣压榨达较大的干度后烧掉。

③ 有些水处理中药剂成本费用较大，药剂品种和用量可进一步优化。

④ 利用絮凝沉淀和多级过滤，使造纸用水全部回用于生产，实现零排放。

【任务准备】

给定某一场景的造纸废水。

【任务实施】

根据给定的废水水样类型，选用适合的造纸废水处理的方法。

【检查评议】

评分标准见表4-1。

【考证要点】

是否了解造纸废水的污染物类型和特点，造纸废水处理的主要方法。

【思考与练习】

（1）简述造纸废水污染的来源和特点。

（2）简述造纸废水的主要处理方法和运行管理要求。

知识点二　制药废水的运行和管理

【任务描述】

了解制药废水的特点、处理技术和运行管理。

【任务分析】

制药工业废水主要包括抗生素生产废水、合成药物生产废水、中成药生产废水以及各类制剂生产过程的洗涤水和冲洗废水四大类。其废水的特点是成分复杂、有机物含量高、毒性大、色度深和含盐量高，特别是生化性很差，且间歇排放，属难处理的工业废水。本知识点主要任务是掌握制药工业废水中抗生素、维生素、氨基酸生产废水的处理工艺。

【知识链接】

1. 抗生素生产工艺流程

抗生素提取方法包括离子交换、萃取、分离、结晶、沉淀等。精制提纯方法包括脱色、结晶、干燥等。

抗生素的生产要耗用大量粮食，每生产 1 t 抗生素需消耗粮食 25 ~ 100 t，抗生素的分离和提纯过程还要消耗大量有机溶剂。同时抗生素生产耗电约占总成本的 75%。

抗生素废水成分复杂，有中间代谢产物、表面活性剂（破乳剂、消沫剂等）、残留的高浓度酸碱、有机溶剂，废水不易生化处理。且废水中残留的抗生素含量很高，当废水中残留浓度大于 100 mg/L 时，会抑制好氧污泥的活性，降低生化处理效果；硫酸盐浓度很高，会达到数千毫克每升，对厌氧生物处理也有抑制作用。

对抗生素生产废水的治理，目前采用预处理—水解（或厌氧）—好氧工艺处理较多。如图 4-15 所示。

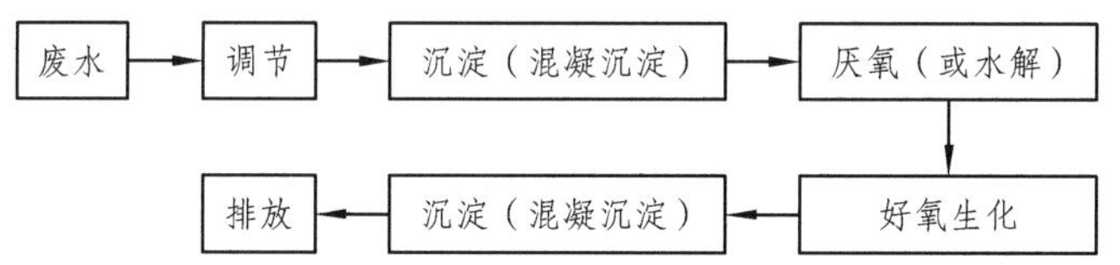

图 4-15　抗生素废水处理工艺流程

其中厌氧生化处理装置形式上多采用：厌氧污泥床反应器（UASB）、厌氧复合床反应器（UASB+AF）、厌氧颗粒污泥膨胀床反应器（EGSB）等形式；好氧生化处理装置形式有活性污泥法和深井曝气法。近年来则以水解-好氧生物接触氧化法以及不同类型的序批式活性污泥法居多。

2. 维生素生产工艺流程

工业生产上目前已有微生物发酵方法制备的维生素有维生素 B_1、B_2、B_{12}、H 和原维生素 A_1，并用微生物转化反应完成维生素 C 合成中的关键步骤。

维生素 C 生产废水主要来自洗罐水、母液及釜残。废水污染物浓度高，废水中主要含有有机污染物，另外还含有氮、磷及硫酸盐等，与抗生素废水相比，这类废水可生化性相对要好。因此，维生素类生产废水的处理，目前，国内几家生产维生素 C 的厂家主要采用厌氧-好氧生化处理工艺。

3. 氨基酸生产工艺流程

氨基酸的生产一般采用直接发酵法生产赖氨酸，直接以葡萄糖为原料，以硫酸铵、液氨等作为氮源，采用特定菌株在发酵罐中发酵，发酵完成后再经酸化、分离、浓缩、干燥即可得到赖氨酸产品。

氨基酸主要排放的废水为发酵罐气体洗涤水、蒸发气洗涤水和树脂洗涤水，水中含有蛋白、糖等。某些具有副产品生产能力的氨基酸生产企业，还有部分废水来源于副产品车间蒸发结晶工序及制肥车间等，废水中主要含有氨氮等。国内一些厂家采用厌氧（EGSB）-好氧（CASS）结合的生物处理法进行污水处理。

【任务准备】

给定某一场景的制药废水。

【任务实施】

根据给定的废水水样类型，选用适合的制药废水处理的方法。

【检查评议】

评分标准见表 4-1。

【考证要点】

是否了解制药废水的污染物类型和特点，制药废水处理的主要方法。

【思考与练习】

（1）简述制药废水污染的来源和特点。
（2）简述制药废水的主要处理方法和运行管理要求。

知识点三　炼油工业废水的运行和管理

【任务描述】

了解炼油工业废水的特点，处理技术和运行管理。

【任务分析】

炼油废水主要来自反应过程的注水和生成水，油气和油品的冷凝分离水，油气和油品的洗涤水，蒸馏过程的气提冷凝水，机泵填料函冷却水，化验室排水，油罐切水、油罐车洗涤水、炼油设备洗涤水，地面冲洗水等。本知识点主要任务是掌握炼油工业废水的特点和处理工艺。

【知识链接】

1. 炼油废水的特征与处理

炼油废水主要来自反应过程的注水和生成水，油气和油品的冷凝分离水，油气和油品的洗涤水，蒸馏过程的气提冷凝水，机泵填料函冷却水，化验室排水，油罐切水、油罐车洗涤水、炼油设备洗涤水，地面冲洗水等。其主要污染物分为烃类和可溶性的有机与无机组分。主要含油、酚、氰、硫、COD、碱及盐等。炼油废水需进行生产车间预处理后再集中处理。

2. 炼油废水处理工艺

物化处理废水：物化法应用于炼油废水处理的工艺很多，具体有膜分离法、电解法、吸附法、混凝沉淀法、化学氧化法和催化氧化法等。

生物法处理：主要有常规的活性污泥法、生物膜法、生物接触氧化法、高效生物反应器处理法、厌氧处理法及氧化塘法等。

物化与生化法相结合：物化处理作为预处理或深度处理。生化普遍采用的 A-O 法，即先厌氧处理，再进行好氧处理（活性污泥或生物接触氧化），去除效果较好。

（1）混合废水集中处理

炼油厂废水处理工艺流程基本上是在隔油、气浮与生化处理老三套工艺基础上的改进。国内外对炼油混合废水多采用生物二级处理流程，即隔油—浮选—生物处理流程。采用该流程一般可以达到现行的排放标准。对于一些排放要求比较高的地区，可在二级处理工艺的基础上增加废水深度处理流程，使出水水质达到地面水或回用水标准。

（2）深度处理方法

炼油废水深度处理方法有活性炭吸附法、臭氧氧化法以及过滤法等。

① 活性炭吸附法

采用粒状活性炭吸附处理经二级处理后废水，以去除水中酚、油、BOD 等含量达到或接近地面水标准。活性炭吸附装置的床型有固定床、移动床和流化床等。生物-活性炭法处理作为废水的三级处理。如向活性污泥曝气池中投加粉状炭的方法，认为是一种比较经济有效的三级处理流程。

② 臭氧氧化法

目前国外较少采用臭氧作为三级处理的流程，仅在加拿大和法国有几家炼油厂采用。我国一些炼油厂曾进行生产性试验，其出水可达到地面水标准，但投资及运行费用比活性炭还高。

③ 过滤法

一般炼油厂将过滤作为去除生物二级处理出水中的残留胶体和悬浮物的手段，放在生化处理之后，可看成深度处理技术，可作为活性炭或臭氧等深度处理技术的预处理。油和悬浮物的去除率可达 60% ~ 70%。投加助滤剂后，去除率可提高到 90%以上。

【任务准备】

给定某一场景的炼油工业废水。

【任务实施】

根据给定的废水水样类型，选用适合的炼油工业废水处理的方法。

【检查评议】

评分标准见表 4-1。

【考证要点】

是否了解炼油工业废水污染类型和特点，选用何种方法进行处理。

【思考与练习】

（1）简述炼油工业废水预处理的特点。

（2）简述炼油工业废水的处理方法和运行管理要求。

知识点四　化工工业废水的处理工艺及运行管理

【任务描述】

了解化工工业废水的特点，处理技术和运行管理。

【任务分析】

化工工业包括石油化工、农业化工、化学医药、高分子、涂料、油脂等。本知识点主要掌握光催化氧化处理化工工业废水的运行与管理。

【知识链接】

1. 光催化氧化的分类

在大多数情况下，光子的能量不一定刚好与分子的基态与激发态之间能量差值相匹配，在这种情况下，反应物分子不能直接受光激发，因此在某种程度上光催化氧化反应具有更大的利用价值。光催化氧化法可以分为均相光催化氧化法和多相光催化氧化法。

（1）均相光催化氧化法

均相光催化氧化法可以单独作为一种处理方法氧化有机废水，也可以与其他方法联用，如与混凝沉淀法、活性炭法或生化法联用。通过投加低剂量氧化剂来控制氧化程度，使废水中有机物发生部分氧化、偶合或聚合，形成分子量不太大的中间产物，从而改变它们的可生物降解性、溶解性及混凝沉淀性，然后通过联用技术去除。与深度氧化相比，可大大节约氧化剂的用量，从而降低废水总的水处理成本。

均相光催化氧化法的优点：

① 光催化效率高，氧化能力强，可处理高浓度、难降解、有毒有害废水。

② 与多相光催化相比，其降解有机物的速率是多相光催化的 3 ~ 5 倍。

③ 降低 Fe^{2+}的用量，保持过氧化氢较高的利用率。

④ 紫外光和 Fe^{2+}对过氧化氢的催化分解存在协同效应，即过氧化氢的分解速率远大于 Fe^{2+}或紫外光催化过氧化氢分解速率的简单加和。

但是均相光催化氧化法成本高，Fe^{2+}作为催化剂反应后会留在溶液中形成二次污染。

（2）多相光催化氧化法

多相光催化氧化降解主要是指在污染体系中投加一定量的光敏半导体材料，同时结合一定能量的光辐射，使光敏半导体在光的照射下激发产生电子-空穴对，吸附在半导体上的溶解氧、水分子等与电子-空穴对作用，产生羟基自由基，再通过与污染物之间的羟基加合、取代、电子转移等使污染物全部或接近矿化，最终生成 CO_2、H_2O 及其他离子如 NO_3^-、PO_4^{3-}、SO_4^{2-}、Cl^- 等。光催化氧化已推广到金属离子及其他无机物和有机物的光降解。

① 多相光催化氧化材料——半导体材料

半导体材料研究最多的是硫族化物，如 TiO_2、ZnO、CdS、WO_3、SnO_2，不同的光敏材料在水处理中表现为不同的光催化活性。TiO_2 光化学稳定性高、耐光腐蚀，并且具有较深的价带能级，可使一些吸热的化学反应在被光辐射的 TiO_2 表面得到实现和加速，且 TiO_2 价廉无毒。

② 光催化剂 TiO_2 的流态（表 4-9）

表 4-9 光催化剂 TiO_2 的流态

<table>
<tr><th>类型</th><th colspan="2">概念</th><th>优点</th><th>缺点</th></tr>
<tr><td>悬浮型</td><td colspan="2">TiO_2 粉末直接与废水混合组成悬浮体系</td><td>结构简单，能充分利用催化剂活</td><td>存在固液分离问题，无法连续使用；易流失；悬浮粒子阻挡光辐射深度，TiO_2 浓度为 0.5 mg/m^3 左右时，反应速度达到极限等</td></tr>
<tr><td rowspan="2">固定型</td><td rowspan="2">TiO_2 粉末喷涂在多孔玻璃、玻璃纤维或玻璃板上</td><td>非填充式固定床型：以烧结或沉积法直接将光催化剂沉积在反应器内壁，部分光催化表面积与液相接触</td><td rowspan="2">TiO_2 不易流失，可连续使用</td><td rowspan="2">催化剂固定后降低了活性</td></tr>
<tr><td>填充式固定床型：烧结在载体上，然后填充到反应器里，与非填充式固定床型相比，增大了光催化剂与液相接触面积，克服了悬浮型固液分离问题</td></tr>
<tr><td>流化床</td><td colspan="2">负载了 TiO_2 颗粒的载体，在反应器中以悬浮状态存在</td><td>一方面可使催化剂颗粒多方位受到光照，并且在悬浮扰动下可防止催化剂钝化，提高催化剂利用效率；另一方面也解决了悬浆体系固液分离难的问题</td><td></td></tr>
</table>

2. 光催化剂 TiO_2 存在的问题

（1）悬浮型：存在固液分离问题。

（2）负载型：

① 催化剂单位体积的表面积较低，阻碍了质量传递的进行。

② 催化剂易钝化。

③ 由于载体介质对光的吸收和散射，导致光能量的不足。

共同存在问题：光吸收波长范围窄，光量子效率低。

【任务准备】

给定某一场景的化工工业废水。

【任务实施】

根据给定的废水水样类型，选用适合的化工工业废水处理的方法。

【检查评议】

评分标准见表 4-1。

【考证要点】

是否了解化工工业废水污染类型和特点，会选用合适方法进行处理。

【思考与练习】

（1）化工工业废水处理方法有哪些？

（2）光催化剂 TiO_2 的特点和要求是什么？

项目五　水处理厂（站）污泥处理与处置系统运行与管理

【知识目标】

了解污泥的性质及常用脱水方法及资源化利用方法、水的再利用方式；了解污泥的卫生填埋工艺及污泥的好氧堆肥、厌氧发酵工艺及污水回收利用处理方法；熟悉污泥脱水工艺、填埋工艺的运行与管理，以及好氧堆肥工艺、污泥厌氧发酵工艺、污水回收利用工艺的运行与管理；掌握污泥脱水工艺运行管理。

【技能目标】

通过本项目的学习，能够看懂污泥脱水工艺及填埋、好氧堆肥、污水回用处理工艺；能够进行污泥脱水工艺运行与管理。

【重点难点】

本项目重点掌握污泥脱水工艺运行与管理的方法和相关技能；其难点在于污泥脱水工艺管理。

任务一　给水污泥处理与处置系统运行与管理

知识点一　给水污泥脱水工艺运行与管理

【任务描述】

了解给水污泥的性质及给水污泥的处理工艺及设备、工艺运行管理等。

【任务分析】

在给水厂中污泥的处理主要是脱水，要求了解常用的脱水工艺及设备，熟悉脱水工艺运行中的主要参数的控制及设备的日常运行管理。

【知识链接】

一、污泥脱水工艺及设备

给水厂污泥处理，在改善水环境同时，还可回收利用占水厂 2% ~ 4%的水量，在一定程度上缓解水资源紧缺的矛盾。

1. 污泥脱水工艺

排泥水处理系统通常包括调节、浓缩、平衡、脱水以及泥饼处置等工序，其流程如图 5-1 所示。

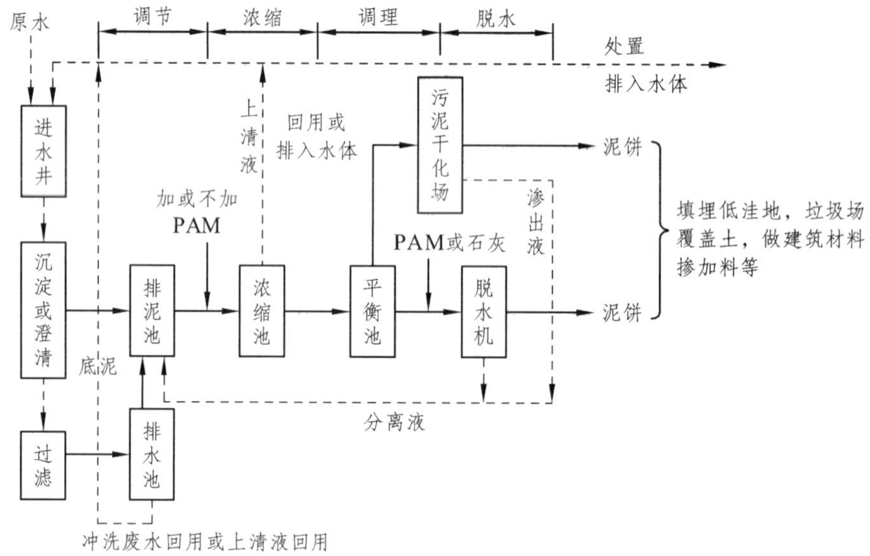

图 5-1　净水厂污泥处理工艺系统图

净水厂污泥处理是把生产排水和生产排泥中大量悬浮物质经过多道工序的处理，使最终产物上清液的水质符合水厂回用或国家排放标准，同时，使泥饼外运填埋或循环利用。

2. 脱水设备

国内自来水水厂污泥脱水最常见的方式有带式压滤机、板框压滤机和离心脱水机。

一般带式压滤脱水机由滤带、辊压筒、滤带张紧系统、滤带调偏系统、滤带冲洗系统和滤带驱动系统构成，如图 5-2 所示。

图 5-2　带式压滤机

板框式压滤机主要由凹入式滤板、框架、自动-气动闭合系统测板悬挂系统、滤板震动系统、空气压缩装置、滤布高压冲洗装置及机身一侧光电保护装置等构成，如图 5-3 所示。

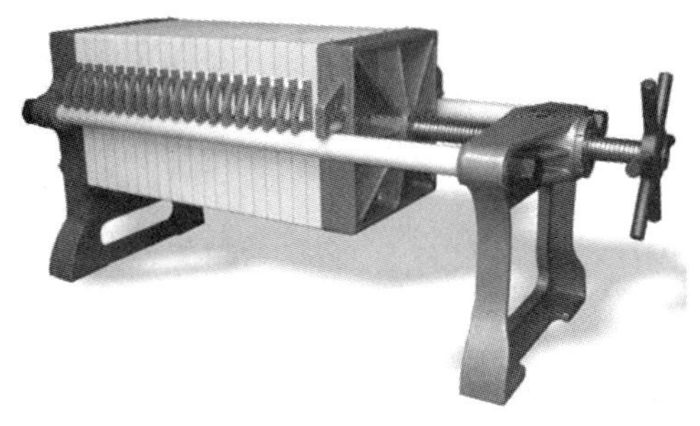

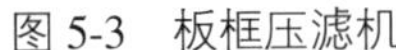

图 5-3　板框压滤机

图 5-4　污泥离心脱水机

离心脱水机的主要优点是自动化程度高、工艺密闭性强、可连续运行、管理方便、运行方式灵活，而且出泥量大、占地面积小、出泥含固率较高、污泥回收率高等优点，近年来应用广泛。

卧式沉降螺旋卸料离心机是依靠固液两相的密度差，在离心力场的作用下，加快固相颗粒的沉降速度来实现固液分离。基本通用型离心机结构如图 5-4 所示。

3．污泥脱水过程管理

给水厂污泥脱水处理方式根据浓缩方式和脱水方式，其流程也有所差别，如图 5-5、图 5-6 所示。无论采用哪种工艺，运行管理中以下几个方面是主要控制对象。

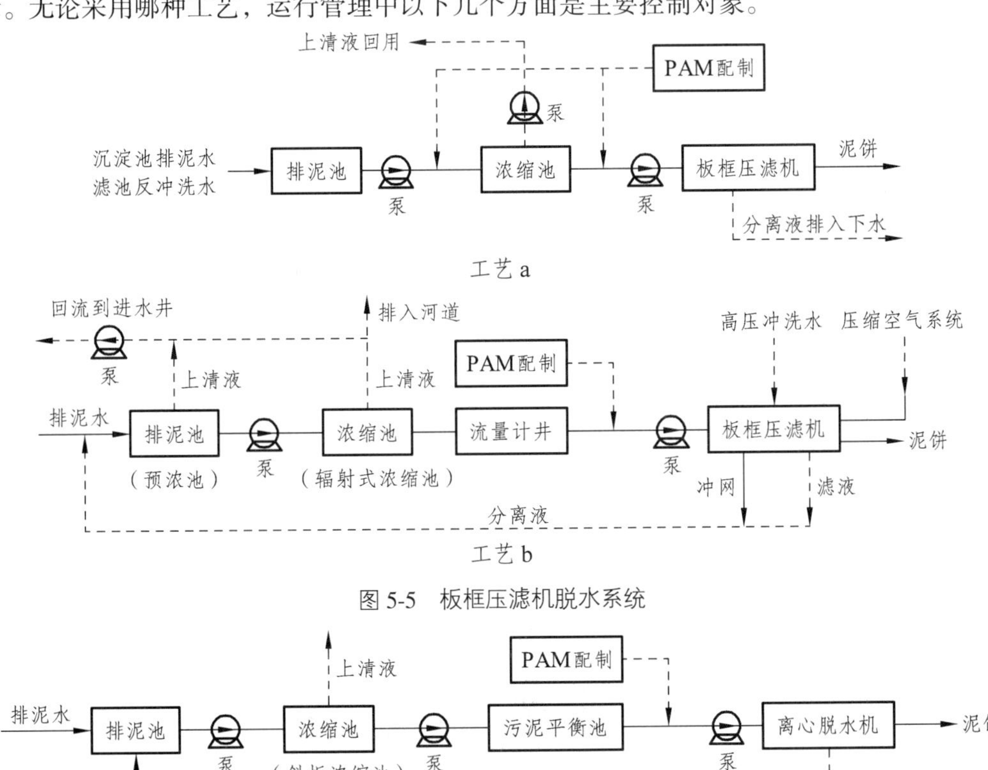

图 5-5　板框压滤机脱水系统

图 5-6　离心机脱水系统

（1）排泥量均匀控制：水厂生产废水一般都是周期性排放，而污泥浓缩大都属连续工作，这就要求在污泥浓缩池前设一废水水量调节池进行水量调节，保证后续的浓缩、脱水能够连续稳定进泥和排泥。

（2）调节池的作用及运行要求：调节池的作用主要是将澄清池和双阀滤池的排泥水均质均量，保证向浓缩池提供浓度较为均匀、流量较为恒定的污泥。因此，调节池内设潜水搅拌机以使池内污泥处于悬浮状态及保持浓度均匀；同时在池内设潜水泵以恒定流量向浓缩池投配污泥。

（3）浓缩池的作用及运行要求：主要降低进泥含水率，减少污泥体积，为后续处理创造条件。浓缩池的功能是对调节后的泥水进一步浓缩，以提高机械脱水效率，缩小脱水机容量。给水污泥亲水性很强，污泥必须具备一定的浓度才能得到较好的脱水效果，浓缩池是污泥处理过程中的核心部分，其底流浓度将直接影响污泥脱水的效果。浓缩池在高浊度和脱水机停止转动时，还应起到储留污泥的作用。

（4）贮泥池：贮泥池的作用是收集浓缩污泥，保证脱水机械的连续运行。污泥平衡池主要考虑液位，浓度信号的输出以及搅拌设备和出水阀门的状态控制。

（5）滤液池：作用是收集污泥离心脱水机的分离液，然后通过污水泵输送至废水调节池。

【任务准备】

设定某个工作场景，给出设备参数、污泥脱水率要求等条件；可以进行仿真操作或现场实操，根据具体条件而定。

【任务实施】

参照仿真操作说明书或实训场所操作说明来进行操作，调整相关参数，加深对此单元运行与管理的要点理解。

【检查评议】

评分标准见表 5-1。

表 5-1　评分标准

编号	项目内容	评分标准	分值	扣分	得分
1	学习态度	不认真分析扣 10 分	10		
2	动手能力	动手能力不强扣 10 分	10		
3	团队协作精神	团队协作精神不强扣 10 分	10		
4	专业能力	操作错误，每错一次扣 10 分；扣完为止	50		
5	安全操作	不遵守纪律扣 10 分；不注意安全扣 10 分	20		
6	合计		100		

【考证要点】

是否了解污泥脱水的工艺；是否能够较为熟练的进行工艺运行与管理。

【思考与练习】

（1）给水污泥脱水的方式主要有哪些？

（2）常用脱水机械的特点及管理要点是什么？

知识点二　污泥填埋运行与管理

【任务描述】

了解污泥卫生填埋的处理方法和工艺及填埋方法，能够进行填埋的基本运行与管理。

【任务分析】

污泥卫生填埋是一项比较成熟的污泥处理技术，如图 5-7 所示。需要经过科学选址和严格的场地防护处理，但污泥卫生填埋也存在诸多问题，填埋场内部渗透的有毒物质易造成土壤、地下水的二次污染。因此，填埋过程中的运行管理以及封场后期的运行管理很重要。

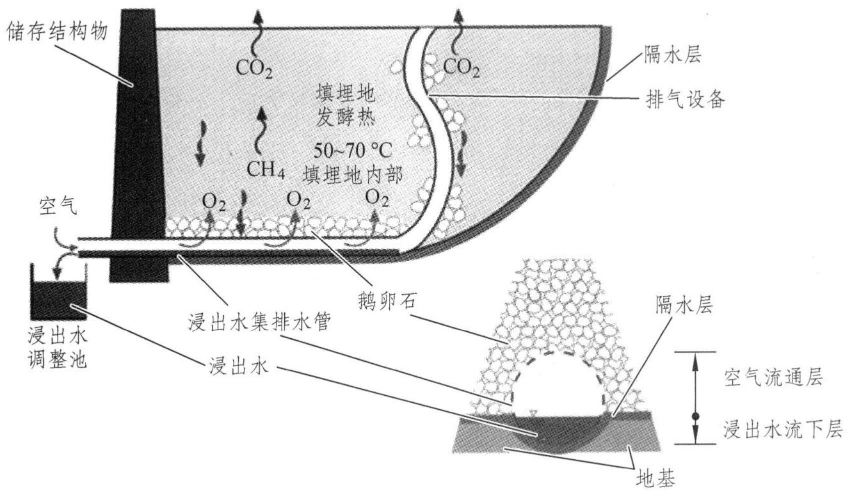

图 5-7　卫生填埋场结构示意图

要做好填埋场的运行与管理，就有必要了解卫生填埋的特点及选址要求，运行方式和填埋方法及防渗处理等。

【知识链接】

污泥填埋分为混合填埋和单独填埋。给水厂的污泥有害物质或者重金属含量都较低，毒性也就低，所以一般将给水厂的脱水泥饼与城市垃圾处理场中的生活垃圾混合后一起填埋。

一、卫生填埋场址选择

1. 场址选择

选址是处置工程的第一步，要做到合理选择场址，一般要遵循两条基本准则：一是要能满足环境保护的要求，二是要经济可行，如图 5-8 所示。因此，场址的选择要十分谨慎，反复论证，通常要经过预选、初选和定点三个步骤来完成。

2. 地下水保护系统设计

为了防止填埋场浸出液污染地下水，目前都要求在填埋场内设计保护系统，如图 5-9 所示，以防止废液可能发生的污染。

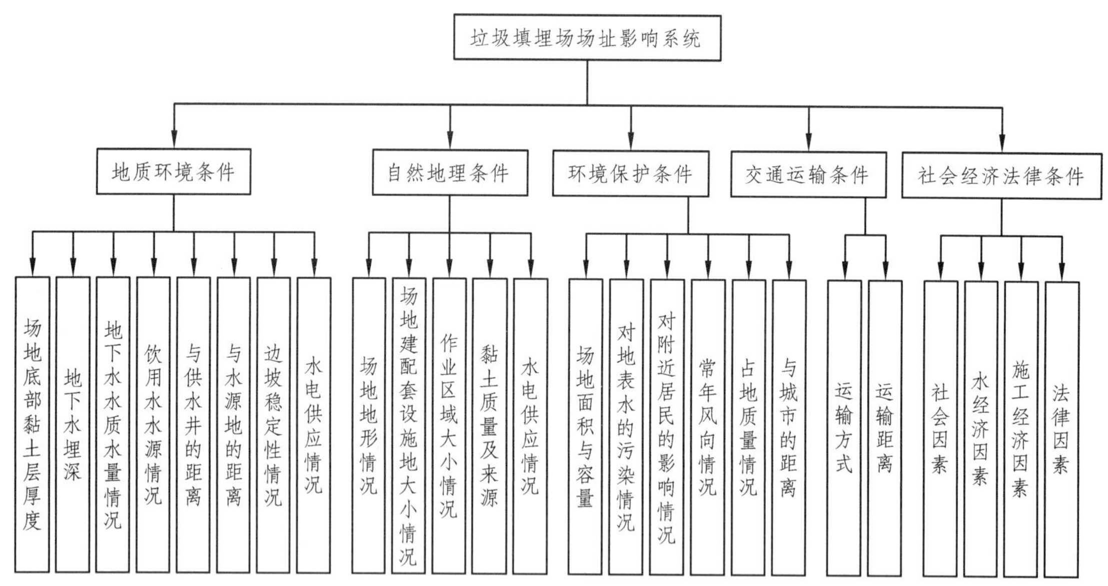

图 5-8　填埋场选址影响系统

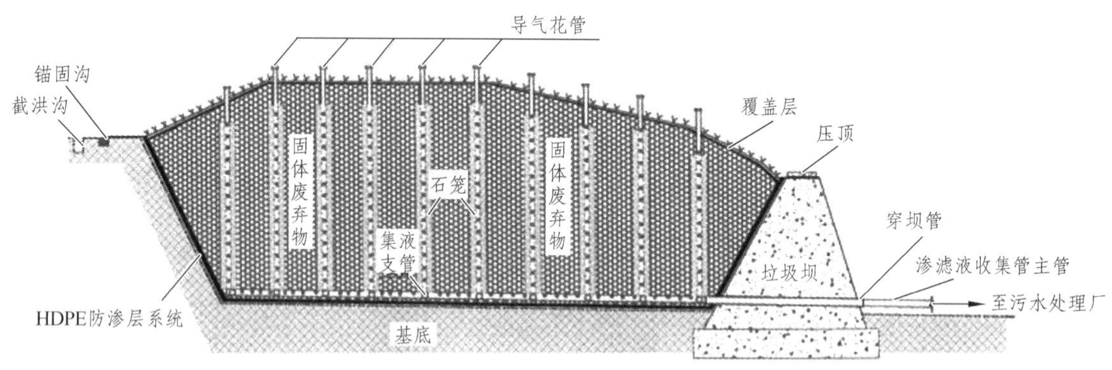

图 5-9　卫生填埋场防渗系统示意

二、填埋运行管理

垃圾处理作业程序是计量→倾倒→摊铺→压实→消杀→履土→封场→绿化，如图 5-10 所示。具体来说是垃圾进入填埋场，首先经地衡称重计量，再按规定的速度、线路运至填埋作业单元，在管理人员指挥下，进行卸料、摊铺、压实并覆盖，最终完成填埋作业。

1. 填埋作业运行管理

实用的填埋方法有三种：沟壑法、面积法和混合法（亦称斜坡法）。为了保证土地填埋操作的顺利进行，无论采用何种方法，都应该事先制订一份详细的操作计划，为操作人员指明操作规程、交通路线、填埋记录、监测程序、定期操作进度、意外事故的应急方法及安全措施等。卫生土地填埋一定要选择合适的填埋设备，这是保证填埋质量和降低处理费用的关键。常用填埋设备有推土机、铲运机、压实机等。条件不允许时，也可使用石碳、夯实机或振动器代替压实机。

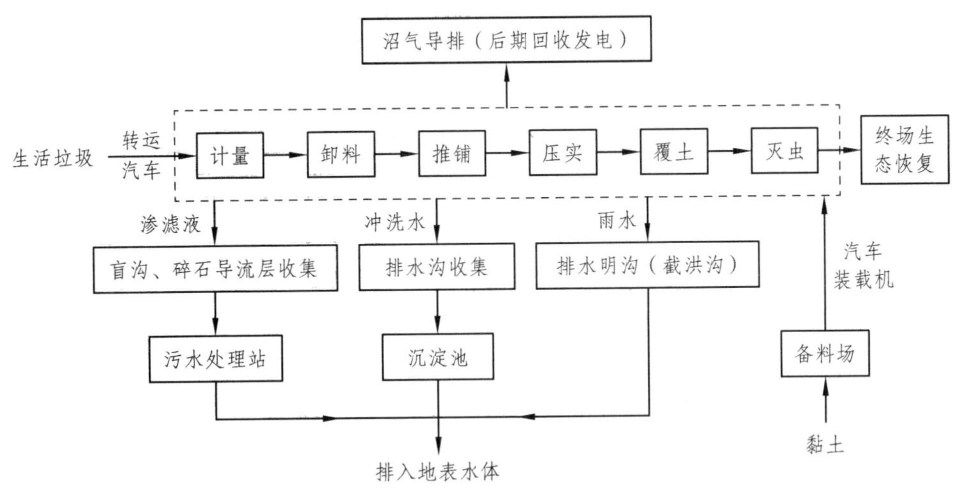

图 5-10　生活垃圾填埋典型工艺流程

填埋作业要求垃圾填埋应采用分区、分单元、分层作业方法进行。分区是指管理者应根据填埋库区的地形，划定若干个片区，每个片区确定若干个填埋单元。进行填埋作业时，推填摊铺作业方法有三种：上行法、下行法和平推法。上行法压实密度强，但设备损耗大、耗油量多、成本较高、作业难度较大；下行法压实密度强、设备损耗小、耗油量少、成本较低；平推法使操作面前部形成陡峭的垃圾断面，垃圾堆体稳固性差、压实密度达不到要求，难以形成堆体坡度的要求，一般较少使用。

2. 填埋场气体的产生及控制方法

填埋后的垃圾被分解，一般分为好氧和厌氧两个阶段。图 5-11 表示了填埋场不同阶段气体产生成分的相对量的大小。目前，所采用的沼气抽气一般是预先钻好一口井，由真空泵把气体收集到收集管，然后压送到气体加工厂进行处理。

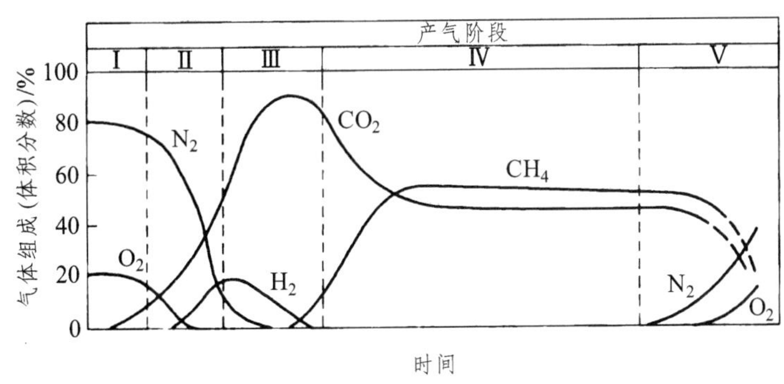

图 5-11　填埋场产生气体随时间变化曲线

I—生化好氧分解阶段；II—过程转移阶段；III—酸性阶段；IV—产甲烷阶段；V—稳定化阶段

3. 垃圾渗滤液收集

垃圾渗沥液收集系统包括导流层、盲沟、集液井（池）、调节池设施等，如图 5-12 所示。

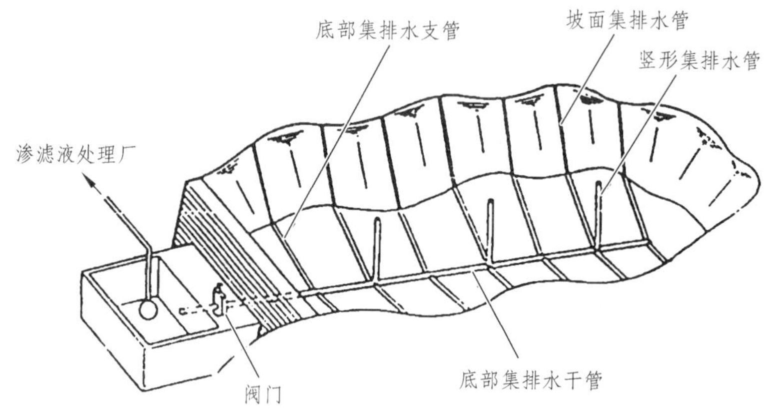

图 5-12　渗滤液收集系统

4. 环境保护与环境监测

生活垃圾卫生填埋的根本目的是实现生活垃圾的无害化，严格做到不超过国家有关法律法令和现行标准允许的范围，并且应与当地的空气防护、水资源保护、环境生态保护及生态平衡要求相一致。填埋场地在填埋前应进行水、空气、噪声、蝇类滋生等的本底测定，填埋后应进行相应的定期污染监测，如图 5-13 所示。在污水调节池下游约 30 m、50 m 处设污染监测井、在填埋场两侧设污染扩散井，同时在填埋场上游设本底井，如图 5-14 所示。

图 5-13　填埋场大气监测

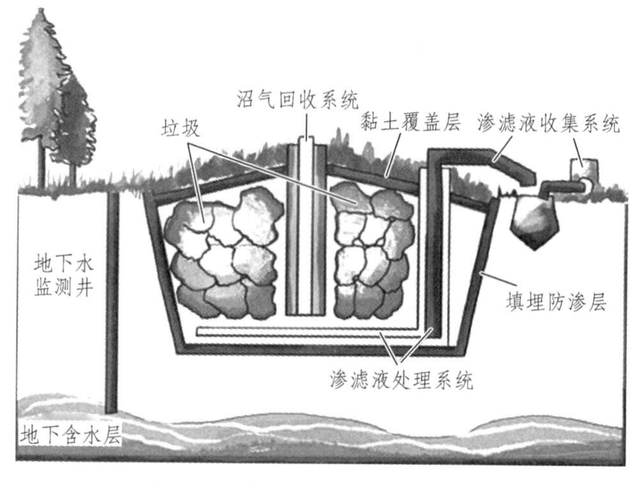

图 5-14　地下水监测井示意图

（1）对蚊蝇害虫的防治措施：垃圾清运采取压缩式密封车辆；每天填埋的垃圾必须当天覆盖完毕，杜绝滋生条件；在填埋场种植驱蝇植物，或喷药消杀等。

（2）飞尘的影响及控制措施：① 配备洒水车辆，对场内道路及作业区采取定时保洁降尘措施；② 填埋场内作业表面及时覆盖；③ 种植绿化隔离带控制飞尘扩散；④ 对正在进行作业区的四周设置 2.5 ~ 3 m 高的拦网，控制轻质垃圾飞扬。

（3）填埋场环境监测项目主要有大气监测、填埋气监测、地下水监测、渗滤液监测、处理后渗滤液尾水监测、垃圾进场成分监测、苍蝇滋生密度监测、垃圾压实密度监测、噪声检测监测、垃圾体沉降监测、臭气和消杀药物残留物监测。

（4）建立和完善各项日常业务工作资料：进场垃圾成分测试资料；每日垃圾入库量及填埋

区域资料；每日覆土量资料；每日消杀用药、用水、效果情况资料；每日渗滤液水质状况资料；渗滤液处理各操作单元的运转工况和水质状况资料；每月各种监测项目数据资料；每季地下水、地表水的水质监测资料；每月当地环保部门对垃圾场的环境监测资料。上述各种业务工作资料应分类按月、季、年整理归档保存。

5. 安全管理工作

安全管理工作包括安全预防、火灾防护、水灾防护、职业病防治和雷电防护。

从长远来看，填埋并不是一种积极的泥饼处置方法，自来水厂排泥水处理的目标是为了保护环境，利于生态的可持续发展，因此，泥饼资源化利用成为未来泥饼出路的主要方向。

【任务准备】

设定某个工作场景，给出填埋场场址环境、工艺方案、运行管理措施等条件；利用专业知识来判断填埋场的运行管理及工艺方案的合理性，并能够给出理由及改进措施。

【任务实施】

（1）根据给定的填埋场文件资料，从对环境保护的方面找出不合理的地方。

（2）对不合理的地方提出改进措施，可通过查询资料来详细了解。

【检查评议】

评分标准见表 5-1。

【考证要点】

综合分析资料及归纳总结的能力。是否了解卫生填埋的监管要点；是否能够进行合理的解释。

【思考与练习】

（1）卫生填埋的特点是什么？

（2）填埋场封场后还需要做哪些工作？

知识点三　污泥再利用技术

【任务描述】

了解给水污泥好氧堆肥的原理；熟悉污泥好氧堆肥的工艺及影响参数；熟悉好氧堆肥工艺管理。

【任务分析】

给水厂中污泥的有害成分较少，资源化利用较为合适。在本任务中要熟悉好氧堆肥工艺运行中的主要参数的控制及设备的日常运行管理。

【知识链接】

给水厂脱水污泥的组分属黏土，污泥中重金属含量、总烃含量、放射性含量都接近或低于国家土壤环境质量值，因此将给水厂脱水污泥进行资源化利用，不会对环境造成不利的影响，具有较好的环境可接受性。污泥中含有大量的有机质、氮、磷、钾等植物需要的养分，其含量高于常用的牛羊猪粪等农家肥。

一、污泥堆肥化处理

1. 好氧堆肥原理

好氧堆肥是在有氧条件下，有机废物通过好氧菌自身的生命活动氧化还原和生物合成，将废物一部分氧化成简单的无机物，同时释放出可供微生物生成，活动所需的能量，而另一部分则被合成新的细胞质，使微生物不断生长，繁殖的过程。好氧堆肥产品如图 5-15 所示，原理如图 5-16 所示。

图 5-15　堆肥产品

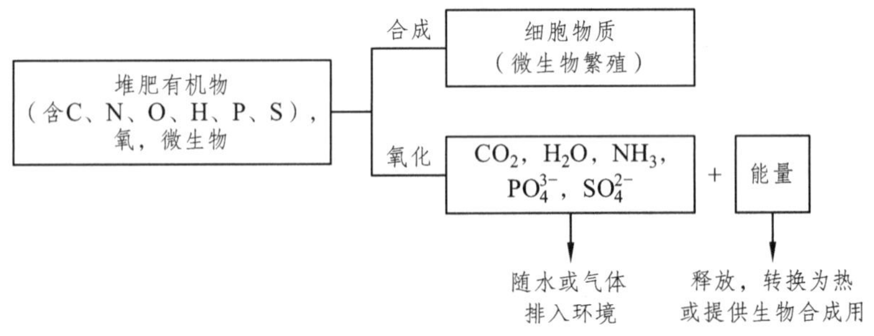

图 5-16　好氧堆肥原理

2. 堆肥过程参数及控制

（1）供氧量

通风供氧是堆肥成功与否的关键因素之一。一般在堆肥过程中，常通过测定堆层温度来控制通风量，以保证堆肥过程处于微生物生长的理想状态。常用的通风方式有自然通风供氧；向肥堆内插入通风管（主要用在人工土法堆肥工艺）；利用斗式装载机及各种专用翻堆机横翻堆通风；用风机强制通风供氧。

（2）含水量

堆肥物料的最佳含水率通常在 50%～60%。当含水率低于 40%时，应加水或添加污泥量来调节。

（3）碳氮比（C/N）

碳和氮是微生物分解所需的最重要元素。初始物料的碳氮比为 30∶1，合乎堆肥需要，其最佳值在 26∶1～35∶1 之间。成品堆肥的适宜碳氮比为 10∶1～20∶1 之间。植物秸秆之类含碳较高，污泥含氮较高，可配合使用。

（4）碳磷比（C/P）

磷对微生物的生长也很重要。一般堆肥物料的 C/P 以（75～150）∶1 为宜。污泥中磷的含量较为丰富。

（5）pH 值

微生物的降解活动需要一个微酸性或中性的环境条件。pH 值也是一项能对细菌环境做出估价的参数。在堆肥的生物降解和发酵过程中，堆层 pH 值随时间和温度变化而变化，pH 值是揭示堆肥化分解过程的一个极好标志。最初阶段由于有机酸产生，pH 值会降低到 4.5～5；随后，随着有机酸逐渐被分解，pH 值逐渐上升到 8 左右，一般认为堆肥的 pH 值在 7.5～8.5 时，可获得最大堆肥速率。

（6）温度

温度决定微生物活性大小和堆肥化进程快慢，同样是好氧堆肥化重要工艺技术参数之一。温度太低，不仅不利于有机质氧化分解和微生物新陈代谢，而且也达不到热灭活（即高温杀灭虫卵、病原菌和寄生虫等）的无害化要求，故一般采用好氧高温堆肥。但是，当温度超过 70 °C 时，堆肥中的放线菌等有益细菌（存活于植物根部周围使植物茁壮成长）将被杀灭，孢子量不活动状态，分解速度减慢。故堆肥化适宜温度为 55～60 °C。

其他的影响因素如颗粒尺寸、生物因素等对堆肥效果的影响也不容忽视。

3. 堆肥的工艺过程

一般不用污泥单独来堆肥，需要与生活垃圾或植物秸秆之类的按照一定比例混合后来进行堆肥。现代化堆肥的工艺过程通常由前处理、一次发酵、后处理、脱臭、贮存等工序组成，如图 5-17 所示。

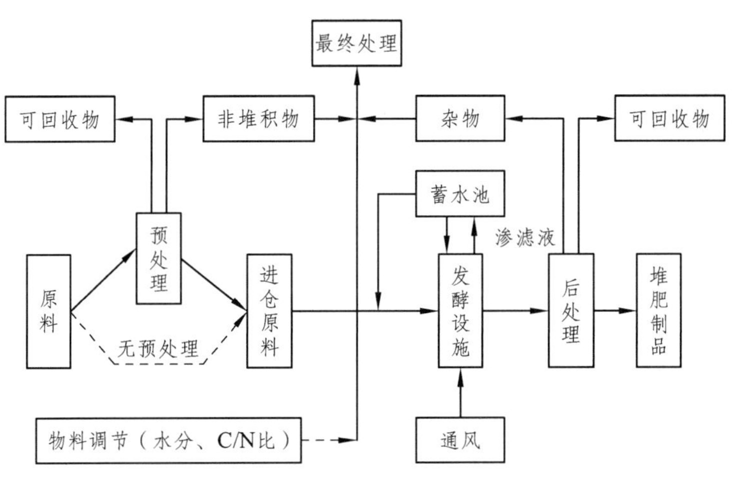

图 5-17　好氧堆肥工艺流程

二、脱水污泥制成化肥

给水厂的污泥、经组分、重金属含量、特殊成分等测定，若有害成分不超标，将其制作肥料，回归自然，对自然环境是无害的。工艺流程如图 5-18 所示。

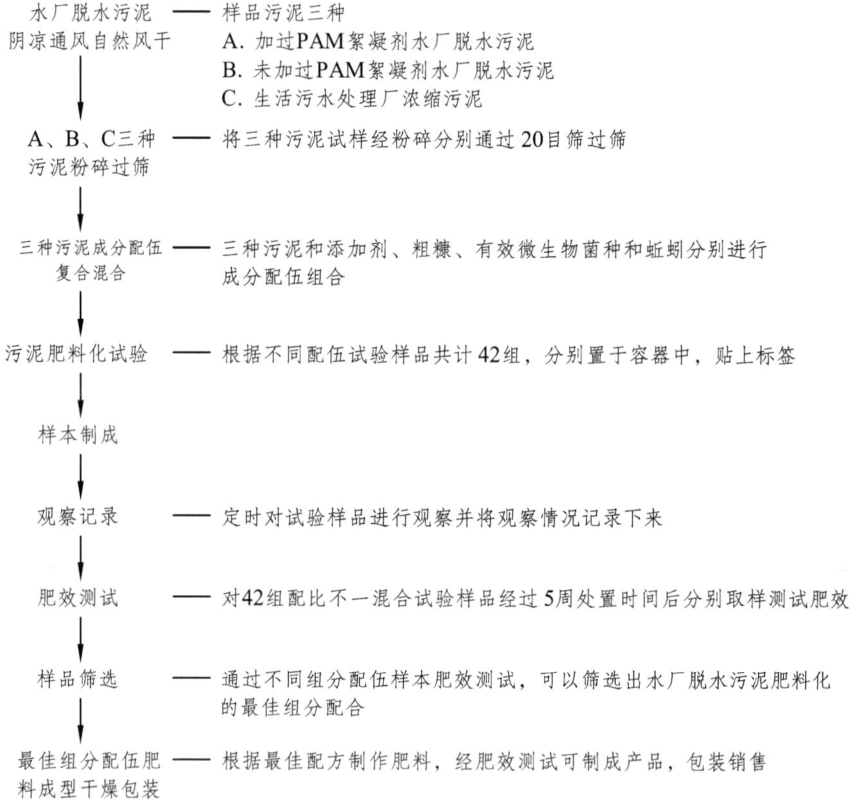

图 5-18　给水厂污泥肥料化试验工艺流程

【任务准备】

设定某个工作场景，给出各物料性质、堆肥产品要求等条件；可以进行仿真操作或进行工艺分析等方式，根据具体条件而定。

【任务实施】

可设定好氧堆肥运行与管理工作任务，提供相应原材料，根据现有条件来选择合适的好氧堆肥工艺，在堆肥其间，各小组定期取样来进行微生物分析等项目测试，并根据小组的管理情况来进行分析，按要求完成任务。

【检查评议】

评分标准见表 5-1。

【考证要点】

是否了解好氧堆肥的工艺；是否能够较为熟练的进行工艺分析或运行与管理。

【思考与练习】

（1）好氧堆肥的工艺主要有哪些部分组成？

（2）影响好氧堆肥的因素都有哪些，该如何进行控制？

任务二　排水污泥处理与处置系统运行与管理

知识点一　污泥浓缩工艺运行与管理

【任务描述】

了解污泥浓缩工艺及浓缩设备，掌握污泥浓缩工艺与设备的运行与管理。

【任务分析】

污泥中含有多种有机物、氮、磷、微生物和有害物质，若不对其进行妥善处理，将会传播病菌、污染环境。污泥中含有大量水分，首先需要进行浓缩来除去大部分水分，以便于后续处理或运输。

【知识链接】

一、排水污泥浓缩工艺及设备

按污泥浓缩的方法有重力浓缩法、气浮浓缩法和离心浓缩法。

1. 重力浓缩法

重力浓缩法是利用自然的重力沉降作用，使污泥中的固体自然沉降而分离出间隙水。重力浓缩池如图 5-19 所示，按其运行方式可分为间歇式浓缩池和连续式浓缩池两类。

图 5-19　重力浓缩池

（1）重力浓缩装置的运行控制

① 进泥量的控制

对于某一确定的浓缩池和污泥种类来说，进泥量存在一个最佳控制范围。若进泥量太大，超过了浓缩能力，会导致上清液浓度太高，排泥浓度太低，起不到应有的浓缩效果；若进泥量太低，不但降低处理量，浪费池容，还可导致污泥上浮，从而使浓缩不能顺利进行下去。

浓缩池进泥量可由下式计算：$Q_i=q_s \cdot A/C_i$

式中 Q_i——进泥量，m^3/d；

C_i——进泥浓度，kg/m^3；

A——浓缩池的表面积，m^2；

q_s——固体表面负荷，$kg/(m^2 \cdot d)$。

② 浓缩效果的评价

在浓缩池的运行管理中，应经常对浓缩效果进行评价，并随时予以调节。浓缩效果通常用浓缩比、分离率和固体回收率三个指标进行综合评价。浓缩比是指浓缩池排泥浓度与入流污泥浓度比，用 f 表示。计算如下：

$$f=C_\mu/C_i$$

式中 C_i——入流污泥浓度，kg/m^3；

C_μ——排泥浓度，kg/m^3。

固体回收率是指被浓缩到排泥中的固体占入流总固体的百分比，用 η 表示，计算如下：

$$\eta=Q_\mu \cdot C_\mu/(Q_i \cdot C_i)$$

式中 Q_μ——浓缩池排泥量，m^3/d；

Q_i——入流污泥量，m^3/d。

分离率是指浓缩池上清液量占入流污泥量的百分比，用 F 表示。计算如下：

$$F=Q_e/Q_i=1-\eta/f$$

式中 Q_e——浓缩池上清液流量，m^3/d；

f——污泥经浓缩池后被浓缩了多少倍；

η——经浓缩之后，有多少干污泥被浓缩出来；

F——经浓缩之后，有多少水分被分离出来。

以上三个指标相辅相成，可衡量出实际浓缩效果。

③ 搅拌速度和排泥控制

搅拌机的转数要兼顾集泥效果和安装在齿耙上部支架所产生的搅拌效果。一般不要把浓缩池作为储泥池使用，虽然在特殊情况下它的确能发挥这样的作用。每次排泥不能过量，否则排泥速度会超过浓缩速度，使排泥变稀，并破坏污泥层。

（2）重力浓缩池的日常维护管理

① 由浮渣刮板刮至浮渣槽内的浮渣应及时清除。无浮渣刮板时，可用水冲方法，将浮渣冲至池边，然后清除。

② 初沉污泥与活性污泥混合浓缩时，应保证两种污泥混合均匀，否则进入浓缩池后会因为密度流扰动污泥层，降低浓缩效果。

③ 温度较高，极易使污泥厌氧上浮。当污水生化处理系统中产生污泥膨胀时，丝状菌会随活性污泥进入浓缩池，使污泥继续处于膨胀状态，无法进行浓缩。对于以上情况，可向浓缩池入流污泥中加入 Cl_2、$KMnO_4$、O_3、H_2O_2 等氧化剂，抑制微生物的活动，保证浓缩效果。同时，还应从污水处理系统中寻找膨胀原因，并予以排除。

④ 在浓缩池入流污泥中加入部分二沉池出水，可以防止污泥厌氧上浮，提高浓缩效果，同时还能适当降低恶臭程度。

⑤ 浓缩池较长时间没排泥时，应先排空清池，严禁直接开启污泥浓缩机。

⑥ 由于浓缩池容积小，热容量小，在寒冷地区的冬季浓缩池液面会出现结冰现象。此时应先破冰并使之融化后，再开启污泥浓缩机。

⑦ 应定期检查上清液溢流堰的平整度，如不平整应予以调节，否则会导致池内流态不均匀，产生短路现象，降低浓缩效果。

⑧ 浓缩池是恶臭很严重的一个处理单元，因而应对池壁、浮渣槽、出水堰等部位定期清刷，尽量使恶臭降低。

⑨ 应定期（每隔半年）排空彻底检查是否积泥或积砂，并对水下部件予以防腐处理。

2. 气浮浓缩法

气浮池如图 5-20 所示，工艺流程如图 5-21 所示。

图 5-20 气浮浓缩池

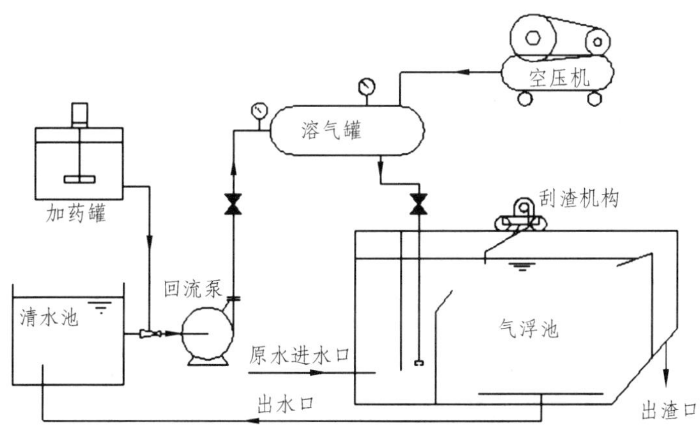

图 5-21 气浮工艺流程

影响气浮浓缩的因素很多，主要有以下几个方面。

（1）进泥量控制

在运行管理中，必须控制进泥量。如果进泥量太大，超过气浮浓缩系统的浓缩能力，则排泥浓度将降低；反之，如果进泥量太小，则造成浓缩能力的浪费。进泥量可用下式计算：

$$Q_i=q_s \cdot A/C_i$$

式中　q_s ——气浮池的固体表面负荷，kg/(m^2・d)；

A ——气浮池表面积，m^2；

C_i ——入流污泥浓度，kg/m^3。

当浓缩活性污泥时，q_s一般在 50 ~ 120 kg/(m^2・d)范围内，其值与活性污泥的 SVI 值等性质有关系。q_s可由实验确定，也可在运行实践中得出适合本厂污泥的负荷值。

（2）气量的控制

气量控制将直接影响排泥浓度的高低。一般来说，溶入的气量越大，排泥浓度也越高，但能耗也相应增高。气量可用下式计算：

$$Q_a=Q_i \cdot C_i \cdot A/(S/\gamma)$$

式中　Q_i，C_i——入流污泥的流量和浓度；

γ ——空气容重，与温度有关，kg/m^3；

A/S——气浮浓缩的气固比，指单位重量的干污泥量在气浮浓缩过程中所需要的空气重量。A/S 值与要求的排泥浓度有关系，A/S 越大排泥浓度越高。

（3）加压水量控制

加压水量应控制在合适范围内。水量太少，溶不进气体，不能起到气浮效果；水量太多，不仅水位升高，也可能影响细气泡的形成。加压水量可由下式计算：

$$Q_w=(Q_i \cdot C_i \cdot A/S)/[C_s \cdot (\eta p-1)]$$

式中　Q_w——加压水量，m^3/d；

Q_i——入流污泥量，m^3/d；

C_i——入流污泥的浓度，kg/m^3；

C_s ——大气压下空气在水中的饱和溶解度，kg/m^3；

p ——溶气罐的压力，一般控制在 3×10^5 ~ 5×10^5 Pa；

η ——溶气效率，即加压水的饱和度，与压力有关系，在 3×10^5 ~ 5×10^5 Pa 下，一般为 50% ~ 80%。

（4）水力表面负荷的控制

通过以上各步确定了进泥量、空气量及加压水量之后，还应对气浮池进行水力表面负荷的核算。水力表面负荷 q_h 可用下式计算：

$$q_h=(Q_i+Q_w)/A$$

式中　Q_i，Q_w ——入流污泥，加压水的流量，m^3/d；

A ——气浮池的表面积，m^2。

对活性污泥，q_h一般应控制在 120 m^3/(m^2・d)以内，如果 q_h 太高，则会使上清液的固体浓度明显升高。另外，污泥在气浮池内的停留时间也影响浓缩效果。停留时间 T 可计算如下：

$$T=A \cdot H/(Q_i+Q_w)$$

式中　H ——气浮池的有效深度，m；

其他参数同前。

对活性污泥，要得到较好的气浮浓缩效果，一般应控制 $T \geqslant 20$ min。

（5）刮泥控制

运行正常的气浮池，液面之上会形成很厚的污泥层。污泥层厚度与刮泥周期有关，刮泥周期越长（即刮泥次数越少），泥层越厚，污泥的含固量也越高。泥层厚度常在 0.2 ~ 0.6 m 之间，越往上层，含固量越高，平均含固量一般在 4%以上。一般情况下，泥层厚度增至 0.4 m 时，应开始刮泥。虽然使厚度增高，可继续提高含固量，但高含固量的污泥不易刮除。刮泥机的刮泥速度不宜太快，一般应控制在 0.5 m/min 以下。每次刮泥深度不宜太深，可浅层多次刮除。如果总泥层厚度为 0.4 m，则刮至 0.2 m 时应停止，否则会使泥层底部的污泥，带着水分翻至表面，影响浓缩效果。

3. 离心浓缩法

离心浓缩的离心力是重力的 500 ~ 3000 倍，因而在很大的重力浓缩池内要经十几小时才能达到的浓缩效果，在很小的离心机内就可以完成，且只需十几分钟。对于不易重力浓缩的活性污泥，离心机可借其强大的离心力，使之浓缩。图 5-22 为卧式螺旋浓缩机。

污泥浓缩还有许多方法和装置，如旋转筛分装置、湿式造粒装置、生物浮选装置等。可根据污泥的性质和具体条件进行选择和应用。

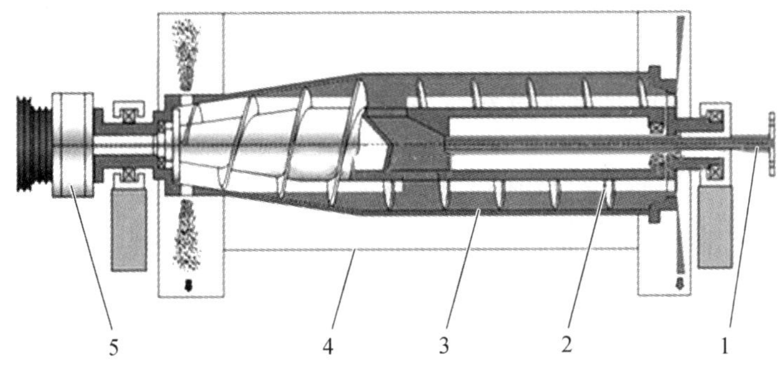

图 5-22　卧式螺旋浓缩机

1—进料管；2—卸料螺旋；3—转鼓；4—机壳；5—差速器

【任务准备】

设定某个污水处理厂的污泥浓缩工段，给出浓缩工艺、浓缩要求等条件，分组进行实地污泥浓缩运行与管理；也可提供仿真软件或者模拟工厂的实训设施，配制或从当地污水处理厂取些污泥来进行实训教学工作。

【任务实施】

（1）根据给定的工作场景，按照实训教师的指导来进行浓缩池运行管理操作，期间可要求学生对污泥进行相关检测，并记录数据。

（2）若采用仿真软件来进行实训，可在练习中设定故障，要求学生来进行解决。

【检查评议】

评分标准见表 5-1。

【考证要点】

是否了解各种浓缩工艺及设备；是否能够合理进行浓缩工艺管理和浓缩池的日常运行维护。

【思考与练习】

（1）浓缩工艺都有哪些，其浓缩原理都是什么？

（2）括总结浓缩工艺运行管理的要点都有哪些？

知识点二　厌氧消化工艺运行与管理

【任务描述】

了解厌氧消化的原理及工艺、影响因素、设备等，掌握污泥厌氧消化的运行与管理。

【任务分析】

了解厌氧消化是利用微生物进行厌氧生化反应，分解污泥中有机质的一种污泥处理工艺。污泥厌氧消化的工艺发展较多，不同的工艺适用不同的需求，但各种工艺运行管理的核心都是如何给厌氧微生物提供良好的环境及高效的消化，获得更多的沼气产品和实现污泥的无害化，因此，要熟悉影响污泥厌氧消化的影响因素。

【知识链接】

一、污泥厌氧消化原理及影响因素

污泥厌氧消化，即污泥中的有机物在无氧的条件下被厌氧菌群最终分解成甲烷（CH_4）和 CO_2 的过程。这是一个极其复杂的过程，如图 5-23 所示。

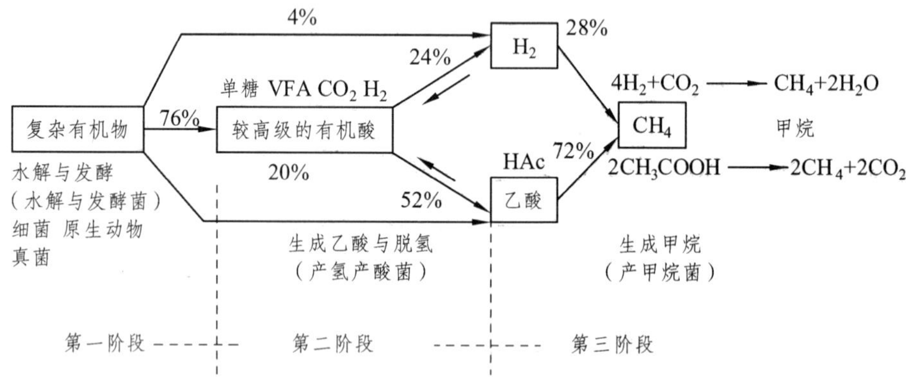

图 5-23　厌氧消化三阶段理论

主要影响因素如表 5-2 所示。其他的影响因素还有生物固体停留时间、添加剂和接种物等。停留时间与发酵罐的容积负荷之间呈反比的关系，它的计算可参考相关参考书。在发酵液中添加少量的化学物质，有助于促进厌氧发酵，提高产气量和原料利用率。例如添加磷酸钙能促进纤维素的分解，提高产气量；添加少量钾、钠、钙、镁、锌、磷等元素都能促进厌氧反应的进行。可把现有污水处理厂和工业厌氧发酵罐的发酵液作为菌种使用，以缩短菌体增殖的时间。

表 5-2　影响厌氧发酵的因素

影响因素	适宜	不适宜影响	说明
温度	常温发酵（自然发酵）、中温发酵（28～38 °C）和高温发酵（48～60 °C）	15 °C是厌氧消化在实际工程中的最低温度。温度变化超过±3 °C时就会抑制发酵速率；有±5 °C的急剧变化时，就会突然停止产气，使有机酸大量积累而破坏厌氧发酵	一定温度驯化的甲烷菌对温度变化很敏感，在操作过程中，应尽量保持温度不变。一天内的变化范围在±2 °C内
污泥投配率	中温消化 6%～8%为宜。在设计时，新鲜污泥投配率可在 5%～12%之间选用	投配率大，有机物分解程度减少，产气量下降，所需消化池体积小，反之产气量增加，所需消化池容积大	指每日加入污泥消化池的新鲜污泥体积与消化污泥体积的比率，以百分数计
碳氮比	一般以 10～20 较为合适	太高或太低都不利于污泥消化	通过投加原料配比来进行调节。
搅拌和混合	混合均匀可以使新鲜污泥与熟污泥均匀接触，加强热传导，均匀地供给细菌以养料，打碎液面上的浮渣层，提高消化池的负荷	常温发酵（自然发酵）一般没有搅拌，产气量较低，且不连续，污泥处理量也较小	三种方式：池外污泥泵循环搅拌；螺旋搅拌器搅拌；沼气循环搅拌。搅拌设备应能在 2～3 h 内将全池搅拌一次
pH 值	甲烷菌的最佳 pH 值是 7.0～7.5	甲烷菌的适宜 pH 范围为 6.6～7.5。水解发酵阶段与产酸阶段的反应速率超过产甲烷阶段，则 pH 值会降低，影响甲烷菌的生活环境	消化液的碱度通常由其中的氨氮含量决定，它能中和酸而使发酵液保持适宜的 pH 值。氨有一定的毒性，一般应不超过 1000 mg/L
有毒物质	—	对甲烷菌的产甲烷过程有影响	包括金属钠离子、钾离子、钙离子、镁离子、铵根离子、表面活性剂以及硫酸根离子、亚硝酸根离子和硝酸根离子等

二、常用污泥厌氧消化工艺

目前用到的工艺主要有：低负荷、高负荷、厌氧接触和分相消化等四种基本工艺，如图 5-24、图 5-25、图 5-26、图 5-27。

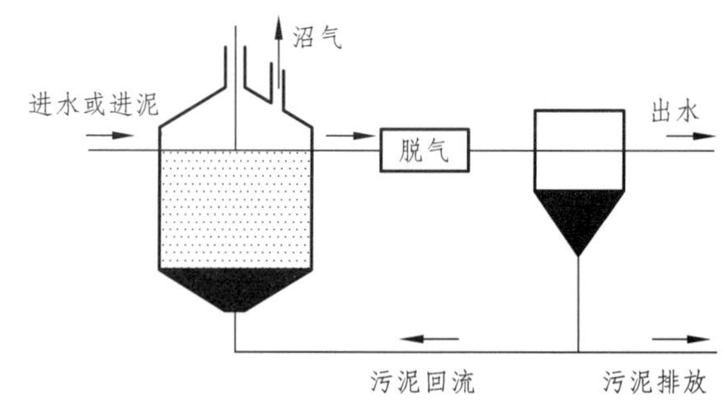

图 5-24　低负荷厌氧消化工艺流程

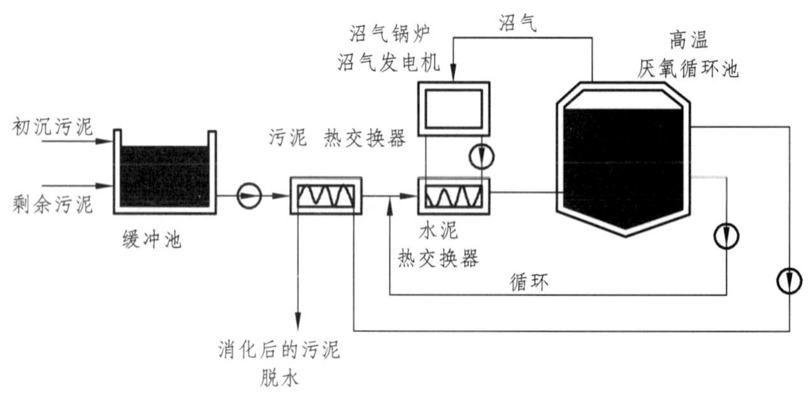

图 5-25　高负荷厌氧消化系统

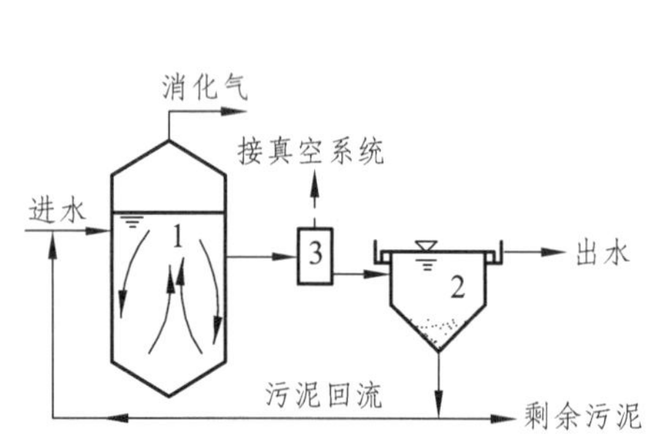

图 5-26　厌氧接触法的工艺流程

1—混合接触池（消化池）；2—沉淀池；3—真空脱气器

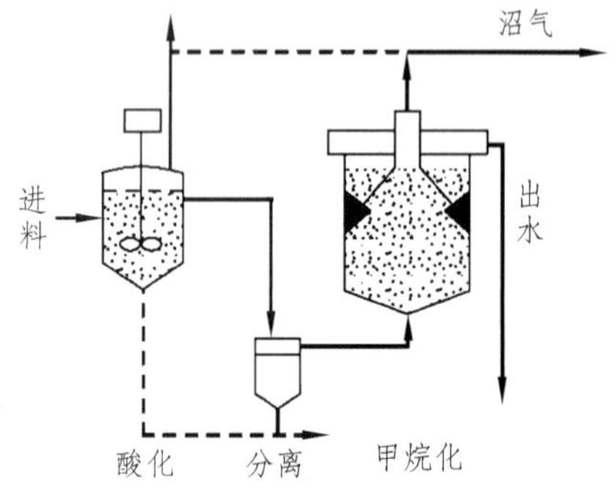

图 5-27　分相厌氧消化工艺流程

三、污泥厌氧消化工艺管理

1. 进排泥控制

污泥量与进泥量完全相等，并在进泥之前先排泥。如果排泥量大于进泥量，消化池工作液位降低，出现真空状态，消化池池顶的真空安全阀破坏，空气进入池内将产生爆炸的危险。如果排泥量小于进泥量，消化池液位上升，污泥自溢流管溢走，此时得不到消化。最佳的进排泥方式为上部进泥底部溢流排泥，使泥位稳定，保证充分消化的污泥被排走。如果进泥温度太低时，应注意热沉淀问题（温度很低的污泥进池遇热，迅速沉降，其原因是冷污泥密度大，热污泥密度小）。

采用中温二级消化时，要排放部分上清液，提高消化池的排泥浓度，减少污泥调质的加药量。上清液一般由上部阀门控制，重力排放。上清液含有大量的污染物质，这些物质回流至污水系统后，必然使其入流污染负荷增加，应认真对待。

2. pH 值及碱度控制

正常运行时，产酸菌和甲烷菌会自动保持平衡，将消化液的 pH 维持在 6.5 ~ 7.5 的中性范围。间接预测 pH 值的方法有 VFA 浓度、碱度 ALK 浓度、VFA/ALK、沼气中 CH_4 含量。

3. 毒物控制

工业成分比较高的污水，污泥消化系统常出现中毒现象。毒物控制方法有控制上流有毒物质的排放，加强污染源管理；消化池中加入 Na_2S，大部分有毒重金属离子能反应生成不溶性沉淀物，失去毒性。

4. 加热系统的控制

甲烷菌对温度的波动非常敏感，一般应将消化液的温度波动控制在 1.0 ℃，温度是否稳定，与投泥次数和每次投泥量及其历时关系很大。若采用蒸汽直接池内加热，效率高，但是会消耗锅炉的部分软化水，污泥的含水率升高，会导致消化池局部过热。采用泥水热交换器进行加热时，污泥流速应控制在 1.2 m/s 以上，流速低时，污泥遇热结饼，形成烘烤层，降低加热效率。

5. 搅拌系统的控制

目前，运行的消化系统绝大多数采用间歇搅拌运行，并注意以下几点：投泥过程同时搅拌；蒸汽加热过程同时搅拌；底部出排泥；尽量不搅拌；上部排泥，宜同时搅拌。消化系统试运行或正常运行以后改变搅拌工况，对搅拌混合效果进行测试评价，在池顶设有观测窗的消化池，可以观察搅拌均匀性。测试方法主要有纵横取样法和示踪法。

沼气搅拌常用气量控制搅拌强度。沼气用量可由下式计算：

$$Q_a=KA$$

式中 Q_a——沼气用量，m^3/h；

A——消化池的表面积，m^2；

K——搅拌强度，单位消化池面积在单位时间需要的气量，$m^3/(m^2 \cdot h)$。

四、污泥厌氧消化设备

污泥厌氧消化的设备有热交换器、高效污泥混合器、消化罐及其辅助设备、采气设备、混合搅拌设备和沼气利用设备。厌氧消化工艺的主要设备是消化罐（池），内部一般结构如图 5-28 所示。目前较常用的发酵罐类型主要有欧美型、经典型、蛋型、欧洲平底型，如图 5-29 所示。

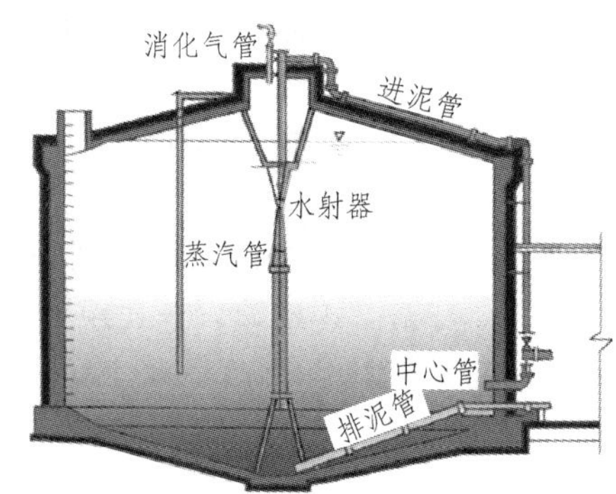

图 5-28　消化池的一般构造

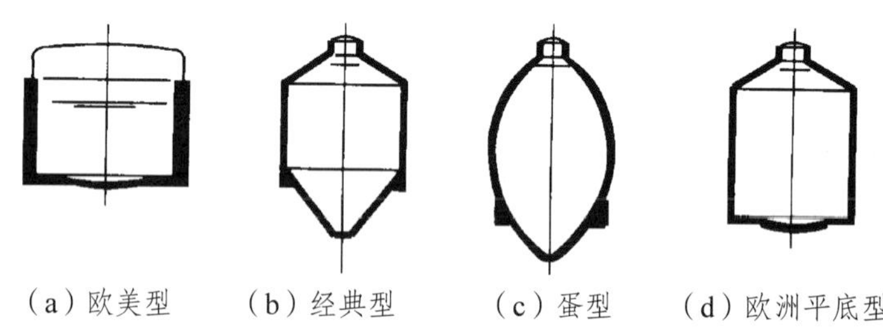

图 5-29　各种形状的污泥和有机废物发酵罐

消化池的日常维护管理项目：

（1）定期取样分析检测；

（2）经常检测 VFA 与 ALK；

（3）运行一段时间后，一般将消化池停用并泄空，进行清沙和清渣；

（4）搅拌系统应予以定期维护；

（5）加热系统应定期检查维护；

（6）经常清洗管道，防止管道结垢；

（7）消化池使用一段时间后，应停止运行，进行全面的防腐防渗检查和处理；

（8）一些消化池有时会产生大量泡沫，呈半液半固体状，严重时可充满气相空间并带入沼气管路系统；

（9）消化系统内的许多管路和阀门为间歇运行，因而冬季应注意防冻，应定期检查消化池及加热管路系统；

（10）安全运行；

（11）做好分析测量与记录。

五、厌氧消化工艺安全管理

为了防止沼气爆炸和 H_2S 中毒，需注意以下事项：

（1）甲烷（CH_4）在空气中的浓度达到 5% ~ 14%（体积比）区间时，遇明火就会产生爆炸。所以，在贮气柜进口管线上，所有沼气系统与外界连通部位以及沼气压缩机、沼气锅炉、沼气发电机等设备的进出口处，废气燃烧器沼气管进口处都需要安装消焰器。同时，在消化池及沼气系统中还应安装过压安全阀、负压防止阀等，避免空气进入沼气系统。

（2）沼气系统的防爆区域应设置 CH_4/CO_2 气体自动监测报警装置，并定期检查其可靠性，防止误报。

（3）消化设施区域应按照受限空间对待。参照行业标准《化学品生产单位受限空间作业安全规范》AQ 3028 执行。

（4）定期检查沼气管路系统及设备的严密性，若发现泄漏，应迅速停气检修。

（5）沼气贮存设备因故需要放空时，应间断释放，严禁将贮存的沼气一次性排入大气。放空时应认真选择天气，在可能产生雷雨或闪电的天气严禁放空。另外，放空时应注意下风向无明火或热源。

（6）沼气系统防爆区域内一律禁止明火，严禁烟火，严禁铁器工具撞击或电焊操作。防爆区域内的操作间地面应敷设橡胶地板，入内必须穿胶鞋。

（7）防爆区域内电气装置设计及防爆设计应遵循《爆炸和火灾危险环境电力装置设计规范》GB 50058 相关规定。

（8）沼气系统区域周围一般应设防护栏，建立出入检查制度。

（9）沼气系统防爆区域的所有厂房、场地应符合国家规定的甲级防爆要求设计。具体遵循《建筑设计防火规范》GB 50016，并可参照《石油化工企业设计防火规范》GB 50160 相关条款。

【任务准备】

工作任务可设定某个厌氧消化工艺运行场景（仿真或实景），给出控制说明、规程说明及安全规范等条件；准备若干相应硬件设备、软件环境及所需物料等。

【任务实施】

（1）根据给定的实训工作设备及相应要求、操作说明，分组进行污泥厌氧消化运行与管理操作，期间进行相应操作数据记录及定期取样分析，并进行结果分析。

（2）根据仿真操作说明来进行仿真操作练习，并注意观察各个参数变化，练习期间教师可设定临时故障来进行考察。

【检查评议】

评分标准见表 5-1。

【考证要点】

是否了解厌氧消化工艺的原理及主要参数；是否能够合理进行厌氧消化工艺及设备的运行与管理。

【思考与练习】

（1）目前常用的厌氧消化工艺都有哪些？区别是什么？

（2）厌氧消化工艺运行与管理的要点是什么？

知识点三　污泥脱水工艺运行与管理

【任务描述】

了解常用污泥脱水工艺及机械脱水方式、脱水设备及脱水工艺管理。

【任务分析】

污泥脱水的作用是通过自然干化或机械的方式将污泥中的部分间隙水分离出来，进一步减小体积，降低含水率。经过自然干化或机械脱水后，仍含有 45%以上的含水率，若有必要，可进一步采用干燥等方法去除，使污泥含水率降低至 10%左右，便于污泥的后续处置。

【知识链接】

一、污泥脱水工艺及常用机械脱水方法

排水污泥的脱水工艺与给水污泥的较为类似，此处不再赘述。常用的机械脱水方法的优缺点及适用范围等如表 5-3 所示。

表 5-3　几种污泥脱水设备的优缺点、适用范围及泥饼含水率

脱水设备	优　点	缺　点	适用范围	泥饼含水率
真空过滤机	能连续操作，运行平稳，可以自动控制，污泥处理量较大，滤饼含水率较低	污泥脱水前需进行预处理，附属设备多，工艺复杂，运行费用较高，滤布清洗不充分，易堵塞	适用于初次沉淀污泥和消化污泥的脱水	60%～80%
板框式压滤机	制造方便，适应性强，自动压滤机进料。卸料及滤饼均可自动操作，自动化程度高，滤饼含水率低	间歇操作，处理量较低	适于各种污泥脱水	45%～80%
滚压带式压滤机	设备构造简单，动力消耗少，能连续操作，是目前使用最广的方法	处理量较低，滤饼含水率较高	不适于黏性较大的污泥脱水	78%～86%
离心脱水机	能连续生产，可自动化控制，占地面积小，卫生条件好	污泥预处理要求较高，电耗量较大，机械部件易磨损，分离液不清，滤饼含水率较高	不适于含砂粒量高的污泥	80%～85%
造粒脱水机	设备简单，电耗低，管理方便，处理量大	钢材消耗量大，混凝剂消耗量较高，污泥泥丸紧密型较差	适于含油污泥的脱水	—

二、污泥干化和干燥

经过机械脱水的污泥含水率在 50%左右，若需焚烧或其他处理，则需继续降低其水分含量，可采用自然干化或者热风干燥的方式。

1. 自然干化

即利用自然力量（如太阳能）将污泥脱水干化，其主要构筑物为干化场或污泥干化床，如图 5-30 所示。此法适用于小型污水处理厂，且气候较干燥、占地不紧张、蒸发率较高、环境卫生条件允许的地区。

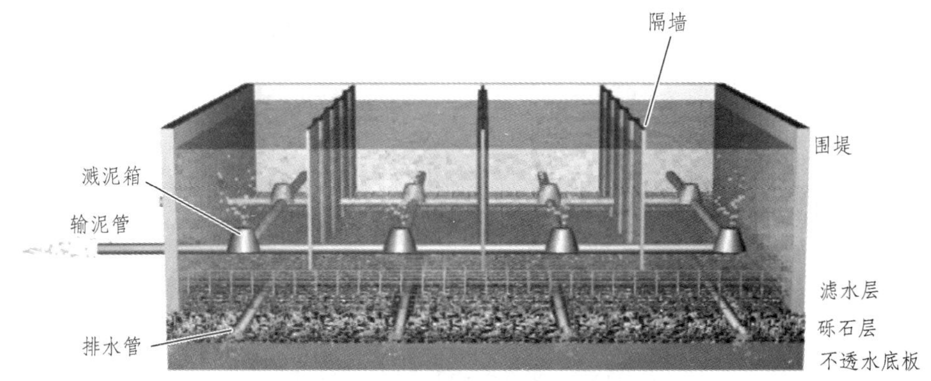

图 5-30　人工滤层干化场结构示意图

2. 干　燥

加热干燥是通过对污泥进行加热，使得污泥水分蒸发被脱除的方法。加热的方式有直接热风加热和间接加热，如图 5-31 所示。

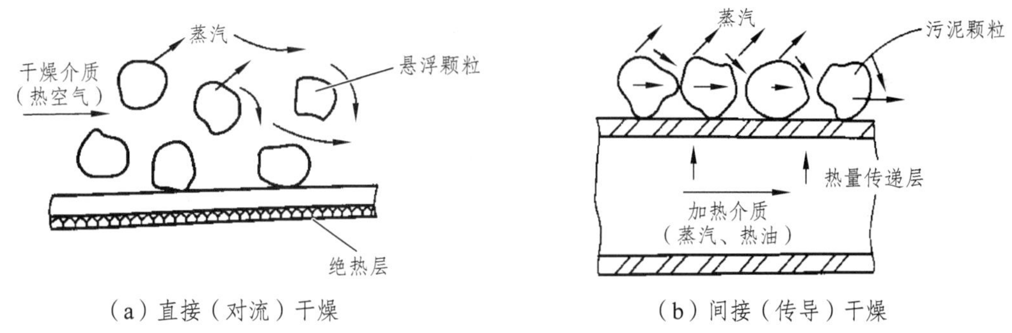

图 5-31　直接与间接干燥工艺

三、污泥脱水机械设备的运行管理

1. 压滤机

（1）板框压滤机和箱式压滤机的运行管理

压滤机的工作过程：板框压紧→进料→压干滤渣→放空→正吹风→反吹风→板框拉开→卸料→洗涤滤布。

启动前的准备：检查冲洗水压，一般不大于 0.3 MPa；检查空压机，以提供足够压力的气源。

运行：板框压紧时，注意观察电流表的读数，防止设备过电流造成事故。卸料时先正吹后反吹，各 2 ~ 3 次，空气压力一般不大于 0.5 MPa。

维护和保养：主要润滑部位应保持良好的润滑；及时更换滤布，一般每 3 个月换一次；定期检查清洗装置，保持喷水管畅通；校正托辊的位置，防止滤布跑偏。

（2）带式压滤机的运行管理

启动前的准备：检查各部件是否注油；检查各轴承座及各部件连接螺栓是否拧紧；传动机构转向是否灵活，方向是否正确；气动系统压力是否在范围内；检查滤带是否损坏；检查电器设备是否完好，是否具备开机条件。

运行：根据污泥状态，分别调整药剂量和给泥量；剥离滤饼，清洗滤带。

维护和保养：主要润滑部位应保持良好的润滑；及时更换滤布，一般每 3 个月换一次；定期检查清洗装置，保持喷水管畅通；定期保养气缸，清洗红外线探头；减速箱要定期换油，一般情况下 3 ~ 4 个月换油一次。

2. 离心脱水机的运行管理

图 5-32 为运行中的离心脱水机。

图 5-32 离心脱水机

启动前的准备：用手转动转筒，确定其是否能够自由转动，并确定其方向是否正确；禁止在离心机开启前启动供料泵和加药泵；检查带防护罩是否完好；检查各轴承座及各部件连接螺栓是否拧紧；

运行：离心机达到额定转速后启动供料泵；检测转筒速度，不允许超过其转速限定值；调整螺旋输送器与转筒的差速，以达到最佳状态；在转筒运转时不允许打开机罩或拆除机器部件；停机时先停止供料泵、加药泵，再停止进料。

维护和保养：主要润滑部位应保持良好的润滑；新齿轮 500 h 后更换齿轮油，以后每年或不超过 1000 h 更换一次；主轴承每 2000 h 加润滑油一次等；及时更换滤布，一般每 3 个月换一次；定期进行安全检查，每隔三年必须对离心机进行解体检查；定期检查齿轮，及时除去金属磨损物并清洗；定期检查供料管出料口的磨损情况。

【任务准备】

设定某个机械脱水（板框压滤、带式压滤或离心脱水）工作场景，给出操作规范、实训设备说明及要求、安全要求等条件；准备相应实训硬件设备、所需物料（配置污泥或取污水处理厂的污泥）及所需劳保装备、工具等。

【任务实施】

（1）制订任务实施计划及小组分工，准备相关记录资料及物料；
（2）根据给定的实训工作场景，进行符合规范的设备操作；
（3）对实训设备进行日常维护及清洁。

【检查评议】

评分标准见表 5-1。

【考证要点】

是否了解机械脱水操作的要点；是否能够合理进行机械脱水操作。

【思考与练习】

（1）污泥脱水的方式都有哪些？比较其优缺点。
（2）归纳总结本次实训操作的要点及注意事项。

知识点四　污泥资源化工艺运行与管理

【任务描述】

了解污泥的资源化利用方法，污泥的最终处置以及运行管理。

【任务分析】

污泥经好氧或厌氧等生物处理后可作土地利用，近年来还发展了利用污泥制造建材的资源化利用技术。污泥建材利用是指通过技术手段将污泥无害化后加工成为可应用的材料。污泥的材料利用目前主要有制备烧结材料、水泥制品、生化纤维板、陶粒和吸附材料等。

【知识链接】

污泥中除了有机物外往往还含有 20%～30%的无机物，主要是硅、铁、铝和钙等。因此，即使污泥焚烧去除了有机物，无机物仍以焚烧灰的形式存在，需要做填埋处置。如何充分利用污泥中的有机物和无机物，而污泥的建材利用是一种经济有效的资源化方法。

一、污泥的建材利用

污泥的建材利用大致可归纳为以下方法：制轻质陶粒、熔融材料和熔融微晶玻璃，生产水泥等。

1. 轻质陶粒的制备与应用

污泥制备轻质陶粒的方法按原料不同可以分为两种，一是用生污泥或厌氧发酵污泥的焚烧灰造粒后烧结。这种技术较为成熟，但需单独建设焚烧炉，污泥中的有机成分没有得到有效利用。近年来开发了直接从脱水污泥制陶粒的新技术，其工艺流程如图 5-33 所示。

2. 熔融材料和熔融微晶玻璃的制备技术

污泥熔融制得的熔融材料可以做路基、路面，混凝土骨料以及地下管道的衬垫材料。

（1）污泥直接制熔融材料的技术

由日本荏原株式会社开发成功的污泥熔融系统由三种单元设备组成，即干燥设备、熔融设备和排气处理设备，如图 5-34 所示。

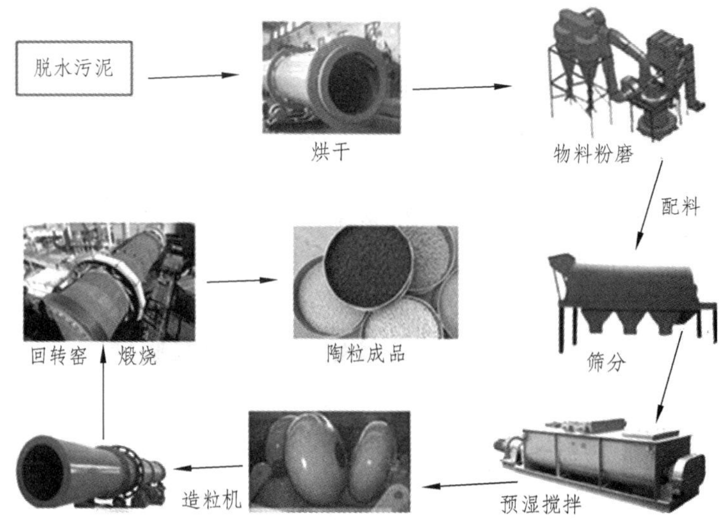

图 5-33　污泥制备陶粒的途径简图

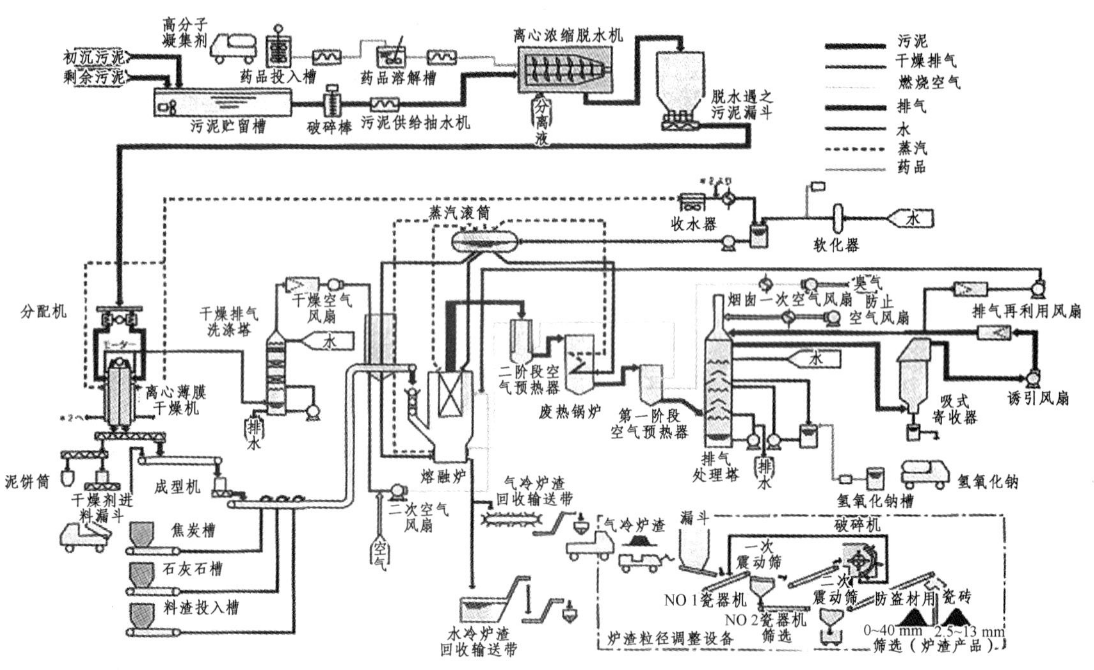

图 5-34　日本大阪 80 t/d 焦炭床熔融炉污泥熔融流程

（2）污泥制微晶玻璃

微晶玻璃生产原料常用污泥焚烧灰、沉砂池沉砂和废混凝土，原料配比以 SiO_2、Al_2O_3 和 CaO 的比例符合生成钙长石和 β-硅灰石为准。原料调整后熔融温度控制在 1 400 ~ 1 500 °C。熔融物需放置一定时间，以脱泡和均质，然后注入模具中成型。随着温度的降低生成晶核（FeS），再加热处理，促使晶体成长。热处理后自然冷却，得到各种形状的微晶玻璃。过程如图 5-35 所示。

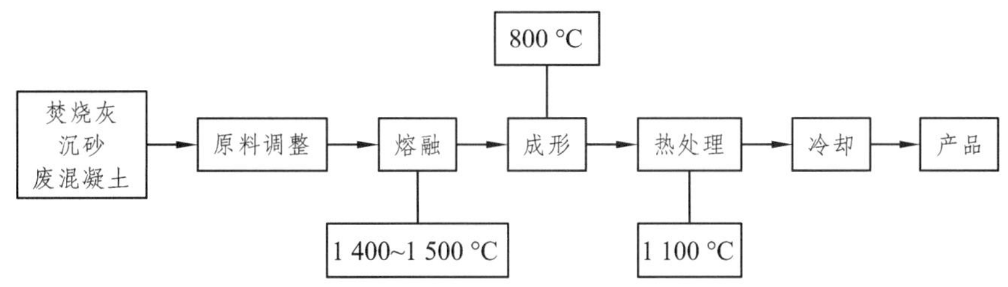

图 5-35　污泥焚烧灰制备微晶玻璃工艺流程示意图

3. 污泥生产水泥

利用污泥生产水泥原料有三种方式：一是直接用脱水污泥；二是干燥污泥；三是污泥焚烧灰。过程如图 5-36 所示。

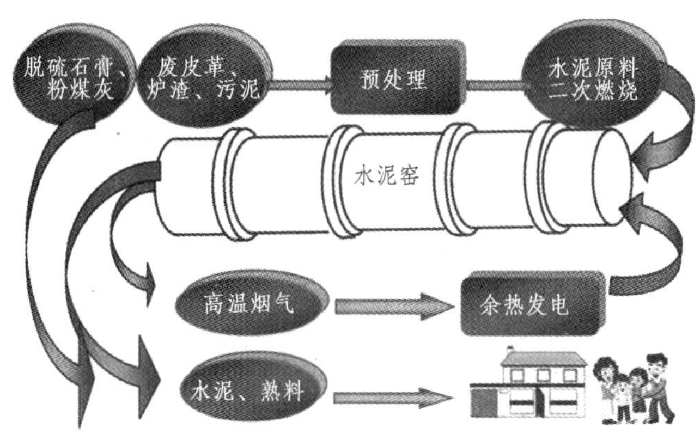

图 5-36　添加污泥制备水泥工艺示意图

水泥入窑生料的控制指标是水分应小于 35%，流动度大于 75 mm，未脱水污泥和脱水污泥均可以做原料，但考虑到运输成本，水泥厂较适合用脱水污泥。加入污泥后相同水分下的生料浆流动度会低 6.7%，这样会对生产设备和生产过程带来不利影响（生料流动度越小，沉降率越大），因此需适当增加水分，使生料达到流动度要求。

利用污泥做原料生产水泥时，需要解决污泥的贮存、生料的调配以及恶臭的防治，确保生产出符合国家标准的水泥熟料。为了防治污泥在生产过程中产生恶臭，首先在污泥中掺入生石灰，然后采用水调料，再用泵输送到泥浆库。熟料生成与普通硅酸盐熟料基本相同，但要控制熟料 C_3A 的含量必须小于 8%，以防窑内产生窑皮和结圈。污泥中的氯在高温区蒸发，在低温区冷凝，从而妨碍水泥窑的正常运行，因此污泥在脱水时尽量不使用含氯的无机凝聚剂。污泥中的磷不会像氯那样产生反复凝缩，影响水泥窑的正常运行，也不会影响水泥的质量。

以污泥为原料生产水泥时，已确认水泥窑排出的气体中 NO_x 含量减少了 40%。这是因为污泥中的氨在高温下挥发，与气体中的 NO_x 反应，使之分解，从而起到脱硝剂的作用。

二、污泥的最终处置

目前运用比较多的泥饼处置方法有陆上埋弃、卫生填埋、海洋投弃和综合利用。

1. 陆上埋弃

污泥的陆上埋弃是利用附近较充裕的一些废地来埋置泥饼。进行陆上埋弃，应遵循有关的法律规定，具体考虑以下一些问题：

（1）需要详细记录埋弃后污泥的吸水率和承载能力状况；

（2）具有宽阔的埋弃场所；

（3）脱水污泥从水厂送到埋弃场所，应有安全可靠的运输方案。

2. 卫生填埋

卫生填埋是将脱水泥饼与城市垃圾处理场中的生活垃圾混合后一起填埋，用作垃圾处理场的覆土。此方法具有处置彻底，成本低廉等优点，是一项比较成熟的污泥处置技术。

3. 海洋投弃

海边城市由于地形优势，又比其他内陆城市多了一种给水污泥的处置方式——海洋投弃。污泥的海洋投弃将会开始受到越来越多的制约，在某些城市不得不选用海洋投弃时，应注意有关法令的修改和进展。

4. 综合利用

在污泥的综合利用方面，国内外学者已通过试验研究结果表明从给水污泥中回收铝盐、铁盐以及再生石灰是可行的；还可以将污泥作为建材利用，如生产水泥、制轻质陶粒、制熔融材料和熔融微晶玻璃等；另外污泥可用于农业或林业中，污泥中含有黏土、腐殖质以及其他悬浮物，适度用于土壤后，能促进土壤的凝聚反应，改善土壤结构，利于耕作。

目前，国内对于污泥的综合利用还不是很广泛，主要是因为污泥的综合利用工艺比较复杂、成本也相对较高，但针对我国人口多、污泥量大的国情，探寻低成本、无害化、多用途的污泥处置方式和综合利用的途径，并兼顾生态效益、环境效益、经济效益和社会效益，将是今后污泥处置的主要趋势。

【任务准备】

某地污水处理厂污泥资源化方案调研。设定某地污水处理厂所产生的污泥，首先进行资料搜集准备工作：可以实地调研或查阅资料，结合本地经济发展情况及其他需求，初步给出污泥资源化利用方案，并进行阐述解释。

【任务实施】

根据给定的污水处理厂，小组分工进行调研、查阅资料，并选出合适的污泥利用方案。将给定的污泥利用方案进行初步论证，并形成文字报告。

【检查评议】

评分标准见表 5-1。

【考证要点】

是否了解污泥资源化利用的方法优缺点；是否能够合理选择污泥资源化方法。

【思考与练习】

（1）结合前述内容，总结污泥资源化分为哪几类？
（2）污泥资源化不同方法的优缺点有哪些？

任务三　水处理厂生产废水的回收与利用运行与管理

知识点一　给水厂生产废水回用运行与管理

【任务描述】

了解给水厂生产废水的组成及特性、生产废水回用工艺类型及废水回用管理要点。

【任务分析】

在水资源越来越紧缺的情况下，人们逐渐认识到净水厂的生产废水若未经处理直接排放，不仅造成水体污染，还会浪费大量水资源，因此，给水厂生产废水回用已经引起广泛关注和研究。但是生产废水中富集了原水中大量的污染物、微生物以及投加的药剂，回用处理不当或控制不当，可能会对出水水质产生影响，引起饮用水安全风险，因此，给水厂生产废水回用需谨慎，在运行管理中应加强管理。

【知识链接】

一、生产废水的组成

给水厂常规水处理工艺中，水厂产生的生产废水占水厂总处理水量的4%～7%，主要包括沉淀池、澄清池的排泥水和滤池反冲洗水，如图5-37所示。

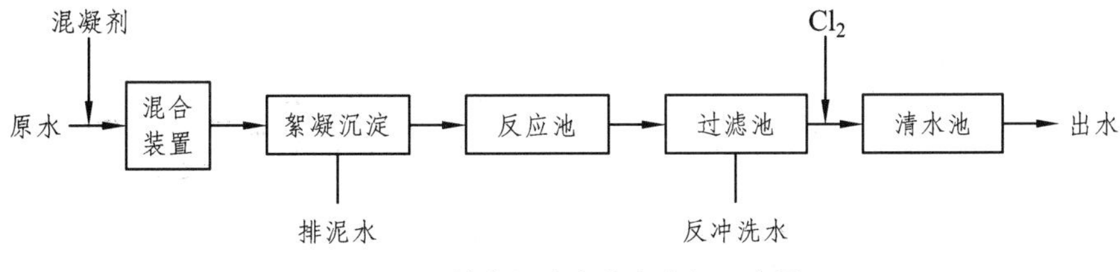

图5-37　给水厂生产废水来源示意图

二、给水厂生产废水回用工艺

给水厂生产废水回用的方式可以分为直接回用和处理后回用，如图5-38、图5-39所示。

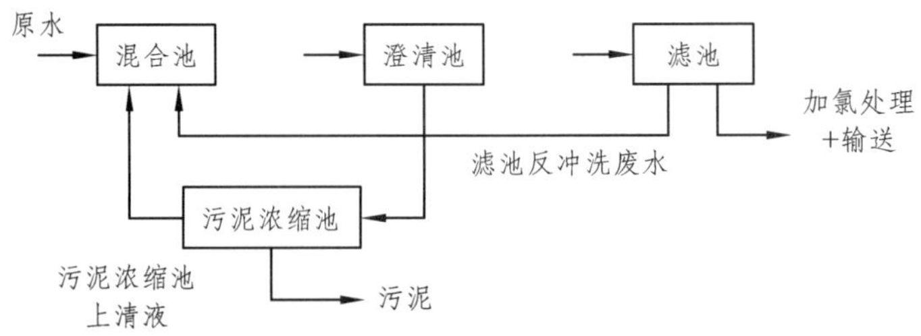

图 5-38　某给水厂排泥水浓缩回用、反冲洗水直接回用工艺

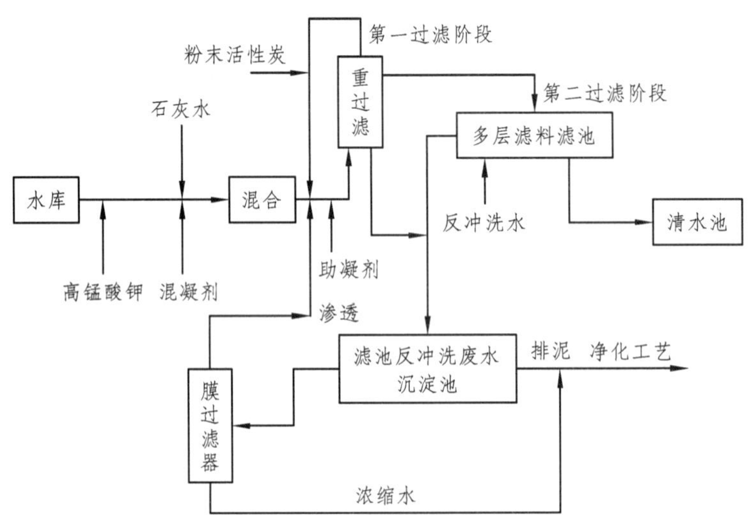

图 5-39　给水厂生产废水回用水处理工艺

三、给水厂生产废水回用管理

1. 分离装置

在污水和污泥的处理过程中，会得到大量的上澄清水和析出水（滤液），这些水总称为分离水。这些分离水，如水质欠佳，须在处理系统中作重复处理；如水质较好，可作原水利用或直接排入水体。对于快滤池冲洗水，不少给水厂直接将其排入絮凝池作原水重复利用。当对分离水作原水再利用或直接排入水体时，往往可把排水池、排泥池、浓缩池的上清液和污泥脱水机的析出水汇集，加以再利用或排放。这样做是为了使分离水的利用或排放负荷趋于均衡稳定。也有将分离水排入排水池或排泥池中，用排水池或排泥池作为分离水的调节贮藏设施，在排水池或排泥池上设置上澄清水排出口，将上清液排入水体或作原水使用。

2. 快滤池冲洗水直接作原水重复利用

给水厂快滤池冲洗水可直接送到沉淀池前部，作原水重复利用。快滤池冲洗水作原水利用，不但可节约药剂和电能，还能提高沉淀效果，尤其对于低浊度原水的给水厂，效果很明显。因此此法在很多给水厂中得到了采用。但当将快滤池冲洗水作原水利用时，要考虑下面给的问题：回用的水量；连续回送还是间歇回送；间歇回送的时间间隔；快滤池冲洗水在作回送过程中发生沉淀，因此，要考虑回送系统的运行。

（1）在常用混凝剂中，聚合氯化铝的吸附污物能力为最强，有效时间也长。如取用聚合氯化铝作混凝剂，快滤池冲洗水作原水回收利用时的助凝作用较为明显，不但净水效果好，且药剂的节约量也比较大。

（2）对滤池冲洗排放水不断进行搅拌，使其中带有一定量的污浊物质，回送利用的净水效果好。

（3）滤池冲洗排放水全部回送，且均匀连续返送效果好。

（4）滤池冲洗排放水如按上述方法加以利用，混凝剂聚合氯化铝的用量可减少10%～30%。

（5）滤池冲洗排放水返送利用后，给水厂的污泥产生量可减少10%～20%；沉淀污泥浓度可提高10%～30%。

3. 分离水水质问题及对策

对质量较差的不能直接作直接排放或利用的分离水，常采用下面一些处理方法：

（1）如脱水过程中得到的析出水（滤液）中悬浮物含量较大，可将之先排入浓缩池中再澄清。

（2）如脱水机排出的析出水（滤液）中悬浮物含量极大，可将它排入浓缩池中，然后将浓缩池中的上清液排入排水池中，排水池的上清液再作利用或排放。

（3）对有机高分子絮凝剂含量较高的分离水，一般均排入浓缩池中作稀释处理，同时，排入浓缩池中的残留有机高分子絮凝剂对污泥浓缩也有一定的益处。

上述几种处理方法的特点是：安全性强；中间有几个缓冲阶段，使排出的上清液水质较好。如果分离水是连续产生的，水质又较好，可不设贮藏池，直接将之返送到沉淀池作回收利用或排入水体。将分离水作原水使用，应注意两个问题：一是分离水的水质和水质稳定性；二是分离水的水量和回收利用时水量的均匀性。

给水厂生产废水回用做原水使用，虽然节约了水资源，但其中的风险也不可忽略。生产废水回用可能造成安全风险的指标包括浊度、铁、锰、铝、有机物和微生物。有报道显示，排泥水和滤池反冲洗水中的贾第虫孢囊和隐孢子虫卵囊明显高于原水含量，而贾第鞭毛虫和隐孢子虫又具有极强的抗氯性。因此，在进行废水回用管理中，除做好回用各项指标的控制管理之外，还应加强检测和分析的力度。

【任务准备】

工作任务可根据条件而定，有实训场所的可设定在某个净水厂，根据净水厂的生产工艺、废水产生量及回用管理情况、回用效果等进行实地调查，了解并强化认识回用运行与管理；若有相关仿真软件，可进行仿真模拟实训，设定某个给水厂生产场景，给出生产工艺、相应参数及控制要求等条件，准备相应软件设施、硬件设施、相关资料等。

【任务实施】

（1）根据给定的任务要求，确定出采用的废水回用工艺，并找出运行与管理中需重点控制的参数。

（2）若进行实地实训的，可对所调研的结果及资料进行分析讨论；若进行仿真模拟实训的，可在练习中加入事故，强化练习效果。

【检查评议】

评分标准见表 5-1。

【考证要点】

是否了解给水厂生产废水回用工艺及区别；是否能够合理确定废水回用控制参数。

【思考与练习】

（1）给水厂生产废水回用工艺分为哪几类？
（2）在废水回用控制管理中，重点关注的是什么？

知识点二　污水处理厂废水的回收与利用运行与管理

【任务描述】

了解污水的再生利用方法及处理工艺、再生利用管理要点及中水资源化管理的要点等。

【任务分析】

在水处理工程中，管道工程投资在工程总投资中占有很大的比例，而管道工程总投资中，管材的费用占 50%左右。同时，管网系统属于城市地下隐蔽工程，要求有很高的安全可靠性。因此，合理选择管材非常重要。

【知识链接】

一、污水的再生利用方法

城市污水量大且比较稳定，经处理净化后，回用于农业、工业、地下水回灌、市政用水等，如表 5-4 所示，不但可以弥补水资源的缺乏，而且也减轻了水环境污染。在污水回用计划实施过程中，再生水的用途决定了污水需要处理的过程和程度。

表 5-4　城市污水再生利用类别

分类	范围	示例
农、林、牧、渔业用水	农田灌溉	种子与育种、粮食与饲料作物、经济作物
	造林育苗	种子、苗木、苗圃、观赏植物
	畜牧养殖	畜牧、家畜、家禽
	水产养殖	淡水养殖
城市杂用水	城市绿化	公共绿地、住宅小区绿化
	冲厕	厕所便器冲洗
	道路清扫	城市道路的冲洗与喷洒
	车辆冲洗	各种车辆冲洗
	建筑施工	施工场地清扫、浇洒、灰尘控制、混凝土制备与养护、施工中的混凝土构件和建筑物冲洗
	消防	消火栓、消防水炮

续表

分类	范围	示例
工业用水	冷却用水	直流式、循环式
	洗涤用水	冲渣、冲灰、消烟除尘、清洗
	锅炉用水	中压、低压锅炉
	工艺用水	溶料、水浴、蒸煮、漂洗、水力开采、水力输送、增湿、稀释、搅拌、选矿、油田回注
	产品用水	浆料、化工制剂、涂料
环境用水	娱乐性景观环境用水	娱乐性景观河道、景观湖泊及水景
	观赏性景观环境用水	观赏性景观河道、景观湖泊及水景
	湿地环境用水	恢复自然湿地、营造人工湿地
补充水源水	补充地表水	河流、湖泊
	补充地下水	水源补给、防止海水入侵、防止地面沉降

二、污水的再生利用工艺

污水的再生利用处理与通常所讲的水处理并无特殊差异，只是为了使处理后的水质符合回用水水质标准，其涉及范围更加广泛，在选择回用水处理工艺所考虑的因素更为复杂。表 5-5 为回用水处理基本方法的类别、作用及原理。

表 5-5　回用水处理基本方法

方法分类			主要作用
物理方法	筛滤截留		格栅：截留较大的漂浮物；格网：截留较小的漂浮物； 微滤：去除细小悬浮物；过滤：滤除细微悬浮物和部分胶体
	重力分离		重力沉降分离悬浮物 气浮：上浮分离不易沉降的悬浮物
	离心分离		惯性分离悬浮物
	高梯度磁分离		磁力分离磁性或被磁化颗粒
化学方法	化学沉淀		以化学方法析出并沉淀分离水中的无机物
	中和		中和处理酸性或碱性物质
	氧化与还原		氧化分解或还原去除水中的污染物质
	电解		电解分离并氧化或还原水中污染物质
物理化学法	离子交换		以交换剂中的离子交换去除水中的有害离子
	萃取		以不溶于水的有机溶剂分离水中相应的溶解性物质
	汽提与吹脱		去除水中的挥发性物质
	膜分离技术	电渗析	在直流电场中离子交换树脂膜选择性地定向迁移、分离去除水中离子
		扩散渗析	依靠半渗透膜两侧的渗透压分离溶液中的溶质
		反渗透	在压力作用下通过半渗透反方向地使水与溶解物分离
		超滤	通过超滤膜使水溶液的大分子物质与水分离
	吸附处理		以吸附剂吸附水中的可溶性物质

续表

方法分类		主要作用
生物法	活性污泥法	以不同方式使水充氧，利用水中微生物分解其中的有机物质
	生物膜法	利用生长于各种载体上的微生物分解水中的有机物质
	生物氧化塘	利用池塘中的微生物、藻类、水生植物等通过好氧或厌氧分解降解水中的有机物
	土地处理	利用土壤和其中的微生物以及植物根系综合处理水中的污染物质
	厌氧生物处理	利用厌氧微生物分解水中的有机物，特别是高浓度有机物

按处理程度划分，城市污水可分为一级处理、二级处理和三级处理。一般处理工艺组合如图 5-40 所示。

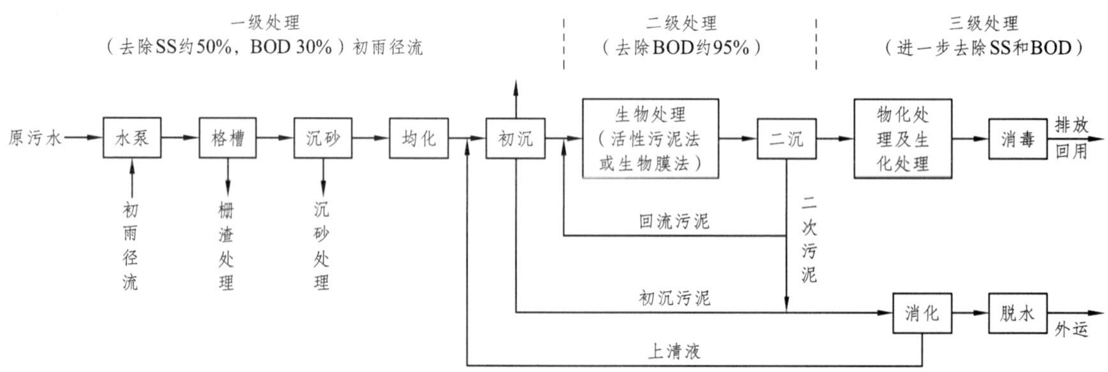

图 5-40　城市污水处理回用工艺典型流程

三、中水资源化利用工艺管理

对于不同的用途采用适当的工艺处理，出水应达到相应的标准方可成为可用水源。

1. 回用工业用水

再生水回用于工业用水，一般可以用于工艺低水质用水。因各行业生产工艺不同，很难制定统一的水质标准，可参照以自然水体为水源的水质标准。再生水用于工业冷却水，处理目标水质应满足《城市污水回用设计规范》（CECS 61：94）给出的水质标准，回用于循环冷却水系统常见的处理工艺流程如图 5-41 所示。

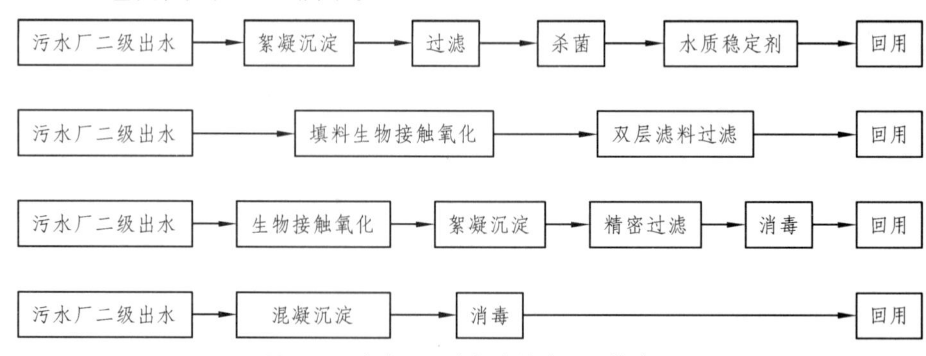

图 5-41　中水用于冷却水的处理工艺流程

在污水二级出水回用于循环冷却水的过程中，应该从以下几个方面做好控制工作：

（1）微生物的生长：在冷却塔受阳光照射的一侧藻类生长活跃，可以采用氧化性杀菌剂（如液氯、二氧化氯、次氯酸钙等）、非氧化性杀菌剂、表面活性剂杀菌剂。由于氯在循环的过程中容易损失，可用氯和非氧化性杀菌剂联合使用。

（2）污垢和黏泥：结垢控制可以通过软化和除盐除去水中结垢成分或加阻垢剂。污垢控制应根据污垢的成分采取控制措施，若是油污引起的可采用表面活性剂控制；若是由于悬浮物引起的可加强混凝沉淀或采取旁滤来控制。黏垢的控制需要采用杀菌剂控制，药剂投加量为新鲜补充水的 1 ~ 10 倍。

（3）腐蚀：吸收过量氧的水对设备管道有腐蚀性。循环水系统都使用了杀菌剂，所有循环冷却水都要定期排污，以防止溶解的和悬浮的非蒸发物的积累。在循环冷却水决定补充水和排污量的是循环浓缩倍数。浓缩倍数越高，排污量越低，就越容易导致结垢现象；结垢以后要进行化学清洗，处理成本会提高，因此要防止垢的形成。

（4）起泡：使用可生物降解的洗涤剂，同时，控制回用水磷的含量，使得回用水中的直链烷基磺酸盐的含量保持在 0.5 mg/L 以下，必要时还要使用消泡剂。

（5）氨：对铜有腐蚀性，氨与氮反应会减弱杀灭微生物的效果。

（6）磷酸钙垢及其他垢的形成：由于回用水中磷的存在，易形成磷酸钙垢。如水中磷含量过高就必须用酸化控制或去磷控制。

（7）卫生方面：冷却塔循环水及其淤积物会四处抛散，虽然病原菌由于温度、氯化和阳光作用而部分死亡，但不能保证所有的传染菌都死亡，所以这个问题也要一起重视。

2. 回用农业灌溉

我国 1992 年颁布实施的《农田灌溉水质标准》，对污水浇灌提出较严格要求，严禁使用污水浇灌生食的蔬菜和瓜果；对于水作、旱作和蔬菜，必须将污水处理达到灌溉水质标准才能灌溉。对于旱作和蔬菜，常规的二级处理加消毒就可以满足要求。水作，对于氮磷要求高，需要采用强化二级处理加消毒才能达标；也可以与清水混灌，降低氮磷含量。回用水可根据灌溉作物对水质的要求，选择合理的处理工艺。

如图 5-42 为美国对直接食用性粮食作灌溉的再生处理流程，其中大肠杆菌不得超过 2.0 个/100 mL。农业灌溉回用过程中，重点要考虑水的盐分、钠离子、微量元素、余氯、营养物质和病原体等。

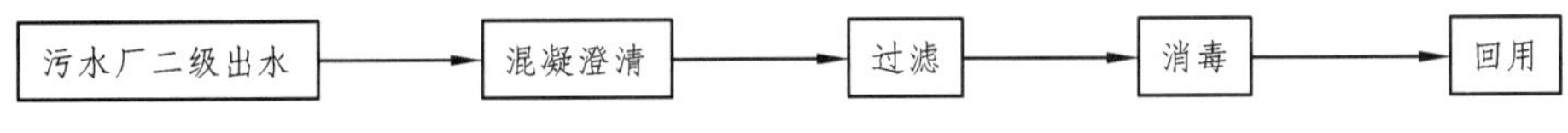

图 5-42　美国对中水用作农业灌溉的水处理工艺

3. 回用城市杂用水

用于城市杂用水时，执行国家标准《城市污水再生利用城市杂用水水质》（GB/T18920—2002）。回用处理工艺：城市二级处理出水、混凝沉淀、过滤、消毒处理。针对再生水回用于城市公用设施，必须建立相应的详细管理准则或指南，要求再生水经过高程度处理和消毒。如果人可能接触到再生水，那么一般要求再生水经过三级处理，基本消灭病原菌。

4. 回用城市景观环境用水

城市污水回用于城市景观环境用水的现行标准有《城市污水再生利用景观环境用水水质》（CJ/T18921—2002）和《地表水环境质量标准》（GB3838—2002）。该回用系统的运行，关键是控制营养物质，据研究水体中 TP＜0.5 mg/L 时，即使在夏季藻类易爆发期也能保证较好的水质，即不明显影响娱乐性水环境的美学价值。如图 5-43 所示。

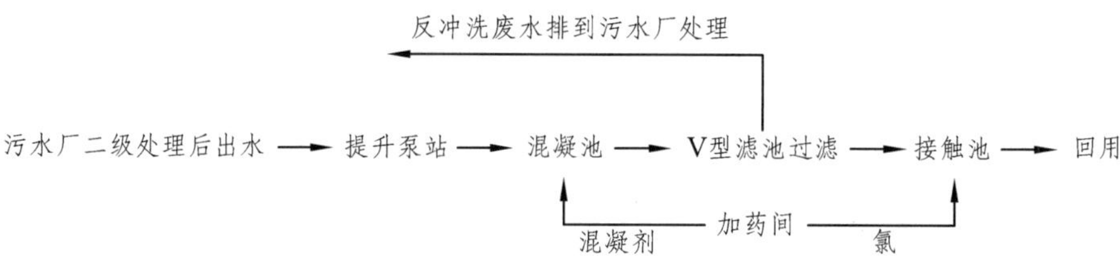

图 5-43　某污水处理厂中水回用做城市小区景观水体的处理工艺

5. 回注地下

再生水回注地下含水层、补充地下水，可以防止海水入侵，或用于防止因过量开采地下水造成的地面沉降，或用于重新提取作灌溉用水，或用于重新提取作饮用水。用于作饮用水补充水时，应对城市污水处理厂的二级出水进行三级处理；国外多在二级出水后接多层滤料过滤、反渗透、氯化，或氯化、硅藻土过滤、臭氧氧化，或混凝、多层滤料过滤、反渗透、氯化。

【任务准备】

工作任务可安排为对当地中水回用情况的调查。设定某个污水处理厂的出水水质及周边环境，给出中水回用目的等条件。

【任务实施】

（1）根据任务安排，小组进行分工：对污水处理厂的资料收集、当地用水情况资料收集等。

（2）根据所收集到的资料，分析中水回用情况或可行性。若有中水回用案例，可针对此案例进行分析其运行与管理的要点及落实情况；若无，可分析其实行中水回用的可行性及注意事项。

【检查评议】

评分标准见表 5-1。

【考证要点】

是否了解中水回用的常用处理工艺及处理方法；是否能够合理的初步选择中水处理工艺及运行管理要点。

【思考与练习】

（1）中水回用主要分为哪几类？

（2）中水回用的常用处理方法有哪些？

（3）污水回用的处理工艺发展趋势如何？

项目六　水处理厂（站）机电设备运行与管理

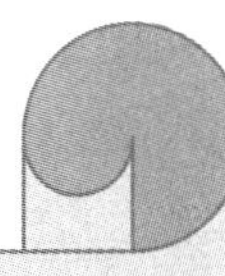

【知识目标】

了解水处理厂（站）机电设备类型，熟悉泵、风机和阀门等通用机电设备以及拦污、排泥排沙、曝气等专用机电设备的工作原理，掌握这些水处理工艺设备运行与管理知识。

【技能目标】

通过本项目的学习，能根据水处理厂（站）实际情况正确运行和管理泵、风机和阀门等通用机电设备以及拦污、排泥排沙、曝气等专用机电设备；能运行和管理这些水处理工艺设备。

【重点难点】

离心泵的工作过程，泵、风机的故障分析，拦污设备的维护，排泥排沙设备的维护，曝气设备的维护与运行管理。

任务一　水处理厂（站）通用机电设备运行与管理

知识点一　泵的运行与管理

【任务描述】

熟悉水处理厂（站）常见泵的特点，掌握常见泵的运行与管理要点。

【任务分析】

水处理厂（站）泵的应用非常普遍，要求掌握水处理厂（站）常见泵的特点、运行和管理要点。

【知识链接】

一、水处理厂（站）常见泵

1. 离心泵

离心泵在水处理厂（站）被广泛使用，这与其性能密切相关。离心泵突出的性能优点是：结构简单，操作容易，便于调节和自控；流量均匀，效率较高；流量和压头的适用范围较广；适用于输送腐蚀性或含有悬浮物的液体。

（1）离心泵运行操作要点

① 启动前应灌泵，并排气。

② 应在出口阀关闭的情况下启动泵。

③ 停泵前先关闭出口阀，以免损坏叶轮。

④ 经常检查轴封情况。

2. 潜水泵

（1）潜水泵的特点

潜水泵由潜水电动机、泵体、出水弯管、扬水管组成，泵体与潜水电动机连成一个整体潜入水中，不受吸水的高度限制，因此在水处理工程中广泛应用。目前市场上的潜水泵产品有两大类：清水泵、污水泵。其中污水泵带有防堵塞撕裂机构，可以输送含有一定大小和硬度的固体颗粒的液体（如市政污水等）。

（2）潜水泵运行操作要点

① 启动前需要检查水泵液位，防止进水口被泥沙堵塞，检查电缆等结构是否破损等。

② 如果潜水泵已经过检修，需经过调试无问题方可进行启动操作。

③ 水泵启动需严格按照操作规程操作，大型潜水泵启动需采用降压启动、软启动或变频启动，以减少启动过程中水泵对电路电压的冲击和水力对冲击。

④ 潜水泵长期浸没在水中，一些异常情况无法被发现，因此须严格执行定期检修制度。

3. 容积泵

容积泵较适用于小流量、高扬程、介质杂质含量较高（或黏度较大）的工作环境，在水处理中经常被用作加药泵或计量泵。

二、水泵的日常保养要求

（1）及时补充润滑油或润滑脂。

（2）随时调整填料压盖松紧度。

（3）及时更换新填料。

（4）注意监测水泵振动情况。

（5）检查阀门填料。

（6）注意检查各个仪表有无异常情况，如有则及时更换。
（7）保养设备外部零件。
（8）保持设备及室内外环境卫生。

三、水泵运行常见故障排除

水泵常见故障分析与排除方法参见表 6-1。

表 6-1　水泵常见故障分析与排除方法

故障	产生原因	排除方法
启动后水泵不出水或出水不足	泵壳内有空气，灌泵工作没做好 吸水管路及填料有漏气 水泵转向不对 水泵转速太慢 叶轮进水口及流道堵塞 底阀堵塞或漏水 吸水井水位下降，水泵安装高度太大 减漏环及叶轮磨损 水面产生漩涡，空气带入泵内 水封管堵塞	继续灌水或抽气 堵塞漏气，适当压紧填料 对换一对接线，改变转向 检查电路，是否电压太低 揭开泵盖，清除杂物 清除杂物或修理 核算吸水高度，必要时降低安装高度 更换磨损零件 加大吸水口淹没深度或采取防止措施 拆下清通
水泵开启不动或轴功率过大	填料压得太死，泵轴弯曲，轴承磨损 多级泵中平衡孔堵塞或回水管堵塞 靠背轮间隙太小，运行中二轴相顶 电压太低 实际液体的比重远大于设计液体的比重 流量太大，超过使用范围太多	松一点压盖，矫直泵轴，更换轴承 清除杂物，疏通回水管 调整靠背轮间隙 检查电路，向电力部门反映情况 更换电动机，提高功率 关小出水闸阀
水泵机组振动产生噪音	地脚螺栓松动或没填实 安装不良，联轴器不同心或泵轴弯曲 水泵产生气蚀 轴承损坏或磨损 基础松软 泵内有严重摩擦 出水管存留空气	拧紧并填实地脚螺栓 找正联轴器不同心度，矫直或换轴 降低吸水高度，减少水头损失 更换轴承 加固基础 检查咬住部位 在存留空气处加装排气阀
轴承发热	轴承损坏 轴承缺油或油太多（使用黄油时） 油质不良，不干净 轴弯曲或联轴器没找正 滑动轴承的甩油环不起作用 叶轮平衡孔堵塞，使泵轴向力不能平衡 多级泵平衡轴向力装置失去作用	更换轴承 按规定油面加油，去掉多余黄油 更换合格润滑油 矫直或更换泵轴的正联轴器 放正油环位置或更换油环 清除平衡孔上堵塞的杂物 检查回水管是否堵塞，联轴器是否相碰、平衡盘是否损坏

续表

故障	产生原因	排除方法
电动机过载	转速高于额定转速 水泵流量过大，扬程低 电动机或水泵发生机械损坏	检查电路及电动机 关小闸阀 检查电动机及水泵
填料处发热、渗漏水过少或没有	填料压得太紧 填料环装的位置不对 水封管堵塞 填料盒与轴不同心	调整松紧度，使滴水呈滴状连续渗出 调整填料环位置，使它正好对准水封管 疏通水封管 检修，改正不同心地方

四、水泵异常情况应急处理

1. 停机处理

水泵运行中出现下列情况之一时，应立即停机：

（1）水泵不吸水。

（2）突然产生极强烈的振动或杂音。

（3）轴承温度过高或轴承烧毁。

（4）冷却水进入轴承油箱。

（5）水泵发生断轴故障。

（6）机房管线、阀门、止回阀之一发生爆破，大量漏水。

（7）水锤造成机座移位。

（8）发生不可预见的自然灾害，危及设备安全。

2. 开启备用机组后停机

水泵运行中出现下列情况之一时，可先开启备用机组而后停机：

（1）泵内有异物堵塞，机泵产生较大振动或噪音。

（2）机泵冷却、密封管路堵塞，经处理无效。

（3）密封填料经调节填料压盖无效，发生过热或大量漏水。

（4）泵进口堵塞，出水量明显减少。

（5）发生严重气蚀，短时间调节阀门或水位无效。

【任务准备】

给定水处理厂（站）的工艺流程及相关资料。

【任务实施】

根据给定的资料，选出拟选用的泵型及使用位置，并给出可能出现的故障及其原因分析。

【检查评议】

评分标准见表 6-2。

表 6-2　评分标准

编号	项目内容	评分标准	分值	扣分	得分
1	常见泵选择	是否正确选择泵型	40		
2	可能出现的故障及其原因分析	泵可能出现的故障及其原因分析是否准确	40		
3	学习态度	态度是否积极	20		
	合计	100			

【思考与练习】

（1）离心泵运行操作要点有哪些？

（2）水泵的日常保养有什么要求？

知识点二　阀门的运行与管理

【任务描述】

熟悉水处理厂（站）常见阀门的特点，掌握常见阀门的运行与管理要点。

【任务分析】

水处理厂（站）阀门的应用非常普遍，要求掌握水处理厂（站）常见阀门的运行和管理要点。

【知识链接】

1. 阀门的操作

手动阀门是使用最广的阀门，它的手轮或手柄是按照普通的人力来设计的，考虑了密封面的强度和必要的关闭力。因此不能用长杠杆或长扳手来扳动。有些人习惯于使用扳手，应注意，不要用力过猛，否则容易损坏密封面，或扳断手轮、手柄。

启闭阀门，用力应该平稳，不可冲击。某些冲击启闭的高压阀门各部件已经考虑了这种冲击力，与一般阀门不能等同。

当阀门全开后，应将手轮倒转少许，使螺纹之间咬合严密，以免松动损伤。

管路初用时，内部脏物较多，可将阀门微启，利用高速流动的介质将其冲走，然后轻轻关闭（不能快闭、猛闭，以防残留杂质夹伤密封面），再次开启，如此重复多次，冲净脏物，再投入正常工作。

2. 阀门的日常保养

（1）阀门的润滑部位以螺杆、减速机构的齿轮及蜗轮、蜗杆为主，这些部件应每三个月加注一次润滑脂。阀门的螺杆，每年至少清洗一次并涂润滑脂。

（2）使用电动阀门时，注意手轮是否脱开，板杆是否在电动位置上。

（3）手动开闭阀门时注意，如果感到费力有故障时，应排除故障后再转动。当闸门闭合后，应将闸门手柄反转一两圈，有利于阀门的再次开启。

（4）应将阀门开度指示器的指针调整到正确的位置。

（5）在北方，冬季注意阀门的防冻。

（6）长期不使用的阀门与闸阀，应定期运转，防止其锈死或淤死。

3. 阀门的使用与维护

阀门的使用常见的问题有阀门与管道连接处的法兰、螺纹泄漏；填料泄漏、腰垫泄漏及阀杆开不动；阀芯与阀座间关不严形成内泄漏。

为了使阀门使用寿命长、开关灵活，保证安全生产，应正确使用和合理维护。一般应注意以下几点。

（1）新安装的阀门应有产品合格证，外观无砂眼、气孔或裂纹，填料压盖应平整，开关灵活；使用阀门的压力、温度等级应与管道工作压力相一致，不可将低压阀门装在高压管道上。

（2）阀门开完应回转半圈，以防误开为关；阀门关闭费力时用特制扳手，尽量避免用管钳，不可用力过猛或用工具将阀门关得过死。

（3）阀门的填料、大盖、法兰、螺纹等连接和密封部位不得有泄漏。若发现问题应及时紧固或更换，更换时不可带压操作，特别是高温、易腐蚀介质，以防伤人。

（4）室外阀门，特别是明杆门阀，阀杆上应加保护套，以防雨雪侵蚀和尘土锈污。对用于水、蒸汽、重油管道上的阀门，冬季应做好防冻保护工作，防止阀门冻凝、阀体冻裂。

（5）对减压阀、调节阀、疏水阀等自动阀门，在启用时应先将管道冲洗干净，未装旁路和冲洗管的疏水阀，应将疏水阀拆下，吹净管道后再装上使用。

（6）应经常保持阀门的清洁，不能依靠阀门支持其他重物，更不能在阀门上站人，阀门的阀体与手轮应按工艺设备的管理要求，做好刷漆防腐，系统管道上的阀门应按工艺要求编号，启闭阀门时应对号挂牌，以防误操作。

【任务准备】

给定水处理厂（站）的相关资料。

【任务实施】

根据给定的资料，正确选择合适的阀门类型，并说明运行和管理措施。

【检查评议】

评分标准见表 6-3。

表 6-3　评分标准

编号	项目内容	评分标准	分值	扣分	得分
1	正确选择阀门类型	是否正确选择阀门类型	40		
2	所选阀门运行和管理措施	阀门运行和管理措施是否准确	40		
3	学习态度	态度是否积极	20		
	合计		100		

【思考与练习】

阀门的日常保养内容有哪些？

知识点三　风机的运行与管理

【任务描述】

熟悉水处理厂（站）常见风机的特点，掌握常见风机的运行与管理要点。

【任务分析】

水处理厂（站）风机的应用非常普遍，要求掌握水处理厂（站）常见风机的特点、运行和管理要点。

【知识链接】

1. 鼓风机运行与维护要点

（1）鼓风机运行前需要做好试车（包括空负载试车、负载试车），并在试车前做好相关的准备工作，具体包括：

① 检查相关仪表、电气控制设备、联动装置是否正常；

② 需要用手转动联轴器，确保风机内部无卡壳、非正常摩擦声等异常情况；

③ 确保电动机电源的电压与电相连接符合规定，相关电路连接与安全防护符合规范；

④ 检查启动装置位置正确，周边环境整洁，无杂物等非规范放置行为，确保安全设施符合规范要求。

（2）风机运行操作及维护

风机开车、停车或运转过程中，如发现不正常现象应立即进行检查。检查发现的小故障应及时查明原因，设法消除；如发现大故障（如风机剧烈振动、撞击、轴承温度剧烈上升等），应立即停车进行检查。

① 叶轮的维护

在叶轮运转初期及所有定期检查的时候，只要一有机会，都必须检查叶轮是否出现裂纹、磨损积尘等缺陷。只要有可能，都必须使叶轮保持清洁状态，并定期用钢丝刷刷去上面的积尘和锈皮等，因为随着运行时间的加长，这些灰尘由于不可能均匀地附着在叶轮上，而造成叶轮平衡被破坏，以至引起转子振动。叶轮只要进行了修理，就需要对其再作动平衡。如有条件，可以使用便携式动平衡仪在现场进行平衡。在作动平衡之前，必须检查所有紧定螺栓是否上紧。因为叶轮已经在不平衡状态下运行了一段时间，这些螺栓可能已经松动。

② 机壳与进气室的维修保养

除定期检查机壳与进气室内部是否有严重的磨损，清除严重的粉尘堆积之外，这些部位可不进行其他特殊的维修。定期检查所有的紧固螺栓是否紧固，对有压紧螺栓的风机，将底脚上的蝶形弹簧压紧到图纸所规定的安装高度。

③ 轴承部的维修保养

经常检查轴承润滑油供油情况，如果箱体出现漏油，可以把端盖的螺栓拧紧一点，这样还不行的话，只能换用新的密封填料了。轴承的润滑油正常使用时，半年内至少应更换一次，首次使用时，大约在运行 200 h 后进行更换，第二次换油时间在 1 ~ 2 个月，以后应每周检查润滑油一次，如润滑油没有变质，则换油工作可延长至 2 ~ 4 个月一次。更换时必须使用规定牌号的润滑油（总图上有规定），并将油箱内的旧油彻底放干净且清洗干净后才能灌入新油。

如果要更换风机轴承，应注意以下事项：在将新轴承装入前，必须使轴承与轴承箱都十分清洁。将轴承置于温度为 70 ~ 80 °C 的油中加热后再装入轴上，不得强行装配，以避免伤轴。

④ 风机停止使用时的维修保养

风机停止使用，当环境温度低于 5 °C 时，应将设备及管路的余水放掉，以避免冻坏设备及管路。

⑤ 风机长期停车存放不用时的保养工作

将轴承及其他主要零部件的表面涂上防锈油以免锈蚀。风机转子每隔半月左右应人工手动搬动转子旋转半圈（180°），搬动前应在轴端做好标记，使原来最上方的点搬动转子后位于最下方。

2. 鼓风机常见运行故障及其排除

（1）风机震动剧烈，产生的原因主要有以下几个方面：

① 风机轴与电机轴不同心。

② 基础或整体支架的刚度不够。

③ 叶轮螺栓或铆钉松动及叶轮变形。

④ 叶轮轴盘孔与轴配合松动。

⑤ 机壳、轴承座与支架，轴承座与轴承盖等连接螺栓松动。

⑥ 叶片有积灰，污垢，叶片磨损，叶轮变形，轴弯曲使转子产生不平衡。

⑦ 风机进、出口管道安装不良，产生共振。

（2）轴承温升过高，产生的原因主要有以下几个方面：

① 轴承箱振动剧烈。

② 润滑脂或油质量不良、变质和含有灰尘、沙粒、污垢等杂质或充填量不当。

③ 轴与滚动轴承安装歪斜，前后两轴承不同心。

④ 滚动轴承外圈转动（和轴承箱摩擦）。

⑤ 滚动轴承内圈相对主轴转动（即跑内圈和主轴摩擦）。

⑥ 滚动轴承损坏或轴弯曲。

⑦ 冷却水过少或中断（对于要求水冷却轴承的风机）。

⑧ 机壳或进风口与叶轮摩擦。

（3）电动机电流过大或温升过高，产生的原因有以下几个方面：

① 启动时，调节门或出气管道内闸门未关严。

② 电动机输入电压低或电源单相断电。

③ 风机输送介质的温度过低（即气体密度过大），造成电机超负荷。

④系统性能与风机性能不匹配。系统阻力小，而留的富裕量大，造成风机运行在低压力、大流量区域。

离心鼓风机和罗茨鼓风机常见运行故障原因分析及排除分别参见表 6-4 和表 6-5。

表 6-4　离心鼓风机常见故障分析及排除方法

故障现象	故障原因	排除方法
轴承温度高	油脂过多	更换油脂
	轴承烧坏	更换轴承
	对中不好	重新找正
	机组震动	频谱测振分析

续表

故障现象	故障原因	排除方法
机组震动	转子不平衡	作动、静平衡测试
	转子结垢	清洗
	主轴弯曲	校正
	密封间隙过小，磨损	更换、修理
	找正不好	重新对中找正
	轴承箱间隙大	调整
	转子与壳体扫膛	解体调整
	基础下沉、变形	加固
	联轴器磨损、倾斜	更换、修理
	管道或外部因素	检查支座
机动声音不正常	定子、转子摩擦	解体检查
	吸入杂质	清理
	齿轮联轴器齿圈坏	更换
	进口叶片拉杆坏	重新固定
	喘振	调节风量
	轴承损坏	更换
性能降低	转数下降	检查电源
	叶轮粘有杂质	清洗
	进口叶片控制失灵	检查修理
	进口消声器过滤网堵塞	解体清理
	壳体内积灰尘多	清理
	轴封漏	更换、修理
	进出口法兰密封不好	换垫

表 6-5　罗茨鼓风机常见故障分析及排除方法

故障现象	故障原因	排除方法
风量波动或不足	叶轮与机体因磨损而引起间隙增大	更换或修理磨损零件
	转子各部间隙大于技术要求	按要求调整间隙
	系统有泄露	检查后排除
电动机过载	进口过滤网堵塞，或其他原因造成阻力增高，形成负压（在出口压力不变的情况下压力增高）	检查后排除
	出口系统压力增加	检查后排除

续表

故障现象	故障原因	排除方法
轴承发热	润滑系统失灵，油不清洁，油黏度过大或过小	检修润滑系统，换油
轴承发热	轴上油环没有转动或转动慢带不上油	修理或更换
	轴与轴承偏斜，风机轴与电动机轴不同心	找正，使两轴同心
	轴瓦研刮质量不好，接触弧度过小或接触不良	刮研轴瓦
	轴瓦表面有裂纹、擦伤、磨痕、夹渣	修理或重新烧轴瓦
	轴瓦端与止推垫圈间隙过小	调整间隙
	滚动轴承损坏，滚子支架破损	更换轴承
	轴承压盖太紧，轴承内无间隙	调整轴承压盖衬垫
	密封环与轴套不同心	调整或更换
	轴弯曲	调整轴
	密封环内进入硬性杂物	清洗
密封环磨损	机壳变形使密封环一侧磨损	修理或更换
	转子振动过大，其径向振幅之半大于密封径向间隙	检查压力调节阀，修理断电器
	轴承间隙超过规定间隙值	调整间隙，更换轴承
	轴刮研偏斜或中心与设计不符	调整各部间隙或重新换瓦
震动超限	转子平衡精度低	按 G6.3 级要求校正
	转子平衡被破坏（如煤焦油结垢）	检查后排除
	轴承磨损或损坏	更换
	齿轮损坏	修理或更换
	紧固件松动	检查后紧固
机体内有碰撞声	转子之间相互摩擦	解体修理
	两转子径向与外壳摩擦	
	两转子端面与墙板摩擦	

【任务准备】

给定水处理厂（站）的风机相关资料。

【任务实施】

根据给定的资料，恰当选择风机类型，并判断可能出现的故障及其原因分析。

【检查评议】

评分标准见表 6-6。

表 6-6　评分标准

编号	项目内容	评分标准	分值	扣分	得分
1	常见风机选择	是否正确选择风机类型	40		
2	可能出现的故障及其原因分析	风机可能出现的故障及其原因分析是否准确	40		
3	学习态度	态度是否积极	20		
	合计		100		

【思考与练习】

（1）鼓风机运行操作要点有哪些？

（2）鼓风机的日常维护内容哪些？

任务二　水处理厂（站）专用设备运行与管理

知识点一　拦污机械运行与管理

【任务描述】

熟悉水处理厂（站）格栅除污机、旋转滤网、除毛机、水力筛网过滤机等的运行和管理要点。

【任务分析】

水处理厂（站）拦污机械的应用非常普遍，要求掌握水处理厂（站）常见拦污机械的特点、运行和管理要点。

【知识链接】

一、拦污机械的定义

格栅除污机是一种用机械的方法，将格栅截留的栅渣清捞出水面，通过格栅将固体与液体分离的一种除污机械。

旋转滤网是一种正面进水下喷除污式旋转滤网。它具有水平导向件及高压冲洗水下喷除污结构。它的两对水平导向件都装在主垂平面的同一侧，相互的位置上、下、左、右错开，远端水平导向件的下端与近端水平导向件的上端之间的切线与水平面有一个夹角 α，运行于此切线上的网板处于水平位置，高压喷水器安装在此间网板的上方，喷水方向朝下。

水力筛网过滤机能有效地降低水中悬浮物浓度，减轻后续工序的处理负荷。同时也用于工业生产中进行固液分离和回收有用物质，是一种优良的过滤或回收悬浮物、漂浮物、沉淀物等固态或胶体物质的无动力设备。

二、格栅除污机的分类及运行特点

格栅除污机是通过格栅将固体与液体分离的一种除污机械。按我国建设部标准的解释是：用机械的方法，将格栅截留的栅渣清捞出水面的设备。格栅除污机是一种可以连续自动拦截并清除流体中各种形状杂物的水处理专用设备，可广泛地应用于城市污水处理、自来水行业、电厂进水口，同时也可以作为纺织、食品加工、造纸、皮革等行业废水处理工艺中的前级筛分设备，是目前我国最先进的固液筛分设备之一。

1. 分　类

按格栅形式可分为弧形格栅除污机[一种固定格栅除污机，其栅条为圆弧形（近视 1/4 圆周），齿耙在驱动装置驱动下，沿圆弧形栅条将污物推至栅条上方，实现污渣清除]、倾斜格栅除污机、垂直格栅除污机。

按齿耙垂直向动作的型式分为臂式格栅除污机、链式格栅除污机（通过链带动的若干组齿耙插入静止的栅条，将污物与水分离的格栅除污机，代号为 GL）、钢索牵引式格栅除污机、旋转格栅除污机（也叫回转式格栅除污机。没有静止格栅，由密布的齿耙随着回转式牵引链的运动将水中污物打捞出来的格栅除污机，代号 HF）。

按安装的型式分为固定式格栅除污机、移动式格栅除污机、顺水流格栅除污机 、逆水流格栅除污机。

按动力传动分为电机-机械格栅除污机、油泵-液压格栅除污机。

按控制机构分为自动控制格栅除污机、人工控制格栅除污机、自动-人工控制格栅除污机、水位差格栅除污机。

按格栅间隙分为粗格栅除污机、细格栅除污机、网式格栅除污机。

2. 主要运行特点

（1）格栅和水流形成 35°角，因为折流的形成，即使厚度小于格栅缝隙的许多污物也能被分离出来；

（2）格栅装有冲洗装置、挡耙装置，具有自净功能；

（3）圆柱形结构使其比传统格栅过水流量增大，水头损失减少，而且格栅前的堆积平面减少；

（4）所有与水接触的部件都由不锈钢制成，并经过酸洗纯化处理，在所有的民用污水和大多数工业用水中，防腐性能强，寿命长；

（5）通过格栅一体化打捞，输送，压缩处理，即节省了占地面积，也减少了垃圾的后继处理费用；

（6）几乎不需要维修，旋转点上无需加油，驱动装置加油次数极少。

（7）该设备的最大优点是自动化程度高、分离效率高、动力消耗小、无噪音、耐腐蚀性能好，在无人看管的情况下可保证连续稳定工作，设置了过载安全保护装置，在设备发生故障时，会自动停机，可以避免设备超负荷工作。本设备可以根据用户需要任意调节设备运行间隔，实现周期性运转；可以根据格栅前后液位差自动控制；并且有手动控制功能，以方便检修。

三、旋转滤网的分类及运行

旋转滤网的主要功能是有效地拦截和清除直流供水泵进水口前水源中夹带的水草或生活废弃物，保证直流供水泵能安全地运行。

1. 分 类

旋转滤网是符合中华人民共和国电力行业标准（DL/T 458—1999）的正面进水全框架板框式旋转滤网，主要由以下部件组成：传动装置、安全保护装置、链轮传动系统、上部机架钢结构和罩壳、冲洗水管系统、框架与导轨、链条与网板、链板延伸报警装置、就地电气控制箱（液位计）、各种连接附件。它是以当今较为流行的 D-SB2000 典型设计为基础，结合近年引进设备结构特点，听取旋转滤网使用单位检修、运行经验以及有关大区电力设计院水工专家的建议后，对此进行特别设计的成果。

2. 运行与维护

（1）旋转滤网仅用于拦截，清除水源中体积较小的悬浮脏污物。在其前面应有其他清污机械或措施，如拦污栅、清污机、防冰排、防泥沙等。

（2）旋转滤网可以定时人工启动运行，亦可由水位差计、DCS 程序控制装置，根据旋转滤网前后水位差，自动启动运行、冲洗和停止。

（3）旋转滤网的安全保护机构。当水源中悬浮脏物较多或遇上异常情况，超负荷启动时，超负荷弹簧压缩量增加，碰到电接触点，即跳闸切断电机电源停机，并发出警报信号。届时，启动备用循环泵，停用有故障的旋转滤网对应的循环泵，水位差立即缩小，直至趋向水位差为零后，合上电源，重新启动旋转滤网进行空载冲洗干净后，即可使循环泵重新启动。如果旋转滤网重新启动时仍然跳闸，说明故障不是超水位差造成的，可能是运动部件卡住，必须找出原因，进行检修。

（4）冲洗水源应取自网后的洁净水，并在冲洗闸门前加装滤水器，以防喷嘴阻塞。冲洗水泵与旋转滤网建议采用单元制。

（5）链板延伸报警装置的作用是当链板过松时，碰到电接触点，即跳闸切断电机电源停机，并发出警报信号。

四、水力筛网的运行

1. 概 述

（1）水力筛网主体为由楔形钢棒经精密制成的不锈钢弧形或平面过滤筛面。待处理废水通过溢流堰均匀分布到倾斜筛面上，由于筛网表面间隙小、平滑，背面间隙大，排水顺畅，不易阻塞；固态物质被截留，过滤后的水从筛板缝隙中流出，同时在水力作用下，固态物质被推到筛板下端排出，从而达到固液分离目的。

（2）水力筛网是由运动筛和固定筛组成的。运动筛水平放置，呈截顶圆锥形。进水端在运动筛小端，废水在从小端到大端流动过程中，纤维等杂质被筛网截留，并沿倾斜面卸到固定筛以进一步脱水。水力筛网的动力来自进水水流的冲击力和重力作用。因此水力筛网的进水端要保持一定压力，且一般采用不透水的材料制成，而不用筛网。

2. 特 点

现在的水力筛网特点有：

（1）利用水流本身的重力工作，无能耗；

（2）单机处理水量大；

（3）不易阻塞，清洗方便；

（4）整机材质采用不锈钢制造，机械强度高，不变形，寿命长。

3. 适用范围

（1）用于造纸、屠宰、皮革、制糖、酿酒、食品加工、纺织、印染、石化等小型工业废水处理中，去除悬浮物、漂浮物、沉淀物等固态物质。

（2）用于造纸、酒精、淀粉、食品加工等行业回收纤维、渣料等有用物质。

（3）用于污泥或河道清淤预处理。

【任务准备】

给定水处理厂（站）的相关资料。

【任务实施】

根据给定的资料，正确选择合适的拦污机械类型，并说明运行和管理措施。

【检查评议】

评分标准见表 6-7。

表 6-7 拦污机械选型及运行管理评分标准

编号	项目内容	评分标准	分值	扣分	得分
1	正确选择拦污机械类型	是否正确选择拦污机械类型	40		
2	所选拦污机械运行和管理措施	拦污机械运行和管理措施是否准确	40		
3	学习态度	态度是否积极	20		
	合计		100		

【思考与练习】

旋转滤网的运行注意事项有哪些？

知识点二 排泥排沙设备的运行与管理

【任务描述】

熟悉水处理厂（站）常见排泥排沙设备的特点，掌握常见排泥排沙设备的运行与管理要点。

【任务分析】

水处理厂（站）排泥排沙设备的应用非常普遍，要求掌握水处理厂（站）常见排泥排沙设备的运行和管理要点。

【知识链接】

一、排泥设备的结构和工作原理

1. 工作原理

刮泥机通过刮泥板将沉淀池底部污泥刮至集泥槽，通过排泥管道排出池外。刮泥方式有链条式、油压往复推进式以及单轨式刮泥机三种。吸泥机将沉降在池底上的污泥刮到泵吸泥口，通过泵吸，边行车边吸泥，然后将污泥排出池外。吸泥机有虹吸式、泵吸式和泵虹两吸式。虹吸式采用潜水泵配水射器或真空泵来形成真空，利用沉淀池与排泥槽内的液位差排泥；泵吸式直接采用潜污泵抽取沉淀污泥；泵虹两吸式由至少两根并排设置的吸泥管和串接在吸泥管上的泵/虹转换排污泵组成，能够根据颗粒沉淀规律进行吸泥，做到在污泥区泵吸吸泥，在沉降区虹吸吸泥，在清水区破坏吸泥，节约了大量水源。

刮泥机与吸泥机的区别主要在于作用机理的不同。吸泥机是吸泥和刮泥一体设备，利用池内液位与泥槽内泥位之间的液位差将池底的污泥“吸”出来。由于污泥沉淀的不均匀，在吸泥过程中容易吸出大量的水分，使回流污泥浓度降低。刮泥机利用污泥的沉淀性能，在池底将自然沉淀的污泥拖刮到出泥管道排除，随沉淀时间的增加，池底污泥浓度增加，可以提高回流污泥浓度。

2. 排泥设备的形式与结构

（1）虹吸

虹吸泥管路：由吸口、排泥直管、弯头、阀门等配件组成（图 6-1）。运行前，先把水位以上排泥管内的空气用真空泵或水射器抽吸，从而在大气压力的作用下，使泥水充满管道，开启排泥阀后形成虹吸式连续排泥。

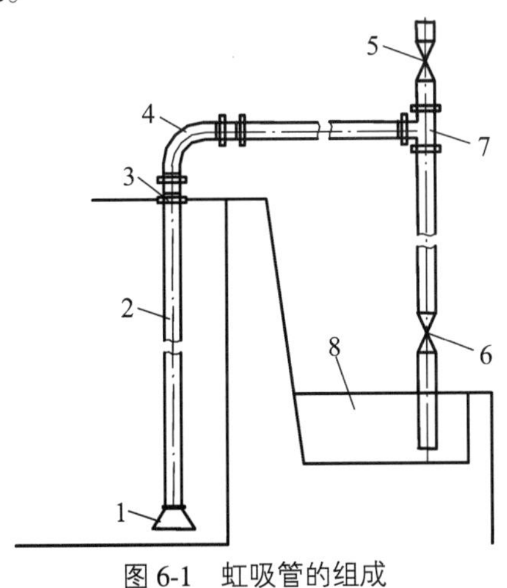

图 6-1　虹吸管的组成

1—吸口；2—排泥管；3—活接头；4—900 弯头；5，6—阀；7—三通接头；8—排泥槽

（2）行车式吸泥

行车式吸泥机主要由行车钢结构、驱动机构、吸泥系统、配电及行程控制装置组成（图 6-2）。

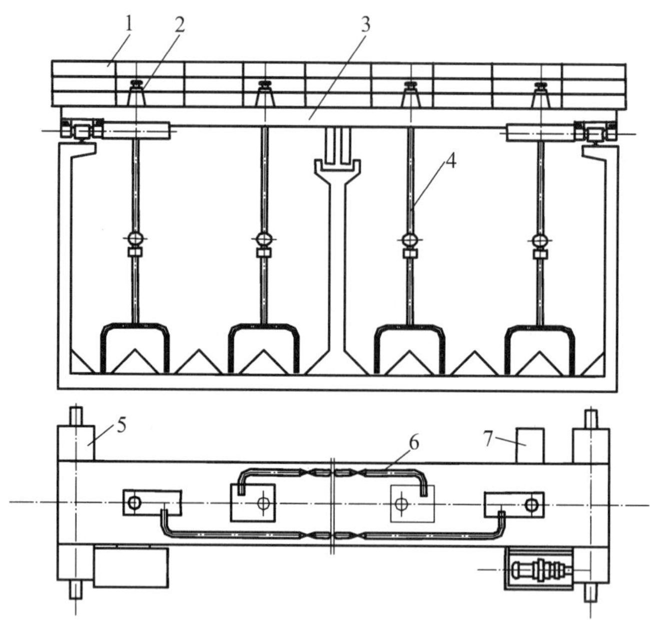

图 6-2　行车式吸泥机结构

1—栏杆；2—液下污水泵；3—主梁；4—吸泥管路；5—端梁；6—排泥管路；7—电缆卷筒

（3）泵式吸泥

泵吸泥管路：主要由泵和吸泥管组成（图 6-3）。它与虹吸式的差别是各根吸泥管在水下（或水上）相互连通后由总管接入水泵，通过水泵的抽吸将污泥排出池外。

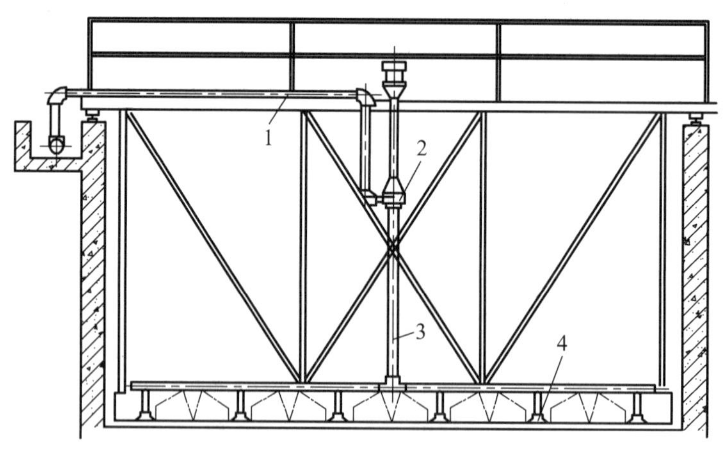

图 6-3　泵吸式吸泥管路布置

1—出水管；2—吸泥泵；3—进水管；4—吸口

二、排沙设备的结构和工作原理

沉沙池的作用是从污水中去除沙子、煤渣等比重较大的无机颗粒，以免这些杂质影响后续处理构筑物的正常运行。沉沙池的工作原理是以重力或离心力分离为基础，即将进入沉沙池的污水流速控制在只能使比重大的无机颗粒下沉，而有机悬浮颗粒则随水流带走。沉沙池可分为平流式、竖流式、曝气、旋流式、Doer 沉沙池等。

1. 平流式沉沙池

平流式沉沙池是一种最传统的沉沙池，它构造简单，工作稳定，除砂效果较好，除砂设备国产化率高。平面为长方形，采用机械刮沙。城市污水处理厂的主要池型，越来越多地被曝气沉沙池所代替。

构造：加宽、加深的明渠，由入流渠、出流渠、闸板、沙斗等组成（图 6-4）。

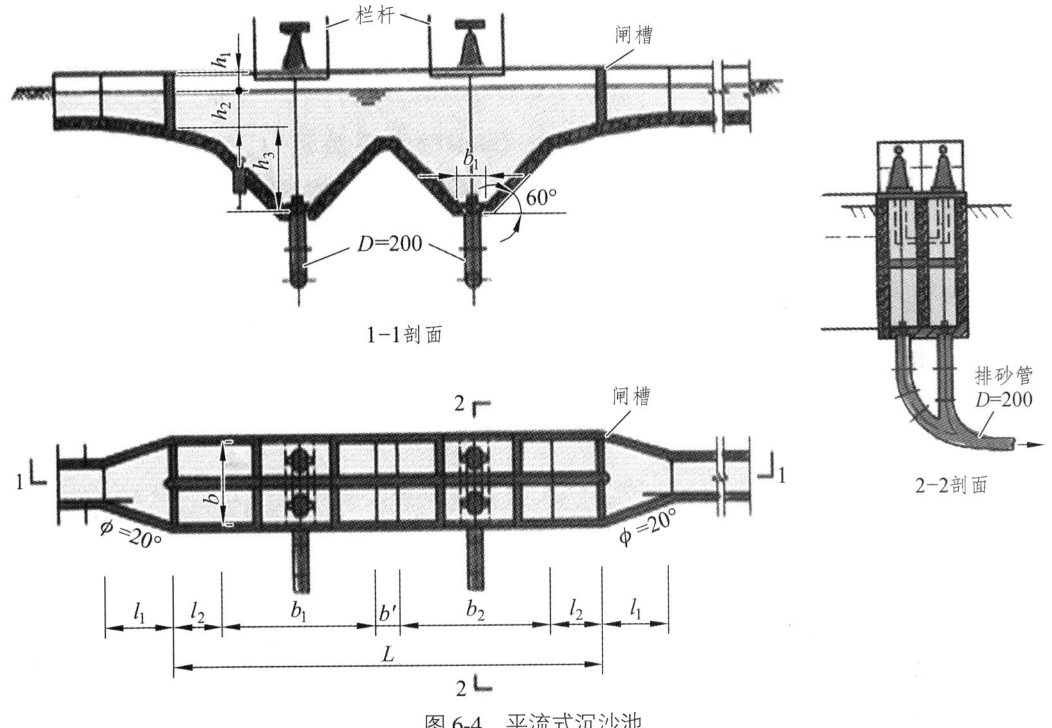

图 6-4　平流式沉沙池

排沙装置：

（1）重力排沙：排沙管、排沙罐（排沙管 $d \geqslant 200$ mm）。

（2）机械排沙：泵吸式排沙、链板刮沙与抓斗。大中型污水处理厂一般采用机械排沙。

2. 曝气沉沙池

一长形渠道，沿渠壁一侧的整个长度方向，距池底 60 ~ 90 cm 处安设曝气装置，在其下部设集砂斗，池底有 i=0.1 ~ 0.5 的坡度，以保证沙粒滑入（图 6-5）。

（1）曝气目的

① 使有机物更好分离（通过摩擦作用实现），避免泥沙沉于初沉池而影响污泥的处理。

② 还有预曝气、除臭、除油等多种功能。

（2）工作原理

鼓风机曝气的作用下，使污水水流在池内呈螺旋状前进，污水中的有机颗粒经常处于悬浮状态。另外，使无机颗粒互相摩擦并承受曝气的剪切力，去除沙粒上面附着的有机污染物，同时由于水流的向心力作用，密度比水大的沙粒沉入池底，从而得到较纯净的沙粒。

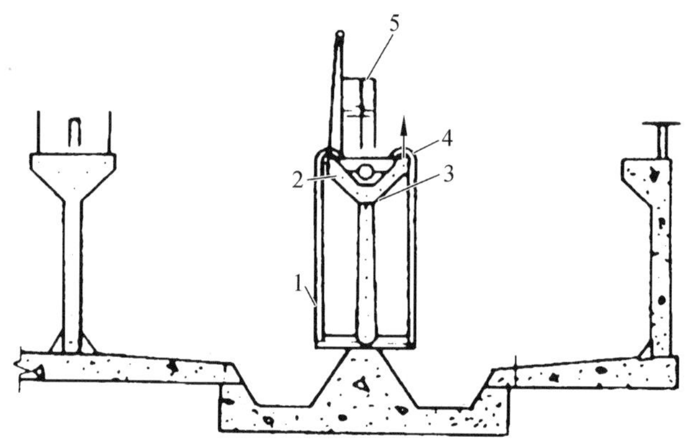

图 6-5　曝气沉沙池的典型截面图

1—扩散器组件；2—空气干道；3—头部支座；4—活动接头；5—单轨吊车支架

曝气的气浮作用：污水中的油脂类物质会在除渣区浮出水面，达到从污水中分离的目的。

（3）曝气沉沙池构造

其构造如图 6-5 所示。

（4）曝气沉沙池的运行特点

① 当处理＜0.6 mm 的沙粒时，显示出优越性；但对于＞0.6 mm 的砂粒，平流式沉沙池的除砂效率要远大于曝气沉沙池。

② 曝气沉沙池对于污水中的油脂物质有着预曝气的作用，有较好的去除效果。

③ 曝气沉沙池有良好的耐冲击性。

④ 运行中的问题：旋流速度只能通过调节曝气量来控制，但气量调节难以掌握。气量过大虽能将沙粒冲洗干净，却会降低细小沙粒的去除率；过小又无法保证足够的旋流速度，起不到曝气沉沙的作用。考虑到水量是不断变化的，气量却不可能随时调节，实际运行中很难将曝气量始终控制在合适的数值上，往往会存在过度曝气的问题，浪费能量。

⑤ 曝气沉沙池的操作环境较差，特别是夏季对空气的污染较大。另外，如果不设消泡设施，会有相当多的悬浮物随泡沫带出池体而污染环境。

3. 旋流沉沙池

近年来新建的污水处理厂中，旋流沉沙池得到了越来越多的应用。从运行情况看，用户反映普遍良好，认为这类沉沙池具有占地少、除沙效率高、操作环境好、设备运行可靠等优点。

目前国际上广泛应用的旋流沉沙池主要为钟氏（Jones-Attwood Jeta）和比氏（Pista）两大类。

（1）工作原理

旋流沉沙池主要利用机械叶轮的旋转，控制进入水流的流速与流态，使沙在离心力与重力的作用下，沿池壁呈螺旋线加速下降，同时有机物在水流的作用下，随水流漂走，沉入池底的沙经空气提升或泵提升后，与少量污水进入沙水分离器中进行分离后排出，清洗水回流至格栅井，从而达到除沙的目的。

（2）结构组成

旋流除沙系统由旋流沉沙池、沙水分离器、鼓风机等组成。

（3）钟氏沉沙池

它是利用机械力控制水流流态与流速，加速沙粒的沉淀并使有机物随水流带走的沉沙装置。调整转速，可达到最佳沉沙效果。去除直径 0.2 mm 以上的大部分沙粒，去除率 98%以上。

钟氏池的斜坡式设计，使得沙粒的沉降主要依靠重力，沙粒通过斜坡自然滑入集沙坑。在滑入集沙坑之前，在旋转桨片产生的斜向水流作用下将附在沙粒上的有机物分离开。

分选区和集沙区，两个分区之间采用斜坡连接。虽然不同的国外公司在此典型结构的基础上开发出了多种多样的变型，但其变化主要集中在斜坡的倾斜度及搅拌桨的型式上，就沙粒的沉降机理来说并无多大差别。

其结构如图 6-6 所示：

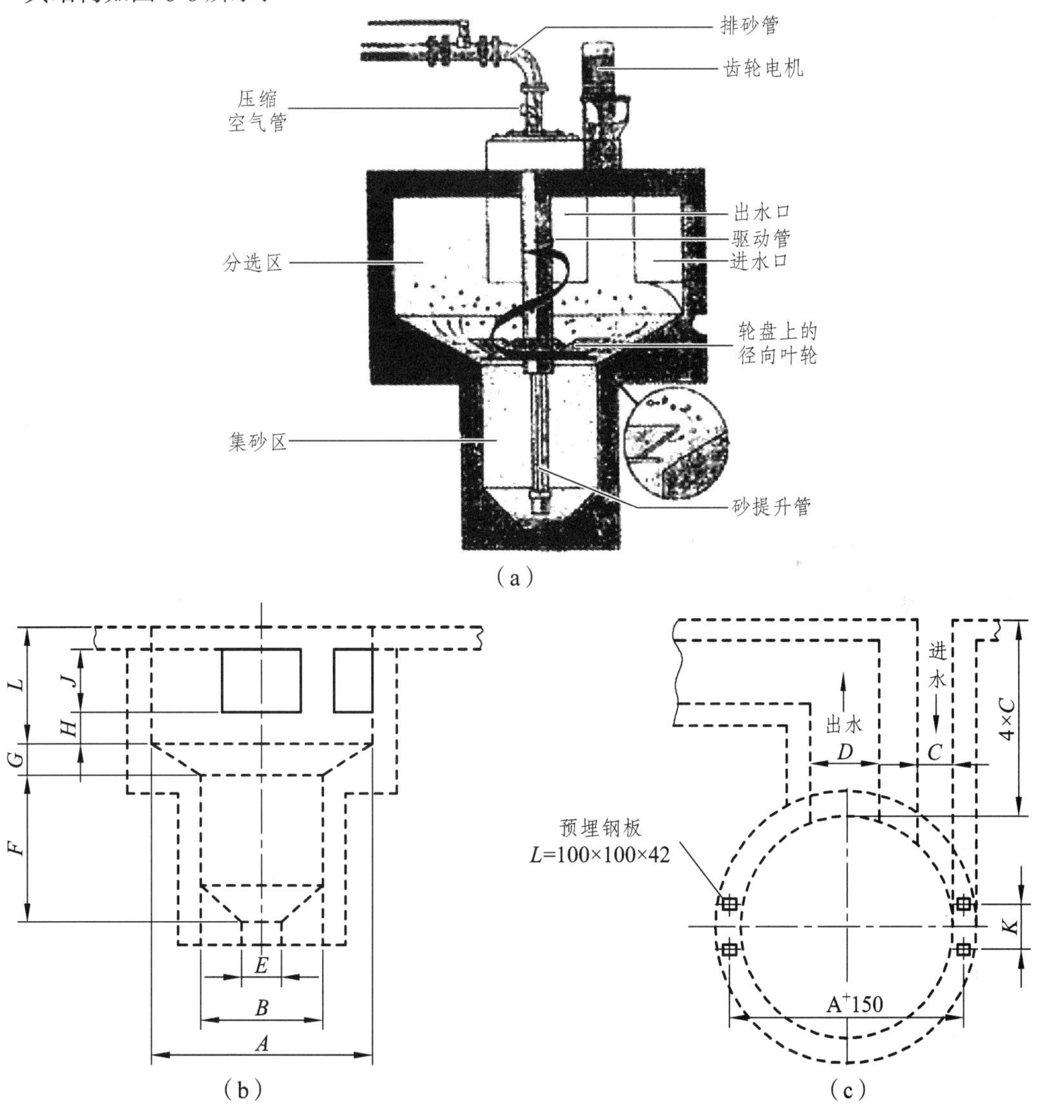

图 6-6　钟式沉沙池的结构

三、排泥、排沙设备的维护

设备的维护保养是一项极其重要的经常性的工作，它应与其操作和检修等密切配合，应有专职人员进行值班检查。

1. 机器的维护

（1）轴承担负机器的全部负荷，所以良好的润滑对轴承寿命有很大的关系，它直接影响到机器的使用寿命和运转率，因而要求注入的润滑油必须清洁，密封必须良好。本机器的主要注油处：① 转动轴承；② 轧辊轴承；③ 所有齿轮；④ 活动轴承。

（2）新安装的轮箍容易发生松动，必须经常进行检查。

（3）注意机器各部位的工作是否正常。

（4）注意检查易磨损件的磨损程度，随时注意更换被磨损的零件。

（5）放活动装置的底架平面，应除去灰尘等，以免机器遇到不能破碎的物料时活动轴承不能在底架上移动，以致发生严重事故。

（6）轴承油温升高，应立即停车检查原因加以消除。

（7）转动齿轮在运转时若有冲击声应立即停车检查并消除。

2. 安装试车

（1）该设备应安装在水平的混凝土基础上，用地脚螺栓固定。

（2）安装时应注意主机体与水平垂直。

（3）安装后检查各部位螺栓有无松动及主机舱门是否紧固。

（4）按设备的动力配置电源线和控制开关。

（5）检查完毕，进行空负荷试车，试车正常即可进行生产。

【任务准备】

给定水处理厂（站）的相关资料。

【任务实施】

根据给定的资料，正确选择合适的排泥排沙设备类型，并说明运行和管理措施。

【检查评议】

评分标准见表 6-8。

表 6-8　排泥排沙设备运行管理评分标准

编号	项目内容	评分标准	分值	扣分	得分
1	正确认识排泥排沙设备的类型及结构	是否正确认识排泥排沙设备的类型及结构	40		
2	排泥排沙设备的运行和管理措施	排泥排沙设备的运行和管理措施是否准确	40		
3	学习态度	态度是否积极	20		
	合计		100		

【思考与练习】

排泥排沙设备日常维护如何进行？

知识点三　曝气设备的运行与管理

【任务描述】

熟悉水处理厂（站）常见曝气设备的特点，掌握常见曝气设备的运行与管理要点。

【任务分析】

水处理厂（站）曝气设备的应用非常普遍，要求掌握水处理厂（站）常见曝气设备的运行和管理要点。

【知识链接】

一、曝气设备的用途

在污水治理工艺中，使用一定的方法和设备，向污水中强制加入空气，使池内污水与空气接触充氧，并搅动液体，加速空气中的氧气向液体中的转移，防止池内悬浮体下沉，加强池内有机物与微生物及溶解氧的接触，对污水中有机物进行氧化分解，这种向污水中强制增氧的设备称为曝气设备。其主要用途有：

（1）将空气中的氧转移到混合液中的活性污泥絮体上，以供应微生物呼吸之需。

（2）搅拌、混合，使曝气池内的混合液处在剧烈的混合状态，使活性污泥中的有机污染物与氧充分接触。同时，也起到防止活性污泥在曝气池内沉淀的作用。

二、曝气设备的分类

曝气设备按不同的曝气方式可分为以下几类：

（1）鼓风曝气设备：是使用具有一定风量和压力的曝气风机，利用连接的输送管道，将空气通过扩散曝气器强制加入液体中，使池内液体与空气充分接触。

（2）表面曝气设备：是利用马达直接带动轴流式叶轮，将废水由导管经导水板向四周喷出并形成一薄片（或水滴状）的水幕，在飞行途中和空气接触形成水滴，在落下时撞击液面，液面产生乱流及大量的气泡，使水中含氧量增加。

（3）潜水射流曝气设备：由曝气设计专用水泵、进气导管、喷嘴座、混气室、扩散管组成。水流经连接于泵出口的喷嘴座高速射入混气室，空气由进气导管引导至混气室与水流结合，经扩散管排出。

（4）沉水式曝气设备：利用马达直接传动叶轮旋转来造成离心力，使附近的低压吸进水流，同时叶轮进口处也制造真空以吸入空气，在混气室中这些空气与水混合之后由离心力作用急速排出。

三、曝气设备的基本结构和工作原理

曝气是使空气与水强烈接触的一种手段，其目的在于将空气中的氧溶解于水中，或者将水中不需要的气体和挥发性物质放逐到空气中。换言之，它是促进气体与液体之间物质交换的一种手段。它还有其他一些重要作用，如混合和搅拌。空气中的氧通过曝气传递到水中，氧由气相向液相进行传质转移，这种传质扩散的理论，目前应用较多的是刘易斯和惠特曼提出的双膜理论。

1. 鼓风曝气设备

它是使用具有一定风量和压力的曝气风机，利用连接的输送管道，将空气通过扩散曝气器强制加入液体中，使池内液体与空气充分接触。

鼓风曝气系统由鼓风机、曝气装置和一系列连通的管道组成。鼓风机将空气通过一系列管道输送到安装在生化池底部的曝气装置，经过曝气装置使空气形成不同尺寸的气泡。气泡经过上升和随水循环流动，最后在液面处破裂，在这一过程中产生氧向混合液中转移的作用。

（1）橡胶膜片微孔曝气器

在通入压缩空气时，膜鼓升高，膜上孔口张开并由此释放出细小气泡（直径 1 mm），当停止通气时，孔口关闭，膜罩以一定的预应力紧贴在底盘或布气管上，使该曝气器能长年保持密封。致使污泥颗粒和污水不会进入曝气器中，因此不会因为微生物增殖而堵塞曝气器。

因底盘或布气管和膜罩均由塑料、橡胶等原料制成，橡胶膜片微孔曝气器耐空气和污水腐蚀。

（2）刚玉或粗瓷微孔曝气器

这种曝气器在烧结过程中产生许多极微小的孔隙，它的主要特点是能产生微小的气泡，气泡直径为 0.1 ~ 0.2 mm。

由于没有橡胶膜片的止回作用，在配气管的端部设置气压排水，以排除管内积水。

（3）水力冲击式空气扩散器

射流式空气扩散装置，是利用水泵打入的泥、水混合液的高速水流的动能，吸入大量空气，泥、水、气混合液在喉管中强烈混合搅动，使气泡粉碎成雾状，继而在扩散管内，由于速头变成压头，微细气泡进一步压缩，氧迅速地转移到混合液中，从而强化了氧的转移过程。

（4）水下空气扩散器

又称为水下曝气器。装置安装在曝气池底部的中央部位。由空压机送入空气，在叶轮的剪切及强烈的紊流作用下，空气被切割成微细的气泡，并按放射方向向水中分散。由于紊流强烈、气液接触充分，气泡分散良好，该类曝气设备的氧转移效率高。

2. 表面曝气设备

是利用马达直接带动轴流式叶轮，将废水由导管经导水板向四周喷出并形成一薄片（或水滴状）的水幕，在飞行途中和空气接触形成水滴，在落下时撞击液面，液面产生乱流及大量的气泡，使水中含氧量增加。

与鼓风曝气相比，表面曝气设备不需要修建鼓风机房及设置大量布气管道和曝气头，设施简单、集中。一般不适用于曝气过程中产生大量泡沫的污水，其原因是产生的泡沫会阻碍曝气池液面吸氧，使溶氧效率急剧下降，处理效率降低。 根据目前实践经验，表面曝气机械适用于中、小规模的污水处理厂。当污水处理量较大时，采用多台表面曝气机械设备会导致基建费用和运行费用增加，同时维护管理工作比较繁重，此时应考虑鼓风曝气工艺。

3. 潜水射流曝气设备

由曝气设计专用水泵、进气导管、喷嘴座、混气室、扩散管组成。水流经连接于泵出口的喷嘴座高速射入混气室，空气由进气导管引导至混气室与水流结合，经扩散管排出。

深水自吸式潜水射流曝气机主要由 WQ 型潜水排污泵、文丘里管、扩散管、进气管及消音器等组成。工作原理为：潜水电泵产生的水流经过喷嘴形成高速水流，在喷嘴周围形成负压，由进气管吸入空气，形成液气混合流，高速喷射而出，夹带许多气泡的水流在较大面积和深度的水域里涡旋搅拌，完成曝气。

优点：深水自吸式潜水射流曝气机使水体搅动与充氧同时进行，气泡细密，既可获得较高的氧转移率，又具有叶轮无堵塞优点。强有力的单向液流，造成有效的对流循环，且电机负载随水位的变化很小，因此，更适合在水位变化较大的池中应用。无需压缩空气的条件下，最大潜水曝气深度可以达到 10 m。成本低，安装、维护简捷便利。

4. 沉水式曝气设备

利用马达直接传动叶轮旋转来造成离心力，使附近的低压吸进水流，同时，叶轮进口处也制造真空以吸入空气，在混气室中，这些空气与水混合之后由离心力作用急速排出。

四、曝气设备的维护与管理

1. 空气管道的维护和管理

压缩空气管道的常见故障有以下两类：

（1）管道系统漏气：产生漏气的原因往往是选用材料的质量或安装质量不好，或管路破裂等。

（2）管道堵塞：管道堵塞表现在送气压力、风量不足，压降太大。引起原因一般是管道内的杂质或填料脱落，阀门损坏，管内有水冻结。

排除办法：修补或更换损坏管段及管件，清除管内杂质，检修阀门，排除管道内积水。在运行中应特别注意及时排水。空气管路系统内的积水主要是鼓风机送出的热空气遇冷形成的凝水，因此不同季节形成的冷凝水量是不同的。冬季的水量较多，应增加排放次数。排除的冷凝水应是清洁的，如发现有油花，应立即检查鼓风机是否漏油；如发现有污浊，应立即检查池内管线是否破裂，导致混合液进入管路系统。

2. 鼓风机的运行维护

鼓风机运行时，定期检查鼓风机进、排气的压力与温度，冷却用水或油的液位、压力与温度，空气过滤器的压差等，定期清洗检查空气过滤器。做好日常读表记录，进行分析对比。

注意进气温度对鼓风机（离心式）运行工况的影响，如排气容积流量、运行负荷与功率、喘振的可能性等，及时调整进口导叶或蝶阀的节流装置，克服进气温度变化对容积流量与运行负荷的影响，使鼓风机安全稳定运行。经常注意并定期测听机组运行的声音和轴承的振动。严禁离心鼓风机组在喘振区运行。

鼓风机运行中发生下列情况之一，应立即停车检查和维护：

（1）机组突然发生强烈震动或机壳内有刮磨声；

（2）任一轴承处冒出烟雾；

（3）轴承温度忽然升高，超过允许值，采取各种措施仍不能降低。

【任务准备】

给定水处理厂（站）的相关资料。

【任务实施】

根据给定的资料，正确选择合适的曝气设备类型，并说明运行和管理措施。

【检查评议】

评分标准见表 6-9。

表 6-9　曝气设备运行管理评分标准

编号	项目内容	评分标准	分值	扣分	得分
1	正确认识曝气设备的类型及结构	是否正确认识曝气设备的类型及结构	40		
2	曝气设备的运行和管理措施	曝气设备的运行和管理措施是否准确	40		
3	学习态度	态度是否积极	20		
	合计		100		

【思考与练习】

简述曝气设备的维护与管理技术要点。

项目七　水处理厂（站）电气仪表及自动控制系统运行与管理

【知识目标】

了解水处理厂（站）常见的供配电装置、高低压电器、常用的检测仪表、污水处理运行管理系统、在线监测控制系统运行与管理；熟练地掌握供配电系统装置及仪器的作用与操作技能；掌握污水处理系统、在线检测系统的运行管理方法以及系统中仪器的使用方法；实现水处理厂（站）的运行与管理自动化。

【技能目标】

通过本项目的学习，能够进行污水处理系统和在线检测系统的运行与管理，以及对设备的检查与维护；熟练掌握检测仪器的用途与操作技能，能通过检测仪器对水处理厂（站）作对应的检测。

【重点难点】

本项目要重点掌握水处理厂（站）内检测仪器的运行和管理，难点在于对水处理厂（站）的在线检测系统的实时监测。

任务一　供配电系统运行与管理

知识点一　供配电装置及其作用

【任务描述】

了解水处理厂供配电系统常用的电力线路特性，变电所与变压器的基本类别及作用。

【任务分析】

水处理厂内部的电力系统主要由高压及低压配电线路、变电所和用电设备三部分组成。通过学习，要求学会辨认电力线路的接线方式、供配电装置并了解它们的作用。

【知识链接】

一、供配电系统简介

供配电系统主要由变配电所、电力线路、用电负荷组成。供配电装置就是在供配电系统中起到起停、控制、保护作用的装置，一般由变压器、配电柜、高低压配电线路依据一定次序相连接组成，也称为变配电站（所）。如图 7-1 所示。

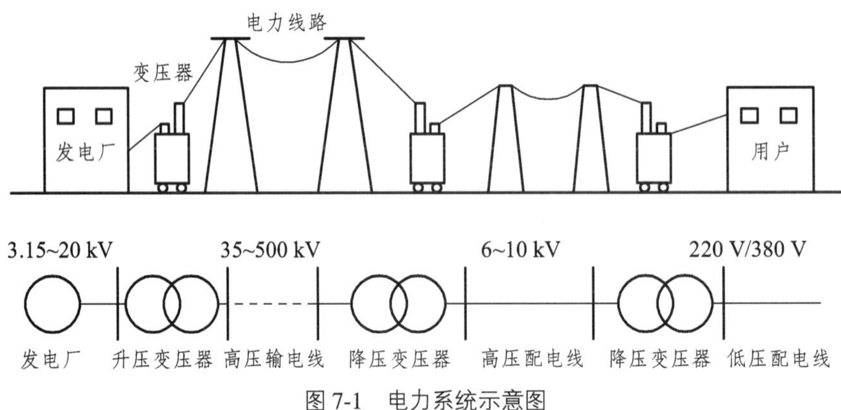

图 7-1　电力系统示意图

电力线路的作用是输送电能，并把发电厂、变配电所和电能用户连接起来。

变电所的任务是接受电能、变换电压和分配电能，即受电—变压—配电。变电所可分为升压变电所和降压变电所两大类。配电所的任务是接受电能和分配电能，但不改变电压，即受电—配电。如图 7-2 所示。

电力负荷包括所有用电的设备或用户，用户包括工厂、企事业单位、住宅小区等，如图 7-3 所示。

图 7-2　某大型变电站外观图

图 7-3　电力负荷实物图

二、供配电网络线路的接线方式

电力线路按电压高低可分为 1 kV 以上的高压线路和 1 kV 及以下的低压线路。供配电网络系统的结构可以用供配电线路的接线方式来描述。

1. 高压线路的接线方式

高压线路用的基本接线方式有放射式、树干式和环形等三种，其特点如表 7-1 所示。

表 7-1　高压线路的接线方式

接线方式	概述	优点	缺点	图示
放射式接线	从变配电所高压母线上引出一回线路直接向一个车间变电所或高压用电设备供电，沿线不支接其他负荷	接线清晰，操作维护方便，保护简单，便于实现自动化，供电可靠性较高	高压开关设备较多，投资较大，当线路发生故障时，该线路所供电的负荷都要停电。为提高可靠性，根据具体情况可增加备用线路，如（b）（c）（d）	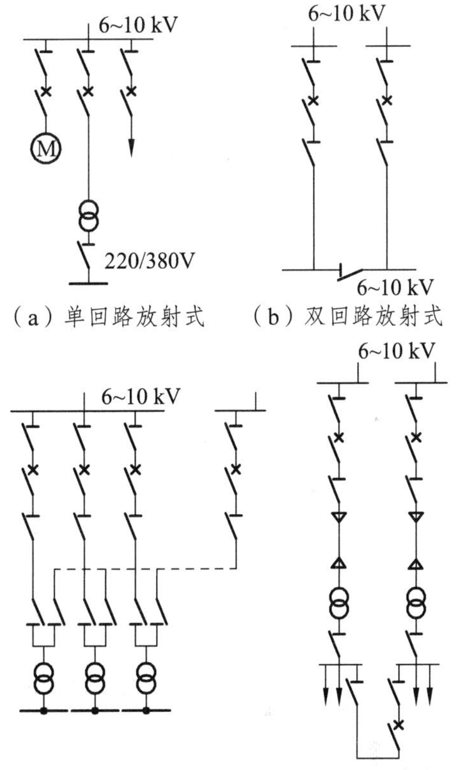 6~10 kV 220/380V （a）单回路放射式 6~10 kV 6~10 kV （b）双回路放射式 6~10 kV （c）公共线路的放射式 6~10 kV （d）低压联络线的放射式
树干式接线	从变配电所高压母线上引出的每路高压配电干线上，沿线支接了几个车间变电所或负荷点的接线方式	无备用的单树干式接线方式的变配电所出线减少，高压开关柜相应也减少，可节约有色金属的消耗量	单树干式接线，供电可靠性差，干线故障或检修将引起干线上的全部用户停电。为提高可靠性，根据具体情况可增加备用线路，如（b）（c）	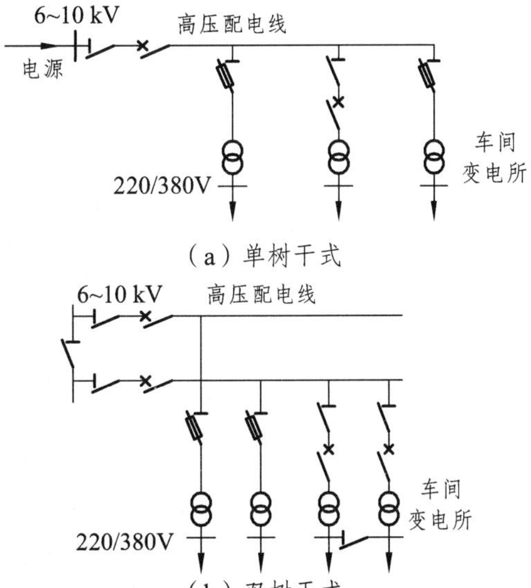 6~10 kV　高压配电线 电源 220/380V 车间变电所 （a）单树干式 6~10 kV　高压配电线 220/380V 车间变电所 （b）双树干式

续表

接线方式	概述	优点	缺点	图示
树干式接线	从变配电所高压母线上引出的每路高压配电干线上，沿线支接了几个车间变电所或负荷点的接线方式	无备用的单树干式接线方式的变配电所出线减少，高压开关柜相应也减少，可节约有色金属的消耗量	单树干式接线，供电可靠性差，干线故障或检修将引起干线上的全部用户停电。为提高可靠性，根据具体情况可增加备用线路，如b、c	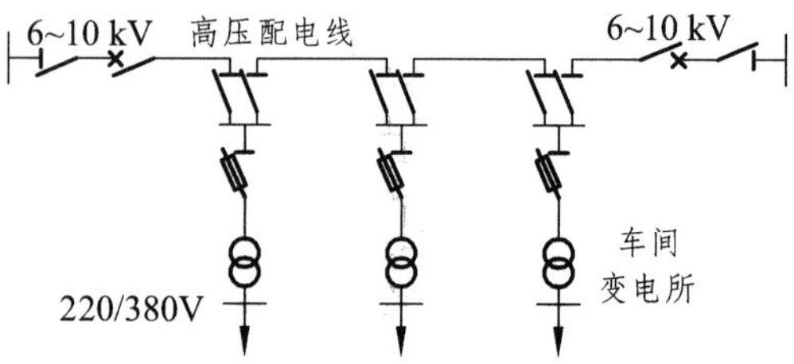 （c）两端电源的单树干式
环形接线	高压环形接线是高压树干式接线的改进。该接线在现代化城市配电网中应用较广	接线运行灵活，供电可靠性高	闭环运行时继电保护整定较为复杂，同时，为避免环形线路上发生故障时影响整个电网，常采用“开环”运行方式，即线路中有一处开关是断开的	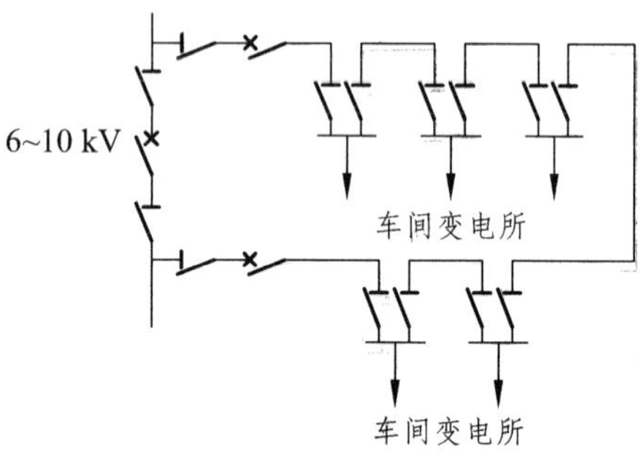

2. 低压线路的接线方式

低压配电线路也有放射式、树干式和环形等接线方式，其特点如表 7-2 所示。

表 7-2　低压线路的接线方式

接线方式	概述	优点	缺点	适用场所	图示
放射式接线	由变配电所低压配电屏供电给配电箱或低压用电设备	线路之间互不影响，供电可靠性较高	所用开关设备及配电线路较多，系统灵活性较差	多用于用电设备容量大，或负荷性质重要，或车间内负荷排列不整齐，或车间具有爆炸危险的厂房，或必须由与车间隔离的房间引出线路等情况	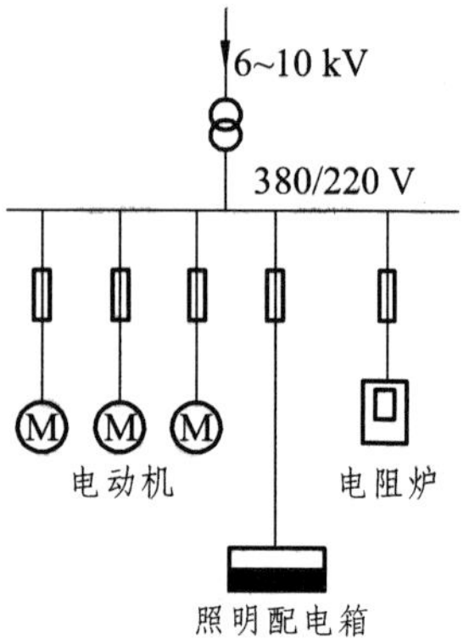

接线方式	概述	优点	缺点	适用场所	图示
干式接线	由配电装置引出一条线路同时向若干用电设备配电	开关设备较少，造价较低	干线故障会使连接的用电设备断电，供电可靠性差	多采用成套的封闭母线，适宜供电给用电容量较小而分布均匀的用电设备（如机床、小型加热炉等）	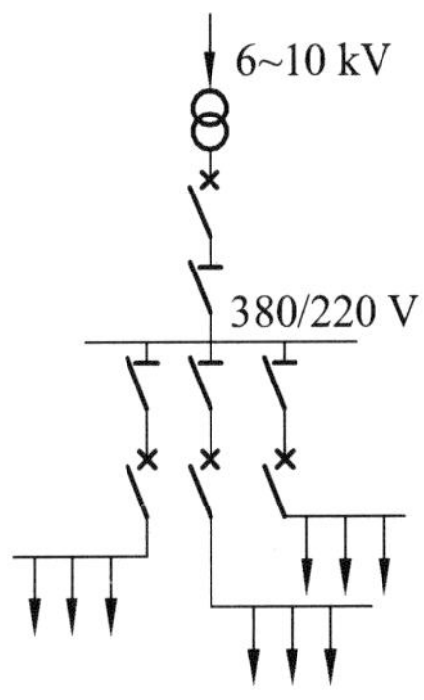 6~10 kV 380/220 V （a）低压母线放射式配电的树干式接线 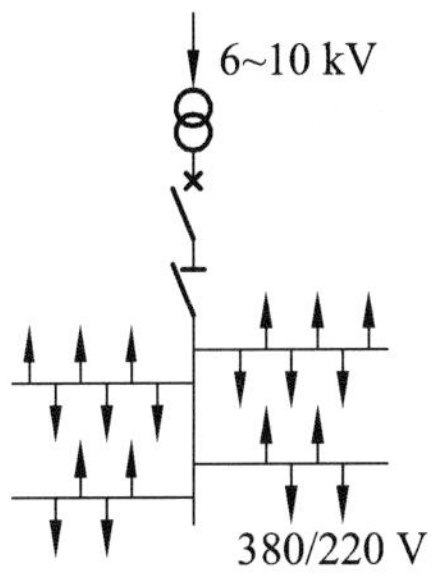 6~10 kV 380/220 V （b）低压“变压器-干线组”树干式接线 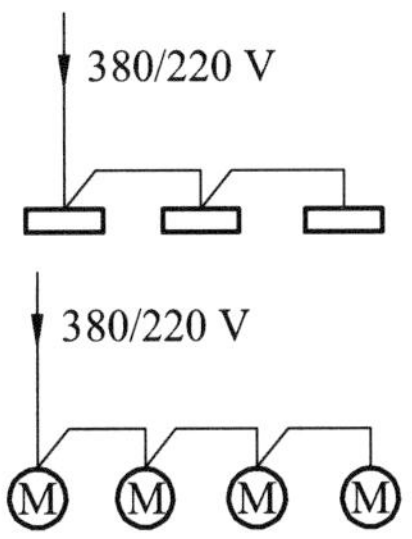 380/220 V 380/220 V M M M M （c）低压链式接线
环形接线	在两个车间变电所的低压侧，通过低压联络线连接起来，构成环形接线	供电可靠性较高，线路故障或检修时，只会短时停电或不停电	保护装置整定配合较复杂，配合不当，易发生误动作，会扩大引起停电范围	适用于设备经常调整的机械加工车间	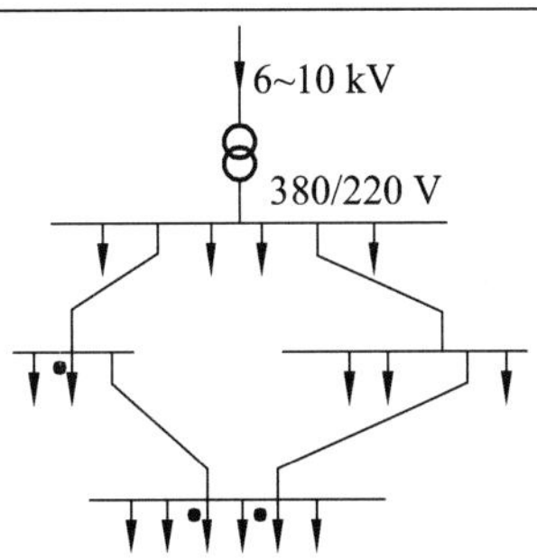 6~10 kV 380/220 V

三、电力变压器

电力变压器（文字符号：T 或 TM）的主要功能是将电力系统中的电能电压升高或降低，以利于电能的合理输送、分配和使用。按功能可分为升压和降压变压器；按相数可分为单相和三相变压器；按绕组可分为双绕组和三绕组变压器；按调压方式可分为普通变压器和有载调压变压器等。如图 7-4 所示。

（a）三相变压器

（b）单相变压器

（c）双绕组变压器

（d）自耦变压器

（e）有载调压变压器

图 7-4　电力变压器

【考证要点】

是否了解供配电系统的组成；是否能辨认电力线路连接方式；是否熟悉各配电装置的作用。

【思考与练习】

（1）供配电系统的构成及各个组成装置的作用?

（2）高低压供配电系统的线路接线方式主要有哪几种?

知识点二　高低压电气设备运行管理

【任务描述】

了解高低压电气设备的运行操作，能进行设备拆分，认识内部结构以及掌握设备的检测。

【任务分析】

电气设备是在电力系统中对发电机、变压器、电力线路、断路器等设备的统称。通过本任务的学习，应掌握电力系统内部的高低压电气设备的作用、使用范围以及相关操作技能。

【知识链接】

一、高低压电气设备

高压电器是指交流 1 kV 以上的电器设备，主要用于控制发电机、电力变压器和电力线路，在高压线路中用来实现通断、保护、控制、调节。低压电器是指工作在交流 1200V 以下或直流 1500 V 以下电路中实现通断、保护、控制及调节的电器，可分为配电电器和控制电器两大类，配电电器主要用于配电系统中。

二、高压电气设备运行操作

常见高压电气设备的运行及功能见表 7-3 所示。

表 7-3　高压电气设备的运行及功能

名称	功能	特点	图示
高压断路器	可切断或闭合高压电路中的空载电流和负荷电流	具有相当完善的灭弧结构和足够的断流能力	
负荷开关	常与熔断器串联配合使用，用于控制电力变压器	具有简单灭弧装置，能切断额定负荷电流和一定的过载电流，但不能切断短路电流	
隔离开关	用作改变电路连接或使线路或设备与电源隔离，没有断流能力，只能先用其他设备将线路断开后再操作	无灭弧能力，只能在没有负荷电流的情况下分、合电路	

续表

名称	功能	特点	图示
熔断器	主要用于高压输电线路、电压变压器、电压互感器等电器设备的过载和短路保护	根据电流超过规定值一段时间后，以其自身产生的热量使熔体熔化，从而断开电路	
电流互感器	可把危险的高电压大电流变为安全的低电压小电流，供给测量仪表和保护装置使用	工作时，二次回路始终是闭合的，测量仪表和保护回路串联线圈的阻抗很小，电流互感器的工作状态接近短路	
电压互感器	把高电压按比例变换成100 V或更低等级的标准二次电压，供保护、计量、仪表装置　使用	基本结构和变压器很相似，也有两个绕组。运行时，一次绕组N1并联接在线路上，二次绕组N2并连接仪表或继电器	
支柱绝缘子	在架空输电线路中起着支撑导线和防止电流回地的作用	是一种特殊的绝缘控件，能够在架空输电线路中起到重要作用	
母线	具有汇集、分配和传送电力的作用	电站或变电站输送电能用的总导线	
电缆	是供电设备与用电设备之间的桥梁，起传输电能的作用	由一根或多根相互绝缘的导体和外包绝缘保护层制成	

三、低压电气设备运行操作

常用的低压电器主要有接触器、继电器、刀开关、断路器（自动空气开关）、主令电器等。

常见低压电气设备的运行及功能如表 7-4 所示。

表 7-4　低压电气设备的运行及功能

名称	功能	特点	图示
接触器	能接通和切断电路，还具有低电压释放保护作用	控制容量大，适用于频繁操作和远距离控制	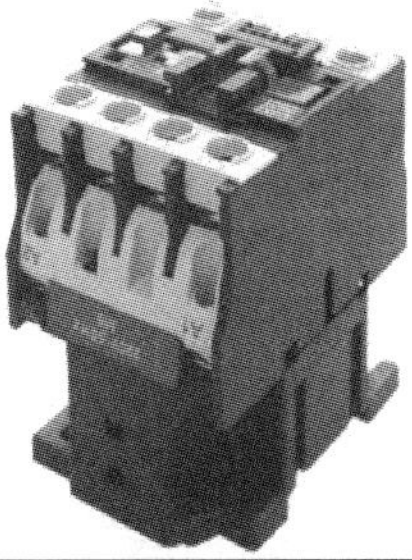
继电器	起信号检测、传递、变换或处理作用，由它通断的电路电流通常较小，一般用在控制 电路	是一种根据电量（电压、电流等）或非电量（温度、压力、时间、转速等）的变化接通或断开控制电路的自动切换电器	
刀开关	隔离电源，或作为不频繁地接通和分断额定电流以下的负载用	是手控电器中最简单而使用广泛的一种低压电器； 处于断开位置时，可明显观察到，能确保电路检修人员的安全	
断路器	用来分配电能，不频繁地启动异步电动机，对电源线路及电动机等实现严重的过载或者短路及欠压等故障时自动切断电路	相当于刀开关、熔断器、热继电器、过电流继电器和欠电压继电器的组合，是一种既有手动开关作用又能自动进行欠电压、失电压、过载和短路保护的电器	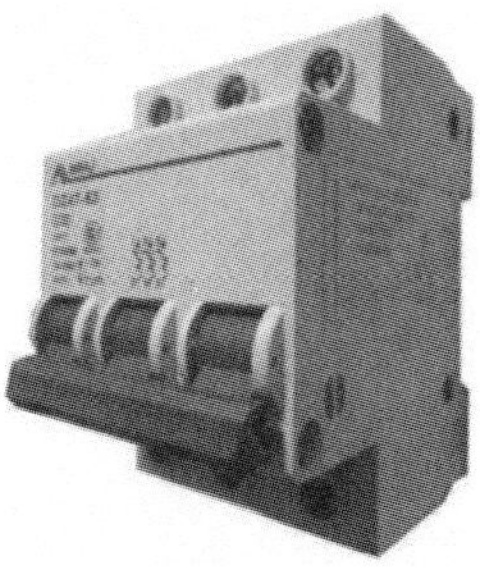
主令电器	用于切换控制电路，通过它发出指令或信号以便控制电路接通或断开，使被控制对象启动、运转、停止或改变运行状态	专门用来发布命令、改变控制系统工作状态的电器，可用来接通或断开控制电路，控制电动机的启动、停止、制动以及调速等	

【任务准备】

准备高压断路器、电流互感器、电压互感器、低压断路器、交流接触器各一只，万用表一只，螺丝刀若干。

【任务实施】

对给出的电气设备通过装置铭牌加以识别和了解，并对比理论介绍作相应的知识巩固；利用万用表检测交流接触器各对触点通断情况，对交流接触器线圈加以测量其是否完好。

【检查评议】

评分标准表见 7-5。

表 7-5　评分标准

编号	项目内容	评分标准	分值	扣分	得分
1	学习态度	不认真操作扣 10 分	10		
2	动手能力	动手能力不强扣 20 分	20		
3	团队协作精神	没有团队精神扣 10 分	10		
4	专业能力	运行万用表对高低压电气设备的拆装及检测实验	50		
5	安全文明操作	不爱护设备扣 10 分	10		
6	合计		100		

【考证要点】

是否了解高低压设备铭牌上各参数的含义，能进行设备拆分，认识内部结构，是否掌握设备的检测。

【思考与练习】

（1）高低压电气设备的分类与作用?

（2）继电器的作用是什么?

任务二　仪器仪表运行与管理

知识点一　一般检测仪表运行管理

【任务描述】

了解水处理厂（站）常用一般检测仪表的特性及相关操作技能，会选择适合具体情况的检测仪表。

【任务分析】

水处理厂（站）检测仪表是获取生产过程被测变量信息的仪表。水处理过程中需要测量的参数多种多样，常规需要检测的参数有：压力、流量、液位及温度等。要求了解一般检测仪表的工作原理，掌握其特性及操作技能。

【知识链接】

一、压力检测仪表

按测量压力的原理与方法，压力检测仪表可分为液柱式压力计、弹性式压力表、负荷式压力计、压力变送器、压力开关五大类。其中弹性式压力表、压力变送器和压力开关是给水排水工程中常用的压力检测仪表，其用途及特性见表 7-6。

表 7-6　压力检测表的工作原理及特性

名称	用途	特性	注意事项	图示
弹性式压力表	表压、负压、绝对压力测量。就地指示，报警、记录或发信；或将被测量远传，进行集中显示	频率响应低，不宜测量动态压力	测量蒸汽压力时，压力表下端应装有环形管，使用中用水来传递蒸汽压力，以免高温蒸汽冲入弹簧管内，影响仪表精度，或不慎使焊锡熔化，造成仪表测漏，发生事故	1—弹簧管；2—拉杆；3—扇形齿轮；4—中心齿轮；5—指针；6—面板；7—游丝；8—调整螺钉；9—接头
压力变送器	将被测压力转换成电信号进行远传，以便对被测压力进行监测、报警、控制及显示	具有频率响应高、抗环境干扰能力强、测量精度高、体积小、记载能力好等优点	（1）使用前，先进行零点调校和量程调校； （2）用在管路中时，应安装在远离泵、阀门的位置，并加装缓冲管或缓冲容器	
压力开关	位式控制或发信报警	压力达到设定值时发出报警或控制信号，从而监视或控制被测压力在设定范围内	当水管道或气泵压力大于开关压力调点的上限时，开关自动断开，泵停止运转，开关压力上下限随着用水高度或气泵所需压力不同而在调整范围内调整	

二、流量检测仪表

流量检测仪表包括流量计和流量积算仪，前者用于测量流体的流量，后者用于测量流体的总量。随着流量检测仪表的发展，多数流量检测仪表都同时具有测量流量和总量的功能。常用流量检测仪表有涡轮流量计、涡街流量计、电磁流量计和超声波流量计等。其中，电磁流量计应用最广。流量检测仪表的性能及结构特点见表 7-7。

表 7-7　流量检测仪表的性能及结构特点

类型		公称管径/mm	测量范围/（m^3/h）	精确度	结构特点	图示
差压式流量计	喷嘴	50～500	5～2500	0.8	结构简单，使用寿命长，适应性较广。对安装要求严格，压力损失较大。适合于非腐蚀性流体的单向流量测量	
	文丘里管	50～1200	30～18 000	0.7～1.5		
	V 锥	15～2000	10～70 000	0.5		
浮子流量计	玻璃管	4～100	0.001～40	1～2.5	结构简单，压力损失小且恒定，工作可靠，适合于中、小管道的中小流量的测量	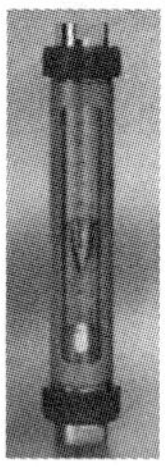
	金属管	15～200	0.01～150	1.0～1.5		
容积式流量计	椭圆齿轮	10～250	0.005～500	0.2～0.5	传动机构复杂，测量精度高，适合于测量黏性流体的累积流量	
	腰轮	15～500	0.4～3000	0.2～0.5		
	旋转活塞	15～100	0.2～90	0.5～1		
靶式流量计		15～200	0.8～400	0.5～5	结构简单，维护方便，不易堵塞，适合于测量高黏度和带杂质的流体的流量	
涡轮流量计		4～600	0.04～6000	0.5～1	测量精确度高，压力损失小，结构紧凑，使用寿命短。适合于洁净流体的流量测量	

续表

类型	公称管径/mm	测量范围/（m^3/h）	精确度	结构特点	图示
涡街流量计	15～1200	气体 7～55 m^3/s 液体 0.7～5.5 m^3/s	1.0～1.5	仪表内无活动部件，使用寿命长，压力损失较小。适合于低黏度流体流量测量	
电磁流量计	2.5～3200	0.3～12 m^3/s	0.2～0.5	仪表几乎无压力损失，使用寿命长，测量范围宽，适合于测量导电率 5 μS/cm 的满管水流体的测量	
超声波流量计	10～15 000	0.5～20 m^3/s	0.5～3	安装方便，几乎无压力损失，测量范围宽，适合于大管径和污水管的各种流体的流量测量	
明渠流量计			1～3	适合于污水和非满管水流量的测量	探头 实测液位 矩形堰 液位=0

流量检测仪表的选择：选用流量检测仪表时，一般应考虑工艺过程允许的压力损失，最大最小额定流量，工况条件，精度要求，是测量瞬时值还是累积值，仪表的输出信号等。

三、液位检测仪表

液位检测仪表按测量方式可分为连续测量和限位测量两大类，其性能及结构特点见表 7-8。

表 7-8　液位检测仪表的性能及结构特点

名称	工作原理	特性	图示
电容式液位计	检测液位的电容，一般是由容器壁与插入容器的探头组成，容器壁与探头组成一对电极。电容器电容量的大小取决于液位高度，测量介质电容量的大小，即可计算出液位的高度	能检测高温、高压下液体的液位；结构牢固、安装方便、易于维护；可用于测量有腐蚀性的液位，但不适于对介电常数可能变化，介质能在电极上附着的液体	
静压式液位计	液位计处于被测液体之中受到一定的液体静压力，当被测液体的密度不变时，这种静压力与被测液体的高度成正比例。通过测量位于一定深度液体之中的作用于传感器之上的压力信号，即可计算出被测液体的深度	测量范围大，受温度变化而引起的测量误差小；安装方便，工作可靠；可用于测量黏度较高、易结晶、有固体悬浮物、有腐蚀性液体的液位测量	
超声波式液位计	传感器定时发射出超声波脉冲信号，在被测液体的表面被反射，返回的超声波信号再由传感器接收。从发射超声波脉冲到接收反射信号所需的时间与传感器到液体表面的距离成正比，由此可计算出液位	超声波液位计通常用于加药间混凝剂池液位、污泥池液位的测量。能实现非接触的液位测量，特别适合于测量腐蚀性强、高黏度、密度不确定等液体的液位	
导波雷达式液位计	仪表沿着导波缆发射出电磁波，在被测液体的表面被反射，返回的电磁波再由仪表接收。从仪表发出到收到反射信号的时间与传感器到液面距离成正比，由此计算出液位	测量精确稳定	
污泥界面仪	发射换能器面对污泥液面发射超声波脉冲，超声波脉冲从液面上反射回来，被接收换能器接收。根据发射至接收的时间可确定传感器与液面之间的距离，由此计算液位	主要应用在污水处理的初沉池、二沉池、污泥浓缩池的污泥界面测定；自来水厂沉淀池泥位测定	

续表

名称	工作原理	特性	图示
液位开关	用来测量液位是否达到预定的高度（通常是安装测量探头的位置），并发出相应的开关信号	可测量液位、固-液分界面、液-液分界面、液体的有无等。较连续测量的液位计而言，液位开关具有简单、可靠、使用方便、范围广、价格便宜等特点	

四、温度检测仪表

温度检测仪表按测量方式不同，可分为接触式和非接触式两大类。检测水温、水泵电机的绕组线圈温度和定子铁芯温度以及前后轴承温度，一般采用接触式测温仪表。常用测温仪表的测温范围、原理及主要特点如表 7-9 所示。

表 7-9　常用测温仪表测温范围、原理及主要特点

测温方式	测量仪表种类		测温范围/°C	测温原理	主要特点	图示
接触式	膨胀式	液体膨胀式 固体膨胀式	-100～500 -60～500	利用液体（水银、酒精）或固体（金属片）受热时产生热膨胀的特性	结构简单、价格低廉，适合生产过程和实验室各种介质温度的就地测量	
	压力式	液体式 气体式 蒸气式	-30～600 -20～350 0～250	利用封闭在一定容积中的液体、气体或饱和蒸气在受热时体积或压力变化的性质	结构简单，具有防爆型，不怕振动，适宜近距离传送，但时间滞后较大，精度低	
	热电耦式	铂铑-铂 镍铬-镍硅 镍铬-考铜	0～1 600 -50～1 000 -50～600	利用金属的热电效应	测量范围广，精度高，能远距离传送，适合于中、高温度的测量	
	热电阻式	铂电阻 铜电阻	-200～850 -50～150	利用导体或半导体的电阻值随温度变化的性质	测量精度高，稳定性好，能远距离传送，适合于低、中温度的测量	

续表

测温方式	测量仪表种类		测温范围/ °C	测温原理	主要特点	图示
非接触式	辐射式	光学式 比色式 红外式	700～3 200 0～3 200 0～3 200	利用被测对象所发射的辐射能量随温度变化的性质	适合于不宜直接测温的场合，测量精度较低，受环境条件的影响大	

【任务准备】

准备液柱式压力计、弹性式压力表、压力变送器、差压流量计、电磁流量计、超声波式液位计、电容式液位计、温度计各一台。

【任务实施】

根据不同场合的需求，从提供的仪表中选择正确的仪表测量压力、流量、液位及温度。

【检查评议】

评分标准见表 7-10。

表 7-10　评分标准

编号	项目内容	评分标准	分值	扣分	得分
1	学习态度	不认真操作扣 10 分	10		
2	动手能力	动手能力不强扣 20 分	20		
3	团队协作精神	没有团队精神扣 10 分	10		
4	专业能力	仪表每选错一处扣 5 分；参数设置范围正确，每错一处扣 5 分，扣完为止	50		
5	安全文明操作	不爱护设备扣 10 分	10		
6	合计		100		

【考证要点】

是否了解检测仪表的工作原理；是否掌握检测仪表的特性及操作技能。

【思考与练习】

（1）液位检测仪表的分类：液位检测仪表按测量方式可分为_____和_____两大类。

（2）压力检测仪表、流量检测仪表、液位检测仪表、温度检测仪表有哪些分类？

知识点二　电工仪表运行操作

【任务描述】

了解水处理厂（站）常用的电工仪表的检测作用及相关的操作技能。

【任务分析】

电工仪表是用于测量电压、电流、电能、电功率等电量和电阻、电感、电容等电路参数的仪表，在电器设备安全、经济、合理运行的检测与故障检修中起着重要作用，是显示电气设备运行正常与否的主要依据。因此，要进行电力系统检测和相关操作，就必须了解电工仪表的操作技能、注意事项以及适用范围。

【知识链接】

一、万用表

万用表是一种多功能、多量程的便携式电工仪表，一般的万用表可以测量直流电流、直流电压、交流电压和电阻等，有些万用表还可测量电容、功率、晶体管共射极直流放大系数 h_{FE} 等。

1. 指针式万用表

（1）指针式万用表主要由表头、转换开关、测量线路、面板等组成。图 7-5 是 MF-47 型万用表的外形图，该万用表可以测量直流电流、直流电压、交流电压和电阻等多种电量。

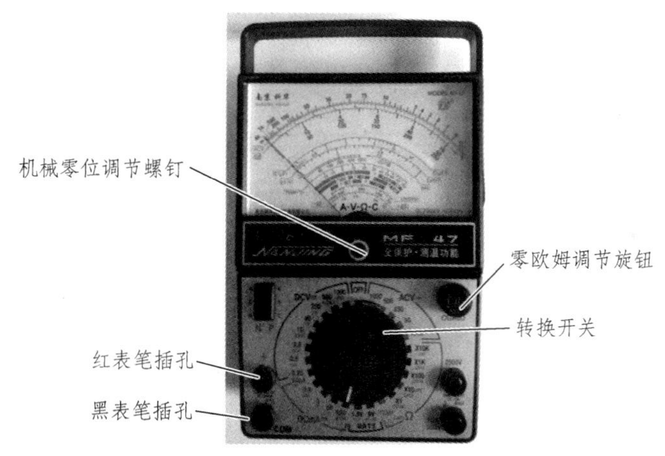

图 7-5　MF-47 型万用表外形图

（2）指针式万用表的使用

① 准备工作

a. 熟悉转换开关、旋钮、插孔等的作用，检查表盘符号；了解刻度盘上每条刻度线所对应的被测电量。

b. 机械调零：旋动万用表面板上的机械零位调整螺钉，使指针对准刻度盘左端的“0”位置。

c. 检查红色和黑色两根表笔所接的位置是否正确，红表笔插入“+”插孔，黑表笔插入“–”插孔，如测量交流直流 2500 V 或直流 10 A 时，红插头则应分别插到标有“2500 V”或“10 A”的插座中。

② 测量电压、电流、电阻的操作方法见表 7-11。

表 7-11　指针式万用表的操作方法

操作内容	操作要领	操作方法	注意事项
测量直流电压	把旋转开关拨到直流电压挡，并选择合适的量程。当被测电压数值范围不清楚时，可先选用高挡，再逐步选用低挡，使读数在满刻度的 2/3 处附近	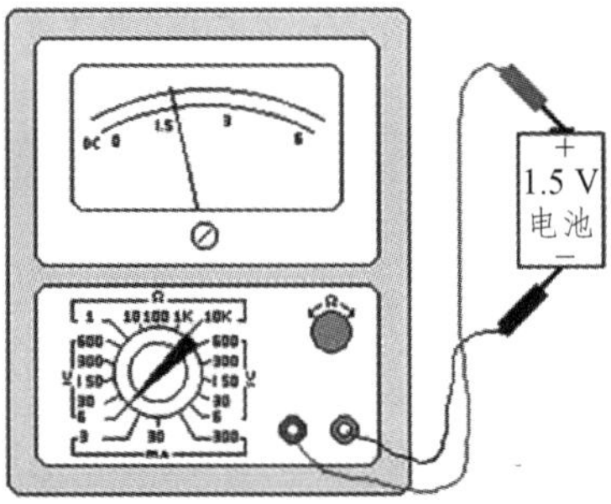	a. 测量时，不能用手触摸表笔的金属部分，要养成单手操作的习惯； b. 测直流量时要注意被测电量的极性，避免指针反打而损坏表头； c. 测量较高电压或大电流时，不能带电转动转换开关； d. 读数时目光应与表盘刻度垂直； e. 不允许带电测量电阻，否则会烧坏万用表； f. 测电阻时，每换一次倍率挡，都应重新将两根表笔短接，重新欧姆调零
测量交流电压	把转换开关拨到交流电压挡，选择合适的量程。将两根表笔并接在被测电路的两端，不分正、负极		
测量直流电流	把转换开关拨到直流电流挡，选择合适的量程。将被测电路断开，万用表串接于被测电路中。注意电流从红表笔流入，从黑表笔流出，不可接反	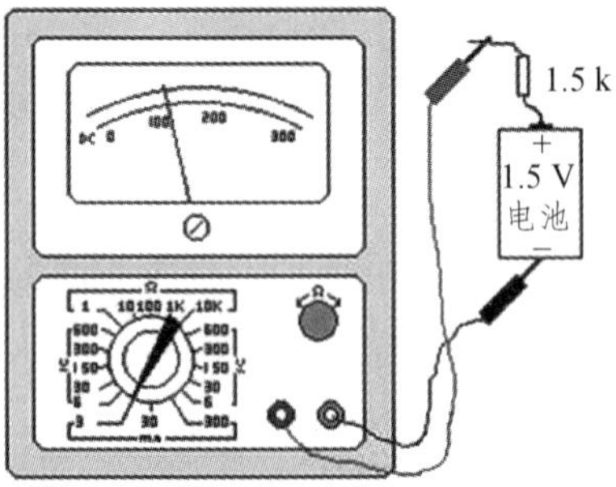	
测量电阻	把转换开关拨到电阻挡，选择合适的量程。两表笔短接，进行欧姆调零，即转动零欧姆调节旋钮，使指针打到电阻刻度右边“0”处。测量时应使指针尽量指向表刻度盘中间偏右三分之一区域	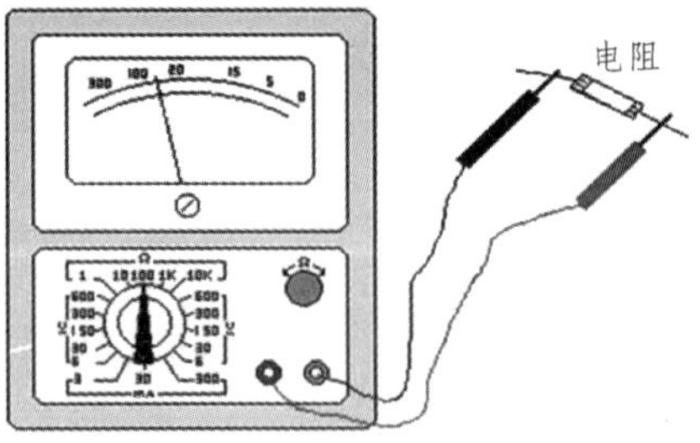	万用表内干电池的正极与面板上“-”插孔相连，干电池的负极与面板上的“+”插孔相连；不允许用万用表电阻档直接测量高灵敏度表头内阻；测量完毕，将转换开关置于交流电压最高挡或空挡

2. 数字式万用表

DT9922B 数字式万用表面板结构主要由显示器、电源开关、信号输入端、测量样式开关、量程开关以及 h_{FE} 端子组成；具有准确度高、读数迅速准确、功能齐全及过载能力强等优点。外形如图 7-6 所示。操作方法如表 7-12 所示。

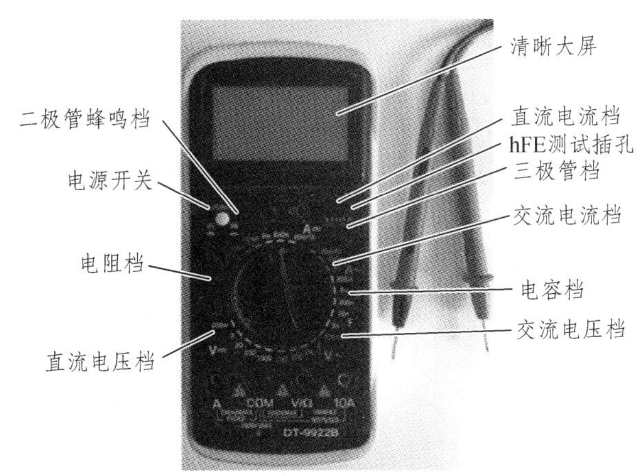

图 7-6　DT9922B 数字式万用表外形图

表 7-12　数字式万用表的操作方法

操作内容	操作要领	操作方法	注意事项
测量 直流电压	打开电源开关，红表笔接“VΩ”端，黑表笔接公共端；样式开关置于“V–”端；按被测电压大小选择量程；连接表笔到试验电路	直流电压测试： 新电池电压偏高 超过10 V属正常现象	1. 交流电压挡只能直接测量低频正弦波信号电压；测量高压时要注意避免触电； 2. 测量电流时注意事项同指针式电用表； 3. 测量电阻、电压、电流时，若显示“1”说明量程过小，应加大量程；若数值前有“–”，说明红黑笔接反
测量 交流电压	表笔插孔同上，样式开关置于“V~”端；在 200 V 或 700 V 挡中选择一个量程；连接表笔到试验电路		
测量 直流电流	红表笔接“A”或“10 A”端，黑表笔接公共端；样式开关置于“A–”端；连接表笔到试验电路；对于被测电流超过 200 mA 时，红色表笔应插入 10 A 插座，样式开关必须置于 200 mA 挡		

续表

操作内容	操作要领	操作方法	注意事项
测量电阻	红表笔接“VΩ”端，黑表笔接公共端；样式开关置于“Ω”端；按测量电阻大小选择量程；连接表笔到试验电路或电阻进行测量		
检查二极管	样式开关置于“Ω”挡；量程开关置于二极管挡位处；将黑色表笔插入公共端,红色表笔插入“VΩ”端；连接表笔到二极管。颠倒表笔测量两次，如果二极管是好的，则一次显示“1”，一次显示零点几的数字；如果二极管是坏的，则两次显示相同的数字	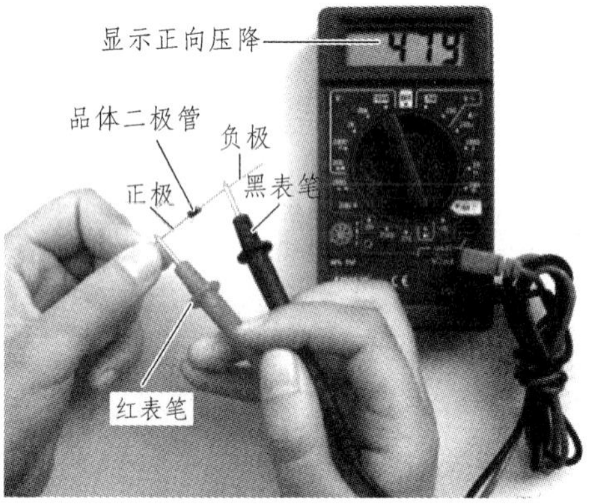	
测量 h_{FE}	红笔插入“VΩ”，黑笔插入公共端；找出三极管的基极 b；判断三极管的类型 PNP 或 NPN；样式开关打到 *h*FE 挡；推入 DCMA/h_{FE} 开关和 h_{FE} 量程开关；把晶体管的基极、集电极和发射极分别插入晶体管插座的 b、c、e 孔中，进行相应的测量		

二、钳形电流表

钳形电流表是一种不需要断开电路就可以直接测量交流电路的便携式仪表，测量精度不高，可对设备或电路的运行情况做粗略的了解。

1. 钳形电流表的组成

钳形电流表主要由电流互感器和电流表组成，如图 7-7、图 7-8 所示。

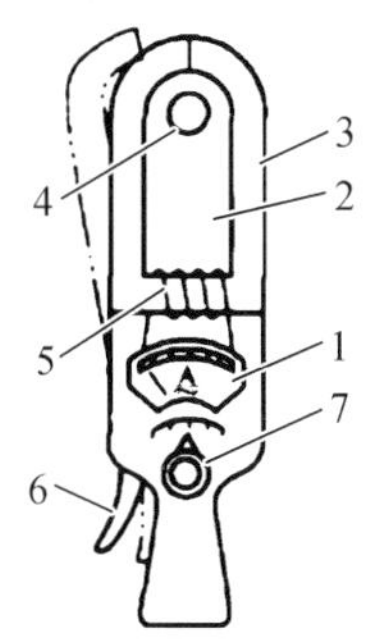

图 7-7　钳形电流表结构图

1—电流表；2—电流互感器；3—铁芯；4—被测导线；
5—二次绕组；6—手柄；7—量程调节旋钮

图 7-8　钳形电流表的使用

2. 钳形电流表的使用

（1）测量前的准备

① 检查仪表的钳口上是否有杂物或油污，待清理干净后再进行测量。

② 进行机械调零。

（2）钳形电流表的测量方法

① 估计被测电流的大小，将量程调节旋钮调至需要的测量挡。如无法估计被测电流大小，则先用最高量程挡位测量，然后根据测量情况调至合适的量程。

② 握紧钳柄，使钳口张开，放置被测导线。为减少误差，被测导线应置于钳口的中央。如图 7-8 所示。

③ 钳口要紧密接触，如遇有杂音时可检查钳口是否清洁，或重新开口一次，再闭合。

④ 测量 5 A 以下的小电流时，为提高测量精度，在条件允许的情况下，可将被测导线多绕几圈，再放入钳口测量。此时实际电流应是仪表读数除以放入钳口中的导线圈数。

⑤ 测量完毕，将量程选择开关拨到最大量程挡位上。

3. 钳形电流表的使用注意事项

（1）被测电路电压不可超过钳形电流表的额定电压，钳形电流表不能测量高压电气设备。

（2）不能在测量过程中转动量程调节旋钮。在换挡前，应先将载流导线退出钳口。

三、绝缘电阻表（兆欧表）

绝缘电阻表俗称兆欧表，又称摇表，是专门用于测量绝缘电阻的便携式仪表，计量单位是兆欧（MΩ）。如图 7-9 所示。

图 7-9　绝缘电阻表实物图

1. 绝缘电阻表的使用

（1）使用前的检查

将绝缘电阻表水平且平稳放置，检查指针偏转情况：将 E、L 两端开路，以约 120 r/min 的转速摇动手柄，观测指针是否指到“∞”处；然后将 E、L 两端短接，缓慢摇动手柄，观测指针是否指到“0”处，经检查完好后才能使用。

（2）绝缘电阻表的使用方法

① 绝缘电阻表放置平稳，被测物表面擦拭干净，以保证测量正确。

② 正确接线。

③ 由慢到快摇动手柄，直到转速达 120 r/min 左右，保持手柄的转速均匀、稳定，一般转动 1 min，待指针稳定后读数。

④ 测量完毕，待绝缘电阻表停止转动和被测物接地放电后方能拆除连接导线。

2. 绝缘电阻表的使用注意事项

因绝缘电阻表本身工作时产生高压电，为避免人身及设备事故必须重视以下几点：

（1）不能在设备带电的情况下测量其绝缘电阻。测量前被测设备必须切断电源和负载，并进行放电；已用绝缘电阻表测量过的设备如要再次测量，也必须先接地放电。

（2）绝缘电阻表测量时要远离大电流导体和外磁场。

（3）与被测设备的连接导线应选用绝缘电阻表专用测量线或选用绝缘强度高的两根单芯多股软线，两根导线切忌绞在一起，以免影响测量准确度。

（4）测量过程中，如果指针指向“0”位，表示被测设备短路，应立即停止转动手柄。

（5）被测设备中如有半导体器件，应先将其插件板拆去。

（6）测量过程中不得触及设备的测量部分和被测回路，以防触电。

（7）测量电容性设备的绝缘电阻时，测量完毕，应对设备充分放电。

四、接地电阻测试仪

接地电阻测试仪是检验测量接地电阻的常用仪表，也是电气安全检查与接地工程竣工验收不可缺少的工具。如图 7-10 所示。

（a）实物图

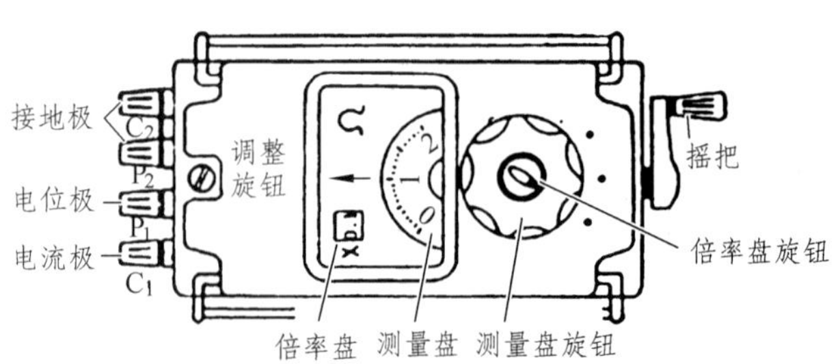

（b）结构图

图 7-10　接地电阻测试仪实物图和结构图

接地电阻测试仪的使用：

（1）使用前的准备

① 熟读接地电阻测量仪的使用说明书，全面了解仪器的结构、性能及使用方法。

② 备齐测量时所必需的工具及仪器附件，将仪器和接地探针擦拭干净。

③ 将接地干线与接地体的连接点或接地干线上所有接地支线的连接点断开，使接地体成为独立体。

（2）接地电阻测试仪测量步骤

① 将两个接地探针沿接地体辐射方向分别插入距接地体 20 m、40 m 的地下，插入深度为 400 mm。

② 将接地电阻测试仪平放于接地体附近，并进行接线，如图 7-11 所示。

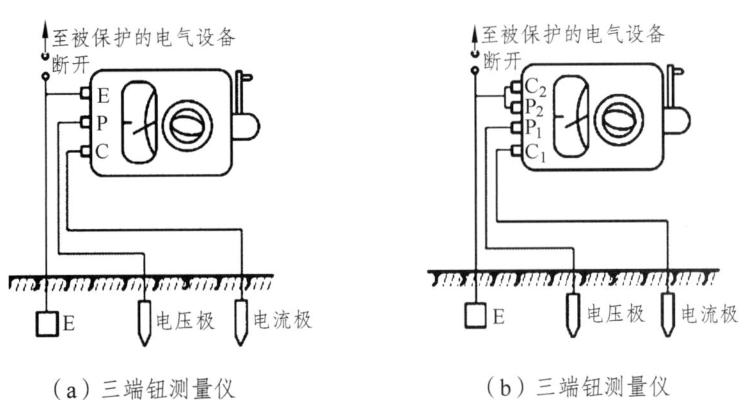

（a）三端钮测量仪　　（b）三端钮测量仪

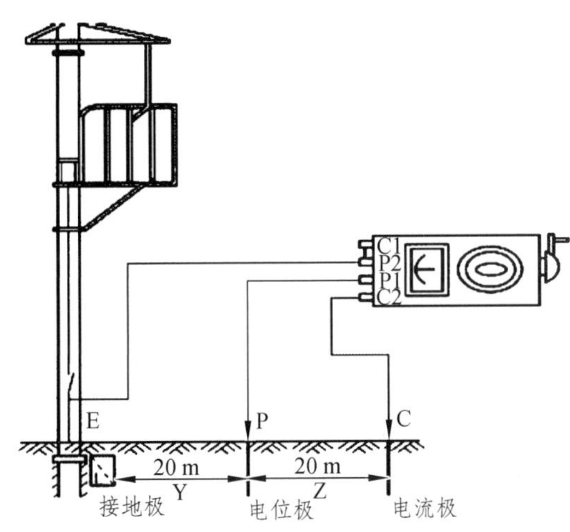

（c）四端钮测量仪

图 7-11　接地电阻测试仪的使用

③ 将测试仪水平放置后，检查检流计的指针是否指向中心线，若没有则需调节“零位调整器”使测量仪指针指向中心线。

④ 将“倍率标度”（或称粗调旋钮）置于最大倍数，慢慢地转动发电机转柄（指针开始偏移），

同时旋动“测量标度盘”（或称细调旋钮）使检流计指针指向中心线。

⑤ 当检流计的指针接近于平衡时（指针近于中心线）加快摇动转柄，使其转速达到 120 r/min 以上，同时调整“测量标度盘”，使指针指向中心线。

⑥ 若“测量标度盘”的读数过小（小于 1）不易读准确时，说明倍率标度倍数过大。此时应将“倍率标度”置于较小的倍数，重新调整“测量标度盘”使指针指向中心线上并读出准确读数。

⑦ 计算测量结果，即 R=“倍率标度”读数×“测量标度盘”读数。

五、电　桥

在工程上要较为准确的测量中值电阻，常用直流单臂电桥（也称惠斯登电桥）。该仪表适用于测量 $1\sim10^6\ \Omega$ 的电阻值，其主要特点是灵敏度和测试精度都很高，且使用方便。

（1）以 QJ23 直流单臂电桥为例来说明直流单臂电桥的使用方法。图 7-12 为 QJ23 型直流单臂电桥的面板图。

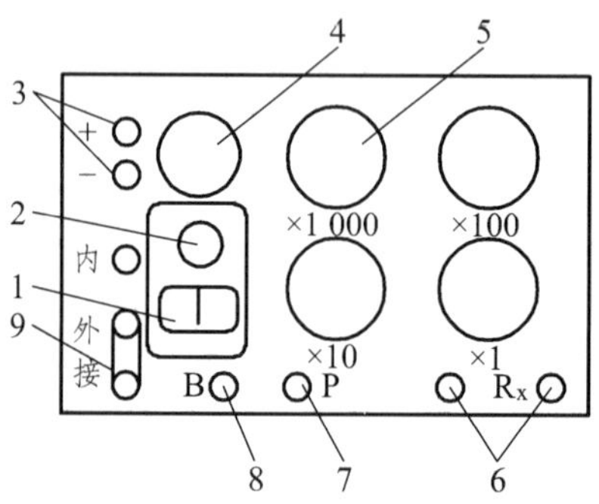

图 7-12　QJ 型直流单臂电桥面板图

1—检流计；2—检流计调零器；3—外接电源端子；4—比例臂；5—比较臂；
6—测量端子；7—检流计按钮；8—电源按钮；9—外接检流计端子

（2）把电桥放平稳，断开电源和检流计按钮，进行机械调零，使检流计指针和零线重合。用万用表电流挡粗测被测电阻值，选取合理的比例臂。使电桥比较臂的四个读数盘都利用起来，以得到四个有效数值，保证测量精度。

（3）按选取的比例臂，调好比较臂电阻。

（4）将被测电阻 Rx 接入接线柱，先按下电源按钮 B，再按检流计按钮 G，若检流计指针摆向“+”端，需增大比较臂电阻；若指针摆向“−”端，需减小比较臂电阻。反复调节，直到指针直到零位为止。

（5）读出比较臂的电阻值再乘以倍率，即为被测电阻值。

（6）测量完毕后，先断开 G 按钮，再断开 B 按钮，拆除测量接线。

（7）直流单臂电桥使用的注意事项

① 正确选择比例臂，使比较臂的第一盘（×1000）上的读数不为 0，才能保证测量的准确度。

② 为减少引线电阻带来的误差，被测电阻与测量端的连接导线要短而粗。还应注意各端钮是否拧紧，以免接触不良引起电桥的不稳定。

③ 当电池电压不足时应立即更换，采用外接电源时应注意极性与电压额定值。

④ 被测物不能带电。对含有电容的元件应先放电 1 min 后再测量。

【任务准备】

准备一只钳形电流表，电阻若干，三相异步电动机一台。

【任务实施】

用钳形电流表测量交流线路电流和设备用电。

【检查评议】

评分标准见表 7-13。

表 7-13 评分标准

编号	项目内容	评分标准	分值	扣分	得分
1	学习态度	不认真操作扣 10 分	10		
2	动手能力	动手能力不强扣 20 分	20		
3	团队协作精神	没有团队精神扣 10 分	10		
4	专业能力	运用钳形电流表对实时电流进行实验及检测实验	50		
5	安全文明操作	不爱护设备扣 10 分	10		
6	合计		100		

【考证要点】

是否熟悉转换开关、旋钮、插孔等的作用；是否能熟练操作电工仪表测量相关参数。

【思考与练习】

（1）万用表主要可测量哪些参数？

（2）开尔文直流双臂电桥与惠斯顿直流单臂电桥有哪些异同？

任务三 自动控制系统运行与管理

知识点一 给水自动控制系统

【任务描述】

熟悉给水处理过程中各个阶段运行管理中的自动化控制。

【任务分析】

随着水厂自动化技术、系统控制设备和机电仪表设备的发展，滤池自动化、投加自动化、泵站自动化技术逐步成熟，水厂自动化控制是水厂今后发展的方向之一。因此，要对给水处理过程中各个阶段实现自动化控制，就必须要了解各阶段的操作管理子系统。

【知识链接】

一、给水自动控制系统

给水厂应依据自身场地、工艺流程及设备来选取自动控制系统，并应根据企业的经济效益考虑部分或全部自动化控制。通过自动化控制实现节约能量、降低劳动强度、提高生产效率的目的。

二、自动控制模式

1. 水厂 SCADA 系统

SCADA 系统即数据采集与监视控制系统，主要用于监控整个城市供水系统的运行情况。SCADA 系统由一个主控站（MTU）和若干个远程终端站（RTU）组成，如图 7-13 所示。供水调度 SCADA 系统主要由微机监测和模拟屏两部分组成。

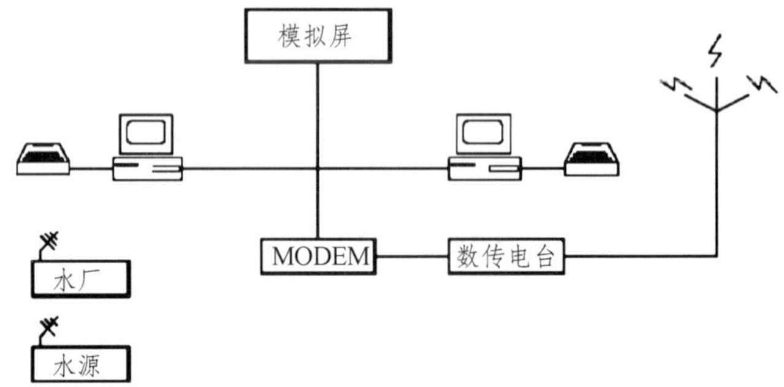

图 7-13　SCADA 系统结构框图

水厂供水调度 SCADA 系统目前可实现的功能有以下几点：

（1）数据的实时监测与处理功能；

（2）图形处理功能

（3）自动报表生成功能；

（4）历史档案数据存储功能；

（5）多方式的通讯功能；

（6）自动超限报警功能；

（7）输出打印功能。

2. DCS 系统

集散控制系统（DCS）以集中检测为主，分散控制为辅，可对水厂各工况实现实时监控，生产工艺过程自动控制采用就地独立控制的原则。水厂 DCS 系统通常设立三级控制层：就地手动、现场监控和远程监控。水厂 DCS 系统所采用的结构一般为：IPC（工业级 PC）+PLC+SLC（小 PLC）。图 7-14 为 DCS 系统结构框图。

3. PLC+PC 系统

可编程控制器（PLC）是以微处理器为核心的高度模块化的机电一体化装置，主要由中央处理器、存储器、输入和输出接口电路及电源四部分组成。PLC+PC 系统的典型结构如图 7-15 所示。

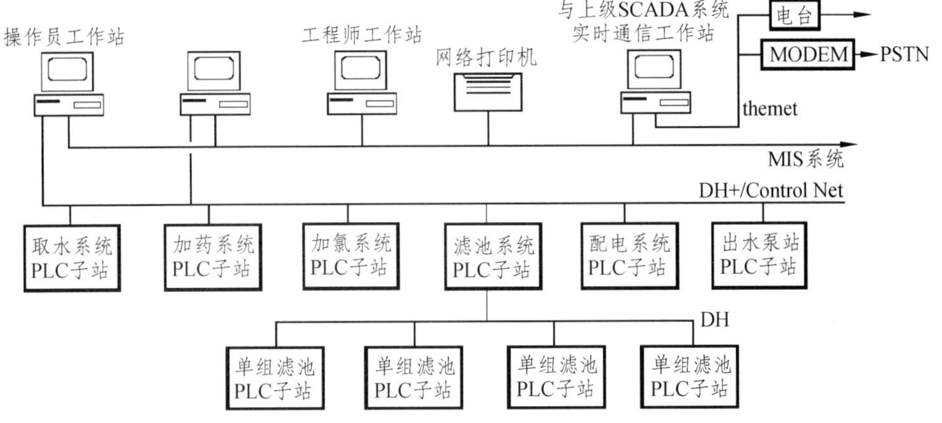

图 7-14 DCS 系统结构框图

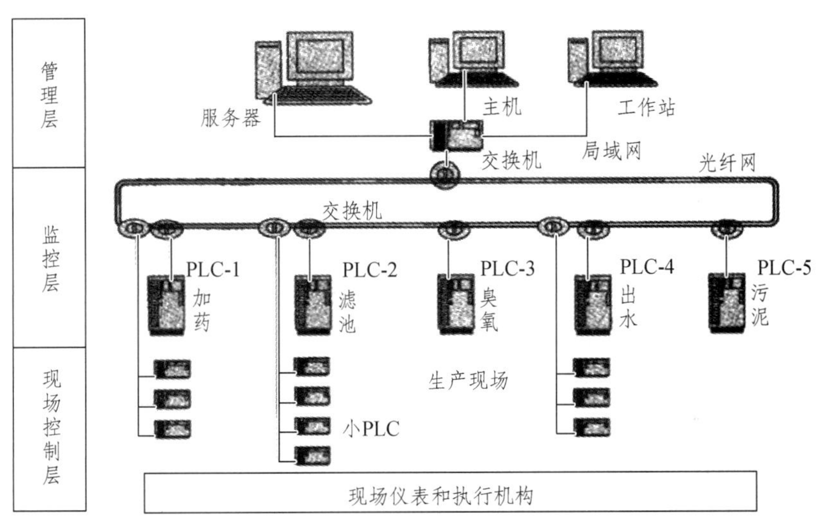

图 7-15 PLC+PC 系统结构框图

PLC 的优点如下：

（1）可靠性高，抗干扰能力强；

（2）可实现三电一体化；

（3）操作简单、编程方便、维修方便；

（4）体积小，重量轻，功耗低，价格比 DCS 系统低。

三、给水自动控制系统的运行与管理

1. 进水泵房、送水泵房控制站

进水泵房控制站设在进水泵房，监控范围包括：进水管道阀门、进水泵房、配电间等构筑物的设备及仪表。水池水位高至某一设定的水位值时，PLC 系统可按软件程序自动增加水泵运行的台数；相反，当水位降至某一设定水位时，PLC 系统自动按软件程序减少水泵运行的台数。

2. 混凝剂投注、投氯的自动控制

（1）混凝剂加注量随原水的水质而变化，且与净水构筑物的工作情况有关，其中最主要的影响因素是水量、原水浊度、水温、pH 值、碱度等。混凝剂自动加注时应确定一个最佳加注率，采用计量泵（配变频调速器）投加，变频器运行频率由流量信号控制，一般采用 2 套计量泵，一用一备，如正在使用的计量泵出现故障，PLC 系统会自动切换。

运行中应该注意的问题：

① 运行操作人员应观察并记录反应池矾花生长情况，并与以往记录相比较。如发现异常应及时分析原因，并采取相应对策。

② 运行管理人员应加强对入流水质的检验，并定期进行烧杯搅拌试验。

③ 定期标定加药计量设施，必要时应予以更换，以保证计量准确。。

④ 定期检验原水水质，保证投药量适应水质变化和出水要求。

⑤ 定期清洗加药设备，保持清洁卫生。

⑥ 应经常观察混合、反应、排泥或投药设备的运行状况，及时维护，发生故障及时更换保修。

⑦ 交接班时要交代清楚储药池、投药池浓度。

⑧ 经常检查投药管路，防止管道堵塞或断裂。

⑨ 做好分析测量与记录。

（2）目前，大多数水厂采用二次加氯，即前加氯和后加氯。投氯根据水中余氯的数量来控制氯的加注量是比较理想的方法，但这要求有精密可靠的余氯连续测定仪表。自动加氯系统控制方式为：前加氯采用原水流量比例自动投加，即根据流量的变化，按比例控制加氯量，比例系数的设定根据前加氯量的多少而定，该参数在就地加氯控制面板或上位机电脑上由操作人员根据需要改变设定值，保证定期杀藻；后加氯采用流量与余氯信号双因子控制投加。

自动加氯运行与管理中应该注意的事项：

① 实际运行管理过程中，应经常测定入流水的大肠菌群数，并根据消毒后出水的要求确定控制好加氯量。

② 氯瓶在运输过程中应注意以下几点：应由专业人员专用车辆运输；应轻装轻卸，并严禁堆放；氯瓶不得与氢、氧、乙炔、氨及其他液化气体通车装运。

③ 氯瓶在使用时应注意以下事项：氯瓶开启前，应先检查氯瓶的放置位置是否正确，然后试开氯瓶总阀。氯瓶在使用过程中，应经常用自来水冲淋，以防止瓶壳由于降温而结霜。氯瓶使用完毕后，应保证留有 0.05 ~ 0.1 MPa 的余压。

④ 做好记录与分析。

3. 沉淀池的自动排泥

为了测量沉淀池沿池长方向的积泥情况，可以采用超声波泥位计来测量积泥高度，还可以在清洗沉淀池放干水时，在沉淀池底逐点测量记录。排泥车的行走电机可采用变频器控制，通过变频器控制排泥机的行走速度。即在排泥机轮子上安装接近开关，轮子走一圈 PLC 计数一个脉冲，排泥机行走距离的测量通过计算轮子的脉冲数来完成；当达到某个设定的脉冲数时，PLC 用事先设定的对应频率来调整排泥机变频器的运行频率。

4. 滤池的恒水位控制及自动反冲洗

在滤水状态下，控制程序都是利用 PLC 的 PID 控制功能实现恒水位过滤，设置遥控滤池排污阀、滤阀开度操作，以处理突发生产问题。在停池状态下，设置进行所有阀门遥控操作的程序，以方便检修等生产工作。

滤池反冲洗依靠周期及水头损失两个参数来启动，但水头损失启动反冲洗的机会很少，而且由于水头损失压力计经过长期运行产生零漂，如果不及时校准，其数据往往不可靠。为保证生产安全，滤池分站的待滤水流量和滤后水流量应基本保持平衡，所以每个滤格在过滤时应保持水位恒定。正常滤水工作期间，每组滤池在就地 PLC 控制台的控制下，依据来水量的大小，及时调整滤水阀的开度，保证滤池恒水位运行；当达到反冲洗条件或人为强制反冲洗时，每组滤池就地控制柜向主站发出反冲洗请求，主 PLC 对需要反冲洗滤组进行排序，采用先进先出的堆栈式管理，在满足反冲洗条件后，调整首先要反冲的滤组的阀门状态，待水位降到一定高度后，启动鼓风机，进行气洗，按约定时间气洗结束后，开启反冲泵进行气-水联洗，联洗结束后，关闭鼓风机，再开启一台反冲洗水泵进行水洗，水洗结束后，恢复本组滤池的正常滤水状态，进行下一组反冲洗。所有反冲结束后，进入正常的恒水位滤水工作周期。

【任务准备】

通过实训室里仿真软件进行给水处理设备的 PLC 在线操作。

【任务实施】

通过仿真软件进行在线实时控制，如启停某一设备，调节某些模拟输出量的大小，在线设置 PLC 的某些参数等。

【检查评议】

评分标准见表 7-14。

表 7-14　评分标准

编号	项目内容	评分标准	分值	扣分	得分
1	学习态度	不认真操作扣 10 分	10		
2	动手能力	动手能力不强扣 20 分	20		
3	团队协作精神	没有团队精神扣 10 分	10		
4	专业能力	设备状态每选错一处扣 5 分；参数设置范围正确，每错一处扣 5 分，扣完为止	50		
5	安全文明操作	不爱护设备扣 10 分	10		
6	合计		100		

【考证要点】

是否掌握给水处理过程中各阶段自动控制的运行与管理。

【思考与练习】

（1）现在国内采用较多的三种自动控制系统有________、________和________系统。

（2）（判断题）氯瓶可以与氢、氧、乙炔等气体通车装运。（　　）。

知识点二　排水自动控制系统

【任务描述】

掌握污水处理过程中各阶段的自动化控制，掌握排水自动控制系统的运行与管理。

【任务分析】

污水处理系统的运行管理，是对日常生产活动进行计划、组织、控制和协调等工作的总称，是指从接纳原污水至净化处理排除“达标”污水的全过程的管理。通过学习，要求掌握污水处理过程中各个构筑物及设备的自动化控制。

【知识链接】

一、排水自动控制系统

污水处理厂的自动控制系统主要是对污水处理过程进行自动控制和自动调节，使处理后的水质指标达到预期要求。为使各种参数达标，必须对各设备的运行状态、各池的进水量和出水量、进泥量和排泥量、加药量、各段处理时间等进行综合调控。

排水自动控制模式与给水自动控制模式相似，此处省略。

二、排水自动控制系统的运行与管理

1. 格栅的自动控制

粗格栅一般用手动控制，机械式除渣机也常在现场单独控制。细格栅一般采用自动定时器进行间歇运转控制；也可在格栅前后设超声波液位差仪表，根据监测格栅前后水位差进行自动除渣控制。PLC 系统将根据软件程序自动控制栅渣压实机、机械格栅的顺序启停、运行、停车以及安全连锁保护。

2. 水泵的自动控制

在水泵吸水池设超声波液位计或液位传感器，根据水位测量仪测得的水池水位值，控制多台水泵的启停运行。要求：水池水位高至某一设定的水位值时，PLC 系统可按软件程序自动增加水泵运行的台数；相反，当水位降至某一设定水位时，PLC 系统自动按软件程序减少水泵运行的台数。同时，系统能够积累各个水泵的运行时间，自动转换水泵，保证各水泵积累的运行时间相等，使其保持最佳的运行状态。当水位降至最低水位时，自动控制全部水泵停止运行。

3. 沉淀池的自动控制

不需要连续运行的刮泥机，可用定时器进行间歇运行的自动控制，在自动控制时应当确定

合理的运行周期。排泥泵的控制方式包括：只靠定时器来控制启闭和联用定时器与流量计进行控制；联用定时器与流量计进行控制时，用定时器决定泵的启动，用流量计来控制停泵。为了保证每日排放定量的污泥，应合理地选择间歇自动控制的停泵与运行时间。

4. 曝气池的自动控制

在曝气池内设在线式溶解氧仪，由 PLC 按照溶解氧仪测定值来完成曝气生物处理系统中各种设备的启停。曝气池自动控制系统主要为空气曝气量调节，另外，对曝气生物滤池还包括反冲洗频率的控制。要求：首先根据曝气生物池设定的溶解氧值调节风机的转速和空气管上的电动调节阀，控制空气量；其次根据风机空气总管的压力控制风机的运转台数。曝气生物滤池的自动控制还需要增加反冲洗的控制，主要控制反冲洗强度和反冲洗次数。

5. 氧化沟曝气量自动控制

为达到最大程度的程序灵活性，依据实际需氧量和负荷条件调节动力输入。系统根据各沟的溶解氧值大小调节曝气机的转速来调节总的充氧量。将实际测得的溶解氧浓度与氧化还原电位等作为增减氧化沟曝气量的指标，调整曝气机的转速而控制调节充氧能力。

6. 污泥回流量、污泥浓缩自动控制

污泥浓缩脱水系统控制采用时间控制和手动控制。该系统中设备的启动顺序依次为倾斜式螺旋输送机、水平螺旋输送机、浓缩脱水机、加药泵、进泥泵，停止顺序与之相反。当药液制备段溶液罐的液位低、进泥泵的进泥流量低或系统中任何一台设备发生故障时，系统停止运行。通过监控系统和现场控制系统的操作屏，可以设定每天允许的运行次数及每次运行时间。

【任务准备】

在实训室通过仿真软件进行污水处理设备的 PLC 在线操作练习。

【任务实施】

对自控设备进行在线实时控制，如启停某一设备，调节某些模拟输出量的大小，在线设置 PLC 的某些参数等。

【检查评议】

评分标准见表 7-14。

【考证要点】

是否熟练操作 PLC 控制排水系统中相关设备。

【思考与练习】

（1）细格栅自动控制一般采用控制和控制。
（2）曝气池的自动控制需在曝气池内设。

任务四　在线监控系统运行与管理

知识点一　给水水质监控系统运行与管理

【任务描述】

了解给水处理厂（站）在线监测对象及监测过程中常用的检测仪表及方法，以及仪表的操作和日常维护。

【任务分析】

在线监测仪表是水厂生产自动化和信息化的感觉器官，为水厂提供 24 小时连续测量的现场分析仪表。通过学习，掌握给水处理厂常用检测指标、检测方法，以及相关仪表的相关操作和日常维护。

【知识链接】

一、在线监控对象

在线监控应覆盖水厂全过程处理工艺，在线监控对象亦随工艺不同而不同，主要的监控指标有：

（1）有机物综合指标：包括化学需氧量（COD）、生物化学需氧量（BOD）、总有机碳（TOC）；

（2）固体浓度：悬浮固体浓度（SS）；

（3）氮和磷：总氮 TN、氨氮、硝酸盐和亚硝酸盐、总凯氏氮（TKN）、总磷；

（4）溶解氧（DO）；

（5）其他常用指标：主要包括 pH、碱度、氧化还原电位、流量、压力以及温度等。

二、在线监控仪表

1. 一般要求

（1）具有长期连续检测、自动运算、线性校正、自动温度补偿、现场数字显示、故障诊断等智能化功能。

（2）仪表外观完整、附件齐全，型号、规格及材质均符合设计规定。

（3）工作环境温度为−10 ~ +50 °C，相对环境湿度≤90%。

（4）传感器与变送器之间的连接电缆由生产厂商配套供应。

（5）外壳有永久的标记，正确清楚地刻上或模压上该仪表的编号、型号、名称、主要性能等印记。

2. 基本配置

水厂各生产站对在线仪表的需求是不同的，一般情况下的配置如表 7-15 所示。

表 7-15　各站的在线仪表的配置

序号	生产站	配置的仪表
1	原水泵站	原水流量仪、浊度仪、pH 仪、温度仪、氨氮仪、溶解氧仪、化学需氧量仪等
2	加药站	SCD 仪、药量流量仪、液位仪等
3	沉淀池	液位仪、浊度仪等
4	滤池	气、水流量仪，每格配液位仪或水头损失仪，每组或每格配浊度仪等
5	清水池、吸水井	液位仪等
6	出水泵站	压力仪、流量仪、浊度仪、余氯仪、pH 仪、COD 仪、氨氮仪等
7	污泥处理站	液位仪、污泥浓度仪等
8	配电站	电压、电流、电能、功率因素仪等

根据检查对象的不同，在线仪表可分为过程仪表和水质仪表两类。水厂可根据各自工艺的特殊情况，增加或减少需要配置的在线仪表。

3. 给水处理常用在线仪表

（1）溶解氧检测

测量溶解氧的方法主要有电极法和光学检测法。

电极法：溶解氧电极法是利用薄膜将铂阴极、银阳极以及电解质与外界隔离开，一般情况下阴极几乎是和这层膜直接接触的。氧气及其分压成正比的比率透过膜扩散，氧分压越大，透过膜的氧就越多。当溶解氧不断地透过膜渗入腔体，在阴极上还原而产生电流。由于此电流和溶解氧浓度直接成比例，因此可通过测量这个电流来反应溶氧的含量。

光学检测法：采用光学检测法的溶解氧在线分析仪由控制器和溶解氧测量探头两部分组成。测量探头最前端的传感器罩上盖有一层荧光物质，LED 光源发出的蓝光照射到荧光物质上，荧光物质被激发，并发出红光（图 7-16）；用光电池检测从红光发射到荧光物质回到稳态所需要的时间，这个时间只和蓝光的发射时间以及氧气的多少有关。探头另有一个 LED 光源，在蓝光发射的同时发射红光，作为蓝光发射时间的参考。传感器周围的氧气越多，荧光物质发射红光的时间就越短。因此，通过测量这个时间，就可以计算出氧的浓度。

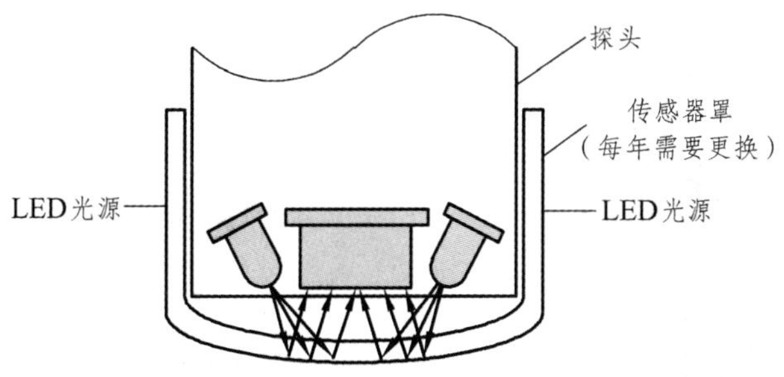

图 7-16　光学检测法溶解氧在线分析仪工作原理

（2）浊度仪

对于浊度的测定由于测定方法的不同会使测定值出现差异，以及存在色度的影响等问题，所以，直到目前为止尚无统一的测定方法。比较流行的连续测定方法有：透过光测定法、散射光测定法、透过-散射光比较测定法、表面散射测定法四种。

（3）pH 计

pH 值的测定方法主要有指示剂法、氢电极法、氢醌电极法、锑电极法以及玻璃电极法等。其中玻璃电极法是目前应用最为广泛的一种方法。在特殊情况下，如水中含氟量比较高时，需要采用锑电极法。

（4）COD 在线检测仪

COD 自动测定仪器（图 7-17），由试样采集器、试样计量器、氧化剂溶液计量器、氧化反应器、反应终点测定装置、数据显示仪、试验溶液排出装置、清洗装置以及程序控制装置等各部分组成。其核心是氧化反应器和反应终点测点装置两部分。反应终点的测定是采用电化学分析法及分光光度法的测定装置，主要利用电化学分析法。

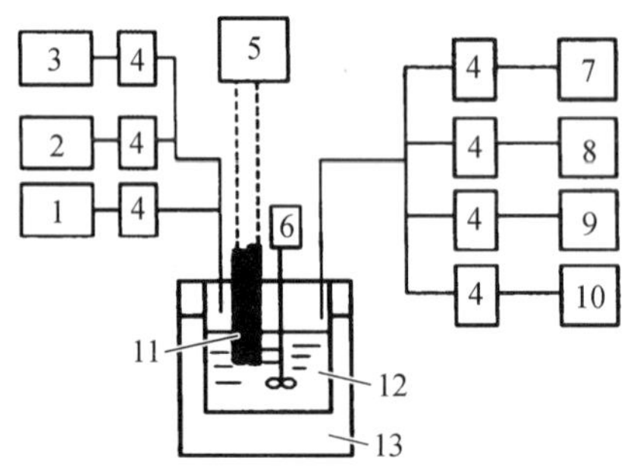

图 7-17　COD 测定仪的结构

1—洗涤水；2—稀释水槽；3—试样槽；4—计量器；5—电气系统；6—搅拌马达；7—草酸钠槽；8—硫酸槽；9—硝酸银槽；10—高锰酸钾槽；11—电极；12—反应槽；13—加热浴槽

（5）氨氮分析仪

氨氮分析仪主要包括两类，一类是比色法测量，包括后发展而来的分光光度法；另一类是电极法测量（图 7-18）。

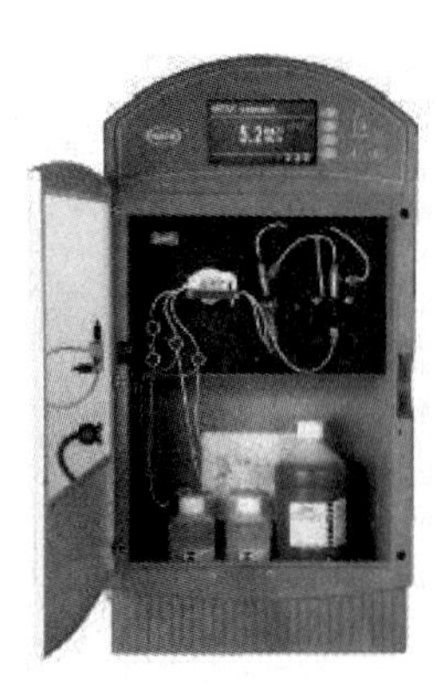

图 7-18　HACH AMTAX inter2 氨氮在线分析仪

（6）余氯分析仪

余氯检测仪就是用于快速检测余氯的仪器（图 7-19），仪器相当于一台小型的分光光度计，水样经与专门的试剂反应后，通过分光光度方法计算出其余氯/总氯值。

图 7-19　HACH CL17 余氯分析仪

三、仪器仪表的使用与维护

1. 仪器仪表的使用与维护

（1）使用前必须了解工作原理和技术性能。使用时应保持各部件完整，清洁无锈蚀，表盘标尺刻度清晰，保证仪器仪表电气线路元件完好无腐蚀。

（2）贵重精密仪器的电源应安装稳压器。仪表除有特殊要求需单设接地系统外，可装设统一接地线，但严禁与其他强电设备共地和电源零线相接。接地线电阻应小于 4 Ω，保证接地可靠。

（3）接通电源前，先将各种程序，如采样时间间隔、采样体积等设定好，仪器在工作过程中不许再变更，以免损坏内电路。

（4）水管端头的过滤器应经常清洗，以免堵塞流路。

（5）被夹紧阀夹紧的胶管，长期受夹，会渐渐失去了弹性或产生龟裂，故应定期检查并加以更换。

（6）对蓄电池要定期检查电压是否过低，电解液有无渗出。

2. pH 计的使用与维护

为了保证测量精度，标定时宜采用与被测溶液 pH 值接近的标准缓冲溶液去校准。例如被测溶液呈酸性时，应该用 pH 4.01 的溶液去校准；若其酸碱性不明，可先进行粗测后，再按上述方法重新校准一次。玻璃电极使用前宜在蒸馏水中浸泡 24 h 以上，以使其稳定；电极的插头切勿受潮和用手触摸，以免降低绝缘性能；插入电极前应用干滤纸擦拭；球泡内不得有气泡，长期使用后若反应迟滞，指示偏低，系电极衰老，予以更换。甘汞电极内应注满饱和氯化钾溶液；溶液的 pH 值随温度变化而变化，在使用没有自动温度补偿的仪器时，应严加注意，并用温度进行校正。

3. 浊度仪的使用与维护

建议每周至少清洗一次，视水质情况增加清洗次数。经常检查光电池窗口以确定是否需要清洗。使用棉花或适当加柔和的清洁剂去除绝大多数的沉淀物和污物，不要使用含有磨料的清洗剂。在持续使用后，浊度仪本体内部可能聚积沉淀物，必须定期清洗本体或捕集器，有时可能需要拆下仪表的气泡捕集器及底板使清洗更容易。在每次进行校正之前也必须进行浊度仪排液和清洗。

在任一次重大维护或修理后，以及在正常运行中至少每三个月进行复校。在初次使用前和每次校正前，浊度仪本体和气泡捕集器必须彻底清洗和冲洗；或使用配套的校正量筒。

4. COD 测定仪（电位滴定法）的使用与维护

COD 自动测定仪常见故障及排除方法和各种仪器维护项目见表 7-16、表 7-17。

表 7-16　COD 自动测定仪常见故障及排除方法

故障现象	可能原因	排除方法
指示值不稳	空白测定不正常 进样管路、稀释水管路有气泡	试剂加入量不准，重新加入 清洗电极，补充比较电极内部溶液 排除气泡、清洗管路
指示值负向漂移	空白校准未进行 草酸钠、高锰酸钾浓度不对 进样、试剂量不对 电极污染	重新进行空白校准 重新配制 重新进样和称量试剂，并排除管路污染及气泡 清洗或更换
零点指示异常，负向漂移	洗涤水供、排异常 进样系统有故障 氧化温度不对 零点和刻度校准不能进行	检查水流路系统 检查、排除 重新调整加热温度，检查草酸钠、高锰酸钾浓度
指示正向漂移	各管污染 稀释水 COD 含量高	清洗并排除 更换低含量的并检查各溶液浓度
指示值异常高	同“指示值正向漂移”项	同“指示值正向漂移”项，并将仪器量程改用高挡

表 7-17　COD 自动测定仪维护

系统	项目	内容
进样系统	进水、排水管道 试料存储器 稀释水、洗涤水容器 各计量器	各管道有无堵塞、漏水、流量是否正常 内部有无污染、漏水 水位是否正常，有无污染 动作是否正常，内部有无污染
试剂系统	试剂存储容器 试剂计量器 试剂流通管道	溶液，浓度是否符合要求 动作是否正常，有无污染 是否堵塞、污染、有无气泡
反应系统	反应器 搅拌器 电极	有无破裂，污染 动作是否正常 有无污染，损伤；比较电极内盐桥溶液是否充足

续表

系统	项目	内容
反应系统	排出装置 加热槽 温度控制 加热器	动作是否正常 内面有无污垢 是否控制在设定位置 供电电压是否正常，加热丝是否断线
测定系统	程序控制器 滴定器 零点校准	是否按设定程序工作 滴定动作是否正常，设定电压是否正确 是否稳定，正确
记录系统	记录仪	走纸是否正常，记录墨水是否流畅，机械部分是否润滑

5. 余氯分析仪的使用与维护

仪表清洗、校正、修理时，必须通知相关班组，必要时需对仪表输出保持。表 7-18 列出了余氯分析仪常见故障及排除方法。

表 7-18　余氯分析仪常见故障及排除方法

症状	可能的原因	排除方法
显示器未变亮和泵的马达未运行	无运行动力	检查电源开关位置、保险和电源线连接
显示器未变亮和泵的马达运行	供电出现问题	更换主要的线路板
零读数	工作电压不正常	确认线路电压在规格要求之内
	线路电压选择器开关设置不正确	检查线路电压选择器开关位置
	马达电缆未与线路板连接	检查马达电缆连接
	马达有问题	替换马达
样品从色度计中溢出	未加搅拌棒	将搅拌棒放入色度计
	样品未流入仪器	检查样品调节和其他样品供给线路
样品从色度计中溢出	超过一个搅拌棒	取走多余的搅拌棒
低度数	管道阻塞	替换管道

【任务准备】

准备在线自动监测仪：pH 计、浊度仪、COD 测定仪、余氯分析仪。

【任务实施】

对要测定的指标选择正确的监测仪器；在线监测仪器使用前应校准；若有故障，根据故障现象分析故障原因。

【检查评议】

评分标准见表 7-19。

表 7-19　评分标准

编号	项目内容	评分标准	分值	扣分	得分
1	学习态度	不认真操作扣 10 分	10		
2	动手能力	动手能力不强扣 20 分	20		
3	团队协作精神	没有团队精神扣 10 分	10		
4	专业能力	检测仪表每选错一处扣 5 分，检测仪器使用前的校准，每错一处扣 5 分，扣完为止	50		
5	安全文明操作	不爱护设备扣 10 分	10		
6	合计		100		

【考证要点】

是否熟练掌握常用检测指标及检测方法；是否掌握检测仪表的使用及维护。

【思考与练习】

（1）贵重精密仪器的接地线电阻应小于_____，并保证接地可靠。

（2）测定 pH 值时，玻璃电极在使用前宜在蒸馏水中浸泡_____以上，以使其稳定。

知识点二　排水水质监控系统运行与管理

【任务描述】

掌握污水处理厂（站）在线监测对象及监测过程中常用的检测仪表及方法，以及仪表的相关操作和日常维护。

【任务分析】

水处理厂（站）的在线监测是为了更好的掌握检测仪表对相应指标的实时检测，能够更加高效的监测和控制污水处理系统。因此，要进行排水水质监控系统的管理，就必须了解掌握污水处理厂常用检测指标、检测方法及检测仪表的使用与维修。

【知识链接】

一、排水在线监控对象

（1）有机物综合指标：包括化学需氧量（COD）、生物化学需氧量（BOD）、总有机碳（TOC）。

（2）固体浓度与沉降性指标：悬浮固体浓度（SS）、污泥浓度（MLSS）、挥发性污泥浓度（MLVSS）、污泥沉降比（SV）、污泥体积指数（SVI）。

（3）氮和磷：总氮 TN、氨氮、硝酸盐和亚硝酸盐、总凯氏氮（TKN）、可溶性正磷酸盐、总磷。

（4）溶解氧（DO）与呼吸速率（OUR）。

（5）其他常用指标：主要包括 pH、碱度、氧化还原电位、有机酸、流量、压力以及温度等。

二、排水在线监控仪表

污水处理工程所用仪表大致可分为两大类：一类属于监测生产过程物理参数的仪表，如检测温度、压力、液位、流量等；另一类属于检测水质的分析仪表，如检测污泥浓度、pH、溶氧含量、COD、BOD、TOC、TN、TP 等。由于本项目任务二对第一类检测仪表作过介绍，这里就主要针对第二类检测仪表作相应介绍。

1. 氧化还原电位检测

氧化还原电位是监测与控制污水处理工艺的厌氧和缺氧状态的重要参数。由于测量的电位包括有机形式（油、染料和微生物）的各有关反应的总和，所以除了根据从过程本身得到的数据来预计外，不能假定真实过程都按预计的情况进行。

在被检测溶液中放入铂等贵重金属电极和参比电极，测定两电极间的直流电势差，即可测得溶液的氧化还原电位。检测仪器大体上与 pH 计相同。

2. 呼吸速率测定

呼吸速率测量方法按照生物反应器是否密封，可以分为密闭式和开放式。按照被测污泥是否连续流动，可以分为连续式和间歇式。

呼吸速率能直接反映污水处理厂微生物的生物活性，反映污泥与底物的共同作用，反映生化反映实际消耗的氧量，对污水处理厂的运行控制是一个很重要的参数。

3. COD 自动检测仪、pH 计、余氯分析仪、氨氮分析仪

简介见本项目任务一给水部分。

4. BOD 在线检测

GB 法测定 BOD 是按照标准稀释法调配试样，使 5 日后的溶解氧耗量限定在 40% ~ 70%以内，然后取出该稀释试样并求得 BOD 的方法。而 BOD 自动测定法，是用电解供氧、曝气的方法。

检压式库仑计：用液体压力计测定耗氧量，由恒定电流电解法供给；根据此时电解所耗的氧量，即可求得 BOD。如图 7-20 所示，为检压式库仑计的 BOD 法测定原理。表 7-20 为 BOD 自动测定法和 GB 法的比较。

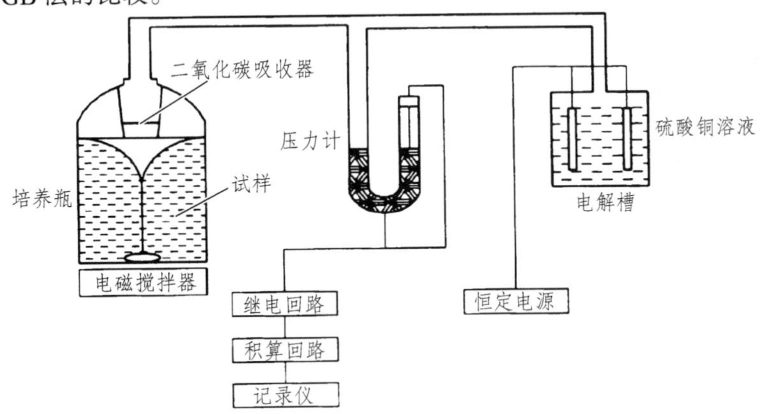

图 7-20　检压式库仑计的 BOD 法测定原理

表 7-20　BOD 自动测定法和 GB 法的比较

方法		试样配置方法	氧的供给方法	二氧化碳的吸收	氧消耗检测法	微生物培养瓶中溶液状态	数据表示
GB 法		标准稀释法	稀释水中的溶解氧	无	化学分析法	静止	由培养前后的测定值计算
自动测定法	检压法	直接法	利用恒定电流电解产生的氧	利用吸收剂	用压力及检测的恒定电流电量法	搅拌	由自记耗氧曲线直接表示 BOD
	电法	稀释法	稀释水中的溶解氧	无	隔膜氧电极法	搅拌	自记好氧曲线
		直接法	曝气增氧	曝气收集	隔膜氧电极法	间歇搅拌	由自记耗氧曲线直接表示 BOD
		稀释法 直接法	利用恒定电流电解产生的氧	有	电极法检测溶解氧的恒定电流电量法	搅拌	由自记耗氧曲线直接表示 BOD

5. 污泥界面的在线测定

污泥界面在线检测仪是污水处理工程中为污泥界面的连续检测而设计的一种在线分析仪。测量污泥界面，可以优化排泥控制，减少水的回流。常用的检测仪如下：

（1）HACH 的 OptiQuant SLM 污泥界面在线检测仪

OptiQuan SLM 污泥界面在线检测仪的工作原理图如图 7-21 所示。

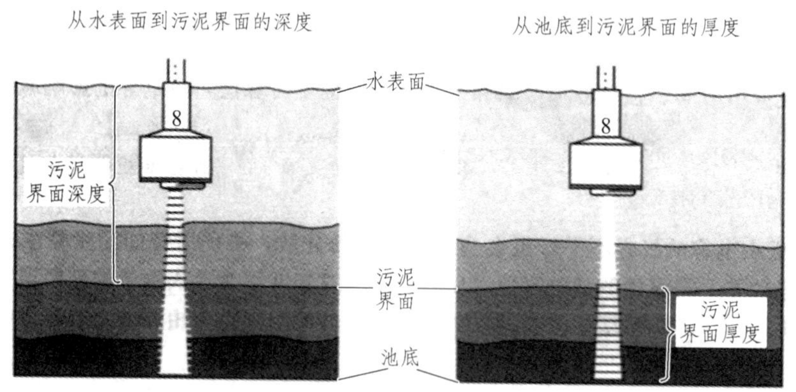

图 7-21　OptiQuan SLM 污泥界面在线检测仪工作原理图

（2）德国 Dr.Staiger Mohilo 公司 7210MTS 型污泥浓度/界面仪

7210MTS 型污泥界面仪是用于测量污泥深度和悬浮固体浓度的理想仪器（图 7-22）。该仪器采用了完全一体化的系统：主机、步进电机、控制器、传感器、提升器以及 7510SAM-T-S 沉入固体浓度传感器一体化。可同时测量污泥界面和固体浓度。采用专利的光吸收测量技术。

图 7-22　7210MTS 型污泥界面仪

三、监控系统维护与管理

1. 电导仪的使用与维护注意事项

电导仪的使用与维护主要是采用标准溶液校准和对传感器的清洗。电导电极常数的校准方法是用测量已知电导率溶液的电导值来求算的。也可用常数待测的电导电极和常数已知的电导电极同时测量一个溶液的电导值来求算。

已知溶液法往往用氯化钾溶液，因为各种浓度的氯化钾溶液在 25 °C 时的电导率的准确值是已知的，故常用氯化钾标准溶液校准电导池常数。

电导仪刻度的校准是用电导仪测定在 25 °C 下以不同浓度的氯化钾溶液的电导率，根据电导池常数换算出应在电导仪上显示的电导值。

电导仪操作简单，但使用前要精确测定电导池常数，测定方法在仪器说明书上均有介绍。

铂黑电极使用前要洗净，用毕最好浸入蒸馏水中备用，以防镀层脱落。

2. TOC 测定仪使用与维护注意事项

（1）校准仪器时，宜先作 TC 测定，后作 IC 测定。样品须摇匀。

（2）进行微量分析时，摇动样品会使空气中 CO_2 溶解进去，故应小心，记录曲线的拖尾现象就是由此所致。在处理数据时，要减去 TC、IC 的空白值。

（3）进样量的多少，按仪器规定执行。一般进样量越大，曲线的峰越高，但过高的进样量会导致燃烧率低下。同时，样品中如有悬浮物质，一定要滤去。

（4）分析含盐过多的样品时，应加脱盐装置。这时，可适当降低高温炉温度，如调温至 700 °C 左右。

TOC 测定仪故障处理及维护项目，见表 7-21 和表 7-22。

表 7-21　TOC 仪器常见故障及排除方法

序号	故障现象	可能原因	排除方法
1	载气达不到规定流量	抽气泵发生故障 燃烧管破裂 水封器水位过低	修理泵 更换 补充水

续表

序号	故障现象	可能原因	排除方法
2	温度指示表无指示	加热丝断 测温热电偶断	更换 更换
3	记录仪基线无法调整	载气净化剂失效 载气流量不稳 红外线分析器故障	更换 按序号 1 检查处理 由专业人员修理
4	重现性差	试样性能不合要求 载气流量、压力不稳 进样量不准 外界电源电压波动	检查试样 pH 值、SS 值 按序号 1 检查处理 重新进样 安装稳压器
5	指示值不稳	同“重现性差”项	同“重现性差”项

表 7-22　TOC 仪器的维护

名称	项目	内容
载气系统	压力、漏气、流量、传染	检查压力是否符合规定 各连接管是否漏气，用肥皂液涂于连接处观察 流量计 检查过滤器的滤材是否干净
TC 燃烧系统	温度调节器 燃烧管	温度调到规定值处，能否进行自动控温，是否漏气
IC 反应系统	温度调节器 反应管 反应管内充填物	温度调到规定值，能否进行自动控温 是否漏气 是否变质
除湿除尘系统	脱水器 水封器 过滤器	动作是否正常 水位是否到标线 滤材是否干净
测量系统	红外线气体分析器	动作是否正常，池窗是否污染
总动作	分析精度	通入零点标准及满刻度标准液进行标定、检查
指示及记录	记录仪	走纸是否正常，记录墨水是否流畅，传动系统是否润滑

【任务准备】

准备在线自动检测仪：污泥界面在线检测仪、BOD 测定仪、TOC 测定仪。

【任务实施】

对要测定的指标选择正确的检测仪器；在线监测仪器使用前应校准；若有故障，根据故障现象分析故障原因。

【检查评议】

评分标准见表 7-19。

【考证要点】

是否熟练掌握常用检测指标及检测方法；是否掌握检测仪表的校准方法及维护。

【思考与练习】

（1）水中的残渣，一般分为总残渣、可滤残渣和不可滤残渣 3 种，其中不可滤残渣也可以称为______。

（2）呼吸速率测量方法按照生物反应器是否密封，可以分为______和开放式。按照被测污泥是否连续流动，可以分为______和______。

项目八　水处理厂（站）水质检测实验室运行与管理

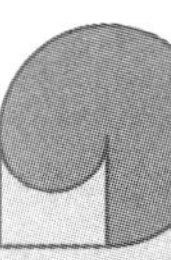

【知识目标】

掌握实验室布局的要求，熟悉不同类别水质检测实验室仪器设备配置；熟悉水质检测实验室管理方法；掌握水质指标检测方法、检测报表制作和数据分析方法。

【技能目标】

通过本项目的学习，能进行实验室的布局与规划，能提出水质检测实验室仪器设备配置要求；能制订实验室安全管理制度；能编制水样采样、检测方案，进行水样采集、保存、检测；能正确记录原始数据、填写检测报表并做检测数据分析。

【重点难点】

本项目重点在于掌握实验室楼层平面布局，仪器设备的配置和实训室管理方法；掌握水质检测方法；难点在于仪器设备配置的具体要求和水质检测分析与报表制作。

任务一　水质检测实验室配置与管理

知识点一　水质检测实验室仪器配置

【任务描述】

掌握仪器设备配置原则、配置要求；掌握实验室布局的要求；熟悉不同类别水质检测实验室仪器设备配置。

【任务分析】

实验室是水质检测分析的场所，其建设标准与否直接关系着水质检测的结果。为了完成检测任务，首先要熟悉不同检测任务需要哪些仪器设备，同时，为了保证分析结果的准确精密，需要了解实验室的基础配备要求。

【知识链接】

一、实验室通风要求

通风设施一般有 3 种，分为全室通风、局部排气罩和通风柜（图 8-1）。全室通风采用排气扇或者通风井，换气次数为 5 次/h。局部排气罩一般安装在大型仪器发生有害气体的上方。有围挡式排风罩、侧吸罩、伞形罩 3 种。

通风柜是一种局部排风设备，内有加热源、气源、水源、照明等装置，风机一般安装在顶层，排气管高于屋顶 2 m 以上，通风柜一般放置在空气流动较小的地方，不宜靠近门窗。

（a）通风井

（b）排气罩

（c）通风柜

图 8-1　水质检测实验室主要通风装置

二、仪器设备的配置原则

（1）工作上适用：选购的仪器设备能够满足分析检验任务的需要。

（2）技术上先进：仪器设备的技术性能和精密度满足或超过要求且稳定、可靠、耐用。

（3）经济上合理：仪器设备的购置费用和日常运行费用比较合理。

三、仪器设备配置的具体要求

1. 给水水质检测实验室的仪器设备配置

（1）常规 9 项水质化验室仪器配置

本套仪器配置为针对开展水源水、出厂水常规 9 项（浊度、色度、肉眼可见物、臭和味、余氯、耗氧量、菌落总数、总大肠菌群、耐热大肠菌群）检测工作所需，还可扩展电导率、pH 值这两项易于操作、直观反映水质情况的水质指标。对经费较充裕的单位，除基本的常规 9 项检测以外，还可增加表 8-1 中的选配仪器，以检测变化幅度大、对水处理影响大的分析项目。比如增加紫外分光光度计检测氨氮、铁、锰等，增加混凝试验搅拌机进行絮凝剂投加沉降试验等。

表 8-1　常规 9 项水质化验室仪器设备配置清单

设备名称	数量	检测项目	备注
台式浊度仪	1 台	浊度	
便携式浊度仪	1 台	浊度现场测定	

续表

设备名称	数量	检测项目	备注
便携式余氯（或二氧化氯）分析仪	1 台	消毒剂指标	
台式酸度计	1 台	pH 值	
台式电导率仪	1 台	电导率	
紫外-可见分光光度计	1 台	氨氮、铁、锰、六价铬、硝酸盐、铝、挥发酚、阴离子合成洗涤剂等	选配
万分之一电子天平	1 台		
托盘天平	1 台		
显微镜	1 台	微生物检测	
全自动高压蒸汽灭菌器	1 台	微生物检测	
电热鼓风干燥箱	1 台		
恒温培养箱	1 台	微生物检测	
隔水式恒温培养箱	1 台	微生物检测	
热空气消毒箱	1 台	微生物检测	
超纯水机（或蒸馏水器）	1 台		
带锁冷藏柜	2 台		
微控数显电热板	1 台		
六联过滤器（含真空泵）	1 套	总大肠菌群、耐热大肠菌群	
单道数字可调移液器	3 支		
超声波清洗机	1 台		
混凝试验搅拌机	1 套	絮凝剂投加沉降试验	选配
Colilert 快速微生物监测系统	1 套	总大肠菌群、耐热大肠菌群、大肠埃希氏菌	选配
超净工作台	1 台	微生物检测	

（2）常规 42 项水质化验室仪器配置

本套仪器配置为针对开展水源水、出厂水水质 42 项常规水质指标检测工作所需，还可扩展检测部分非常规水质指标。除配置表 1 中的全部仪器设备外，其他仪器设备配置清单如表 8-2 所示。对经费较充裕的单位，建议配置原子吸收光谱仪、原子荧光光谱仪、离子色谱，以缩短检测时间，减轻化验员劳动强度。可增配超纯水器，确保痕量、超痕量分析结果准确可靠。

表 8-2　常规 42 项水质化验室仪器设备配置清单

设备名称	数量单位	检测项目	备注
便携式多参数水质测定仪	1 台	多参数现场测定	建议配置
便携式水质毒性分析仪	1 台	水质毒性应急现场测定	选配
便携式酸度计	1 台	pH 值现场测定	
便携式电导仪	1 台	电导率现场测定	
低本底 α、β 测量仪	1 台	总 α、总 β 放射性	

续表

设备名称	数量单位	检测项目	备注
气相色谱仪	1套	三氯甲烷、四氯化碳等	
原子吸收光谱仪（火焰+石墨炉）	1套	常规指标：铅、镉、铝、铁、锰、铜、锌；非常规指标：钡、铍、钼、镍、银、铊、钠	建议配置
原子荧光光谱仪	1套	砷、汞、硒、锑	建议配置
离子色谱仪	1套	氟化物、硝酸盐、亚氯酸盐、氯酸盐、氯化物、硫酸盐	建议配置
红外线分析仪	1套	石油类	选配
数显恒温水浴锅	2个	溶解性总固体	
离心机	1台		
超纯水机	1台		

2. 污水水质检测实验室的仪器设备配置

污水处理广泛涉及建筑、农业、交通、能源、石化、环保、城市景观、医疗、餐饮等各个领域，污水排放必须严格按照《GB8978—2002 污水综合排放标准》执行。表 8-3 中的仪器配置可满足一般污水水质检测实验室的工作需求。

表 8-3　污水处理厂化验室仪器设备

编号	仪器名称	用途	编号	仪器名称	用途
1	pH 测定仪	pH 测定	16	生物发酵罐	微生物培养
2	电导率测定仪	电导率测定	17	废水采样器	水样采集
3	紫外-可见分光光度计	化学指标测定	18	恒温培养摇床	恒温培养
4	溶解氧测定仪	溶解氧测定	19	通风柜	有毒有害溶液配置
5	COD 快速测定仪	化学需氧量测定	20	显微镜	微生物检测
6	恒温生化培养箱	生化学氧量测定	21	恒温水浴锅	恒温加热
7	高压蒸汽灭菌锅	灭菌、恒温恒压加热	22	冰箱	低温保存
8	电烘箱	烘干，悬浮物浓度测定	23	消解仪	样品消解
9	流量计	流量测定	24	水分测定仪	污泥含水率测定
10	移液器	液体移取	25	菌落计数器	细菌检测
11	万分之一电子天平	药品量取	26	超纯水机	提供实验用水
12	离心机	固液分离	27	红外测油仪	油类的测定
13	过滤器	固液分离	28	原子吸收光谱仪	重金属测定
14	马福炉	污泥浓度测定	29	原子荧光仪	汞、砷的测定
15	空气压缩机	提供压缩空气，充氧			

【任务准备】

准备分光光度计和电子天平。

【任务实施】

分光光度计和电子天平是常用的分析仪器，分组检查室内温湿度，校准和清扫电子天平；分组校验分光光度计波长、准确度、透射比、稳定度（噪声检查）。

【检查评议】

评分标准见表 8-4。

表 8-4　评分标准

编号	项目内容	评分标准	分值	扣分	得分
1	学习态度	不认真操作扣 10 分	10		
2	动手能力	动手能力不强扣 20 分	20		
3	团队协作精神	没有团队精神扣 10 分	10		
4	专业能力	正确维护和校准分光光度计和电子天平	50		
5	安全文明操作	不爱护设备扣 10 分	10		
6	合计		100		

【考证要点】

熟悉常用仪器的维护、保养和校准方法。

【思考与练习】

（1）实验室通风的设施有哪些？

（2）水源水、出厂水常规检测是哪 9 项？需要哪些仪器？

知识点二　水质检测实验室管理

【任务描述】

熟悉实验室安全管理准则、实验室环境条件的基本要求与管理、仪器设备管理、实验室信息管理、实验室安全管理，熟悉重要仪器设备管理要求。

【任务分析】

实验室管理是对实验室环境、仪器设备、实验室信息、数据和实验室人员各项活动等的管理。学习和掌握好实验室管理的相关知识，才能合理使用和正确操作实验室仪器设备，确保分析检测质量和仪器设备、人员和财产安全。通过本项目的学习，能提出实验室环境条件的基本要求，能制订实验室安全管理制度。

【知识链接】

一、实验室环境条件管理

1. 一般实验室对环境条件的要求

（1）温度：控制在 15 ~ 30 °C 最佳，最好安装空调。

（2）湿度：控制在 45%～70%最佳，南方天气经常潮湿，必要时可安装抽湿机。

（3）洁净度：实验室应该避免烟尘、污浊气流、水蒸气，室内备有卫生桶、废液缸等，及时处理垃圾废液，实验服、窗帘、仪器罩和抹布等保持整齐洁净；工作前必须洗手，工作时要着工作服及戴工作手套，工作结束后要进行必要的清理；严禁在实验室内吸烟、吃零食和存放食物。

（4）防震：防止靠近公路、铁路、维修车间等震荡较大的地方。

（5）采光：实验室应采光通风良好，便于检验工作的正常进行。

2. 特殊工作间（除符合以上要求外）的特殊要求

（1）天平室对环境的要求

① 房间应避免阳光直射，最好选择阴面房间或采用安装屏风等遮光的办法。

② 应远离震动源，无法避免则要采取防震措施，如在工作台上垫上橡胶以减少震动。

③ 应远离高能热源和高强电磁场等环境。

④ 工作室内温度应恒定，以 20 °C 为佳。

⑤ 工作室内应清洁干净，避免气流的影响。空调口不应对着天平，防止读数不稳。

⑥要独立单间，工作台要牢固可靠，台面水平度要好。

（2）原子吸收（原子荧光） 实验室对环境的要求

① 要独立单间，湿度大时，室内应加上一台抽湿机，否则湿度太高，点不着火，其湿度也会影响读数，还应该准备一个耐腐蚀的水桶盛装废水。

② 原子吸收机器上方一定要有抽风系统，因为做样品分析时会产生一系列有毒元素的游离态，对室内环境有污染。

③ 高纯乙炔及氩气瓶与原子吸收实验室应分开房间放置并且固定好，如果放在同一房间。气瓶应放入气瓶柜内，远离火源。

④ 测定前需要开窗通风片刻，驱除室内的污浊空气，否则对测定有影响。

（3）无菌室对环境的要求

① 面积不宜过大，4～5 m^2，高约 2.5 m。

② 室内温度保持在 20～40 °C，湿度 45%～60%最佳；室内不宜装空调，以防气流带入杂菌。

③ 室内四壁、地面宜用光面的瓷片，便于消毒。

④ 室内紫外灯最好一年更换一次。

⑤ 在无菌室外至少设一个缓冲间，缓冲间应装有紫外灯，进入无菌室前应在缓冲间用 75%酒精消毒物品表面和手，更衣、换拖鞋、戴口罩。

⑥ 进入无菌室不能频繁开关门，进入人员也不能太多，并定期检测室内环境的细菌数。

二、仪器设备管理

1.仪器设备管理的内容

仪器设备按其价值通常可分为低值易损、一般和大型精密 3 类。仪器设备管理的内容通常可概括为计划管理、常规管理、技术管理、经济管理等 4 个层次。具体见图 8-2。

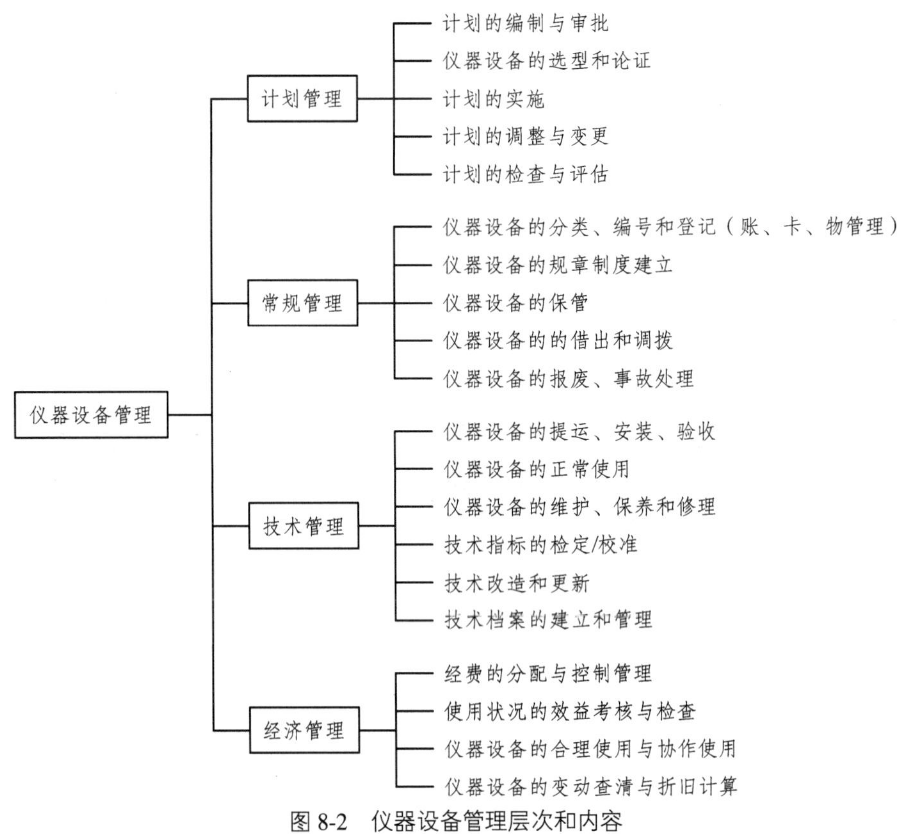

图 8-2 仪器设备管理层次和内容

2. 分析仪器管理

（1）精密仪器及贵重器皿需专人保管，登记造册，建卡立档。仪器档案包括使用说明书，验收和调试记录，定期保养维护，校准及使用情况的登记记录等。如发现问题及时报告。

（2）精密仪器的安装、调试和保养维修，均应严格遵照仪器说明书的要求进行。上机人员应经考核，合格后方可上机操作。

（3）使用仪器前，要先检查仪器是否正常，仪器发生故障时，要查清原因，排除故障后方可继续使用。绝不允许仪器带病工作。

（4）使用仪器前，应认真阅读仪器说明书，了解仪器性能、操作规程、日常的维护保养、注意事项等规定。

（5）仪器用毕后，要恢复到所要求状态，做好清洁工作，盖好防尘罩并做好使用登记。

（6）常用精密仪器要经计量部门定期校验，合格后方可使用，以保证测量值的质量。

（7）实验室内的仪器未经批准任何人不准擅自拿走。

（8）每台仪器建立专人负责制，负责日常的维护和保养。

（9）停电时，要断开全部电气设备的开关，供电恢复正常后，再按仪器设备的操作程序工作，以防损坏仪器。

3. 常用分析仪器维护和保养

（1）紫外-可见分光光度计

① 使用前应预热 30 min。

② 使用的吸收池必须洁净，同一批试样测定最好用同一个吸收池。取吸收池时，手指应拿毛玻璃面的两侧，装盛样品以池体的 4/5 为度。

③ 使用挥发性溶液时应加盖，透光面要用擦镜纸或优质盒装纸由上而下擦拭干净，目视应无溶剂残留。

④ 吸收池放入样品室时应注意方向相同。用后用溶剂或水冲洗干净，防尘保存。污染较严重，可用洗液浸泡后再用蒸馏水洗净。

⑤ 仪器应放在干燥的房间内，置于坚固平衡的桌子上。避免强光直接照射和化学气体浸入，要尽量防止灰尘落入。

⑥ 为确保仪器稳定工作，电压变动较大的地方，220 V 电源预先稳压，应配备一台电子稳压或稳流器。

（2）红外分光光度计

① 保持室内温度恒定（15 ~ 35 °C），防止骤冷骤热。保持室内干燥（湿度<65%）。最好经常开启空调或抽湿机以保持干燥，即使仪器不用，也应每周开机至少二次，定期更换干燥剂。

② 保持电压波动在±10%，所用电源应配备有稳压装置和接地线。

③ 室内 CO_2 含量不能太高，所以进入人数应尽量少，适当通风换气。

④ 禁止用手或其他物品接触光栅表面。

⑤ 停电时，再来电需待电压稳定后再开机，以防来电时瞬间电压不稳或过大烧坏仪器部件。

（3）原子吸收分光光度计

① 元素灯长期不用，应定期（至少每隔两三个月）点燃一次，即在工作电流下点燃 1 h。元素灯应轻拿轻放，低熔点的灯在用完后，要彻底冷却再移动。

② 仪器用完后，用纯水喷雾几分钟以清洗燃烧器，然后关闭通风设施，切断电源和气源。放尽空压机贮气罐内的冷凝水。

③ 定期清洗喷雾器及雾化室。使用前检查气瓶是否漏气，毛细管是否阻塞，若需疏通，应使用软细金属丝按说明书要求疏通。

④ 可用蘸有水的软布擦拭仪器表面，严禁使用有机溶剂。可使用蘸有乙醇水溶液的擦镜纸清洁样品舱光路窗口和空心阴极灯的石英窗。

三、实验室信息管理

1. 实验室技术资料的分类管理

（1）实验室技术资料的分类

实验室的各种文件、资料应统一管理，归档待存，实验室人员应做好对这些技术资料的保存工作。实验室技术资料主要包括以下几种。

① 管理性文件

上级管理部门向实验室下达的指令性文件；厂里的各项规章制度和劳动纪律；实验室制订的各项管理制度、安全操作规程等。

② 技术性文件

各种技术标准、管理规范、质量保证程序、分析方法等；科技信息和科技书刊；仪器从购买到验收的全套资料，包括订购合同、仪器说明书，仪器安装、操作和维护手册、验收情况记录和验收报告及各种仪器和计算器具进行计量认证的相关技术资料；其他与检验工作有关的技术资料，包括其他检测方法、研究成果、学术论文、专题科研报告等。

③ 检验工作报表

各种日常检验项目的原始记录、检测报告、统计报表；标准曲线测定记录，标准溶液配制、标定记录；其他与水质检测工作有关的技术资料、数据和分析方法等；各种仪器、设备的运行记录及交接情况。

（2）实验室信息管理系统

① 实验室信息管理系统概念

实验室信息管理系统（LIMS）是实验室管理科学发展的成果，是实验室管理科学与现代信息技术结合的产物，是利用计算机网络技术、数据存储技术、快速数据处理技术等，对实验室进行全方位管理的计算机软件和硬件系统。

② LIMS 的分类

按功能，LIMS 一般可以分为两大类：

第一类是纯粹数据管理型。这类的 LIMS 软件主要功能一般包括：数据采集、传输、存储、处理、数理统计分析、数据合格与否的自动判定、输出与发布、报表管理、网络管理等模块。特点是功能单一，容易实现。

第二类是实验室全面管理型。除了具有第一类的功能外，还增加了以下管理职能：样品管理、资源（材料、设备、备品备件、固定资产管理等）管理、事务（如工作量统计与工资奖金管理、文件资料和档案管理）管理等模块，组成了一套完整的实验室综合管理体系和检验工作质量监控体系。其特点是功能比较全面；网络结构复杂，投资比较大，往往需要专业单位与实验室合作开发设计。

四、实验室安全管理

实验室工作应遵守以下安全准则：

（1）加热挥发性或易燃性有机溶剂时，禁止用火焰或电炉直接加热，必须在水浴锅或电热板上缓慢进行。

（2）可燃物质如汽油、酒精、煤油等物，不可放在煤气灯、电炉或其他火源附近。

（3）在加热蒸馏及有关用火或电热工作中，至少要有一人负责管理。高温电热炉操作时要戴好手套。

（4）电热设备所用电线应经常检查是否完整无损。电热器械应有合适垫板。

（5）电源总开关应安装坚固的外罩，开关电闸时，决不可用湿手并应注意力集中。

（6）剧毒药品必须制订保管、使用制度，应设专柜并双人双锁保管。

（7）强酸与氨水应分开存放。

（8）稀释硫酸时必须仔细缓慢地将硫酸加入水中，而不能将水加入硫酸中。

（9）用吸液管吸取酸、碱和有害性溶液时，必须用橡皮球吸取。

（10）倒、用硝酸、氨水和氢氟酸等必须戴好橡胶手套。启开乙醚和氨水等易挥发的试剂瓶时，决不可使口对着自己或他人。尤其在夏季，开启时极易大量冲出，若不小心，会引起严重伤害事故。

（11）从事产生有害气体的操作，必须在通风柜内进行。

（12）操作离心机时，必须在完全停止转动后才能开盖。

（13）压力容器如氢气钢瓶等必须远离热源，并停放稳定。

（14）接触污水和药品后，应注意洗手，手上有伤口时不可接触污水和药品。

（15）实验室应备有消防设备，如黄沙桶和四氯化碳灭火器等，黄沙桶内的黄沙应保持干燥，不可浸水。

（16）实验室内应保持空气流通，环境整洁，每天工作结束，应进行水、电等安全检查。在冬季，下班前应进行防冻措施检查。

【任务准备】

以某污水处理厂水质检测实验室为例，提出水质检测实验室管理要求。

【任务实施】

对此污水处理厂水质检测实验室管理要求进行分析；提出水质检测实验室管理制度。

【检查评议】

评分标准见表 8-5。

表 8-5　评分标准

编号	项目内容	评分标准	分值	扣分	得分
1	学习态度	态度不认真扣 20 分	20		
2	课堂交流	不参与讨论扣 10 分 讨论无关内容扣 10 分	20		
3	知识检验	知识点随机抽查，答错扣 5 分	10		
4	课堂任务	按指标考核，没有完成任务扣 20 分； 任务完成不达标，每项扣 5 分	50		
5	合计		100		

【考证要点】

是否熟练掌握实验室安全管理和实验仪器设备管理。

【思考与练习】

（1）下列说法是否正确：凡是做有毒气体或有烟雾产生的实验，必须在通风橱内进行。（　　）

（2）实验室分析仪器管理的要求是什么？

任务二　水质检测指标及方法标准

知识点一　给水处理厂的水质检测

【任务描述】

熟悉生活饮用水检测指标及频率、生活饮用水的样品采集、生活饮用水水质检测方法；掌握生活饮用水检测指标及样品采集要求；熟悉不同类别水样水质检测的方法依据。

【任务分析】

供水水质的好坏直接关系到人们的身体健康和工业产品质量，水源水、出厂水和供水管网等水质检测是保证供水水质质量的有效手段。通过本任务的学习要求掌握给水水质的检测指标、频率和检测方法。

【知识链接】

一、生活饮用水检测指标及频率

由于供水工程规模和检测的水质类型不同，需要水质检测依据的标准、指标及频率也有所差异，具体要求如表 8-6 和表 8-7 所示。

表 8-6　水质检测指标的依据

水源水	出厂水	管网末梢水
按《地表水环境质量标准》（GB3838—2002）、《地下水质量标准》（GB/T 14848—93）规定，主要检测污染指标	《生活饮用水卫生标准》（GB5749—2006）中的 42 项水质常规指标，主要检测确定的常规检测指标+重点非常规指标	按《生活饮用水卫生标准》（GB5749—2006）规定， 主要检测感官指标、消毒剂余量和微生物指标

表 8-7　水质检验项目和检验频率

水样类别	检验项目	检验频率
水源水	浑浊度、色度、臭和味、肉眼可见物、COD_{Mn}、氨氮、细菌总数、总大肠菌群、耐热大肠菌群	每日不少于一次
	GB 3838 中有关水质检验基本项目和补充项目共 29 项	每月不少于一次
出厂水	浑浊度、色度、臭和味、肉眼可见物、余氯、细菌总数、总大肠菌群、耐热大肠菌群、COD_{Mn}	每日不少于一次
	42 项水质常规指标，非常规指标中可能含有的有害物质	每月不少于一次
	64 项非常规指标	以地表水为水源：每半年检测一次 以地下水为水源：每一年检测一次

续表

水样类别	检验项目	检验频率
管网水	浑浊度、色度、臭和味、余氯、细菌总数、总大肠菌群、COD_{Mn}（管网末梢点）	每月不少于两次
管网末梢水	42 项水质常规指标，非常规指标中可能含有的有害物质	每月不少于一次
注：当检验结果超出水质指标限值时，应立即重复测定，并增加检测频率。水质检验结果连续超标时，应查明原因，采取有效措施，防止对人体健康造成危害。		

对于净化工艺中的运行状况进行监控时，应在沉淀池（澄清池）出水部位、滤池后出水部位、送水泵房（出厂干管）等处设置工序质量检测点（图 8-3）。特别应注意，混凝剂投加量与原水水质关系极为密切，运行中，如果没有设置在线的水质检测设备，则对原水的浊度、pH 值、碱度等一般每班应测定 1～2 次；如原水水质变化较大时.则需 1～2 h 测定一次，便于及时调整混凝剂的投加量。

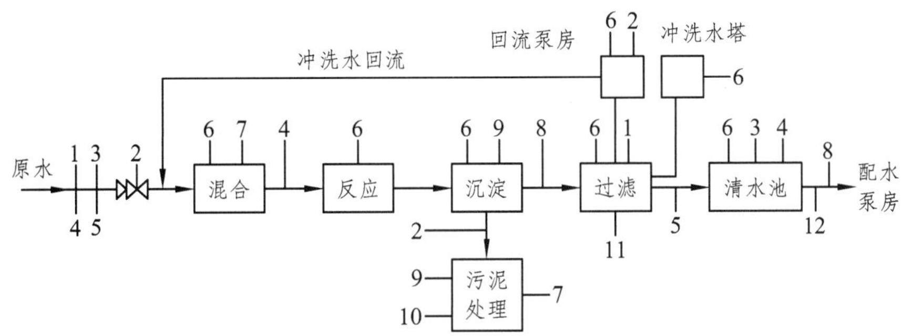

图 8-3　净水厂计量、水质监测控制点示意图

1—浊度计；2—流量计；3—水温；4—pH；5—加氯；6—水位；7—净水药剂；8—剩余氯；9—污泥浓度；10—污泥量；11—过滤水头；12—加氨

二、生活饮用水的样品采集

1. 采样点的选择

采样点的设置要有代表性，应分别设在水源取水口、水厂出水口和居民经常用水点及管网末梢。管网的水质检验采样点数，一般应按供水人口每两万人设一个采样点计算。供水人口在 20 万以下，100 万以上时，可酌量增减。

2. 水样采集前的准备

采样前，要根据检测项目的性质和采样方法的要求，选择适宜材质的盛水容器和采样器，并清洗干净。对采样器具的材质要求化学性能稳定，大小和形状适宜，不吸附欲测组分，容易清洗并可反复使用，具体可参照 GB/T 5750.2—2006。此外，还需准备好交通工具。

3. 不同类别水样的采集

（1）水源水的采集

采样点通常应选择汲水处。

表层水：在河流、湖泊可以直接汲水的场合，可用适当的容器如水桶采样。从桥上等地方采样时，可将系着绳子的桶或带有坠子的采样瓶投入水中汲水。注意不能混入漂浮于水面上的物质。

一定深度的水：在湖泊、水库等地采集具有一定深度的水时，可用直立式采水器。这类装置是在下沉过程中水从采样器中流过，当达到预定深度时容器能自动闭合而汲取水样。

泉水和井水：对于自喷的泉水可在涌口处直接采样。采集不自喷泉水时，应将停滞在抽水管中的水放出，新水更替后再进行采样。从井水采集水样，应在充分抽汲后进行，以保证水样的代表性。

（2）出厂水的采集

出厂水是指经集中式供水单位的水处理工艺处理后的水，出厂水的采样点应设在出厂进入输送管道以前处。

（3）末梢水的采集

末梢水是指出厂水经输水管网输送至终端（用户水龙头）处的水。末梢水的采集应注意采样时间。夜间可能析出可沉淀于管道的附着物，取样时应打开龙头放水数分钟，排出沉积物。采集用于微生物学指标检验的样品前应对水龙头进行消毒。

（4）二次供水的采集

二次供水是指集中式供水在入户之前经再度储存、加压和消毒或深度处理，通过管道或容器输送给用户的供水方式。二次供水的采集应包括水箱（或蓄水池）进水、出水以及末梢水。

（5）分散式供水的采集

分散式供水是指用户直接从水源取水，未经任何设施或仅有简易设施的供水方式。分散式供水的采集应根据实际使用情况确定。

三、生活饮用水水质检测方法

1. 水质检测方法分类

根据水质检测方法的原理，可分为三类，即化学分析法、仪器分析法、生物检测法。详见表 8-8 和图 8-4。根据水质特点、被测物质种类、含量、检测精度等要求，应选择使用不同的水质检测方法。

表 8-8　水质检测方法分类

<table>
<tr><td rowspan="2">化学分析法</td><td>重量分析法</td><td>沉淀法、气化法、电解法、萃取法</td></tr>
<tr><td>滴定分析法</td><td>酸碱滴定法、沉淀滴定法、配位滴定法、氧化-还原滴定法</td></tr>
<tr><td rowspan="4">仪器分析法</td><td>光谱分析法</td><td>比色法、比浊法、紫外-可见吸收光谱法、发射光谱法、原子吸收光谱法、荧光分析法等</td></tr>
<tr><td>电化学分析法</td><td>包括极谱法、电导分析法、电位分析法、离子选择电极法、库仑分析法等</td></tr>
<tr><td>色谱分析法</td><td>气相色谱法、高效液相色谱法、离子色谱法等</td></tr>
<tr><td>色谱联用技术</td><td>气相色谱/质谱法、液相色谱/质谱法等</td></tr>
<tr><td rowspan="2">生物分析法</td><td>细菌总数测定</td><td></td></tr>
<tr><td>大肠菌群测定</td><td>多管发酵法、滤膜法</td></tr>
</table>

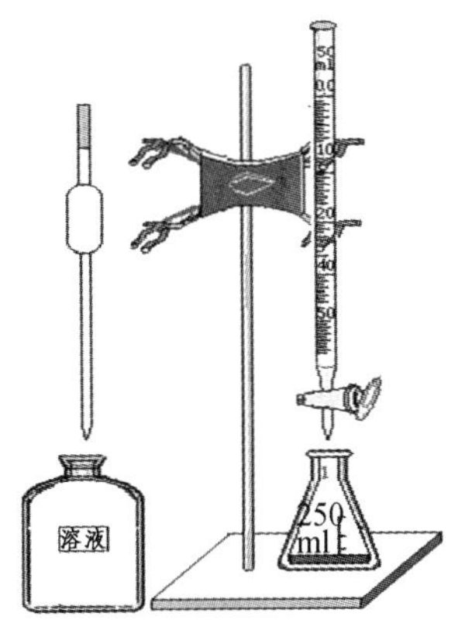

（a）化学分析法

（b）仪器分析法

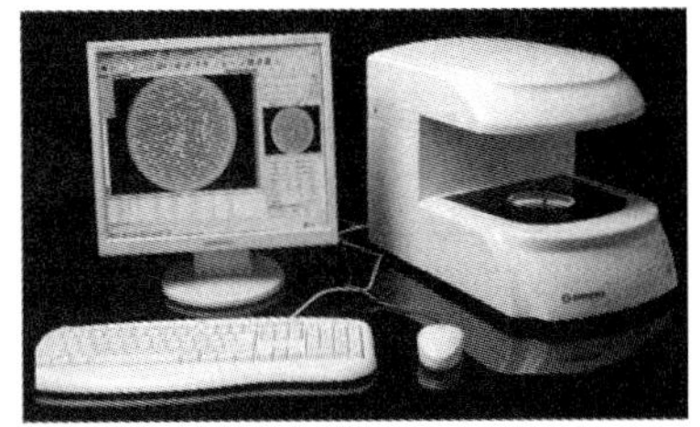
（c）生物分析法

图 8-4　水质检测方法

2. 生活饮用水水质检测方法

地表水水源水质监测，应按 GB 3838 有关规定执行。地下水水源水质监测，应按 GB/T 14848 有关规定执行。生活饮用水水质检验应按照《生活饮用水标准检验方法》（GB/T 5750.1-13）、CJ/T 141 ~ CJ/T 150 等标准执行。未列入上述检验方法标准的项目检验，可采用其他等效分析方法，但应进行适用性检验（表 8-9）。

表 8-9　水质检验方法

水样类别	检验方法
水源水	地表水水源水质监测，应按《地表水环境质量标准》（GB3838—2002）有关规定执行
	地下水水源水质监测，应按、《地下水质量标准》（GB/T 14848—93）有关规定执行
生活饮用水（出厂水、管网水、管网末梢水）	GB/T 5750.1—2006 生活饮用水标准检验方法 总则 GB/T 5750.2—2006 生活饮用水标准检验方法 水样的采集和保存 GB/T 5750.3—2006 生活饮用水标准检验方法 水质分析质量控制 GB/T 5750.4—2006 生活饮用水标准检验方法 感官性状和物理指标 GB/T 5750.5—2006 生活饮用水标准检验方法 无机非金属指标 GB/T 5750.6—2006 生活饮用水标准检验方法 金属指标 GB/T 5750.7—2006 生活饮用水标准检验方法 有机物综合指标 GB/T 5750.8—2006 生活饮用水标准检验方法 有机物指标 GB/T 5750.9—2006 生活饮用水标准检验方法 农药指标 GB/T 5750.10—2006 生活饮用水标准检验方法 消毒副产物指标 GB/T 5750.11—2006 生活饮用水标准检验方法 消毒剂指标 GB/T 5750.12—2006 生活饮用水标准检验方法 微生物指标 GB/T 5750.13—2006 生活饮用水标准检验方法 放射性指标
	CJ/T 141—2001 城市供水　二氧化硅的测定　硅钼蓝分光光度法 CJ/T 142—2001 城市供水　锑的测定 CJ/T 143—2001 城市供水　钠、镁、钙的测定　离子色谱法 CJ/T 144—2001 城市供水　有机磷农药的测定　气相色谱法

续表

水样类别	检验方法
生活饮用水（出厂水、管网水、管网末梢水）	CJ/T 146—2001 城市供水　酚类化合物的测定　液相色谱法 CJ/T 147—2001 城市供水　多环芳烃的测定　液相色谱法 CJ/T 148—2001 城市供水　粪性链球菌的测定 CJ/T 149—2001 城市供水　亚硫酸盐还原厌氧菌（梭状芽孢杆菌）孢子的测定 CJ/T 150—2001 城市供水　致突变物的测定　鼠伤寒沙门氏菌/哺乳动物微粒体酶试验

【任务准备】

准备酒精灯、浊度仪、生化培养箱、培养基、培养皿等。

【任务实施】

分组采集管网末梢水并测定浊度和菌落总数。

【检查评议】

评分标准见表 8-10。

表 8-10　评分标准

编号	项目内容	评分标准	分值	扣分	得分
1	学习态度	不认真操作扣 10 分	10		
2	动手能力	动手能力不强扣 20 分	20		
3	团队协作精神	没有团队精神扣 10 分	10		
4	专业能力	正确采集水样、检测水质指标	50		
5	安全文明操作	不爱护设备扣 10 分	10		
6	合计		100		

【考证要点】

熟悉生活饮用水水样采集和水质指标检测方法。

【思考与练习】

（1）水源水、出厂水、管网末梢水检测的依据分别是什么？
（2）什么是二次供水？

知识点二　污水处理厂的水质检测

【任务描述】

介绍污水化验项目及检测周期、污水样的采集与处理、污水常规项目的分析方法；掌握污水样的化验项目及样品采集要求；熟悉污水样的保存及预处理方法。

【任务分析】

污水处理厂的水质检测不但可以为工艺调整提供技术支持，而且是确保水质达标排放的前提。通过本项目的学习，能提出污水样的化验项目、检测周期和采集要求。

【知识链接】

一、污水化验项目及检测周期

1. 污水化验项目

按照用途可以将污水处理厂的常规监测项目分为以下三类。

（1）反映处理效果的项目：进、出水的 BOD、COD、SS 及有毒有害物质（视进水水质情况而定）等。

（2）反映污泥状况的项目：包括曝气池混合液的各种指标 SV、SVI、MISS、MLVSS 及生物相观察等和回流污泥的各种指标。

（3）反映污泥环境条件和营养的项目：水温、pH 值、溶解氧、氮、磷等。

（4）污水处理厂有些指标采用在线仪表随时监测，如水温、pH 值、溶解氧等。有些指标需要定期在化验室测定。

2. 污水化验项目的检测周期

城镇污水处理厂日常化验检测项目及周期的确定主要根据两个原则，既应符合现行国家标准和行业标准，也应满足工艺运行管理的要求。根据现行国家标准《城镇污水处理厂污染物排放标准》GB 18918，污水分析化验项目及检测周期见表 8-11。

表 8-11　污水分析化验项目及检测周期

<table>
<tr><th>序号</th><th>分析项目</th><th>检测周期</th><th>序号</th><th>分析项目</th><th>检测周期</th></tr>
<tr><td>1</td><td>pH</td><td rowspan="13">每日一次</td><td>18</td><td>阴离子表面活性剂</td><td rowspan="7">每月一次</td></tr>
<tr><td>2</td><td>BOD$_5$</td><td>19</td><td>硫化物</td></tr>
<tr><td>3</td><td>COD</td><td>20</td><td>色度</td></tr>
<tr><td>4</td><td>SS</td><td>21</td><td>动植物油</td></tr>
<tr><td>5</td><td>氨氮</td><td>22</td><td>石油类</td></tr>
<tr><td>6</td><td>总氮</td><td>23</td><td>氟化物</td></tr>
<tr><td>7</td><td>总磷</td><td>24</td><td>挥发酚</td></tr>
<tr><td>8</td><td>粪大肠菌群数</td><td>25</td><td>总汞</td><td rowspan="11">每半年一次</td></tr>
<tr><td>9</td><td>SV%</td><td>26</td><td>烷基汞</td></tr>
<tr><td>10</td><td>SVI</td><td>27</td><td>总镉</td></tr>
<tr><td>11</td><td>MLSS</td><td>28</td><td>总铬</td></tr>
<tr><td>12</td><td>DO</td><td>29</td><td>六价铬</td></tr>
<tr><td>13</td><td>镜检</td><td>30</td><td>总砷</td></tr>
<tr><td>14</td><td>氯化物</td><td rowspan="5">每周一次</td><td>31</td><td>总铅</td></tr>
<tr><td>15</td><td>MLVSS</td><td>32</td><td>总镍</td></tr>
<tr><td>16</td><td>总固体</td><td>33</td><td>总铜</td></tr>
<tr><td rowspan="2">17</td><td rowspan="2">溶解性固体</td><td>34</td><td>总锌</td></tr>
<tr><td>35</td><td>总锰</td></tr>
</table>

注：（1）亚硝酸盐氮、硝酸盐氮、凯氏氮的分析周期未列入表中，宜为每日分析项目，应根据工艺需要酌情增减。

（2）其他项目可按现行国家标准《城镇污水处理厂污染物排放标准》GB18918 的有关规定选择控制项目执行。

3. 污泥化验项目的检测周期

根据现行国家标准《城镇污水处理厂污染物排放标准》GB 18918 中部分一类或者选择项目中有毒有害污染物和国家现行行业标准《城镇污水处理厂污泥泥质》CJ247 以及我国城镇污水处理厂的生产实践，确定污泥分析化验项目及检测周期，如表 8-12 所示。

表 8-12　污泥分析化验项目及检测周期

<table>
<tr><th>序号</th><th colspan="2">分析项目</th><th>检测周期</th><th>序号</th><th>分析项目</th><th>检测周期</th></tr>
<tr><td>1</td><td colspan="2">含水率</td><td>每日一次</td><td>14</td><td>粪大肠菌群</td><td rowspan="4">每月一次</td></tr>
<tr><td>2</td><td colspan="2">pH</td><td rowspan="12">每周一次</td><td>15</td><td>蠕虫卵死亡率</td></tr>
<tr><td>3</td><td colspan="2">有机份</td><td>16</td><td>矿物油</td></tr>
<tr><td>4</td><td colspan="2">脂肪酸</td><td>17</td><td>挥发酚</td></tr>
<tr><td>5</td><td colspan="2">总碱度</td><td>18</td><td>总镉</td><td rowspan="8">每半年一次</td></tr>
<tr><td>6</td><td colspan="2">沼气成分</td><td>19</td><td>总汞</td></tr>
<tr><td>7</td><td rowspan="3">上清液</td><td>总磷</td><td>20</td><td>总铅</td></tr>
<tr><td>8</td><td>总氮</td><td>21</td><td>总铬</td></tr>
<tr><td>9</td><td>悬浮物</td><td>22</td><td>总砷</td></tr>
<tr><td>10</td><td rowspan="4">回流污泥</td><td>SV%</td><td>23</td><td>总镍</td></tr>
<tr><td>11</td><td>SVI</td><td>24</td><td>总锌</td></tr>
<tr><td>12</td><td>MLSS</td><td>25</td><td>总铜</td></tr>
<tr><td>13</td><td>MLVSS</td><td></td><td></td><td></td></tr>
</table>

4. 再生水的化验项目及检测周期

根据再生水回供方向和用途，确定再生水的化验项目及检测周期，需分别符合相应的现行国家标准，包括《城市污水再生利用城市杂用水水质》（GB/T 18920—2002）、《城市污水再生利用 景观环境水水质》（GB/T 18921—2002）、《城市污水再生利用 地下水回灌水质》（GB/T 19772—2005）和《城市污水再生利用 工业用水水质》（GB/T 19923—2005）等。同时需要达到水质要求的，应在满足不同标准项目的前提下，其水质指标应选择高标准。

二、污水样的采集与处理

1. 污水采集

（1）采样点的选择

取样点应在工艺流程各阶段具有代表性的位置选取，并符合下列规定：应在总进水口处取进水水样，并应避开厂内排放污水的影响，宜为粗格栅前水下 1 m 处；应在总出水口处取出水水样，宜为消毒后排放口水下 1 m 处或排放管道中心处；应在污泥处理前、后处取泥样；应依据不同污水、污泥处理工艺确定中间控制参数的取样点。如表 8-13 所示。

表 8-13　检测项目采样点一览表

采样点位置	采样点分析项目
进水站	pH、SS、COD_{Cr}、BOD_5、NH_3-N、TP、TN、色度、石油类、动植物油、阴离子表面活性剂、粪大肠菌群
生化池进水口	NH_3-N、硝酸盐氮、磷酸盐
厌氧区	NH_3-N、硝酸盐氮、磷酸盐
缺氧区	NH_3-N、硝酸盐氮、磷酸盐
好氧区出水堰	NH_3-N、硝酸盐氮、磷酸盐
二沉池出水	NH_3-N、硝酸盐氮、磷酸盐
好氧区	MLSS，MLVSS
排放站	pH、SS、COD_{Cr}、BOD_5、NH_3-N、TP、TN、色度、石油类、动植物油、阴离子表面活性剂、粪大肠菌群及部分一类污染物
污泥脱水间处理前、后污泥	含水率
消毒间	粪大肠菌群

（2）水样类型

水样类型主要有瞬时水样、混合水样、综合水样和平均污水样等。采样时要随具体情况而定，污水处理厂日常检测的进水和出水样常采用混合水样，即在同一采样点上以流量、时间、体积或是以流量为基础，按照已知比例（间歇的或连续的）混合在一起的样品。混合水样采用 24 h 等比例混合的方式。进、出水取样频率为至少每 2 h 取 1 次，以日均值计。其采样的方式根据国家标准《水质采样方案设计技术规定》HJ 495。测试成分在水样储存过程中会发生明显变化时应采用瞬时水样，如油类、BOD_5、DO、硫化物、粪大肠菌群、悬浮物、放射性等项目要单独取瞬时采样。

（3）采样设备

应使样品和容器的接触时间降至最低；使用不会污染样品的材料；容易清洗，表面光滑，没有弯曲物干扰流速，尽可能减少旋塞和阀的数量；有适合采样要求的系统设计。

① 瞬时非自动采样设备

瞬时采样采集表层样品设备：一般用吊桶或广口瓶沉入水中，待注满水后，再提出水面。

选定深度定点采样设备可采用排空式采水器（图 8-5）、单层采水器（图 8-6）等。

溶解性气体（或挥发性物质）的采样设备可以应用泵系统采集溶解气体样品，泵水的压力不能明显低于大气压，样品应直接泵入容器中（图 8-7）。如果不要求精确测定，也可以用溶解氧瓶或双层采水器采集溶解氧样品（图 8-8）。

② 自动采样设备

自动采样设备可以自动采集连续样品或一系列样品而不用人工参与，尤其是应用在采集混合样品和研究水质随时间的变化情况方面。自动采样器可以连续或不连续采样，也可以定时或定比例采样。

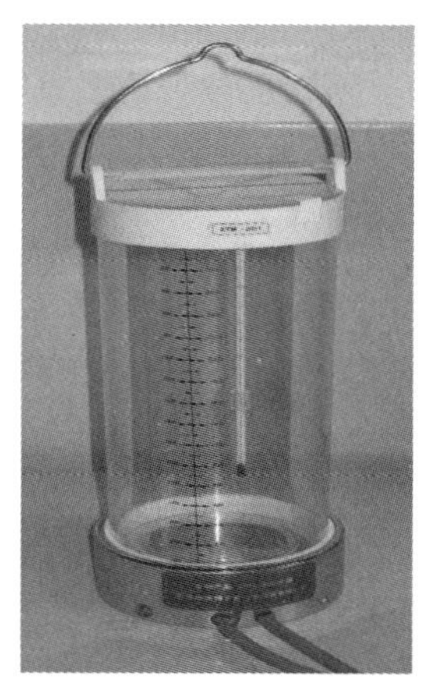

图 8-5　排空式采样器

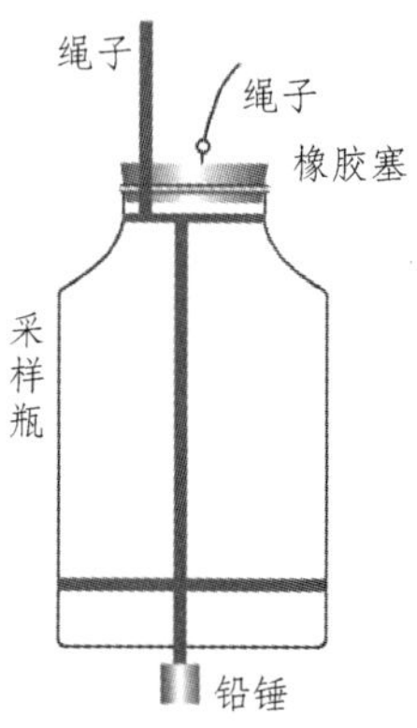

图 8-6　单层采水器

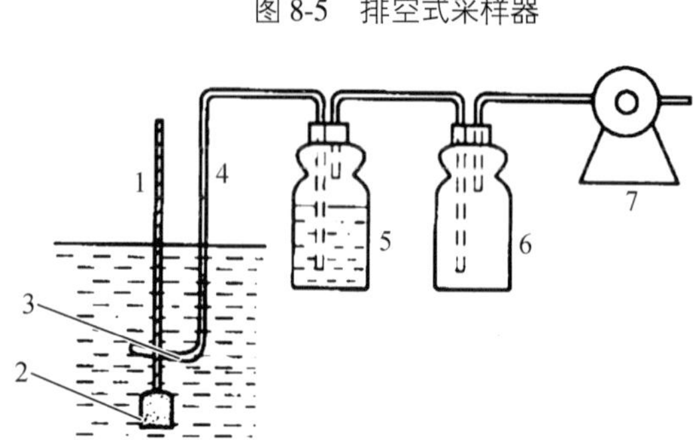

图 8-7　泵式采水器

1—细绳；2—重锤；3—采样头；4—采样管；
5—采样瓶；6—安全瓶；7—泵

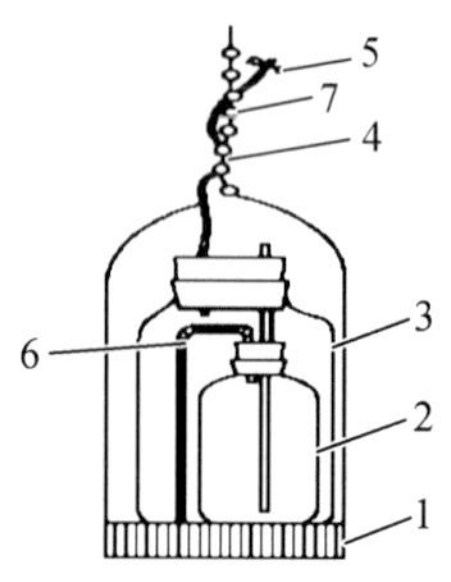

图 8-8　双层采水器

1—带重锤的铁框；2—小瓶；3—大瓶；4—橡胶管；
5—夹子；6—塑料管；7—绳子

2. 污水样的保存

水样从采集到分析这段时间内，由于物理的、化学的、生物的作用会发生不同程度的变化，这些变化使得进行分析时的样品已不再是采样时的样品，为了使这种变化降低到最小的程度，必须在采样时对样品加以保护。污水样的保存有冷藏或冷冻或加入化学保存剂的方式，不同监测项目样品的保存条件有所不同，见表 8-14。

表 8-14　水样保存、采样量和容器洗涤方法

项目	采样容器	保存剂及用量	保存期	采样量/mL①	容器洗涤
浊度*	G. P.		12 h	250	I
色度*	G. P.		12 h	250	I
pH *	G. P.		12 h	250	I
电导*	G. P.		12 h	250	I
悬浮物**	G. P.		14 d	500	I
碱度**	G. P.		12 h	500	I
酸度**	G. P.		30 d	500	I

续表

项目	采样容器	保存剂及用量	保存期	采样量/mL①	容器洗涤
COD	G.	加 H_2SO_4，pH≤2	2 d	500	Ⅰ
高锰酸盐指数**	G.		2 d	500	Ⅰ
DO*	溶解氧瓶	加入硫酸锰，碱性KI叠氮化钠溶液，现场固定	24 h	250	Ⅰ
BOD**	溶解氧瓶		12 h	250	Ⅰ
TOC	G.	加 H_2SO_4，pH≤2	7 d	250	Ⅰ
F^- **	P.		14 d	250	Ⅰ
Cl^- **	G. P.		30 d	250	Ⅰ
Br^- **	G. P.		14 h	250	Ⅰ
I^-	G. P.	NaOH，pH=12	14 h	250	Ⅰ
SO_4^{2-} **	G. P.		30 d	250	Ⅰ
PO_4^{3-}	G. P.	NaOH，H_2SO_4 调 pH=7，$CHCl_3$ 0.5%	7 d	250	Ⅳ
总磷	G. P.	HCl，H_2SO_4，pH≤2	24 h	250	Ⅳ
氨氮	G. P.	H_2SO_4，pH≤2	24 h	250	Ⅰ
NO_2^--N**	G. P.		24 h	250	Ⅰ
NO_3^--N **	G. P.		24 h	250	Ⅰ
总氮	G. P.	H_2SO_4，pH≤2	7 d	250	Ⅰ
硫化物	G. P.	1 L水样加NaOH至pH=9， 加入5%抗坏血酸5 mL，饱和EDTA 3 mL， 滴加饱和 $Zn(AC)_2$ 至胶体产生，常温避光	24 h	250	Ⅰ
总氰	G. P.	NaOH，pH≥9	12 h	250	Ⅰ
Be	G. P.	HNO_3，1 L水样中加浓 HNO_3 10 mL	14 d	250	Ⅲ
B	P	HNO_3，1 L水样中加浓 HNO_3 10 mL	14 d	250	Ⅰ
Na	P	HNO_3，1 L水样中加浓 HNO_3 10 mL	14 d	250	Ⅱ
Mg	G. P.	HNO_3，1 L水样中加浓 HNO_3 10 mL	14 d	250	Ⅱ
K	P.	HNO_3，1 L水样中加浓 HNO_3 10 mL	14 d	250	Ⅱ
Ca	G. P.	HNO_3，1 L水样中加浓 HNO_3 10 mL	14 d	250	Ⅱ
Cr（Ⅵ）	G. P.	NaOH，pH=8～9	14 d	250	Ⅲ
Mn	G. P.	HNO_3，1 L水样中加浓 HNO_3 10 mL	14 d	250	Ⅲ
Fe	G. P.	HNO_3，1 L水样中加浓 HNO_3 10 mL	14 d	250	Ⅲ
Ni	G. P.	HNO_3，1 L水样中加浓 HNO_3 10 mL	14 d	250	Ⅲ

续表

项目	采样容器	保存剂及用量	保存期	采样量/mL①	容器洗涤
Cu	P.	HNO_3，1 L 水样中加浓 HNO_3 10 mL	14 d	250	Ⅲ
Zn	P.	HNO_3，1 L 水样中加浓 HNO_3 10 mL	14 d	250	Ⅲ
As	G. P.	HNO_3，1 L 水样中加浓 HNO_3 10 mL，DDTC 法，HCl 2 mL	14 d	250	Ⅰ
Se	G. P.	HCl，1 L 水样中加浓 HCl 2 mL	14 d	250	Ⅲ
Ag	G. P.	HNO_3，1 L 水样中加浓 HNO_3 2 mL	14 d	250	Ⅲ
Cd	G. P.	HNO_3，1 L 水样中加浓 HNO_3 10 mL	14 d	250	Ⅲ
Sb	G. P.	HCl，0.2%（氢化物法）	14 d	250	Ⅲ
Hg	G. P.	HCl，1%如水样为中性，1 L 水样中加浓 HCl 10 mL	14 d	250	Ⅲ
Pb	G. P.	HNO_3，1%如水样为中性，1 L 水样中加浓 HNO_3 10 mL②	14 d	250	Ⅲ
油类	G.	加入 HCl 至 pH≤2	24 h	250	Ⅱ
农药类**	G.	加入抗坏血酸 0.01～0.02 g 除去残余氯	24 h	1000	Ⅰ
除草剂类**	G.	（同上）	24 h	1000	Ⅰ
邻苯二甲酸酯类**	G.	（同上）	24 h	1000	Ⅰ
挥发性有机物**	G.	用 1+10 HCl 调至 pH=2，加入抗坏血酸 0.01～0.02 g 除去残余氯	12 h	1000	Ⅰ
甲醛**	G.	加入 0.2～0.5 g/L 硫代硫酸钠除去残余氯	24 h	250	Ⅰ
酚类**	G.	用 H_3PO_4 调至 pH=2，加入抗坏血酸 0.01～0.02 g 除去残余氯	24 h	1000	Ⅰ
阴离子表面活性剂	G. P.	—	24 h	250	Ⅳ
微生物**	G.	加入 0.2～0.5 g/L 硫代硫酸钠除去残余氯，4 °C 保存	12 h	250	Ⅰ
生物**	G. P.	不能现场测定时用甲醛固定	12 h	250	Ⅰ

注：（1）*表示应尽量在现场测定；**表示低温（0～4 °C）避光保存。

（2）G 为硬质玻璃瓶；P 为聚乙烯瓶。

（3）① 为单项样品的最少采样量；② 如用溶出伏安法测定，可改用 1 L 水样加 19 mL 浓 $HClO_4$。

（4）Ⅰ、Ⅱ、Ⅲ、Ⅳ表示如下 4 种洗涤方法：

Ⅰ洗涤剂洗一次，自来水洗三次，蒸馏水洗一次。

Ⅱ洗涤剂洗一次，自来水洗二次，（1+3）HNO_3 荡洗一次，自来水洗三次，蒸馏水洗一次。

Ⅲ洗涤剂洗一次，自来水洗二次，（1+3）HNO_3 荡洗一次，自来水洗三次，去离水洗一次。

Ⅳ铬酸洗液洗一次，自来水洗三次，蒸馏水洗一次。

（5）如果采集污水样品可省去用蒸馏水、去离子水清洗的步骤。对于采集微生物和生物的采样容器，须经 160 °C 干热灭菌 2 h。经灭菌的微生物和生物采样容器必须在两周内使用，否则应重新灭菌。一般从取样到检验不宜超过 2 h，否则应使用 10 °C 以下的冷藏设备保存样品，但不得超过 6 h。实验室接到送检样后，应将样品立即放入冰箱，并在 2 h 内着手检验，否则应考虑现场检验或采用延迟培养法。

3. 污泥样品的制备与保存

一般采集脱水后有代表性的湿污泥 1 ~ 2 kg，剔除各类纤维杂质和大小碎石，摊开自然风干，用胶锤打碎，全部过 20 目筛后，用四分法缩分，即在混匀的泥样上划十字，均匀的分成四份，把对角的两份弃去，再把剩下的两份混匀，重复以上操作，每次弃去对角的两份是交替方向的，直至所需的样品量。用不锈钢粉碎机粉碎，通过 80 ~ 200 目尼龙筛，对汞和砷等易挥发元素可用玛瑙研钵研磨。若需放置时间长，应在约−20 °C 冷冻柜中保存。

4. 污水、污泥样品的预处理

在日常分析中，由于水样有浑浊、颜色、干扰物质，有时需要将所测定物质转化成易于测定的形态；污泥需要各种酸消解制成溶液后才能测定。需要预处理的检测项目见表 8-15。

表 8-15　检测项目的预处理

样品	检测项目	预处理方法
污水	NH_3-N	絮凝沉淀法、蒸馏法
	TP	过硫酸钾消解法、硝酸-硫酸消解法、硝酸-高氯酸消解法
	TN	过硫酸钾氧化法
	石油类	四氯化碳萃取分离法
	动植物油	四氯化碳萃取分离-硅酸镁吸附法
	粪大肠菌群	滤膜过滤法
污泥	TN	过硫酸钾氧化法（紫外分光光度法测定）、硫酸-过氧化氢消解法（蒸馏滴定法测定）
	TP	氢氧化钠熔融法（钼锑抗分光光度法测定）、硫酸-过氧化氢消解法（磷钼黄分光光度法测定）
	铜、锌、铅、镍、镉、钾	硝酸-过氧化氢-盐酸常压消解法、王水-过氧化氢微波消解法
	铬	盐酸-硝酸-氢氟酸-高氯酸消解法
	汞	高锰酸钾常压消解法
	砷	硝酸-高氯酸常压消解法

三、污水常规项目的分析方法

1. 污水常规项目的分析方法（表 8-16）

表 8-16　污水常规项目的分析方法

检测项目	检测方法	检测标准
pH	玻璃电极法	水和废水监测分析方法（第四版）
SS	重量法	水和废水监测分析方法（第四版）
COD_{Cr}	重铬酸钾滴定法 快速消解分光光度法	GB 11914—1989 水和废水监测分析方法（第四版） HJ/T 399—2007

续表

检测项目	检测方法	检测标准
BOD_5	稀释与接种法	HJ 505—2009 或水和废水监测分析方法（第四版）
色度	稀释倍数法	水和废水监测分析方法（第四版）
阴离子表面活性剂	亚甲蓝分光光度法	GB/T 7494—1987 或水和废水监测分析方法（第四版）
NH_3-N	纳氏试剂分光光度法 滴定法	HJ 535—2009 或水和废水监测分析方法（第四版）
TP	钼锑抗分光光度法	GB 11893—1989 或水和废水监测分析方法（第四版）
TN	碱性过硫酸钾消解紫外分光光度法	GB 11894—1989 或水和废水监测分析方法（第四版）
石油类	红外光度法	GB/T 16488—1996 或水和废水监测分析方法（第四版）
动植物油	红外光度法	GB/T 16488—1996 或水和废水监测分析方法（第四版）
粪大肠菌群	滤膜法	水和废水监测分析方法（第四版）

2. 污泥常规项目的分析方法（表 8-17）

表 8-17　污泥常规项目的分析方法

检测项目	检测方法
TN	CJ/T 221—2005 碱性过硫酸钾消解紫外分光光度法 NY525—2011 硫酸-过氧化氢消解蒸馏滴定法
TP	CJ/T 221—2005 氢氧化钠熔融后钼锑抗分光光度法 NY525—2011 硫酸-过氧化氢消解磷钼黄分光光度法
铜、锌、铅、镍、镉、钾	CJ/T 221—2005 火焰原子吸收分光光度法
铬	HJ 491—2009 火焰原子吸收分光光度法
汞	CJ/T 221—2005 原子荧光法
砷	CJ/T 221—2005 原子荧光法
有机质	NY525—2011 重铬酸钾滴定法

【任务准备】

准备水样（含铅、镉）、玻璃器皿、原子吸收分光光度计、硝酸等。

【任务实施】

根据《水和废水监测分析方法》，利用原子吸收分光光度计分组检测水样中铅、镉元素的含量并用《城镇污水处理厂污染物排放标准》评价其达到几级排放标准。

【检查评议】

评分标准见表 8-18。

表 8-18　评分标准

编号	项目内容	评分标准	分值	扣分	得分
1	学习态度	不认真操作扣 10 分	10		
2	动手能力	动手能力不强扣 20 分	20		
3	团队协作精神	没有团队精神扣 10 分	10		
4	专业能力	正确使用原子吸收分光光度计检测金属元素	50		
5	安全文明操作	不爱护设备扣 10 分	10		
6	合计		100		

【考证要点】

熟悉污水处理厂的水质检测方法。

【思考与练习】

（1）污水样品的采样地点在什么位置？

（2）污泥样品的制备方法是什么？

（3）写出Ⅰ、Ⅱ、Ⅲ、Ⅳ四种容器洗涤方法。

任务三　水质检测报表制作与分析

知识点一　检测数据分析

【任务描述】

介绍误差分析、数据处理、实验室质量控制要求。

【任务分析】

检测数据分析是为了更好的掌握实验室质量控制的方法和数据处理的基本要求，因此，要掌握实验数据的准确度和精密度，必须能能正确记录原始数据，并且使用适宜的方法进行实验室的质量控制。

【知识链接】

一、误差分析

1. 误差与偏差

（1）绝对误差与相对误差

在实验过程中，无论多么谨慎，测量结果与真实值之间总会有一些差距，这些差距就是误差。误差有两种表示方法，即绝对误差与相对误差。

绝对误差是测量值与真值间的差值，用 E 表示。

相对误差是绝对误差占真值的百分比，用 RE 表示，

$$E = \chi_i - \mu$$

$$RE = \frac{E}{\mu} \times 100\%$$

式中　χ_i——测量值；

μ——真实值。

绝对误差和相对误差均有正负之分，正值和负值分别表示分析结果偏高和偏低。

（2）绝对偏差与相对偏差

在绝对误差和相对误差的计算式中均出现真值，但真值是不易获得的。在实际分析工作中，往往用同一样品多次重复测定的算术平均值来代替真值。测量值与平均值之差即为偏差，偏差有绝对偏差和相对偏差之分。

绝对偏差是指单次测定值与平均值的差值，即绝对偏差=测量值-平均值。

相对偏差是指绝对偏差在平均值中所占的比例，即相对偏差=（绝对偏差/平均值）×100%。

2. 准确度和精密度

（1）准确度

准确度是指分析结果与真实值的接近程度，准确度的高低用误差的大小来衡量。误差越小，准确度越高，反之亦然。

尽管绝对误差相同，但由于被测量值的大小不同，其相对误差也不同。被测量值较大时，相对误差较小，测量的准确度较高。由此看出，相对误差能更清楚地表示出测量结果的准确度，更具实际意义。

（2）精密度

精密度是指几次平行测定结果相互接近程度，精密度的高低用偏差来衡量。偏差越小，精密度越高，说明测定的重现性越好。精密度由测量结果的重复性和测得数值的有效数字位数来体现，重复性越好，有效数字的位数越多，说明测量进行得越精密。

（3）准确度和精密度的关系

评价实验结果的优劣必须从准确度和精密度两个方面考虑。若平行测定结果相差不大，则说明测量的精密度较高。但精密度高不一定准确度高，有时还必须进行系统误差的校正，才可能得到较高的准确度。因此，精密度高是保证准确度高的先决条件。只有精密度和准确度都高的分析结果才是可靠的。

3. 误差产生的原因与减免的方法

（1）系统误差

系统误差是由一些固定的、规律性的因素引起的误差，也叫可测误差或恒定误差。系统误差在同一条件下，重复测定，重复出现，对分析结果的影响比较恒定。系统误差决定分析结果的准确度，不影响精密度。如能找到误差的来源，即可设法加以控制或消除。

系统误差主要来源于以下几个方面：

① 方法误差。由于分析方法本身的缺陷造成的误差。如重量分析中沉淀的溶解损失；滴定

分析中指示剂选择不当。

② 仪器误差。由于使用的仪器、量器不准而引起的误差。如天平两臂不等，砝码未校正，滴定管、容量瓶未校正等。

③ 试剂误差。因所用试剂、蒸馏水不纯，有杂质而产生的误差。如去离子水不合格；试剂纯度不够（含待测组分或干扰离子）等。

④ 主观误差是操作人员主观因素造成的误差。如对颜色不敏感的人在比色或滴定测量中引起的误差。操作人员的习惯或偏向引起的误差，如有的人读数偏高或偏低。根据系统误差产生的原因，可以采取一系列措施减少或免除系统误差，如采用标准方法以减少方法误差；对仪器、量器进行校正以消除仪器误差；作空白实验以减少试剂误差；做对照实验以校正测定结果；熟练操作以减少操作误差。

（2）偶然误差

偶然误差是由测定中某些难以控制、无法避免的偶然因素造成的误差，也叫随机误差或不可测误差。如环境温度变化、电源电压微小波动，仪器噪声的变化、分析人员判断能力和操作技术的差异等都会引起偶然误差。

在相同条件下，对同一个组分进行大量重复的测量后，所得到的一系列偶然误差符合正态分布规律。因此，为了减少偶然误差，应该重复多次进行平行实验使正、负误差相互抵消。在消除了系统误差的情况下，多次测量结果的平均值可能更接近于真实值。

在系统误差和偶然误差间没有绝对的界限，它们有时很难区分。例如滴定时对滴定终点的判断，系统误差和偶然误差同时存在。

（3）过失误差

由于实验人员不遵守操作规程，粗心大意而造成的不应有的过失，称为过失误差，也叫粗差。例如加错试剂，读错读数，滴定时溶液溅失，称量时样品洒落，记录或运算错误等，皆可引起较大的误差。但只要工作认真，操作正确，过失误差是完全可以避免的。绝不允许把过失误差当做偶然误差，若发现了过失误差，应及时纠正或将所得数据舍弃。

4. 提高测定结果准确度的方法

误差在实验中总是客观存在的，为提高分析结果的准确度，就要尽量减小或消除误差。

（1）消除系统误差，尽量减小偶然误差

系统误差是影响分析结果准确度的重要因素，可采取校正仪器、做空白实验、做对照实验等方法尽量消除。偶然误差决定分析结果的精密度。通常要求平行测定 3 ~ 5 次以减小偶然误差，以获得较准确的测量结果。

（2）选择合适的分析方法

各种分析方法的相对误差和灵敏度是不同的。如化学分析法的准确度高，但灵敏度低，相对误差为±0.1%；仪器分析法的准确度低，但灵敏度高，相对误差约为±5%。因此，应根据组分含量及对准确度的要求来选择分析方法。一般常量组分的测定选用化学分析法，微量组分的测定选用仪器分析法。

（3）控制测量的相对误差

应根据不同方法、不同仪器和不同要求确定待测量的最小实验量。如滴定管的最小刻度只精确到 0.1 mL，两个最小刻度间可以估读一位，则单次读数估计误差为±0.01 mL。要获得一个滴定体积 *V*（mL）需两次读数相减。则最大读数误差为±0.02 mL。若要控制滴定分析的相对误差在要求的 0.1%以内，则滴定体积：*V*>±0.02/±0.1%=20 mL。

不同的测量任务要求的准确度不同。不同组分含量与其所允许的相对误差如表 8-19 所示，组分含量越低，越不易测量准确，允许相对误差亦较大。在用仪器分析法测量组分含量为 1%的物质时，假定允许相对误差为 2%，则称取试样 0.5 g 时称量误差不大于 0.5 g×2%=0.01 g 即可，不必强调与重量法要求相同，一定要称准至 0.0001 g。

表 8-19　组分含量与其所允许的相对误差

组分含量/%	≤100	≤50	≤10	≤1	≤0.1	0.01～0.001
允许相对误差/%	0.1～0.3	≤0.3	≤1	2～5	2～5	≤10

二、数据处理和统计方法

1. 有效数据

测量结果的记录、运算和报告，必须使用有效数据。有效数据用于表示测量结果，指测量中实际能测得的数值，即表示数值的有效性。一个数据中，全部的可靠数值及右起第一位可疑数值的统称，叫做有效数字。有效数字有两部分组成。一是右起第二位以左的全部可靠数字，二是右起第一位的可疑数字。

有效数字中，只允许保留一位可疑数字，其余的可疑数字删除。

例如：物质用分析天平称量为 0.5083 g。“508”是可靠值，“3”是可疑值（该位数可能有±1 的误差），即被称物体真实质量在 0.5082～0.5084 g 之间。称量的最大绝对误差为±0.0001 g，最大相对误差为 0.02%。

根据《地表水和污水监测技术规范》规定，检测结果有效数字所能达到的位数不能超过方法最低检测浓度的有效数字所能达到的位数。数字太小或太大可用幂表示。不同量具的有效数字保留要求见表 8-20。分析工作中测量数据有效数字保留要求见表 8-21。

表 8-20　不同量具的有效数字保留要求

名称	规格/mL	记录方法	有效数字
电子天平	—	按实际显示位数记录	小数点后的“0”不要舍弃
		万分之一天平	小数点后第四位
		千分之一天平	小数点后第三位
滴定管	50	50.00	四位（最小分度后一位）
	25	25.00	四位（最小分度后一位）
	5	5.000	四位（最小分度后一位）
移液管	25	25.00	四位
	5	5.00	三位
	1	1.000	四位

续表

名称	规格/mL	记录方法	有效数字
分度移液管	—	—	最小分度后一位
容量瓶	100 以下	50.00	四位
	100 以上	250.0	四位
分光光度计	吸光度最小分度值	0.00*X*	小数点后第三位，有效数字最多三位

表 8-21　分析工作中测量数据有效数字保留

项目	最低检出浓度	有效数字最多位数	小数点后最多位数
pH	0.1（pH）	2	2
COD	5 mg/L	3	1
BOD	2 mg/L	3	1
SS	4 mg/L	3	0
硝酸盐氮	0.08 mg/L	3	2
NH_3-N	0.025 mg/L	4	3
TP	0.01 mg/L	3	3
TN	0.05 mg/L	3	2
高锰酸盐指数	0.5 mg/L	3	1
余氯	0.03 mg/L	3	3
挥发酚	0.002 mg/L	3	4
阴离子洗涤剂	0.05 mg/L	3	1
油类	0.1 mg/L	3	2
色度、浊度	取整数		
MLSS	取小数点后一位		
含水率、有机质	取小数点后两位		
粪大肠菌群	1000 以下取三位有效数字；1000（含）以上用幂表示，如 2.34×10^4		
重金属	小数点后两位		
溶液浓度	0.1 以上保留四位有效数字如 0.1000；0.1 以下保留三位有效数字如 0.987		
校准曲线	（1）相关系数：只舍不入， 保留到最小数后出现非 9 的一位，最多小数点后四位 （2）斜率和截距：最多三位有效数字，并以幂表示如 2.34×10^{-4}		

2. 有效数字的修约

在有效数字的运算过程中，常常要按“四舍六入五考虑，五后非零则进一，五后皆零视奇偶，五前为偶则舍去，五前为奇则进一”的原则对有效数字进行修约。其含义是：如果舍弃的数字小于 5，则完全舍弃；大于等于 6，则舍弃同时前位加 1；恰好等于 5，且 5 后面有非零的数字，则舍弃同时前位加 1；恰好等于 5，且 5 后面皆为零，前位是偶数则舍弃，前位是奇数则舍弃同时前位加 1。

3. 可疑数据的取舍

明显歪曲试验结果的测量数据，即与正常数据不是来自同一分布总体的数据，称为离群数据。离群数据可能会歪曲试验结果，但尚未经过检验判定其是离群数据的测量数据称为可疑数据。

狄克逊（Dixon）检验法适用于一组测量值的一致性检验和剔除离群值，本法中对最小可疑值和最大可疑值进行检验的公式因样本的容量（n）不同而异，检验方法如下。

将一组测量数据从小到大顺序排列为 x_1、$x_2 \cdots x_n$，x_1 和 x_n 分别为最小可疑值和最大可疑值；按表 8-22 计算式求 Q 值。根据给定的显著性水平（α）和样本容量（n），从表 8-23 查得临界值（Q_α）。若 $Q \leqslant Q_{0.05}$ 则可疑值为正常值；若 $Q_{0.05} \leqslant Q \leqslant Q_{0.01}$ 则可疑值为偏离值；若 $Q > Q_{0.01}$ 则可疑值为离群值。

表 8-22　狄克逊检验统计量 Q 计算公式

n 值范围	可疑数据为最小值 x_1 时	可疑数据为最大值 x_n 时	n 值范围	可疑数据为最小值 x_1 时	可疑数据为最大值 x_n 时
3～7	$Q=\dfrac{x_2-x_1}{x_n-x_1}$	$Q=\dfrac{x_n-x_{n-1}}{x_n-x_1}$	11～13	$Q=\dfrac{x_3-x_1}{x_n-1-x_1}$	$Q=\dfrac{x_n-x_{n-2}}{x_n-x_2}$
8～10	$Q=\dfrac{x_2-x_1}{x_{n-1}-x_1}$	$Q=\dfrac{x_n-x_{n-1}}{x_n-x_2}$	14～25	$Q=\dfrac{x_3-x_1}{x_{n-2}-x_1}$	$Q=\dfrac{x_n-x_{n-2}}{x_n-x_3}$

表 8-23　狄克逊检验临界值（Q_α）表

n	显著性水平（α）		n	显著性水平（α）	
	0.05	0.01		0.05	0.01
3	0.941	0.988	15	0.525	0.616
4	0.765	0.889	16	0.507	0.595
5	0.642	0.780	17	0.490	0.577
6	0.560	0.698	18	0.475	0.561
7	0.507	0.637	19	0.462	0.547
8	0.554	0.683	20	0.450	0.535
9	0.512	0.635	21	0.440	0.524
10	0.477	0.597	22	0.430	0.514
11	0.576	0.679	23	0.421	0.505
12	0.546	0.642	24	0.413	0.497
13	0.521	0.615	25	0.406	0.489
14	0.546	0.641			

三、实验室质量控制

1. 实验分析质控程序

在水处理厂水质检测过程中，实验室的质量控制对检测结果的准确度和精密度有重要的意义。实验室工作流程如图 8-9 所示。在此流程中，应注意采样时在每个样品容器上做好相应的标记，转交水样时，转交人和接受人都必须签名登记。接收样品时，要认真核对验收样品。原始记录的复核工作可由化验人员之间相互复核。原始记录要有检测人员和复核人员签名，检测报告要执行三级审核制。

三级审核范围：采样—分析原始记录—报告表，审核内容包括监测采样方案及其执行情况、数据计算过程、质控措施、计量单位、编号等。

第一级审核为采样人员之间及分析人员之间的互校；第二级为室（科或组）负责人的审核；第三级为站技术负责人（或技术主管）的审核。第一级互校后，校核人应在原始记录上签名，第二、三级审核后，应在报告表上签名。

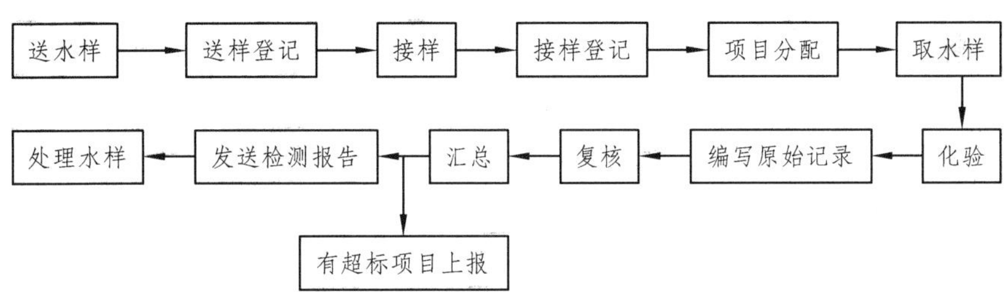

图 8-9　实验室工作流程

2. 实验室质量控制的常规方法

（1）全程序空白试验

全程序空白试验值是指以水代替水样，按照水样的分析步骤同时同样操作后所测得的浓度值。全程序空白试验值的大小，在一定程度上反映了分析人员的水平、实验室用水、试剂的质量和检查器皿的杂质等问题。在常规分析中每个项目和每次检测都应做全程序空白试验，并定期测定两份平行空白试验，其相对偏差一般不大于 50%，取其平均值作为同批水样的空白值。标准系列的空白试验应按照标准系列分析步骤相同操作。

（2）平行双样实验

同一样品的两份或多份子样在完全相同的条件下进行同步分析，一般做平行双样，它反映测试的精密度（抽取样品数的 10% ~ 20%）。

（3）加标回收实验

加标回收率在一定程度上反映测定结果的准确度。在分析工作中，取两份相同样品，一份按正常步骤进行分析，一份加入适量已知浓度标准样同时同步骤进行分析，标样的加入量为样品待测成分含量的 0.5 ~ 2 倍，加标后的总含量不应超过测定上限。用此方法了解测定中是否有干扰因素，从而可用加标回收的方法判断所选用的方法能否用于该样品的测定。

回收率的计算：

回收率（%）=（加标后样品待测成分总量−样品待测成分量）×100/标样加入量

（4）标准物对比

在进行样品分析的同时，用已知相近浓度的标准样品用同样的方法进行分析，根据测出的结果与标准值对照，可以确定试样检测结果的准确度。也可以用作未知样来考核分析人员的技术水平。在每次制作工作曲线的同时，测定标准样品，根据检测结果的准确度，可以确定工作曲线是否可以使用。

（5）方法对比

采用标准方法或等效方法是提高准确度方法之一，但并不是所有标准方法都能满足实验室的检测要求。随着分析技术的不断发展，出现了很多新的方法和快速测定的方法，可以通过采用传统经典的标准方法进行方法对比实验，检验统一方法或新建方法的准确度，例如，COD 重铬酸钾滴定法与快速消解分光光度法的对比；BOD_5 中溶解氧的碘量法测定与溶解氧仪测定法对比；烘箱法测定水分与水分测定仪法的对比。

（6）密码样分析

平行样的密码加标样分析，它是由专职质控人员在所需分析的样品中，随机抽取 10%～20%的样品，编为密码平行样或加标样，这些样品对分析者本人均是未知样品。

（7）室内互检

在同一实验室的不同分析人员之间的相互检查和比对分析。

（8）室间互检

将同一样品的子样分别交付不同的实验室进行分析，以检验分析的系统误差。

（9）校准曲线

绘制准确的校准曲线，直接影响到样品分析结果的准确与否，同时也确定了方法的测定范围。至少 5 个浓度单位以上得到测量值来绘制校准曲线，应同试样测定步骤进行测定，如果试样预处理对测定结果影响可忽略不计时，绘制校准曲线的操作步骤可省略预处理部分。原子吸收和原子荧光分光光度法必须与样品测定同时进行；紫外-可见分光光度法绘制一次校准曲线可使用一段时间后，再重新绘制，但更换试剂一定要重新绘制，并定期用标样校对或取曲线中间一个浓度点进行测定后与原曲线相应的点核对，其相对差值根据方法精密度不得大于 5%～10%，否则应重新制作曲线。曲线实验点的大小均不能太大或太小，应能近似反映测量的精度。试样浓度所测得的吸光度应控制在曲线范围内。通过曲线的回归方程：$C=a+bA$，截距 a 可检验曲线的准确度，斜率 b 检验分析方法的灵敏度，相关系数 r 可检验曲线的线性和精密度，一般要求 r 值在 0.9990 以上。

【任务准备】

准备水样（含硝态氮）、硝酸盐氮标准物质、玻璃器皿、紫外分光光度计等。

【任务实施】

使用紫外分光光度法直接测定水样中的硝态氮，并用加标回收试验测定试验的准确度。

【检查评议】

评分标准见表 8-24。

表 8-24　评分标准

编号	项目内容	评分标准	分值	扣分	得分
1	学习态度	不认真操作扣 10 分	10		
2	动手能力	动手能力不强扣 20 分	20		
3	团队协作精神	没有团队精神扣 10 分	10		
4	专业能力	正确加标回收试验测定试验的准确度	50		
5	安全文明操作	不爱护设备扣 10 分	10		
6	合计		100		

【考证要点】

熟悉准确度的测量方法。

【思考与练习】

（1）实验室的质量控制有哪些主要方法？

（2）某管道的水垢中的 P_2O_5 和 SiO_2 的质量分数如下（已校正系统误差）。

P_2O_5：8.44%、8.32%、8.45%、8.52%、8.69%、8.38%；

SiO_2：1.50%、1.51%、1.68%、1.22%、1.63%、1.72%。

根据狄克逊检验法对可疑数据决定取舍，然后求出平均值、平均偏差和标准偏差。

知识点二　检验报表

【任务描述】

介绍检测报表的编写要求、检测报表示例。

【任务分析】

检测报告是检测成果的主要表达方式，是整个检测工作的最终产品，其质量直接影响这检测工作效益的发挥。通过本任务对水质检测报表的形式、编写要求、管理等的学习，掌握检测报表的编写方法。

【知识链接】

一、检测报表的编写要求

1. 检测报表的内容

样品名称、样品的特性和状况；需要时，注明采样方法、样品的性质或检测性质、样品检测日期、所检测污染因子的名称、所用检测方法标准；检测结果（含计量单位，必须使用法定计量单位)、编制和审核人员签名。

2. 原始记录及检测报表的填写

(1)如测定浓度低于方法的检出限，在记录表上填写未检出或检出限的一半浓度上报。

(2)做好检测分析的各种原始记录，一律用中性笔填写，字迹清楚、整齐，必须填在统一的记录表上，不得随意涂抹、撕页，更不得丢失。有效数字按有关规定取舍。

(3)修改错误数据时，应在原数上画一条横线表示弃去，并保留原数字清晰可辨。

(4)检测结果需经其他检测人员审核，并在检测报表上签名确认。

3. 检测报表形式和流转

(1)检测报表的格式由水处理厂生产管理部门负责编制和修改。检测报表的格式是质量记录，其制订和更改执行水处理厂相关程序文件。

(2)实验室应指定专业人员根据检测原始记录，按照统一格式编制检测报表。实验室应指定负责人审核检测报表，在检测报表首页上签字以示负责。

(3)检测报表的形成日期应符合检测记录规定的节点要求或满足工艺流程控制或者处理质量监控的需要。

(4)在将检测报表送达生产部门之后，负责送达的人员应及时向水处理厂所属的档案室移交检测报表(副本)做好归档保存工作。检测报表副本保管期原则为五年。

二、检测报表示例

1. 污水处理厂水质检测报表(表8-25)

表8-25　××污水处理厂化验室水质检测记录台账

编号：××(××)号　　　　　　　　　　　　日期：　　年　　月　　日

项目 样品	COD_{Cr} (mg/L)	BOD_5 (mg/L)	NH_3-N (mg/L)	TP (mg/L)	SS (mg/L)	TN (mg/L)	Cl^- (mg/L)	总碱度 (mg/L)	NO_3-N (mg/L)	pH
进水										
出水										
备注										

项目 样品	SV30 (%)	MLSS (mg/L)	SVI (mL/g)	挥发酚 (%)	水温 (℃)	DO (%)	剩余污泥 (含水率)	镜检		
生化池A										
生化池B										
备注										

采样人员：　　　　　　　　　　　　　　　　　　检测人员：

2. 供水厂水质检测报表（表 8-26）

8-26　城市供水水质检验检测月报表

出水厂：

序号	检验项目	单位	限值	出厂水检验检测结果			备注
				平均值	最低值	最高值	
1	浑浊度	NTU	≤1（特殊≤3）				
2	色度	度	≤15				
3	臭和味		无异臭异味				
4	肉眼可见物		无				
5	COD_{CR}	mg/L	≤3（特殊≤5）				
6	氨氮	mg/L	≤0.5				
7	余氯	mg/L	≥0.3				
8	细菌总数	CFU/mL	≤80				

【任务准备】

准备电脑、《城市供水水质标准》（CJ/T 206—2005）。

【任务实施】

学习《城市供水水质标准》（CJ/T 206—2005）和表 8-27，并根据上述资料补充完表 8-28。

表 8-27　某供水水质检测结果

监测类别	监测项目	监测项次	最高值	最低值	平均值	不合格项次
管网水（7 项）	浊度（NTU）	50	1.02	＜0.05	0.41	1
	色度	50	5	＜5	＜5	0
	臭和味（级）	50	0	0	0	0
	余氯（mg/L）	50	0.30	＜0.05	0.10	2
	细菌总数（CFU/100 mL）	50	72	0	2	0
	总大肠菌群（CFU/100 mL）	50	0	0	0	0
	耗氧量（mg/L）	50	1.75	0.56	1.33	0
出厂水（9 项）	浊度（NTU）	15	0.50	0.10	0.25	0
	色度	15	＜5	＜5	＜5	0
	肉眼可见物	15	无	无	无	0
	臭和味（级）	15	0.60	0.10	0.15	0
	余氯（mg/L）	15	0.60	0.20	0.30	0
		5	0.25	0.10	0.15	

续表

监测类别	监测项目	监测项次	最高值	最低值	平均值	不合格项次
	细菌总数（CFU/100 mL）	15	2	0	1	0
	总大肠菌群（CFU/100 mL）	15	0	0	0	0
	耐热大肠菌群（CFU/100 mL）	15	0	0	0	0
	耗氧量（mg/L）	15	1.60	0.36	0.73	0

表 8-28　某供水水质检测月报表

监测类别	监测项目	标准限值	监测项次	最高值	最低值	平均值	不合格项次	单项合格率	综合合格率
管网水（7 项）	浊度（NTU）								
	色度								
	臭和味（级）								
	余氯（mg/L）								
	细菌总数（CFU/100 mL）								
	总大肠菌群（CFU/100 mL）								
	耗氧量（mg/L）								
出厂水（9 项）	浊度（NTU）								
	色度								
	肉眼可见物								
	臭和味（级）								
	余氯（mg/L）								
	细菌总数（CFU/100 mL）								
	总大肠菌群（CFU/100 mL）								
	耐热大肠菌群（CFU/100 mL）								
	耗氧量（mg/L）								
水质综合评价									

填表人：____________

填表时间：__________

【检查评议】

评分标准见表 8-29。

表 8-29　评分标准

编号	项目内容	评分标准	分值	扣分	得分
1	学习态度	态度是否积极	10		
2	查阅资料	查阅和填写标准限值	20		
3	合格率计算	根据资料正确计算合格率	30		
4	综合评价	根据检测结果对管网水、出厂水进行适当的综合评价	40		
5	合计		100		

【考证要点】

掌握检测报表的填写方法。

【思考与练习】

（1）检测报表的内容有哪些?

（2）简述原始记录及检测报表填写的注意事项。

参考文献

[1] 胡昊. 给排水工程运行与管理[M]. 北京：中国水利水电出版社，2010.
[2] 高廷耀，顾国维，周琪. 水污染控制工程[M]. 北京：高等教育出版社，2007.
[3] 张自杰. 排水工程[M]. 4 版. 北京：中国建筑工业出版社，2000.
[4] 奚旦立. 环境监测[M]. 4 版. 北京：高等教育出版社，2010.
[5] 姚运先，刘军. 水环境监测[M]. 北京：化学工业出版社，2005.
[6] 黄敬文，邢颖. 给水排水管道工程[M]. 郑州：黄河水利出版社，2013.
[7] 张露路. 谈市政污水管道管材的选用[J]. 广东建材. 2013（12）：30-31.
[8] 严煦世，刘随庆. 给水排水管网系统[M]. 北京：中国建筑工业出版社，2014.
[9] 严熙世. 自来水管理知识[M]. 北京：高等教育出版社，1993.
[10] 李胜海. 城市污水处理工程建设与运行[M]. 合肥：安徽科学技术出版社，2001.
[11] 张朝升. 小城镇给水厂设计与运行管理[M]. 北京：中国建筑工业出版社，2008.
[12] 马立艳. 给水排水管网系统[M]. 北京：化学工业出版社，2011.
[13] 张奎. 给水排水管道工程技术[M]. 北京：中国建筑工业出版社，2005.
[14] 原芝泉，杨洪东，张敏玲，等. 钢塑复合管及其应用[J]. 工业用水与废水，2002.
[15] 杨开明，周书葵. 给水排水管网[M]. 北京：化学工业出版社，2013.
[16] 谌永红，龚野. 给水排水工程[M]. 北京：中国环境科学出版社，2008.
[17] 肖利萍，于洋. 城市水工程运行与管理[M]. 北京：机械工业出版社，2009.
[18] 吴珊. 城市水务工程规划与管理[M]. 北京：北京工业大学出版社，2008.
[19] 陈卫，张金松. 城市水系统运营与管理[M]. 北京：中国建筑工业出版社，2010.
[20] 李亚峰，晋文学. 城市污水处理厂运行管理[M]. 北京：化学工业出版社，2010.
[21] 金必慧，黄南平. 城镇污水处理厂运行管理[M]. 北京：中国建筑工业出版社， 2011.
[22] 沈晓南. 污水处理厂运行和管理问答[M]. 北京：化学工业出版社，2012.
[23] 谢小青. 污水处理工[M]. 厦门： 厦门大学出版社，2010.
[24] 孙世兵. 小城镇污水处理厂设计与运行管理指南[M]. 天津：天津大学出版社，2014.
[25] 王惠丰，王怀宇. 污水处理厂的运行与管理[M]. 北京：科学出版社，2010.
[26] 周子涵. 管材和管件选用手册[M]. 北京：机械工业出版社，2012.
[27] 文斌. 管接头和管件选用手册[M]. 北京：机械工业出版社，2006.
[28] 崔玉川. 净水厂设计知识[M]. 北京：中国建筑工业出版社，1987.
[29] 洪觉民. 现代化净水厂技术手册[M]. 北京：中国建筑工业出版社，2013.
[30] 朱丽楠. 城镇净水厂改扩建技术与应用[M]. 北京：化学工业出版社，2013.
[31] 伊学农. 污水处理厂运行与设备维护管理[M]. 北京：化学工业出版社，2011.
[32] 水利部. 供水工程施工与设备安装[M]. 北京：水利水电出版社，1995.
[33] 朱亮. 张文妍. 水处理工程运行与管理[M]. 北京：化学工业出版社，2004.
[34] 袁世荃，李鸿禧. 城镇供水工厂[M]. 长沙：湖南科技出版社，1990.
[35] 吴一蘩，高乃亏. 饮用水消毒技术[M]. 北京：化学工业出版社，2006.
[36] 黄维菊，魏星. 膜分离技术概论[M]. 北京：国防工业出版社，2007.

[37] 祁鲁梁. 水处理工艺与运行与管理实用手册[M]. 北京：中国石化出版社，2002.
[38] 吕洪德. 水处理工程技术[M]. 北京：中国建筑工业出版社，2005.
[39] 鄂学礼. 饮用水深度净化与水质处理器[M]. 北京：化学工业出版社，2004.
[40] 王洪臣. 城市污水处理厂运行控制与维护管理[M]. 北京：科学出版社，1997.
[41] 林荣忱. 污废水处理设施运行管理[M]. 北京：北京出版社，2006.
[42] 张国徽. 环境污染治理设施运营研究[M]. 辽宁：辽宁科学技术出版社，2012.
[43] 张波. 环境污染治理设施运营管理[M]. 北京：中国环境科学出版社，2006.
[44] 崔理华，卢少勇. 污水处理的人工湿地构建技术[M]. 北京：化学工业出版社，2009.
[45] 赵庆样. 污泥资源化技术[M]. 北京：化学工业出版社，2002.
[46] 赵维强. 城市污泥机械浓缩与离心脱水工艺研究[D]. 济南：山东大学，2006.
[47] 徐强. 污泥处理处置技术及装置[M]. 北京：化学工业出版社，2003.
[48] 庄伟强. 固体废物处理与处置[M]. 北京：化学工业出版社，2003.
[49] 杨国清. 固体废物处理工程[M]. 北京：科学出版社，2000
[50] 聂永锋. 三废处理工程技术手册（固体废物卷）[M]. 北京：化学工业出版社，2013.
[51] 祁鲁梁，李永存，等. 水处理工艺与运行管理实用手册[M].北京：中国石化出版社，2002.
[52] 全鑫. 给水厂改造与运行管理技术问答[M]. 北京：化学工业出版社，2006.
[53] 王鑫，李梅，等. 给水厂生产尾水回用技术分析[J]. 山东建筑大学学报，2011，26（1）：67-70.
[54] 李战朋. 水厂生产废水高效处理技术研究与工程示范[D]. 西安：西安建筑科技大学，2009.
[55] 何品晶，顾国维，李笃中，等. 城市污泥处理与利用[M]. 北京：科学出版社，2003.
[56] 曹秀芹，等. 污泥厌氧消化技术的研究与进展[J]. 环境工程，2008，26：215-219.
[57] 谷晋川，蒋文举，雍毅，等. 城市污水处理厂污泥处理与资源化[M]. 北京：化学工业出版社，2008
[58] 王丽花，查晓强，邵钦. 白龙港污水处理厂污泥厌氧消化系统设计和调试情况分析[C].中国城镇污泥处理处置技术与应用高级研讨会，2012.
[59] 马志毅. 城市污水回用概述[J]. 给水排水，1997. 23（12）：61-637.
[60] 侯立安. 小型污水处理与回用技术及装置[M]. 北京：化学工业出版社，2003.
[61] 雷乐成，杨岳平. 污水回用新技术及工程设计[M]. 北京：化学工业出版社，2002.
[62] 周彤. 污水回用决策与新技术[M]. 北京：化学工业出版社，2002.
[63] 周运祥. 水的再利用[M]. 郑州：黄河水利出版社，2003.
[64] 宋晓红. 李振海. 日本污水处理及回收再利用实例分析[J]. 电力环境保护，2006，22（1）：37-39.
[65] 王冠军，赵克伟，等. 中水做建筑消防水源技术探讨[J]. 给水排水，1999，25（3）：59-60.
[66] 蒋克斌，彭松，等. 水处理工程常用设备与工艺[M]. 北京：中国石化出版社. 2010.
[67] 蒋克彬. 污水处理技术问答[M]. 北京：中国石化出版社，2013.
[68] 李兴旺. 水处理工程技术[M]. 北京：中国水利水电出版社，2007.
[69] 俞锐，左明，适合污泥脱水的机械原理分析[C]. 全国污泥处理处置及资源利用技术创新大会，2009.
[70] 杨小文，杜英豪. 污泥处理与资源化利用方案选择[J]. 中国给水排水，2002，18（4）31-33.
[71] 柯玉娟，陈泉源，张立娜. 城市污水污泥资源化利用途径探讨[J]. 中国资源综合利用，2008，26（8）：13-16.

[72] 叶辉，乐林生，许建华. 自来水厂排泥水处理技术[J]. 净水技术，2001，20（4）：23-25
[73] 谢志平. 给水厂的污水及污泥处理[M]. 合肥：安徽科技出版社，1982.
[74] 张延风，王志勇，郑拓. 自来水厂生产废水回用控制方法[J]. 供水技术，2013，7（4）：11-13.
[76] 徐铁，田伟. 电力拖动基本控制线路[M]. 北京：机械工业出版社，2012.
[77] 黄辉. PLC 技术在水厂的应用[J]. 江西建材，2011，4（117）：213-214.
[78] 蒋文举，候锋，宋宝增. 城市污水处理厂实习培训教程[M]. 北京：化学工业出版社，2007.
[79] 环境保护部科技标准司. 水污染连续自动检测系统运行管理[M]. 北京：化学工业出版社，2008.
[80] 李振东. 城镇供水排水水质监测管理[M]. 北京：中国建筑工业出版社，2009
[81] 和彦苓. 实验室管理[M]. 北京：人民卫生出版社，2008.
[82] 刘明华. 环境监测[M]. 北京：中国劳动社会保障出版社，2010.
[83] 全玉莲. 化学实验技能训练与测试[M]. 北京：中国环境科学出版社，2011.
[84] 李宏罡. 水污染控制工程[M]. 上海：华东理工大学出版社，2011.
[85] 张弘，郭巧云. 管理学[M]. 长沙：湖南大学出版社，2009.
[86] 刘靖. 适用的才是最好的：中小企业管理之道[M]. 北京：中国电力出版社，2013.
[87] 李玉庆. 控制污水处理厂运行成本[J]. 中国建设动态，2003（5）：41-44.
[88] 突发公共卫生事件应急条例[J]. 2003.
[89] 国家突发公共事件总体应急预案[M]. 2006.
[90] 城镇污水处理厂运行、维护及安全技术规程（CJJ 60—2011）.
[91] 城镇供水厂运行、维护及安全技术规程（CJJ58—2009）.
[92] 中国市政工程西南设计研究院. 给水排水设计手册[M]. 北京：建筑工业出版社，2000.
[93] 中华人民共和国安全生产法[M]. 2014.
[94] 生产安全事故报告和调查处理条例（国务院令第 493 号）.
[95] 中国安全生产协会注册安全工程师工作委员会和中国安全生产科学研究院. 安全生产管理知识[M]. 北京：中国大百科全书出版社，2011.
[96] 中国安全生产协会注册安全工程师工作委员会. 安全生产事故案例分析[M]. 北京：中国大百科全书出版社，2011.